教育部高等学校软件工程专业教学指导委员会

软件工程专业推荐教材

高等学校软件工程专业系列教材

U0378099

实时嵌入式系统设计方法

李曦　陈香兰　王超　周学海 ◎ 编著

清华大学出版社

北京

内 容 简 介

汽车电子、航空航天和医疗设备等安全关键应用系统以高度集成的实时嵌入式(RTE)系统为构造基础。为了满足此类应用的功能复杂性、时序可预测性和高可靠性等方面的严格要求,需要完整统一的系统设计、实现、验证和分析方法。

实时嵌入式系统设计的论题非常广泛,其核心科学基础和方法涉及控制、计算机、软件和电子等多个工程领域。本书从实时计算和设计自动化两方面讨论此类系统的系统级设计方法,主要涉及硬件架构、实时操作系统、实时任务调度与共享资源访问控制、多处理器与分布式实时系统、实时嵌入式软件设计(程序结构、编程模型、实时编程语言)、形式化方法(设计、建模、验证)、建模语言与设计框架,以及常用的辅助设计工具等内容,涵盖应用软件、运行时环境和硬件系统结构等多个系统层次。书中纲要式地勾画出基于构件化设计(CBD)和基于模型化设计(MBD)范式的系统设计方法的完整视图和工程化开发过程的关键阶段,并展现了学术界的最新研究成果和工业界的应用现状。

本书面向计算机专业研究生或高年级本科生,需要读者具备计算机工程、软件工程、控制工程、电子工程等相关领域的基础知识。

图书在版编目(CIP)数据

实时嵌入式系统设计方法/李曦等编著.—北京:清华大学出版社,2022.1
高等学校软件工程专业系列教材
ISBN 978-7-302-59032-3

Ⅰ.①实…　Ⅱ.①李…　Ⅲ.①微型计算机-系统设计-高等学校-教材　Ⅳ.①TP360.21

中国版本图书馆 CIP 数据核字(2021)第 178842 号

责任编辑:黄　芝　李　燕
封面设计:刘　键
责任校对:李建庄
责任印制:刘海龙

出版发行:清华大学出版社
　　　　　网　　　址:http://www.tup.com.cn,http://www.wqbook.com
　　　　　地　　　址:北京清华大学学研大厦 A 座　　　　邮　　编:100084
　　　　　社 总 机:010-62770175　　　　　　　　　　邮　　购:010-83470235
　　　　　投稿与读者服务:010-62776969,c-service@tup.tsinghua.edu.cn
　　　　　质量反馈:010-62772015,zhiliang@tup.tsinghua.edu.cn
　　　　　课件下载:http://www.tup.com.cn,010-83470236
印 装 者:三河市铭诚印务有限公司
经　　销:全国新华书店
开　　本:185mm×260mm　　印　张:19.5　　　　字　　数:478 千字
版　　次:2022 年 1 月第 1 版　　　　　　　　　　印　　次:2022 年 1 月第 1 次印刷
印　　数:1~1500
定　　价:59.80 元

产品编号:088966-01

前 言

实时嵌入式系统或信息物理系统(CPS)具有反应式、安全关键、时序关键和分布式等重要特征,强调信息系统与物理系统的交互,其设计方法涉及控制、计算机、通信、电子等学科的融合。设计者不仅需要掌握微控制器编程技术,更需要理解和掌握实时计算理论以及完整的工程化建模、设计和分析方法,才能可预测地完成系统设计,满足严苛的设计约束。实时嵌入式系统设计理论和方法是我国制造业发展升级的核心技术,未来,嵌入式智能系统的应用将日益普及,迫切需要大量高层次专业人才投身于这一领域,但目前国内高校的相关教育比较薄弱,创新性人才培养能力相对不足。

国内外常见的培训资料或教科书往往单一地讨论基于特定嵌入式硬件平台(如 ARM)或特定嵌入式操作系统(如 μC/OS、FreeRTOS、Android 等)的嵌入式程序编程技术,或讨论嵌入式软件工程(包括形式化方法),但都没有提供系统设计方法学的整体视图,相关知识过于分散。近年来,国外的一些嵌入式系统教科书引入了信息物理系统,包含控制工程和计算机工程的理论和方法,但对控制理论和模型的论述过多,计算机专业的学生不容易理解。

结合作者多年的教学和科研实践,通过对该领域重要课题的梳理,本书从计算机科学与技术视角出发,从实时计算和设计自动化两方面讨论实时嵌入式系统的设计问题。书中一方面讨论实时调度、资源管理和实时操作系统等实时计算理论和应用;另一方面以构件化设计和模型化设计等工程化设计范式为基础,以自顶向下的"建模-设计-分析"为关键技术路线,以反应式时序行为保证为核心,深入讨论实时嵌入式系统的量化和形式化设计与分析技术。

理论、抽象和设计是一般科学技术方法论的核心内容。理论源于数学,抽象源于现实,设计源于工程。系统科学和工程方法用系统的观点认识和处理问题,是一般科学技术方法论中的重要内容,结构化、层次化和模型化是其基本思想。以此为基础,实时嵌入式系统设计的论题非常广泛,难以在一门课程中涵盖。本书内容的选取围绕"自顶向下"的系统设计方法展开,涵盖建模、验证、设计、实现和分析,期望纲要式地勾画出完整视图,而不过多涉及具体系统或平台的细节。书中对动态系统、混成系统、容错系统、复杂数字系统(SoC),以及嵌入式软件工程、概率模型检验、信息安全、能耗优化等内容没有详细讨论。感兴趣的读者可以进一步参考 Giorgio Buttazzo 教授的 *Hard Real-Time Computing Systems*: *Predictable Scheduling Algorithms and Applications*,Phillip A. Laplante 教授的 *Real-Time Systems Design and Analysis*: *Tools for The Practitioner*,Hermann Kopetz 教授的 *Real-Time Systems*: *Design Principles for Distributed Embedded Applications* 和 Rajeev Alur 教授的 *Principles of Cyber-Physical Systems* 等国外经典教科书。基于以上作者各自的专业方向,这些书籍分别讨论了实时调度理论、实时软件工程、分布式实时系统和形式化模型分析与验证等问题。

李曦、陈香兰、王超和周学海四位老师共同参与了全书内容的组稿、统稿和修改工作。本书素材基于作者十余年相关研究生课程教学和科研工作的积累,其中参考了大量国内外相关教材、课件和学术论文,某些信息来源甚至难以查找。在此对所引用文献的作者表示衷心感谢,对遗漏的信息源作者表示歉意。

本书的编写工作得到软件工程教指委专业规划教材第一批建设立项,并得到国家自然科学基金"安全关键信息物理系统的时序可预测性问题研究(6177050133)"项目的支持。同时,清华大学出版社黄芝编辑为本书出版做了大量工作,在此一并表示诚挚感谢。

由于作者水平有限,书中难免有不当之处,敬请读者批评指正。

作　者

2021 年 10 月

目　录

第1章

绪 论

一般而言,计算机系统可分为通用系统和嵌入式系统两大类,嵌入式系统嵌入在其他设备内部。由于嵌入式系统往往与特定应用领域,特别是安全关键应用密切相关,因此其设计方法涉及多个学科的交叉融合,尤其需要严谨、系统的设计方法,而不仅仅是某些单一的技术。理论、抽象和设计是一般科学技术方法论的三个最基本的研究内容。本章概述实时嵌入式(real-time embedded,RTE)系统的主要特征、设计过程及方法,并介绍本书的组织结构。

1.1 实时嵌入式系统及其特征

传统上,嵌入式系统被定义为以应用为中心,以计算机技术为基础,软件硬件可裁剪,适应应用系统对功能、可靠性、成本、体积、功耗严格要求的专用计算机系统。嵌入式系统包含工业控制系统、安全关键系统(航空电子、汽车电子)、消费电子数字系统(音视频处理、安防、医疗、智能手机)等应用形态,如表 1.1 所示。在最近二三十年中,随着微处理器和微控制器计算能力的提升,虽然嵌入式系统仍是许多消费电子设备、工业设备和军事装备中不可见的组成部件,但它作为一个整体已经脱颖而出。嵌入式计算不再局限于简单的设备控制,已经能以高实时性和低能耗来执行复杂的处理任务。其中,智能手机和车载电子等嵌入式设备正在演变为类 PC 系统。

表 1.1　嵌入式系统的 8 个主要应用领域

分　类	示　　例
办公自动化	复印机、传真机、打印机、扫描仪、多功能外设、POS 机、存储设备、智能卡
消费电子	音乐播放器、数字相机、DVD 机、机顶盒、PDA、视频游戏机、GPS 定位仪、智能家电
通信	网关、路由器、交换机、网桥、移动电话、智能终端
医疗电子	监视仪、手术辅助系统、诊断设备、医学影像设备、电子听诊器
远程自动控制	智能建筑(供暖、空调、通风)、居家自动化、智能电表
工业控制	智能传感器、专用控制器、工业网络、过程控制
汽车电子	底盘电子控制单元、车身电子、信息安全、动力总成、车载资讯和娱乐系统
军事/航天	卫星、雷达、声呐、导航、天气、飞控、飞机管理系统

此外,核电站、智能电网、无人驾驶汽车、无人机和机器人等嵌入式系统应用具有安全关键(safety-critical)的特征,RTE 系统是它们的核心控制部件,需要逻辑行为和时序行为的可预测性以保证系统运行时的可靠性,大大提升了系统设计的复杂性。广义而言,可预测性

指系统在设计时(design time)能够对其功能行为和时序行为进行分析预判,确定系统在运行时(run time)能否满足设计要求,尤其是时限约束。因此,Le Lann 将可预测性定义为一概率值,即系统设计期间所作假设准确的概率乘以系统在运行时进入被验证状态的概率。由于这一概率难以测量,实时系统设计实践中往往将可预测性简化为对动作、任务或程序代码执行时间估值的准确性。

典型的 RTE 系统由应用软件及其执行平台构成,并与环境进行交互。执行平台包括设备驱动和实时操作系统(real-time operating system,RTOS)等系统软件以及输入输出装置硬件,如传感器和执行器(actuator)等。应用软件通过执行平台输入所嵌入环境的状态,计算相应控制律,并向环境输出计算结果。1995 年,D. L. Parnas 从建立嵌入式软件需求文档的角度,提出著名的"四变量模型",如图 1.1 所示,用监测变量(m)、控制变量(c)、输入数据(i)和输出结果(o)4 个变量以及它们之间的 5 种关系,刻画嵌入式系统内部及其与环境(被控对象)之间的交互特征,并定义了系统的抽象边界。

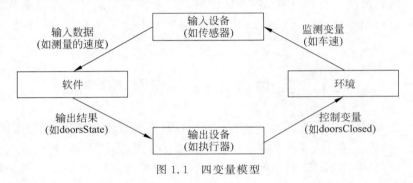

图 1.1　四变量模型

图 1.1 中,输入设备和输出设备由执行平台提供。典型的系统实现中,执行平台可按周期或非周期方式执行应用代码,可通过采样(轮询)或中断机制访问传感器和执行器,可基于缓冲(队列)或共享变量与应用代码进行通信。

四变量模型的 4 个变量之间存在 5 种关系,分别如下。

(1) NAT:m 和 c 之间的指示性关系。

(2) REQ:m 和 c 之间的可选关系。

(3) IN:m 和 i 之间的指示性关系。

(4) OUT:o 和 c 之间的指示性关系。

(5) SOF:i 和 o 之间的可选关系。

环境对环境变量 m 和 c 的值施加了限制,由 NAT 描述;软件进一步对它们施加约束,由 REQ 描述;IN 描述传感器如何将 m 转换为 i;OUT 描述执行器如何将 o 转换为 c;SOF 描述软件如何根据输入 i 产生输出 o。这些关系需要在需求分析文档中明确定义。

四变量模型明晰了嵌入式系统的组织结构及其与环境的关系。同时,4 个变量映射方法基于输入输出语义,明确划分了软件代码与目标平台之间的边界(io 边界)和目标平台与物理环境之间的边界(mc 边界)。据此,可以将系统应用软件的实现流程划分为行为和时序建模与验证、逻辑功能代码生成(假设 I/O 瞬间完成,与平台无关)、I/O 接口代码生成[I/O行为和时序与目标平台绑定,利用平台相关 API(application programming interface,应用程序接口)]、系统功能和时序测试验证等阶段。

按系统论观点,系统复杂性包含基本复杂性(essential complexity)和附加复杂性(accidental complexity)两方面。

(1) 基本复杂性:是问题内在的复杂性,无法由技术或工艺提升而消除。

(2) 附加复杂性:由于解决问题的方法不恰当而造成的复杂性。

RTE系统具有很高的基本复杂性,是各种活动和要求的混合体,其核心系统和应用具有安全关键属性,要求满足严格的时序行为约束并具备容错能力,要求对最坏情况进行证明和测试。RTE应用场景非常灵活,难以完全预知,某些情况下可能错失截止期,必须避免非实时任务对实时任务的干扰。进一步分析,复杂性源自模块化系统的模块内聚性(cohesion)和数据耦合性(coupling)。内聚性包括结构、逻辑、时态、过程、通信、功能等方面;耦合性包括数据共享、竞争和数据加工分散。因此,传统设计方法往往采用抽象(abstraction)、分治(partitioning)、隔离(isolation)和分段(segmentation)四种简化策略应对复杂问题和场景。建模是抽象策略的主要应用方式,核心在于提取系统的主要特征;分治策略也称关注分离,即把问题划分为各不相关的子问题,独立解决;隔离策略强调建立事件因果链,孤立各个事件;分段策略是将时态行为顺序化。

传统的RTE系统设计方法存在一些问题难以解决,包括技术限制(设计语言、编程语言、操作系统、处理器体系结构平台、工具链)、方法限制(过于保守陈旧)和文化限制。所谓文化限制指不同领域背景的工程师系统思维方式不同,如控制工程师采用同步方法、计算机工程师采用异步方法。因而,2006年前后在学术界和工业界出现了"信息物理系统"(cyber physical system,CPS)的概念,期望通过新的设计方法学研究,满足大型复杂的安全关键系统设计的要求。CPS已经成为嵌入式系统设计和研究的关注热点。

CPS被定义为由集成的计算和通信设备进行监测、协调和控制的物理和工程化系统,强调复杂控制系统中的计算系统(计算机、决策软件)、通信系统(计算机网络)和物理单元(传感器、执行器、控制器)三者之间的紧密联系和动态融合,突破了传统嵌入式系统以计算机系统为中心的束缚。智能电网等大规模CPS架构可抽象为决策层、网络层和物理层三个层次,如图1.2所示,决策层完成语义逻辑计算,网络层完成信息通信,物理层执行环境感知和反馈控制。无人车等CPS(亦称自主CPS,autonomous CPS)的典型架构包括环境感知、路径规划和运动控制等子系统,如图1.3所示。

从计算机科学与工程角度看,RTE系统综合了反应式系统、实时系统、安全关键系统和分布式实时系统的重要特征。

1.1.1 反应式系统

根据系统与外界交互的特征,计算机系统可分为交互式系统和反应式系统(reactive systems)两大类。交互式系统接收输入请求,进行计算变换,产生输出数据结果。交互式系统按自身步调进行输入输出。

反应式系统可定义为按照环境(如被控对象)的步调,持续地与其进行交互,并及时对其激励进行响应的系统。反应式系统的行为由一个激励序列和相应的响应动作,以及对应的时间约束(响应时间)进行描述,可以用状态迁移系统模型进行抽象。事件、条件和动作是描述反应式系统行为的三个基本概念。事件指示物理世界或抽象概念上发生了某些事情。外部事件和时序事件是两种重要的事件类型。事件一般为离散的和瞬间的,即具有原子性,无

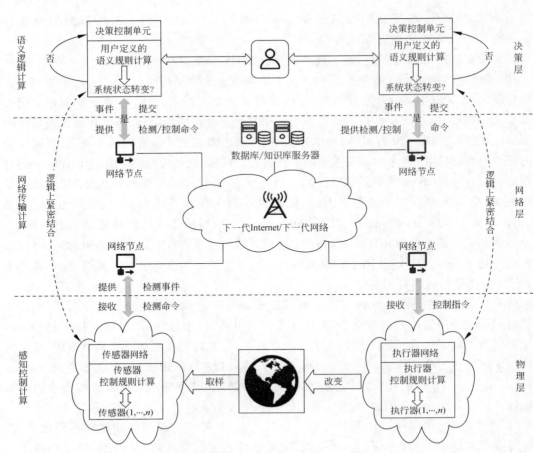

图 1.2 大规模 CPS 架构的三个层次

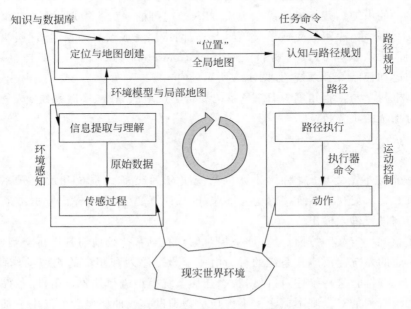

图 1.3 无人车等 CPS 架构

中间状态。事件发生导致状态变化。条件为持续一段时间的状态。人们习惯使用条件描述事件，如某条件发生意味着发生了某个事件。动作为某种事件。事件与动作的关系类似于输入与输出的关系。例如，"按电梯门开关"，从乘客角度为一动作，从电梯系统角度为一事件；"电梯开门"对乘客而言是一个事件，对电梯而言是一个动作。

反应式系统一般由传感器（监测被控对象的状态）、执行器（执行控制命令）和控制器（根据被控对象的状态和预定义控制规则计算控制命令）组成。从计算机工程角度，反应式系统的执行过程可以描述为一个不断重复的"输入-计算-输出"过程，可以由一组并发协作的实时任务实现，如图 1.4 所示。如汽车引擎控制由 100 多个软件任务协作完成。这些任务可以由事件触发或者时间触发而执行。

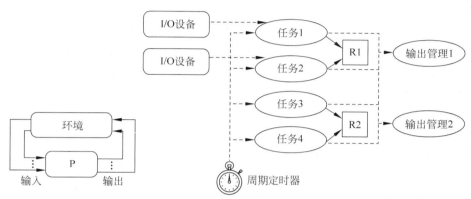

图 1.4　反应式系统的执行过程

反应式系统有三个重要属性：反应性（responsiveness）、模块化（modularity）、因果性（causality）。反应性意味着系统的输出与导致该输出的输入同时发生。由于反应动作计算需要一定的物理时间，反应性需要使用抽象时间概念。反应性适用于高层抽象建模，实现时需要逐步精化方法（step-wise refinement）。

模块化指系统可切分为多个独立子系统，且子系统的组合不影响它们自身的功能和属性。按模块化语义，系统组成是对称的，系统与环境的接口与系统中各模块之间的接口性质相同，即系统中任一部件的接口都可描述为输入事件与输出事件对（I、O），各部件的组合可基于输入输出行为进行定义。进一步，模块化要求任何时刻任何事件的发生对各个部件都可见，部件间通信可立即发生，异步广播。模块化利于系统设计、分析和构建。对实时系统，模块化不仅需要考虑逻辑行为，更需要考虑时序行为。

因果性意指对于在某一特定时刻产生的任何事件，都必须有一个事件因果链，导致产生该事件的动作。因果链不存在闭环，事件不能自发产生。反应式系统往往是反馈系统，可以采用离散事件系统进行建模。严格因果关系有利于构建反馈系统。

通用计算强调数据计算和变换功能，反应式计算强调激励与响应的行为特征。一方面，考虑到上述反应式系统属性的特征，从结构化设计角度，反应式系统的逻辑行为可以定义为外部可见的（I、O）的无限序列（输入输出流）；另一方面，时序行为（timing behaviour）可定义为由各个动作的执行时间构成的序列。基于抽象时间概念，反应式系统的反应时间为 0，因此其时序行为可以定义为元素 0 的无限序列，不依赖于系统的具体实现。基于物理时间概念的定义与此类似。

混成系统(hybrid system)是由离散和连续组件构成的反应式系统,其动态性体现在随时间流逝的连续演进和状态离散瞬间更新两方面。与连续变化的物理环境进行交互的数字控制系统即为典型的混成系统。混成系统的形式化模型包含两种语义:一种为超稠密(super dense)语义,将计算视为将实数(表示时间)和索引(表示离散步)映射为状态的函数;另一种为采样计算(sampling computation)语义,在可数的众多观测点对系统的连续行为进行采样。一般认为,超稠密语义更加精确和可信,不会在变量跨越门限或状态谓词真值变化时错失事件。而如果这种事件正好发生于两个观测点之间时,采样计算语义可能错过。但从验证角度,采样可以泛化为基于顺序的方法,似乎易于处理。

1.1.2 实时系统

根据应用对响应时间的要求,嵌入式系统可分为非实时系统(如普通消费电子系统)和实时系统(如车控系统)。实时系统指其计算的正确性不仅取决于程序的逻辑正确性,也取决于计算结果产生时间的正确性。非实时系统并不是没有时间(执行时间)要求,其执行时间的要求是系统的性能或用户体验的指标,并且往往基于平均情况进行度量,是一种尽力而为的非功能属性。对实时系统亦称时间关键系统,时间行为是功能行为的关键组成部分,尤其需要考虑最坏情况下的时间特征。

牛顿力学中,时间是决定系统状态变化序列的一个独立变量,可用于对事件定序和同步。绝对时间为某个特定时刻(时间点),如 2020 年 1 月 23 日 10 点 00 分 00 秒;相对时间为相对于某一时刻的一段时间,如 30ms;时间戳为事件发生时刻的时间值。

物理时间或实时间(real time)是时间的量化概念,使用物理时钟(实时钟)进行测量,如"在 30ms 内响应"意味着基于某个物理时钟的测量值。

与之相对应,逻辑时间(logic time,也称抽象时间或虚拟时间)是时间的定性概念,基于逻辑时钟嘀嗒(tick)。逻辑时间以事件的相互顺序(ordering)关系进行表达,如之前(before)、之后(after)、某时(sometimes)、最终(eventually)、前趋(precede)、后继(succeed)等。使用逻辑时间,事件定序无须基于物理时间。

通用系统(非实时系统)使用逻辑时间定义操作顺序,使用实时间度量系统性能。实时系统需要保证时序(timing)精确性,采用逻辑时间和物理时间定义系统的行为。任务执行的截止时间(截止期、时限)是时间正确性的一个关键指标。按照对任务时序行为保证的要求,实时任务可分为如下几种(如图 1.5 所示)。

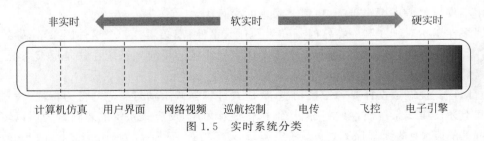

图 1.5　实时系统分类

(1) 硬实时任务(hard real-time task,HRT):一旦错失截止时间将产生灾难性后果。

(2) 固实时任务(firm real-time task,FRT):错失截止时间后计算结果无效,可用性降为 0,但不造成危害。

（3）软实时任务(soft real-time task，SRT)：错失截止时间后的计算结果还有一定的可用性。

（4）非实时任务(not real-time task，NRT)：只要求功能正确。

FRT 与 HRT 的主要差别在于不涉及安全性(safety)。FRT 系统一般针对流计算应用，HRT 系统多用在航空航天和汽车电子等安全关键领域。

硬实时任务的截止期应由其实际功能决定，如汽车安全气囊的响应时间要求小于10ms，汽车曲轴同步任务的响应时间应小于 45 μs，这些响应时间指标与所采用的计算平台性能无关，计算平台必须保证满足截止期要求。

从事件到达时间角度看，实时事件可分为异步事件、同步事件和等时(isochronous)事件等类型。异步事件到达时间不可预测，同步事件可以预测，等时事件发生在预定的时间窗内。实时系统需要在严格的时间范围内快速响应多个独立的事件，意味着需要并发计算多个独立事件的响应动作。从物理时间角度，这类系统可以认为是不确定(non-deterministic)的，因为其行为依赖于输入事件的准确时序。不确定计算指即使两次计算的输入数据相同，其输出结果也可能完全不同。

实时嵌入式软硬件设计需要同时处理并发和时序问题。无论是真并发还是假并发，软硬件并发系统中充满不确定性和竞争条件(race condition)。某种意义上不确定性和竞争是同一问题的两个方面，即多个并发对象同时竞争共享资源(内存或总线)，导致系统进入一种非预期的不确定性交错状态。非原子操作或非互斥的访问临界资源可能造成不确定性。某些情况下设计者可能需要不确定性(如随机算法)，但竞争总是不期望的，因其可能导致死锁等诸多问题，需要相应的协作同步协议和访问仲裁策略加以控制。竞争条件对执行速度和时序敏感，可能间歇发生，并难以预测和观测。例如，由于多任务并发运行时共享资源交错访问组合模式众多，死锁难以再现。

对于任务执行时要求满足硬实时约束的复杂控制应用，需要高可预测操作系统的支持。只有对经典的分时系统所采用的基本设计范式进行大幅调整，才能获得可预测性。例如，实时控制系统中，设计者预知待执行的所有任务，因此可以在设计时分析确定各个任务的计算时间、所需资源以及任务执行的先后顺序。RTOS 可以利用这些信息进行可调度性验证，确认是否满足指定的时序需求。对 HRT，调度器甚至可以控制每个任务的截止期，而不是减少它们的平均响应时间。

为了验证应用的功能和时序行为，需要对平台(体系结构、设备驱动和中间件等)及其映射进行建模或仿真。验证方法与应用密切相关。对 HRT 和 FRT 应用，最坏情况分析需要覆盖应用的所有输入流和所有软硬件组件(仲裁器、存储器、处理器等)。SRT 应用则仅需要进行时序行为的统计分析，如找到截止期错失率或平均性能。而 NRT 只需验证其功能行为的正确性。

1.1.3 安全关键系统

对安全关键(safety-critical)系统而言，一旦系统失效，将导致严重生命财产损失。安全关键系统一般为 HRT，但 HRT 不一定是安全关键系统，如汽车驾驶训练模拟器是 HRT，但通常不认为是安全关键系统。

对于 NRT，系统安全性与可靠性是两个独立的问题。安全性指即使系统失效也不会导致严重的灾难性后果；可靠性指系统可以连续工作相当长的时间而不失效。对实时系统而言,这两个问题相互紧密关联,成为安全关键属性。例如,飞机和汽车中的线控系统,一旦无法提供规定的服务,可能导致生命财产的重大损失,这类系统的失效率要求为 10^{-9} 次/小时,称为超可靠系统。当代电子器件的生产工艺尚难以达到超可靠系统所要求的失效率,因此只能采用容错技术使系统在出现构件失效时仍然能够连续运行。

安全关键性要求系统具有稳定性和意外处理能力,包括过载处理、失效检测和正确的响应(允许功能降级)。失效时系统应该进入失效安全(fail-safety)状态,如 Word 编辑软件的自动存盘,避免突然掉电异常。当然,对多任务实时系统而言,不同任务的关键性不同,系统设计时往往通过分配不同的任务优先级加以区分,并设计相应的容错机制。需要注意,实时任务的优先级不仅仅由任务的功能关键性决定。

多部件冗余容错技术依赖于网络通信,而时间触发网络有利于安全关键系统。时间触发系统的静态调度机制最大化可预测性,利于控制容错机制和可靠性模型分析的复杂度。预定义的周期性消息通信允许实现严格的出错检测和故障隔离。无须修改应用软件的功能和时序就可以实现透明的冗余。时间触发系统同时支持复制确定性(replica determinism),它是一种建立主动冗余容错系统的机制。另外,通过精确定义各个部件的接口,时间触发系统也支持时序可组合性。

为了支持安全关键应用,实时系统具有如下一些重要的基本属性。

(1) 适时性(timeliness):计算结果不仅要求值域正确,而且要求时域正确。因此,RTOS 内核需要提供特殊的时间管理机制和处理任务显式的时序和关键度。

(2) 可预测性:为了获得所需的性能,需要针对不同调度组合对系统进行分析预测。对安全关键应用,需要在设计时就保证其时序需求。如果某些任务无法保证,也必须提前预知,以便确定异常时的处理程序。

(3) 效率:许多实时系统为嵌入式系统,具有严格的空间、重量、能耗、存储和计算能力限制,因此,RTOS 的资源管理必须高效。

1.1.4 混合关键系统

混合关键系统(mixed-criticality system,MCS)最近受到学术界和工业界的关注。MCS中,具有不同功能关键度的应用共享嵌入式计算或通信平台。关键性指功能安全性。通常,安全关键的功能具有时间约束,因此,MCS 一般也是实时系统。

关键度由各个领域的安全性标准中的安全级定义,如 ISO 26262 道路车辆标准、DO-178C/DO-254 航空软件和硬件标准。IEC 61508 一般作为参考标准。安全级由失效模式和影响关键度分析(FMECA)过程决定。

1.1.5 分布式实时系统

分布式实时(distributed real time,DRT)系统由一系列嵌入式计算机节点(简称"节点")构成。由于系统的传感器和执行器分布于由网络连接的不同节点,实时嵌入式系统一般具有分布式系统特征,如图 1.6 所示。现代汽车系统中,自动巡航控制(automatic cruise control,ACC)、防抱死制动系统(anti-lock braking system,ABS)或电子稳定程序(electronic stability program,ESP)系统等功能由不同的电子控制单元(electronic control unit,ECU)实现,分析信号处理时延时必须考虑总线延迟。

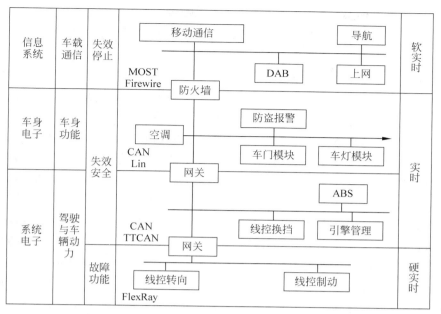

图 1.6 车载分布式实时嵌入式系统体系结构

实时嵌入式系统采用分布式架构有很多原因。首先,很多反应式系统是自然分布的,其功能部件分布于处在不同物理位置甚至地理位置的处理节点上。传感器和执行器位于不同节点,事件发生于各个节点处,响应在各个节点本地计算,节点间通过计算机网络进行通信。另一方面,分布式系统是实现容错系统的必然架构。

分布式系统基于通信网络互连,需要与各节点的应用层任务调度机制协同,进行整体建模、设计与分析。图 1.7 所示为现代汽车中车控电子系统的体系结构示意图。分布式实时系统需要以时间敏感的方式收发消息,其 QoS(quality of service)指标包括最大延迟、最大丢包率等,并且网络应确保服务质量,而不是尽力而为(如传统以太网)。

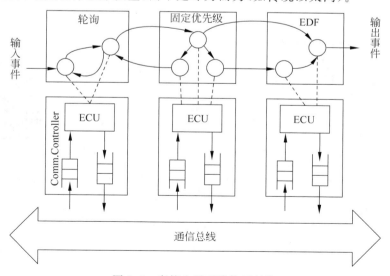

图 1.7 车控电子系统体系结构

1.2 嵌入式系统设计过程与方法

所谓"设计方法"是创建设计的一种系统化方法,用于确定设计决策过程和所遵循的标准。传统的嵌入式系统设计方法着重于特定应用系统的计算单元设计,主要讨论微控制器编程等技术。一方面,安全关键系统设计需要充分的量化设计与分析支撑,包括应用系统的时序特征分析、可调度性分析、混合任务集调度和过载处理等,需要全面的软硬件系统知识,而不仅仅是编程实现;另一方面,随着嵌入式系统应用复杂性和平台复杂性的日益增长,安全性、可靠性问题日益突出,对设计方法的要求也越来越高,必须突破传统手工作坊式的开发模式而采用工程化方法。

工程化方法以基于模型的设计(model-based design,MBD)、基于构件的开发(component-based development,CBD)、基于平台的设计(plateform-based design,PBD)、基于接口的设计(interface-based design,IBD)等方法为基础,以形式化分析和验证技术为手段,在相关工具链的支持下自动高效可预测地完成系统设计。构造正确(correct-by-construct)、关注分离(separation of concern)、自顶向下、设计精化(refinement)和代码自动生成是保证复杂系统设计高效可靠的重要指导思想和方法,涉及系统开发周期的建模、设计、综合、分析和验证等方面。

嵌入式系统集软硬件部件于一体,其设计主要涉及软件系统设计、开发板板级设计和领域专用处理器(domain specific processor,DSP)设计。软件系统包括应用软件和系统软件(运行时、RTOS)。板级硬件包括开发板架构及其通信机制。DSP 作为协处理器,基于FPGA 或 ASIC 技术,用于特定应用算法加速。典型的设计流程采用 V 模型,如图 1.8 所示。软件设计过程包括需求分析(RA)、功能设计(FD)、软件体系结构设计(SWA)、组件设计(CD),以及软件开发(DPL)。硬件设计过程包括硬件体系结构设计(HWA)、系统结构设计(SY)和性能分析等。V 模型设计过程的每一步都可以迭代地进行。

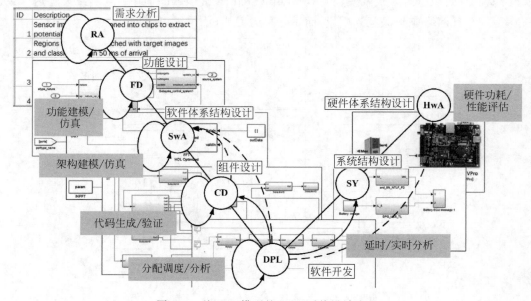

图 1.8 基于 V 模型的 RTE 系统设计流程

抽象模型是描述计算与通信的语义的数学语言。系统级计算与通信模型(model of computation and communication,MoCC)将系统描述为层次化设计实体的集合,如模块、角色、任务和进程。这些实体完成各自的变换或动作,表示为状态迁移或事件/信号通信。组合、并发、通信规则以及时间表示是 MoCC 的最重要特征。系统级建模的关键要素为"结构(architecture)、行为(behavior)和约束(constrains)",称为 ABC 范式。

(1) 系统结构刻画系统中各个构件的连接关系和接口定义。

(2) 系统行为是系统实现其功能的执行过程。系统行为可分为顺序和并发两类。顺序行为可以用操作语义进行表述,如状态变迁系统等。并发行为是多任务的组合表现。

(3) 系统约束包括各种定性和定量的指标。对 RTE 系统,典型约束包括时序、优先级、资源等约束类型。

实时系统设计就是在满足预定约束的条件下完成行为与结构的映射。系统功能与系统的数据变换相关,结构与系统架构分解相关,行为与系统对外部激励和内部事件的响应相关。行为表示为对事件或动作之间的时序约束的枚举,包括不变式、事件的优先顺序、周期性、活性、安全性等。时序行为和时态约束可以采用时态逻辑进行描述。

1.2.1 MBD 方法

模型方法是系统科学的基本方法,建模是抽象的具体体现。系统科学研究主要采用符号模型而不是实物模型。符号模型包括概念模型、逻辑模型和数学模型。数学模型指描述元素之间、系统之间、系统与环境之间相互作用的数学表达式,如树、图、代数结构等,是系统定性和定量分析的工具。

传统上,MBD 方法应用于连续系统设计流程。模型基于数学形式或可执行语义而建立,有助于分析系统属性和仿真验证,建立设计文档,甚至软硬件自动生成。数据流模型和层次化状态机以及它们的扩展是常用的建模语言。然而,依赖于计算和通信架构的时序行为往往到设计后期才进行描述,甚至不进行描述,导致平台选择不当(性能超过所需或达不到要求),或软件功能模型实现时出现错误。

现代 MBD 方法要求系统设计过程的每一次迭代都要经过"建模—设计—分析"三个关键步骤,以保证设计正确性和满足设计规范的功能性和非功能性(性能、可靠性、能耗、工艺和成本等)要求。"建模"是对系统的关键行为和属性进行抽象表示,包括动态特性和静态特性,系统的动态特性(dynamic property)随时间而演化,静态(static)特性在系统运行过程中保持不变;"设计"指定义系统结构,完成系统行为与结构的映射,并创建软硬件实现;"分析"则是通过对系统模型的模拟执行(simulation)和剖析,展现系统的特征或属性,进而确认(validation)和验证(verification)系统设计与需求规约的一致性和正确性。这一设计过程是一种层次化的设计过程,也是一种基于"描述—搜索—综合"方法而逐步求精的过程,可以自顶向下地完成系统规格定义和设计实现,涉及等价与精化、可达性分析和模型检验等分析验证技术。

支持 MBD 方法的设计工具允许对连续、离散和混合时间系统进行建模。混合时间系统的功能可以使用数据流或扩展有限状态机表示。使用 MBD 语言进行形式化描述的设计规范,可以用于系统仿真、测试和软件代码生成与硬件综合自动化。分析、综合和验证能力是 MBD 工具的重要特性。基于理论证明或模型检测的自动化验证技术是可能的选择,但在精化或实现时需要保持模型语义。然而,现有商业工具尚不能有效支持仿真时表达计算和通信延迟,针对复杂系统结构和执行平台,代码生成能力亦有限。现有方法只能针对单核和时间触发平台,只能生成静态调度或任务模型非常简单的代码。

模型驱动工程/开发(model-driven engineering/development,MDE/MDD)方法源自软件工程,包括工具集和软件开发方法。MDE 关注通过提取特定应用相关的知识和活动,建立领域专用模型,以便自动生成高质量的软件。模型驱动架构(model-driven architecture,MDA)在设计过程中将功能描述与平台模型相分离,建立所谓平台无关模型(PIM),再通过模型转换将两者绑定,生成平台专用模型(PSM)。MDA 语言基于面向对象范式,如 UML 和 SysML,但它们的行为语义尚未进行完全形式化定义。MARTE 基于 UML,专门定义了时间、时间事件、时间属性和时间约束,是 RTE 系统的理想建模语言。采用最坏情况时序分析技术,可以从软件任务和消息层分析系统模型的正确性。MARTE 方法已应用于众多工程实践,如汽车电子项目,但由于其复杂性和支持多种建模概念,当前仍处于发展过程中,需要进一步完善。

可以以 MDE 和 MBD 作为设计流程的主线。尽管 MDE 和 MBD 基于相同的工作原理,都采用模型作为驱动设计过程的手段,但两者在细节上有实质性差异。一方面,MDE 强调结构建模,MBD 强调行为分析,单独使用一种方法无法应对现代系统设计的挑战;另一方面,两者具有互补性,例如,可以使用体系结构描述语言(ADL)建立系统结构模型,使用时间自动机(timed automata)描述系统行为,再对系统的时序属性进行形式化验证。

RTE 系统可以视为基于同步或异步通信的组件网络,各个组件的行为可由计算模型进行描述。计算模型众多,它们的执行语义各不相同。Lustre/SCADE、Esterel、Signal、Simulink、UML、Ada 等设计框架或语言支持的典型 MoCC 包括进程网络、线程、消息传递、同步反应、并发状态机、数据流、会合、时间触发、离散事件以及连续时间等。MBD 和 MDE 方法的挑战在于不同系统行为,不同设计阶段和不同设计者使用的模型之间存在较大差异,尤其是时序行为语义,需要开发合适的模型转换技术和工具。

1.2.2 CBD 方法

大规模、复杂嵌入式软件体系结构呈现出网络化、层次化、分布式的发展趋势,软件规模迅速扩大,大量同构、异构的软件模块间存在复杂的交互关系和协同运行方式,使得嵌入式软件系统设计与开发的复杂性、兼容性、完整性、易变性、重用性等问题日益突出。传统的以人工为主的综合集成过程效率低下,且难以保证软件系统质量。CBD 方法以搭积木的方式,先构建系统整体架构,再构造各个构件(组件),并依次将各个构件置于整体架构的合适位置,逐步完成整个系统的构建。其设计过程如图 1.9 所示。

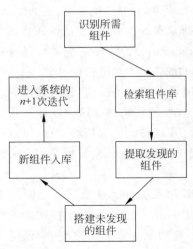

图 1.9 CBD 方法的设计过程

CBD 将复杂系统分解为松耦合的构件,以分治思想控制系统复杂度。构件是设计、实现及维护基于构件的系统的基础。构件是一个独立发布的功能部分,可以通过它的接口访问它的服务。构件的粒度可以是简单的计算部件,也可以是功能明确的子系统。构件可以单独开发、编译、调试和验证。好的构件需要有明确的功能、清晰的接口、完整的封装、优良的品质,并有相应的标识和使用文档。各构件可采用标准化接口定义。一旦建立了标准化组件库,CBD 设计过程可分为组件选择和组装两个阶段。组合机制通过制定统一的组合操作、组合规则与约束条件,规范软件构建过程,可有效解决开发过程中的复杂性、兼容性、重用性等问题。

构件的可组合性(composability)是判断不同构件在特定组合关系下是否可进行组合构造的准则,只有相互间具有可组合性的构件才可进行组合构造,成为具有组合性(compositionality)的系统。广义可组合性定义考虑行为特性的保持性,包含两层含义:一是每个参与组合构造的构件在组合构造前后,在不同外部环境下,是否可保持其外部行为特性;二是组合构造结果的外部行为特性是否满足系统需求。狭义可组合性定义仅考虑构件间形式上的可组合性,而不考虑行为特性的保持性。它描述软件构件间在形式上的兼容性,多以构件接口行为之间的兼容性体现。

面向对象(OOP)领域内的构件组合存在两个主要缺陷:一是面向对象编程语言缺少一般性组合机制定义;二是面向对象编程语言的一些特征之间存在语义干扰,如父类的修改会影响子类,由此会影响组合机制的正确执行。CBD 对结构化、模块化和面向对象等设计思想进行扩展,强调复用,利于协作和共享,是提高软件开发效率和质量的有效途径。

建立构件的结构和行为规范可以采用基于契约(design-by contract)的方法并以博弈论为理论基础,强调建立构件与其他构件及环境的关系和执行假设。如果假设成立,则构件保证其断言集合(即构件开发者的承诺)为真。

可组合软件以 CBD 技术为基础,研究软件构件的建模、组合性质、构件间组合机制以及组合验证等理论、方法和技术。构件规约语言远未成熟,多数定义构件及其组合规则的语言针对特定的需求,或特定假设和断言集合。

如前所述,体系结构描述语言是一种描述系统结构的语言。系统由软硬件模块组合而成。体系结构描述语言(如 MARTE 和 AADL)以构件、端口和连接器等基本概念建立系统结构模型,描述构件的各种属性,如执行时间和失效模式等。这些属性在构件的接口上可见。

与通用软件构件相比,嵌入式软件构件具有以下特点。

(1)应用领域:面向特定应用,专用性强,具有特定应用领域的需求。

(2)构件形态:嵌入受控设备内部,不仅可以以软件模块形态存在,也可以以与硬件紧密结合的固件形态存在,后者需要固化存储。

(3)分布性:大规模、复杂嵌入式软件系统内的构件,随受控设备的分布而具有较强分布性。

(4)运行环境:可按需定制,差异性大,既可以直接运行于硬件平台上,也可以运行于嵌入式操作系统上,资源有限。

(5)可信属性:除功能特性外,往往更侧重实时性、资源有限性、安全性等非功能特性,软件特性与硬件特性紧密相关。

(6)异构性:不同的应用领域、设计语言与范型、接口协议、运行环境,使得嵌入式系统内常常包含异构构件。

实时嵌入式系统组合设计的一般性原则包括：构件应独立开发、应提供稳定的外部服务、构件间应实现通过通信接口的增量式组合，以及构件在系统内应可复制。构件接口是嵌入式构件与组合功能建模的重要依据。接口保证了构件的封装性，通过接口可对构件的外部行为特性进行描述，屏蔽软件构件、运行平台的结构差异和技术细节。表达构件的时间关键功能、进行精确时序分析非常重要。

1.2.3 PBD 方法

所谓平台指软硬件基础设施(抽象模型)，为某一类系统的部分设计。平台通常以组件库的形式，包含嵌入式处理器、系统软件和通信等构件。每个构件的功能和性能明确，且参数化，可以据此组装定制用户应用系统。PBD 方法通过功能与平台解耦和映射，实现应用与架构无关以及系统设计自动化。

PBD 方法需要并引出明确标识的抽象层和设计接口，以允许分离功能架构规范精化和可能实现的抽象。这一方法使应用层软件构件与微控制器、ECU、I/O 设备、传感器、执行器以及网络链接等硬件层或软件基础设施层的变化无关，利于软件组件在不同的平台上复用。如图 1.10(a)所示，沙漏的交点为功能模型与平台架构的结合点，"点"表示上下层低耦合，利于软件厂商开发平台无关的应用和组件复用。图 1.10(b)所示为功能到平台的映射过程示例。

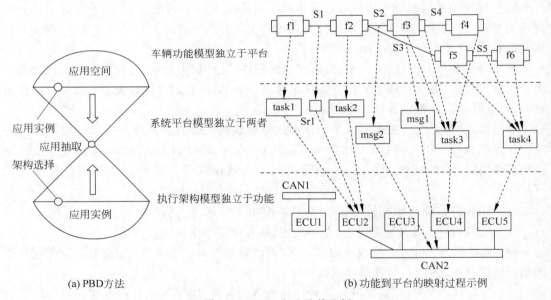

(a) PBD方法　　　　　　　　　　(b) 功能到平台的映射过程示例

图 1.10　PBD 方法及其示例

采用 PBD 和中间汇合法(meet-in-the middle)要求定义功能平台规范描述的正确模型和抽象，以及图 1.10(a)沙漏顶部和底部的软硬件架构解决方案。平台接口必须与较低级别的详细信息隔离，但同时又必须提供足够的信息，以便设计空间探索能够相当准确地预测实现的属性。

PBD 方法可以包括与低层抽象相关的体积、可靠性、功耗和时序等变量。设计空间探索包括寻找系统平台模型到候选执行平台实例的最佳映射。这种映射必须由一组方法和工具驱动,以针对一组可行性约束和优化度量函数,分析体系结构解决方案的适合性。

分析和评估主要关注时序约束和指标。如当前的 what-if 分析方法由设计者定义架构指标,迭代地选定软硬件架构,并完成从功能到平台的映射。设计者需要评估分析结果以选定体系结构配置方案。例如,基于固定优先级调度和截止期,评估跨越任务和消息的计算链的端到端延迟、可调度性和资源敏感性;计算 CAN 总线的消息延迟;时间属性和功能行为仿真;基于失效树分析失效概率和割集(导致失效的条件)等。映射包括功能与任务映射、任务与 ECU 部署、信号与消息映射以及任务和消息的优先级指定等步骤。映射需要确定功能执行周期、同步和通信方案等问题。

PBD 方法主要针对嵌入式系统中的电子系统级设计(electronic system-level design)。在加州伯克利大学开发的 Metropolis 方法和流程中,平台(指目标系统体系结构)需要预先定义,可以约束和简化设计空间搜索,并且有利于设计复用。Metropolis 建模与仿真环境提供元模型语言描述系统功能、体系结构以及两者的映射。元模型采用了基本的基于离散事件的执行模型,并发进程通过通道(称为介质)进行通信。非功能性约束将反标于各个功能点。体系结构使用进程和通信介质进行定义,包括它们所提供的服务(任务)和资源(CPU、存储器和总线等)。在给定系统功能和体系结构的情况下,综合或精化通过定义两者的 Metropolis 元模型进行映射而完成,其中包含将一组约束与事件执行模型同步。

1.2.4 IBD 方法

基于 CBD 概念,典型的嵌入式系统由一系列计算和通信组件构成组件网络。系统性能分析涉及验证组件中的缓冲是否上溢或下溢,检查数据在组件网络中传输的端到端延迟或最坏情况遍历时间(worst-case traversal time,WRTT)是否超出给定的截止时间等。典型的设计过程为两步:第一步完成系统设计和实现;第二步进行性能分析。如果发现性能不满足需求,需要返回第一步修改系统设计和实现,如此反复迭代,直至符合设计规范。

IBD 方法使用组件接口模型描述组件,避免对每个组件的内部行为进行建模。组件接口描述如何使用组件而不是组件做什么,使设计者只需根据组件所展示的接口信息就能判断两个组件是否能组合。输入假设和输出保证是组件接口对其他组件或环境的期望或服务承诺。

IBD 一步完成系统设计和分析,组件组合时检查是否符合实时约束。成功的组合意味着已经保证满足所有实时约束,无须分析步骤,避免了迭代过程,加快了设计进程。

IBD 方法得益于增量式开发和设计精化技术。对组件属性的分析基于接口代数(interface algebra),涉及实时演算、假设/保证接口和约束传播等概念。

1.2.5 形式化方法

形式化方法(formal method)是一系列描述和分析系统的行为和属性的符号表示法和技术,逐步被应用于软硬件系统设计的各个阶段,辅助定义系统规格说明,进行系统行为建模、代码自动生成或系统综合、系统属性分析和验证。形式化方法以集合、代数、数理逻辑、自动机和图论等数学理论为基础,能够准确无二义地刻画系统特征,其应用研究主要包括形式化规约(formal specification,SPEC)和形式化验证(formal verification)两方面。

设计规格是根据产品需求而定义的系统设计规范,规定了系统功能、结构和定量或定性的非功能性约束。保证系统的正确性,即系统满足设计规范,是早期形式化方法研究的出发点。传统逻辑推理过程是给定一系列真命题,验证其他命题是这些真命题的逻辑后果。演绎验证(deductive verification)技术是主要的验证程序正确性的证明系统。演绎验证的基本概念是不变式(invariant),即一个正确性断言,是系统变量之间的某些联系的断言。系统执行过程中,不变式必须在某些特定的控制点上成立。因此可以在程序中插入简单的运行时检查代码,检查不变式在特定的控制点上是否成立。

逻辑语言用于形式化设计规格定义和分析。一般而言,断言分为静态和动态两类。静态断言的真值固定,与时间无关;动态断言的真值可能随时间变化。实时系统的状态随时间变化,描述行为的逻辑谓词必须支持命题的真值随时间改变,即显式地表达时间变量。模态逻辑(modal logic)和时态逻辑(temporal logic)是描述时序关系的两类逻辑语言。模态逻辑中,真与假的概念不是静态不变的,而是相对变化的。命题的真值与场景相关。时态逻辑是一种特殊的模态逻辑,其解释场景为给定时态域的所有可能时刻。

形式化验证技术主要分为三类:定理证明、等价性验证和模型检验(model checking)。定理证明首先要选择一个逻辑体系,如 Event-B 基于 Coq 体系,然后使用该体系中的公理和定理对系统性质进行推导,直到满足某一不变式或公理则表示该性质满足,系统设计无误;如果推导结果不正确,则表示系统设计存在缺陷。等价性证明基于互模拟理论和方法验证不同开发阶段的系统一致性。模型检验技术已经成为反应式系统形式验证的核心技术。模型检验采用双语言方法基于有限状态机建立系统行为模型,基于时态逻辑描述系统规约,并采用检查器自动或半自动地检查模型行为是否满足系统规约。如果不满足则给出一个反例路径,辅助模型精化。通过分析事件和状态的顺序和时序,模型检验可验证的属性包括安全性、活性、无死锁、公平性、可达性和及时性等。模型检验的缺点是必须保证系统状态是有限的,当系统状态爆炸时,检验效率会受到很大影响。

根据形式化方法的严谨程度,规格说明的形式化验证方法可分为三个级别:第一级为需要人工辅助推理分析的半形式化方法;第二级采用形式化规格语言和自动化工具分析相关属性;第三级在基于逻辑解释的精确规约语言和环境的支持下,进行自动化定理证明或证明检查。模型检验属于第三级形式化技术。

形式化验证是对实际系统(程序代码或硬件实现)的抽象模型进行分析验证,测试验证技术则针对系统实现进行。与测试技术相比,形式化方法理论上可以覆盖所有可能的系统行为和属性。然而由于真实系统与其模型存在语义或结构差异,甚至形式化工具中也可能存在缺陷,仅证明模型正确可能对实际系统无效。另外,系统规模也是影响形式化方法效率的重要因素。因此,对系统正确性验证而言,形式化方法的目的不是保证绝对正确性,其优势在于提高可靠性。

1.3 计算模型、编程语言与软件实现

计算模型是计算过程的抽象。计算模型提供一组对象和应用于这些对象的规则,以帮助设计者描述目标系统的功能和行为。经典的图灵机模型使用数学函数描述数值计算功能和变换,而反应式系统还需要刻画不同对象、组件以及系统与环境之间的并发、交互、通信和时序行为。实际上,反应式系统的功能可以使用多种计算模型进行描述,包括状态机、数据

流、同步反应、并发进程、时间自动机等。

编程语言提供语义和结构，使设计者能够表达计算模型。一个模型可以用不同的语言表达，某些语言可以支持多种计算模型。语言可以使用各种形式描述模型，如文字或图形。

实现是系统功能在硬件处理器上的一种映射。其中，系统功能用一个或多个计算模型进行表达，并用一种或多种语言进行编程。同一种设计需求的实现方案可能有多种。

程序语言的选择与系统实现无关，应考虑该语言是否能表达设计者所采用的计算模型。选择某种实现可能是因为这种实现能满足功耗、时序、性能、成本和上市时间等系统设计要求。一旦得到某种实现，设计者可以执行该系统，观测其行为，度量设计指标，评估此实现是否满足设计要求。

多任务并发是嵌入式实时系统的关键特征之一。并发进程模型是描述并发系统的基本模型，并发系统具有异步、共享和不确定性等特征。多任务间需要互斥、同步和通信以协同实现系统功能。顺序程序设计语言（如 C 语言）不支持并发和时序操作。

有限状态机（finite state machine，FSM）通过枚举系统状态和状态迁移定义进程的反应式行为。同步 FSM 模型中，假设信号传播瞬时发生，并且所有组件同时进行状态迁移和计算下一个状态，即"锁步（lock-step）语义"。异步 FSM 中，两个 FSM 永远不会同时执行迁移，除非显式地使用会合等同步原语。因此，并发编程存在同步范式和异步范式两种范式。同步反应式语言（如 Esterel）支持同步范式，实时并发程序设计语言（如 Ada）采用异步范式。它们通过内建的并发结构（construct）描述程序的并发与协作行为，并由其运行时系统处理任务调度、提供相应的服务和支撑机制，实现任务间的通信与同步。

按时间抽象表示方法，实时系统的编程模型可以分为异步模型（asynchronous）、定时模型（timed）和同步模型（synchronous）三种，其差别在于物理时间与逻辑时间的关系特征。同步模型仅关注系统反应式功能实现的逻辑正确性，不支持实时约束定义。协作式编程语言 Giotto 支持定时模型。

所有实时语言的语法和语义中都集成了时间概念，但语言抽象层次不同，集成的形式各不相同。Ada 和 Esterel 等实时语言具有并发和实时约束表达能力。有研究者指出，目前尚没有同时支持表达前述反应式系统三种性质（反应性、模块化和因果性）的实时编程语言。

1.4　实时嵌入式系统设计方法存在的关键问题

实时嵌入式系统的应用和研究已发展了 50 余年，大致的路线图包括如下节点。

- 20 世纪 70 年代：实时调度算法 RM/EDF(1973)，编程语言 PEARL(1978)。
- 20 世纪 80 年代：反应式系统、编程语言（ESTEREL、Modula-2、RT Euclid）、VxWorks(1983)、TTA(time-triggered architecture)、语言构造问题、形式化方法。
- 20 世纪 90 年代：Ada、OSEK、时序约束语言、反应式处理器、标准化。
- 21 世纪 00 年代：设计方法（CBD、MBD）、Giotto、LTTA、体系结构描述（AADL、MARTE）、AUTOSAR、多核、CPS、时序可预测处理器。
- 21 世纪 10 年代：嵌入式智能系统。

早期工业实时系统的开发没有合适的理论指导，仅基于设计者的直观理解和实践经验，基于特定软硬件系统平台，需要精细的调试，且系统功能和参数的微小调整都需要重新测试,具有很大的脆弱性。为了确保满足硬实时需求,不得不采用过度资源预留的保守策略,导致极高的制造成本,并且产品难以满足应用对可移植性(portability)、灵活性(adaptability)、复用性(reusability)和可维护性(maintainability)等重要属性的要求。问题的关键在于平台依赖的自底向上设计过程缺乏对底层细节的合理抽象,平台细节对系统行为产生巨大影响。显而易见,这种设计方法难以保证可预测性,设计成本高昂,难以满足高复杂性系统需求。

按照复杂问题的四种简化策略,Hermann Kopetz 归纳了 RTE 系统构件化设计应遵循的 7 个设计原则,包括抽象原则(以构件化设计为基础)、关注点分离原则(功能依赖关系解耦)、因果性原则(建立可推理的确定性行为因果链)、分段原则(复杂时域行为分解为顺序行为)、独立性原则(减小组件之间的依赖)、可观性原则(组件提供测试接口)和时间一致性原则(分布式实时系统应建立全局时基,以保持事件时序视图一致性)。这些原则符合"高内聚(high cohesion)、低耦合(low coupling)"的一般性工程化结构原理。

近年来随着 CPS、实时智能系统、时间敏感网络(TSN)等概念的出现,大规模复杂应用需求更加突出,实时嵌入式系统设计正面临设计方法完善、设计流程再造甚至理论基础重构等方面的重大挑战,处在发生重大变革的过程中。

首先,需要进一步完善时序分析和基于时间的设计综合技术。对反应式 RTE 系统,计算和控制任务的完成时间是一个重要设计约束,也是定义硬实时系统的关键属性。从 20 世纪 90 年代开始,实时计算的研究结果逐步被工业界采用,包括 RTOS 的调度策略和网络介质访问控制协议。传统上,实时系统研究将任务和作业(操作系统的线程)作为分析模型的对象。对硬实时系统,设计空间(可行调度区间)必须满足可调度性约束,需要任务在其截止期之前完成。设计时间关键(time-critical)应用时,可调度性分析技术用于定义具有截止期任务的可行区间,并采用迭代分析和最优化技术寻找可行区间内的最优设计方案。

RTE 系统的复杂性和分布式特征大大延长了改进设计和修正错误的迭代周期。例如,现代汽车中具有上百个 ECU、十余条总线、百万行代码。时序分析技术的用途已经发生了很大变化,需要尽量在设计过程的早期进行,需要对计算和通信行为进行整体分析,并且从针对给定设计进行分析变为综合生成最佳设计方案。功能布局、任务和消息的优先级分配或时间槽分配、数据帧中通信信号封装、计算与通信的交互等,都是现代设计者面临的问题。由于超大设计空间,手动定义配置项、分析可调度性、尝试优化和修正错误的试错方法等不再适用,迫切需要能够实现自动化闭环设计的综合和优化方法。

其次,需要进一步优化多专业融合的设计流程和工具。RTE 系统设计以时序行为控制为核心,需要考虑设计复用、异构平台、抽象模型等关键问题,需要多学科交叉融合,尤其需要控制工程师和计算机工程师协同。当前主要系统设计过程为两阶段式(如图 1.11 所示),控制工程师首先完成控制算法设计和分析验证,再将其作为软件设计需求,交由计算机工程师完成实时软件设计和测试。由于控制工程与计算机工程两个专业领域存在数理基础、专业视角、设计方法和思维文化等方面的差异,造成两阶段设计流程在实践中存在显著的断层。例如,控制算法设计通常采用逻辑时间概念(所谓同步方法),而计算机软件设计采用并发异步任务模型,按物理时间执行。实时程序员采用 ISR(interrupt service routines,中断服务程序)、设备驱动和调度等与控制差分方程无关的抽象概念进行系统设计,导致控制模型与实时代码之间存在较大差距。由控制工程师定义的 Simulink 设计可能被实时程序员认为无法实现,而实时程序员实现的实时软件又被控制工程师认为不能正确地控制被控对象,需要反复迭代调试,开发效率低下。这也是实时软件验证和维护成本高昂、重用性和扩展性有限等问题的根本原因。RTE 设计方法研究尚处于形成标准设计工具和设计流程的发展进程中,极具挑战性。

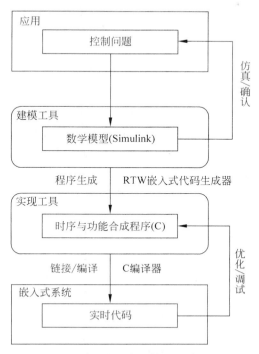

图 1.11　两阶段式系统的设计过程

　　最后,需要结合时间语义,重新思考计算机系统的抽象模型。经典计算模型和计算机体系结构抽象模型中不包含物理时间概念。传统的嵌入式系统设计方法着重于特定应用的计算单元,而不是计算与物理单元的关联。早期的技术主要针对资源有限问题,考虑如何优化设计以满足给定资源的限制,而且将实时性属性作为系统的非功能约束,如仅要求在截止时间前完成某个任务,而对提前量没有规定。而在 CPS 设计中,更加重视计算机、软件、网络与物理过程的动态融合。并发性不再作为系统结构化设计或性能优化的一种手段,而被看作 CPS 固有的属性之一,必须在设计和编译时(design-time,compiling-time)加以考虑,并且在运行时(run-time)进行管理。同时,实时性也成为 CPS 的功能需求而不再是非功能属性,如某个任务要求准确地在特定时刻执行。因此需要在计算与通信模型、编程语言、运行时环境和处理器体系结构等计算机系统的多个层次中表达并发和时间概念及其行为语义,以满足设计方法学对保证逻辑行为和时序行为的可预测和可组合的关键要求。

1.5　本书的组织结构

　　本书以安全关键硬实时系统为主要对象,以保证时序可预测性和可组合性为首要目标,重点关注系统各个层次和各个设计阶段的时序行为和时序控制问题,介绍相关理论、方法、技术和最新研究成果。

从计算机专业角度,实时嵌入式系统设计方法涉及计算机硬件、软件,涉及实时调度理论、形式化方法、计算机工程、软件工程,所谓"麻雀虽小,五脏俱全"。我们将实时嵌入式系统设计相关理论和工程实践归纳为两大类:实时计算和设计自动化。实时计算主要基于RMA等理论,研究单处理器和多处理器的实时调度算法、WCET分析和可调度性分析,以及实时操作系统等问题;设计自动化以工程设计过程为主轴,以规约语言、体系结构描述语言、实时编程语言等各类设计语言为载体,以形式化方法和MBD、CBD设计风格,实现自顶向下的建模、设计、验证和综合过程。本书第2~6章与实时计算相关,第7~9章与设计自动化相关。内容结构具体如下。

第1章:绪论。介绍实时嵌入式系统及其设计方法的基本特征。

第2章:实时嵌入式系统硬件架构。以时序行为属性为重点,以典型产品和配置为例,介绍安全关键硬实时系统的硬件平台核心组件,包括微处理器、微控制器、存储器、定时设备和系统总线等功能部件的基本特征。

第3章:实时操作系统。讨论实时操作系统的组织结构、系统服务和主要性能指标,并介绍几种常用开源实时操作系统的特征,最后介绍实时操作系统相关服务和体系结构标准。为了减少操作系统运行开销对系统实时性的影响,与通用操作系统最大的差异之处在于实时操作系统往往采用微内核架构,并且要求系统服务的执行时间具有可预测性。

第4章:实时任务调度。讨论经典的单处理器实时任务调度算法以及模式切换和过载处理等问题。经典调度算法的基本假设是任务相互独立。同时,本章对典型的可调度性分析方法进行了描述,并介绍了WCET分析技术及其安全性标准。

第5章:共享资源访问控制。资源竞争造成系统逻辑行为和时序行为不可预测,甚至导致系统功能失效。本章主要讨论单处理器实时系统中处理临界资源竞争引起的同步、死锁和优先级翻转等问题的经典算法和策略。

第6章:多处理器与分布式实时系统。一方面,实时嵌入式系统天然具备分布式特征;另一方面,多处理器和分布式技术是提升安全关键系统可靠性的重要手段。本章主要讨论此类系统中的任务分配与调度、时钟同步、资源管理、可调度性分析问题,并对实时通信总线、网络协议和性能分析方法等问题进行了简要介绍。

第7章:实时嵌入式软件设计。讨论任务定义与划分方法、程序结构、程序时序行为控制和编程模型以及实时编程语言。强调任务时间预算与程序的时序约束与控制,以及同步范式和异步范式的差异。并介绍了结构化设计方法DARTS。

第8章:形式化方法。介绍MBD/CBD方法的规范、建模与验证过程中的形式化方法,包括系统行为和属性的建模语言。还介绍了约束满足问题、时间自动机模型、接口自动机模型,以及时序逻辑。同时还介绍了可组合构件模型,并以Event-B框架为例介绍了设计精化技术。

第9章:体系结构建模语言与设计框架。从CBD方法视角看,体系结构是保证软硬件系统质量的关键。以体系结构为中心的设计方法强调在多个抽象层次上对应用的目标体系结构进行设计空间搜索。作为实现设计空间搜索的载体,本章介绍体系结构层时间行为建模方法,以及MARTE、CCSL、AADL、BIP、Ptolemy Ⅱ等可组合系统体系结构设计与分析语言或框架。同时简要介绍了汽车电子领域的软件体系结构标准AUTOSAR。

第10章:RTES示例与辅助设计工具。汽车电子应用是典型的RTE系统。本章以供学术界研究使用的汽车引擎控制系统测试套为例,介绍实时应用软件的基本负载和时序特征。为了便于读者实验,本章罗列了一些典型的实时系统辅助设计工具,包括可调度性分析和建模验证工具。

实时系统设计需要全面掌握包括编程语言、编译技术、运行时环境、虚拟机、操作系统、体系结构直至微体系结构的所谓"全栈"知识,涉及环境、系统、平台、并发、偏序、全序、同步、异步、状态、事件、任务、功能、行为、连续时间、离散时间、逻辑时间、物理时间、因果关系、顺序依赖、事件触发、时间触发等众多核心概念。RTE 系统设计所基于的核心数学理论包括时间(timed)进程代数、时态逻辑和时间自动机。

按系统科学的思想,本书的研究对象包括环境和系统,环境与系统相互作用。系统由相互联系、相互作用的若干元素构成,环境为系统外部与系统相关联的事物的集合。状态是系统可观察、可识别的形态特征,事件是系统状态随时间变化的标识。因此,对事件的分析和响应代表了针对对象的观察和控制。对事件的感知和响应由动作序列(任务)完成,可以采用事件触发和时间触发两种模式。

系统的功能是其行为的结果。系统行为指系统相对于其环境所展现的变换,可以由外部事件触发的一系列系统状态迁移进行表示,也可以通过所执行的一组任务进行展示,具有特定属性。系统的行为和属性必须满足设计约束。对 RTE 系统,设计约束源自与外部环境交互的要求,在系统设计阶段必须对系统属性进行验证,以保证符合设计约束,避免实际运行阶段出现重大行为异常。

任务(task)是应用层的概念,具有完整功能的程序代码、函数、模块、对象都可定义为任务。在现代操作系统中,任务可以被映射为进程或线程,由 OS 进行管理和调度。

在实时计算领域,时间的概念非常关键,尤其实时间(real time)、逻辑时间、物理时间、平台时间等,以及时间域和时基,需要注意体会。中文文献中,"时间"一词可能对应英文中"时间(time)""时态(temporal)""时序/定时(timing)""带时间的(timed)",甚至"时刻(instant)""时长(duration)"等。外文文献中,这些术语的使用有其专业习惯和传承,也受作者的专业背景和母语影响,需要结合上下文进行理解。

在本书的论述中一般不突出进程、线程与任务,截止时间、截止期与时限,或规范、规格与规约等专业术语之间的差异,特殊情况除外。同时,"设计"一词可能为名词或动词,指代系统设计方案或设计活动。类似地,"实现"亦可为名词或动词,指代实现活动或实现成果。

思　考　题

1. 分析"系统设计方法"的内涵和外延。
2. 解释"实时嵌入式系统"的主要特征。
3. 如何定义反应式系统的行为特征?能否用图灵机模型进行抽象表示?
4. 举出一种实时嵌入式系统实例,并罗列或分析其时间行为的相关约束指标。
5. 解释时间可预测性,并分析实时系统需要具备的时间可预测行为特征。

第 2 章　实时嵌入式系统硬件架构

实时嵌入式系统的硬件平台主要包括微处理器/微控制器、存储器、输入部件（传感器、A/D 变换）、输出部件（D/A 变换、执行器）、现场可编程门阵列（field programmable gate array，FPGA）及互联总线等部件。本章重点关注影响实时系统并发与时序行为的相关硬件特征。

2.1　微处理器/微控制器

相对于通用计算，嵌入式微处理器更加专用，种类更加丰富，对功耗和价格更加敏感。由于嵌入式产品生命期很长，升级较慢，更强调可靠性和稳定性。对安全关键的应用，微处理器的时间行为是必须考虑的重要问题。

微控制器是单芯片上集成的微型计算机系统，由 CPU 核、片上存储器、各类 I/O 接口以及定时器等器件组成。

现代微处理器通常采用冯·诺依曼架构，典型的处理器指令集体系结构（instruction set architecture，ISA）包括复杂指令集计算机（complex instruction set computer，CISC）架构和精简指令集计算机（reduced instruction set computer，RISC）架构。x86 是典型的 CISC 架构，ARM、PPC 等为典型的 RISC 架构。面向专门的应用场景以及资源、功耗等受限的嵌入式处理器通常采用 RISC 架构，某些嵌入式处理器甚至仅提供整数运算部件，以进一步节约资源、降低功耗。针对低功耗应用的微控制器可有多种节能工作模式，进入休眠模式时其能耗可能仅为纳瓦级。因此，一节电池供电的传感器节点可能工作若干年。

通用处理器设计通常在满足功耗约束的条件下，以提升系统在大多数应用场景下的性能为主要设计目标，其性能通常为统计意义上的平均性能。采用的基本技术包括指令级并行、数据级并行、任务级并行，以及存储系统层次优化等。而作为实时系统中的核心部件——嵌入式处理器，面向专门的应用领域，通常工作负载相对固定，不仅追求高性能，更强调系统时序行为的确定性。因此在传统通用处理器中采用的一些优化技术，可能并不适用于实时系统中的微处理器。例如，通用处理器设计中采用的超标量流水线、多线程交替执行、cache 优化等技术是提高性能[一般由 IPC（instruction per cycle）度量]的重要手段，但是流水线依赖、乱序执行、线程非确定的交替执行方式，以及 cache 缺失等问题影响任务执行的时序行为确定性。流水线越深，影响程度越显著，控制越复杂。在嵌入式实时计算中，这些技术可能造成任务响应时间抖动，影响 WCET 分析，不利于预测时间行为。

本节介绍用于实时系统的 Cortex-M3、AURIX、XMOS、LEON2 等典型嵌入式微处理器和微控制器的实时性特征，如快速及时延确定性中断机制、原子性位操作、硬件多线程、确定性 I/O、锁步冗余等通用处理器中不常见的技术。

2.1.1 Cortex-M3 体系结构

2005 年,ARM 推出 Cortex 系列处理器,其中 Cortex-M 系列针对微控制器应用进行优化,具有低成本、低功耗和高性能的特点。例如,Cortex-M3 处理器的性能是 ARM7 处理器的两倍,而功耗为其 1/3,适用于汽车电子、家用电器和网络设备等众多嵌入式应用。Cortex-M 处理器核支持休眠和深度休眠两种休眠模式。在没有中断请求时,处理器核进入休眠模式,其时钟信号停止,外设和存储器关闭,系统工作电流为 μA 级。一旦中断请求到达,系统被重新唤醒,唤醒延迟为 μs 级。Cortex-M4 具备 Cortex-M3 的全部功能,进一步扩展了数字信号处理(digital signal processing,DSP)指令集,如单指令流多数据流(single instruction multiple data,SIMD)指令和单周期 MAC(multiply accumulate)指令,以及可选的 IEEE 754 标准单精度浮点运算单元。

Cortex-M3 为三级指令流水线(取指、译码、执行)的 32 位处理器核,具有硬件除法器和乘加(MAC)指令,采用哈佛结构,指令总线和数据总线相分离。Cortex-M3 允许配置使用片外 cache,也可以选配内存保护单元,其逻辑结构框图如图 2.1 所示。Cortex-M3 内建的定时器、双堆栈、特权级等机制为 RTOS 提供了系统级支持。

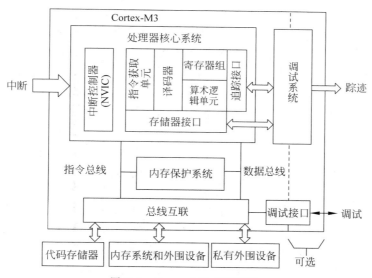

图 2.1　Cortex-M3 逻辑结构

由于主要针对控制系统应用,Cortex-M3 仅提供一套寄存器组(如图 2.2 所示),并且只支持由主堆栈和进程堆栈构成的双堆栈操作。这两个堆栈由堆栈指针 MSP 和 PSP 管理,分别用于线程模式和例程模式。

Cortex-M3 处理器与实时计算密切相关的特性包括操作模式与特权级、中断与异常机制、定时器以及存储管理。

1. 操作模式与权限级别

与 ARM 架构的其他处理器不同,Cortex-M3 只有普通线程(thread)模式和异常例程(handler)模式两种工作模式,以及特权和用户两种权限级别,如图 2.3 所示。例程模式代码只

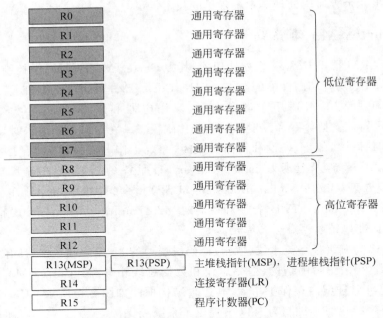

图 2.2　Cortex-M3 的寄存器组

能在特权级运行,而线程模式的代码可在两种权限级别下运行。通常系统中线程模式代码包括普通应用程序和操作系统代码两类。操作系统代码工作于特权级,普通应用程序工作于用户级。系统复位后默认使用 MSP,工作于特权级,用于 RTOS 内核及中断和异常例程执行。

	特权级	用户级
异常例程的代码	例程模式	错误的用法
主应用程序的代码	线程模式	线程模式

图 2.3　Cortex-M3 的工作模式

　　权限机制提供了一种操作保护机制,防止普通应用任意修改系统配置和访问关键内存区。控制(CONTROL)寄存器用于定义工作模式和选择所使用的堆栈。合法的操作模式切换如图 2.4 所示,用户级线程在使用系统调用指令(SVC)调用操作系统服务时,需要经过特权级例程模式中转才能进入特权级线程模式,即通过触发 SVC 异常,并修改 CONTROL寄存器线程模式的特权级。

　　线程和例程两种工作模式共享一套寄存器组,但可以有各自的堆栈,分别由主堆栈指针(MSP)和进程堆栈指针(PSP)寻址。运行在线程模式的用户代码使用 PSP,而异常服务例程(包括 RTOS)则使用 MSP。两个堆栈指针的切换随工作模式切换由硬件自动进行。注意,复位后默认使用方式为用户程序和异常例程共享同一个堆栈。

2. 中断与异常机制

　　ARM 系列的微处理器将打断处理器正常执行程序的事件统称为异常。根据事件的不同,异常分为中断(内部中断、外部中断)、执行"非法操作"、访问越界、软硬件出错(fault)等。

　　Cortex-M3 支持系统异常、内部中断及外部中断,并支持中断嵌套,可以在运行时动态

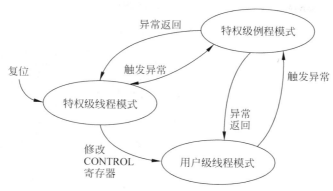

图 2.4　有关操作模式切换的状态迁移图

调整优先级。与非向量中断不同,Cortex-M3 采用向量中断方式,无须 ISR 判断中断源,减少了中断延迟。中断响应时,Cortex-M3 自动保存现场,并在中断返回时自动恢复现场。

中断和异常的处理过程需要识别当前中断源和屏蔽某些可屏蔽中断。Cortex-M3 的中断设施如下。

(1) 程序状态寄存器组:xPSR 由 APSR、IPSR 和 EPSR 三个子状态寄存器构成。APSR(应用程序 PSR)记录当前程序执行状态(负、零、进位、溢出、饱和)。IPSR(中断 PSR)记录当前中断请求号,包括不可屏蔽中断和异常系统调用。EPSR(执行 PSR)记录被中断的多周期复杂操作指令的状态信息,如 ICI 位(中断可继续指令位)保存被中断的多寄存器 ld/st 指令的下一个寄存器编号,IT 位(if-then 指令状态位)保存基本块指令数和执行条件等。可以使用 MRS/MSR 指令访问这些寄存器。

(2) 中断屏蔽寄存器组:由 PRIMASK(8 位)、FAULTMASK(1 位)和 BASEPRI 三个寄存器构成。PRIMASK 屏蔽指定的中断请求,BASEPRI 屏蔽某个中继优先级以下的所有中断请求,FAULTMASK 暂时关闭出错(fault)处理机制。在特权级下,可以使用 MRS/MSR 指令访问这些寄存器。

(3) 中断向量表:默认的中断向量表在内存 0 地址处,利用 NVIC 的重定位寄存器可以将其重定位。另外,中断向量表的第一个向量的位置存放的是 MSP 的初值。

NVIC(嵌套矢量中断控制器)作为 Cortex-M3 内建的片上外设,完成开关中断、中断屏蔽、优先级管理等工作,其寄存器以存储器映射方式访问。NVIC 支持 240 个可屏蔽中断请求、1 个 NMI 和 1 个系统定时器 SysTick(24 位递减计时器),以及 11 个系统异常(包括软硬件出错和系统调用 SVC),并允许同优先级。包含 NVIC 的系统结构如图 2.5 所示。与传统可编程中断控制器(PIC)不同,NVIC 同时管理中断和处理器核异常。

因优先级低或被屏蔽等原因,某些异常请求(包括 SVC 和中断)不能被立即响应。这些被挂起的异常记录于 NVIC 的"挂起状态寄存器"中,以避免丢失设备中断请求。注意,出错异常不允许被挂起。

中断请求到达后即处于挂起等待响应状态,即便中断源撤销了该请求。一旦开始响应,则该中断进入激活状态,同时清除其挂起标志(称为"清中断"),以避免重复响应同一个中断请求。中断响应未完成之前,同一中断源的新的请求将被抛弃。在异常服务例程未退出前,可以通过设置 STIR(软件触发中断寄存器)将自己所对应的请求暂时重新挂起。这一机制

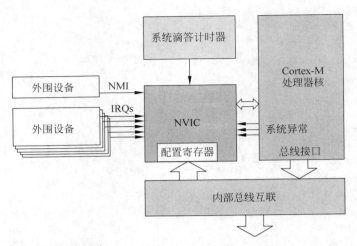

图 2.5　Cortex-M3 系统结构图

称为软件中断。与 SVC 不同,软件中断是异步的。

某些异常用于故障处理,称为出错异常,主要包括如下几种。

(1) 总线错误:AHB 总线数据传输故障,包括预取指故障(prefetch abort)、取数读写故障(data abort)、访存地址错(堆栈地址错、访存地址无效、非法访问、数据类型不匹配、SDRAM 未初始化等)。BFSR(总线错误状态寄存器)中记录了当前故障原因。总线错误分为精确和非精确两类。取指和堆栈操作错误是精确的,其访存地址由 BFAR(总线错误地址寄存器)保存。

(2) 内存管理错误:与 MPU 的保护设置相关,包括访问 MPU 之外的地址空间、无物理存储器的地址空间、访问权限违例等。MFSR(内存管理错误状态寄存器)和 MMAR(内存管理地址寄存器)两个寄存器记录了访存故障原因和地址。

(3) 使用(usage)错误:包括执行协处理器指令(Cortex-M3 不支持协处理器)或未定义指令、地址未对齐、除 0 错、无效中断返回等。UFSR(使用错误状态寄存器)记录了故障原因。

(4) 硬件错误:如果某种原因使得总线、内存管理和使用等故障的服务例程无法执行,则这些异常将延伸转化为硬件错误。读取异常向量的总线错误也属于硬件错误。确定故障原因时需参考 HFSR(硬件错误状态寄存器)和 BFSR、MFSR、UFSR 等寄存器。

SVC 嵌套、NMI 服务例程中使用 SVC 和 ISR 中进行任务上下文切换等操作亦将导致使用错误。发生故障后,需要采取复位、恢复或终止相关任务等方法进行响应。如果硬件错误或 NMI 服务例程中出错,将导致处理器核被锁定。

系统服务调用(SVC)的语义为同步式软中断,不允许嵌套。如果因优先级较低或其他原因无法立即响应,将导致硬件错误。

多任务系统通常在 ISR 结束后进行任务切换,以响应外部事件。此时,如果出现中断嵌套,必须在所有 ISR 结束后才能进行任务切换,而不允许高优先级 ISR 结束后立即进行任务切换,否则将导致被中断的低优先级中断 ISR 无界延迟。但这种模式可能导致时钟中断触发的任务切换被延迟。Cortex-M3 采用 PendSV(可挂起系统调用)解决此类问题。

Cortex-M3 的中断延迟时间是指从中断请求确认到执行 ISR 第一条指令的间隔时间,最大只有 12 个时钟周期。低延迟中断处理(LLIM)技术包括自动状态保存、低位寄存器自动入栈和恢复、总线系统允许入栈与取 ISR 第一条指令并行,以及尾链(tail-chaining)技术和迟来(高优先级)中断技术等。

当执行 ISR 时,低优先级中断请求到达并被挂起,待当前 ISR 完成并退出后才进行响应。尾链技术使得当前中断处理结束后直接进入被挂起的低优先级中断,避免了退出当前 ISR 的恢复现场和进入新 ISR 的保存现场操作。尾链机制将一般需要 30 个时钟周期才能完成的连续的出入栈操作减少至 6 个时钟周期。

当 Cortex-M3 进入中断周期准备响应中断请求时,如果高优先级请求到达,当前中断尚未开始处理,即还没有转入当前中断的 ISR,则迟来中断机制直接转入响应高优先级中断。注意,Cortex-M3 自动保存现场,因此其中断周期相对较长。

Cortex-M3 的多周期指令包括除法指令、双字访存指令 LDRD/STRD、多字访存指令 LDM/STM 和 IF-THEN 指令。对于除法指令和双字访存指令,发生中断时将撤销其执行,待中断返回后重新执行。LDM/STM 指令相当于一连串 ld/st 指令,允许被中断,利用 EPSR 的 ICI 位记录 ld/st 指令的下一个寄存器编号。与之类似,IF-THEN 指令也允许被中断,利用 IT 位保存 if-then 基本块指令数和执行条件。

3. SysTick 定时器

NVIC 中集成了一个 SysTick 定时器,具有自动重载和溢出中断功能。SysTick 定时器为 24 位递减计数器,每个系统时钟周期计数器值减 1,直至为 0。Cortex-M3 有多个时钟源,包括系统时钟 HCLK、内部时钟 FCLK 和外部时钟 STCLK。FCLK 亦称自由时钟,即使系统时钟停止时,FCLK 也继续运行。SysTick 的时钟源可以使用 FCLK(等于 HCLK)或 STCLK(等于 HCLK/8)。使用内部时钟时,设 HCLK 频率为 72MHz,则处理器时钟周期为 1/72 M,Tick 中断的间隔=时钟周期×计数器初值。

如图 2.6 所示,SysTick 定时器由 SYST_CSR(控制与状态)、SYST_RVR(重载值)、SYST_CVR(当前值)、SYST_CALIB(校准值)4 个寄存器配置。SysTick 定时器可作为 RTOS 的系统时钟,为其提供 100Hz(即 10ms)的定时节拍,用于时钟驱动的任务调度,也可用于时间测量或超时控制。对应用开发而言,相较于利用外部定时器,基于 SysTick 利于应用程序移植。

4. 存储管理

与传统的 ARM 架构相比,Cortex-M3 的存储管理机制有较大变化。首先,存储器映射是预定义的,并且还规定了哪个位置使用哪条总线;其次,支持位带(bit-band)操作,可以实现对位操作的原子操作。位带操作仅适用于一些特殊的存储器区域;再次,支持非对齐访问和互斥访问;最后,支持小端配置和大端配置。

Cortex-M3 支持 4GB 存储空间,并预定义其内存区(region)划分,如图 2.7 所示。片上外设端口按存储器映像方式映射到固定区域。地址空间映射与总线关联绑定,如代码区(0x00000000～0x1FFFFFFF)通过指令总线(I-Code 总线)和数据总线(D-Code 总线)访问,外设区(0xE0040000～0xE00FFFFF)通过私有外设总线(PPB 总线)访问,其他数据区使用系统总线(System 总线),因此应避免代码与数据共享存储区,以利于并行化。另外,堆栈位于数据区,因此中断向量表应放在代码区,以便中断响应时读取中断向量与保存现场(通用寄存器入栈)并行操作,减少中断延迟。当然,此时也可在代码区配置独立的 RAM,通过 D-Code 总线入栈。

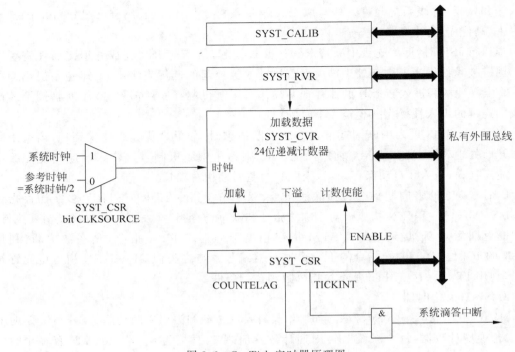

图 2.6　SysTick 定时器原理图

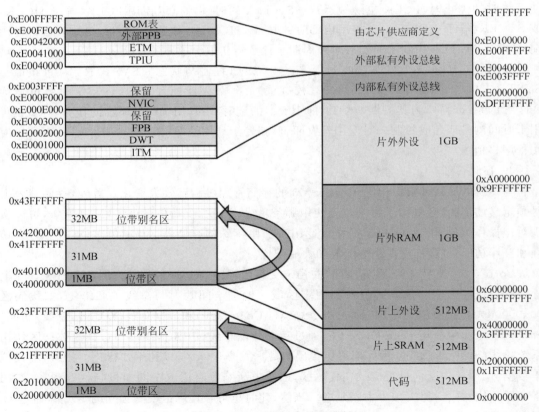

图 2.7　Cortex-M3 存储器映射

Cortex-M3 处理器核中没有配置核内 cache，但支持核外 cache。此外，其总线接口具有单项（entry）写缓冲（write buffer），使得需要多个时钟周期的数据传输在单周期内完成，利于发挥指令流水线的优势。写缓冲提升了访存的平均性能，但会导致写内存延迟，影响下一条存储器读操作的数据有效性。

针对不同的地址区（存储区），Cortex-M3 规定了如下 4 种访问属性。

（1）可缓冲（bufferable）：当处理器继续执行下一条指令时，对存储器的写操作可由写缓冲执行。

（2）可缓存（cacheable）：支持 cache 访问。

（3）可执行：可取出并执行程序代码。

（4）可共享：可被多个总线主设备访问。存储系统需要保证数据一致性。

对于可缓存区，同时还规定其写策略，包括 WT（写透）、WB（写回）和 WA（写分配）等。可执行和可缓冲属性影响程序的执行，可缓存和可共享属性由 cache 控制器使用。每次传输指令或数据时，总线接口将访问属性信息输出到存储系统。另外，设备区不可执行和不可缓存，但允许可缓冲。私有外设区的访问需要严格顺序化，因此不可缓存和不可缓冲。系统设置了各地址区的默认访问属性。如果配置存储器保护单元（MPU）（可选），可通过其对默认属性进行修改。

MPU 作为特权机制的补充，用于保护关键的存储区（如 RTOS 区）。当监测到违规访问时，MPU 会产生一个 fault 异常。MPU 按内存区管理内存，可以设置各个区的读写属性，也可以对不同任务的内存区进行隔离，如某些 RTOS 安全标准规定必须进行任务隔离。

Cortex-M3 所采用的指令流水线、写缓冲、异常挂起等技术，可能会影响指令执行顺序和数据访问的一致性。存储器重映射、中断系统动态重配置、低功耗休眠等操作，需要保证之前的操作都已经完成。Cortex-M3 提供了同步障（barrier）指令，包括 ISB（指令同步障）、DSB（数据同步障）和 DMB（数据存储障）等，用于保证指令执行顺序和数据访问的一致性。ISB 指令强制排空指令流水线，保证之前的所有指令都执行完成。DSB 指令确保在执行下一条指令前，所有访存操作都已经完成。DMB 指令支持多处理器架构，保证在新的访存操作前，所有的访存操作都已经完成。注意，Cortex-M3 的按序流水线和 AHB Lite、APB 总线协议不会进行指令或访存操作重排。

位带机制使位操作高效和原子化。Cortex-M3 片上 SRAM 区和片上外设区中各有 1M 的位带区（bit-band）和与之相对应的 32M 位带别名区（alias）。位带别名区可存储 8M 个位变量，其中每个字的 LSB（least significant bit，最低位）对应于位带区的一位。因此可以通过访问别名区并结合左右移位操作，对位带区的每一位进行寻址和读写操作。位带别名区的读写访问操作是原子的，在位带别名区的读写操作实质上是总线锁定的 RMW（读、改、写）操作，如图 2.8 所示。

通过互斥量对临界资源进行保护是多任务并发系统避免竞态的重要机制。传统处理器提供 swap 指令支持实现互斥量原语。然而，swap 指令基于总线锁机制实现原子 RMW 语义。对于读写总线分离的多总线系统，则需要新的机制。Cortex-M3 引入互斥指令对 LDREX/STREX 实现信号量的互斥访问。互斥指令执行时，允许其他任务和总线主设备访问相同存储区。Cortex-M3 按规则检查可能导致竞态的访问序列，如果存在，则驳回互斥指令（注意，其他访存指令正常执行）。程序员需检查 SRTEX 指令的返回值，判断加锁操作是

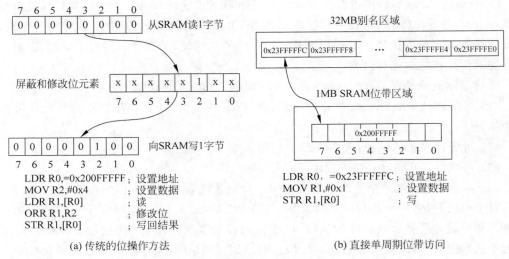

图 2.8　Cortex-M3 的位带操作示例

否成功。如果多次尝试加锁不成功,可能先前加锁的任务已经崩溃,必须放弃对此资源的访问请求。

　　如果存储器支持锁定传输(locked transfer),或总线上只有一个主设备,则可以使用位带操作实现互斥锁。

2.1.2　XMOS 处理器

　　反应式系统需要非常高效的并发和异常处理。据统计,平均每 5 条指令就发生一次上下文切换,而传统的基于操作系统的上下文切换需要执行上千条指令。此外,输入外部状态并产生相应的输出是反应式实时系统的重要功能,轮询和中断是常用的两种 I/O 控制方式。普通的轮询耗费大量的 CPU 计算时间,而中断响应时间不可预测。

　　反应式处理器(reactive processor)是一类专门的嵌入式处理器,可以直接通过 I/O 接口与所处环境进行交互。反应式处理器的结构相对简单,不使用 cache,保证了时间可预测,其反应控制流结构直接由硬件实现,因此可以准确安排时间行为。结合同步计算模型,可以准确评估应用任务的 WCRT(最坏情况下的反应时间),利于预测控制系统对外部事件的反应时间。

　　XMOS 处理器是 XMOS 公司提出的一种特殊架构的 MCU,属于反应式处理器范畴,是一款 32 位的高性能事件驱动多核(XCore)处理器。如图 2.9 所示,XU208-128 为 8 核入门级 XMOS 处理器,其计算性能为 500 MIPS,并且在双发射模式(dual issue mode)下可以达到 1000MIPS。

　　XMOS 处理器基于 RISC 架构,所有指令单周期执行。针对实时应用,处理器支持事件驱动硬件多线程,并且具有高度整合的输入/输出和片上存储器。其输入和输出由特定的指令控制,所有的引脚(pin)都可以自定义。例如,XU208-128-QF48 是 QFN48 封装,共有 27 个可以自定义的 GPIO 引脚,在实际应用中可以灵活配置。

　　XMOS 器件在每个片上提供了 8KB 的 OTP(one time programable,一次性编程)存储

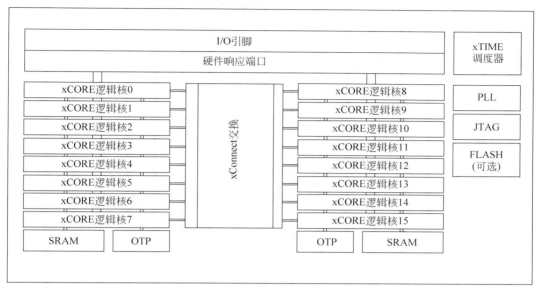

图 2.9　XMOS XU208-128 结构图

器,并具有 128 位的 AES 加密算法模块。允许将加密过的代码存入外部 SPI Flash,而将密钥存入 OTP 中,以保护知识产权。

　　XMOS 处理器集 MCU、FPGA 和 DSP 等器件的特点于一身,支持 XC、C、C++和汇编语言的开发。XMOS 公司还提供了丰富的 IP 资源(xSoft IP),减短了应用项目的研发周期。其面向实时计算的主要特性包括硬件多线程 XCore、多功能 I/O 模块,以及独特的编程模型等。当前主要应用于音频领域,但其可扩展的应用空间远不止于此。

1. 硬件多线程 XCore

　　XCore 采用短流水线,没有使用前推和投机或分支预测等技术。每个 XCore 可以同时执行 8 个硬件线程。多个线程以细粒度交替方式执行,在每个时钟周期切换线程上下文。处理器为每个线程分配相等的时间片,时间片精确到 1 个时钟周期(如果处理器工作主频为 400MHz,则 1 个时钟周期为 2.5ns),而传统的操作系统分配给线程的时间片都是在毫秒(ms)级。XCore 中如果同时执行的线程数小于 4,则每个线程被配置 1/4 的处理周期(又称线程周期,thread cycle);如果同时超过 4 个线程在运行,则每个线程至少占用 $1/n$ 的处理周期(对 n 个线程)。1 个线程周期为 n 个处理周期。图 2.10 所示为四线程细粒度交替执行示例,以 4 个时钟周期(线程周期)为轮换周期,4 个线程交替执行。

　　如图 2.11 所示,每个 XCore 包括如下几部分。

　　(1) 每个线程一组寄存器。

　　(2) 线程调度器,以动态选择执行的线程。

　　(3) 一组同步器(synchroniser)支持线程同步。

　　(4) 一组通道用于线程通信。

　　(5) 一组端口用于输入输出。

　　(6) 一组定时器用于实时控制(10 个 100MHz 定时器)。

　　(7) 一组时钟生成器用于使输入输出与外部时钟同步。

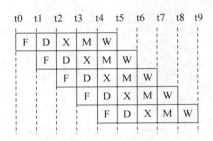

图 2.10 四线程细粒度交替执行示例

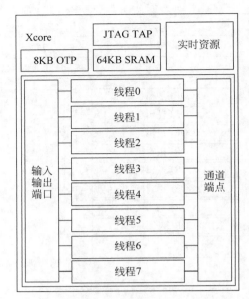

图 2.11 XCore 的多线程执行机制

在每个处理器时钟周期,XCore 线程调度执行下一个非等待的线程发出的指令。当要读入的数据没准备好或等待某一事件发生时,线程会进入阻塞等待状态,其处理时间交由其他线程使用。当所等待的事件发生时,将立即恢复被挂起线程的寄存器和内存,并进入激活状态。这一调度机制在很大程度上消除了中断的需求。线程会等待而不是像传统处理器会发生中断,且不需要用户保存上下文。因此,所有代码执行时间是完全可预测的,可以通过开发工具中的时间分析工具进行计算。

单个 XCore 的线程(逻辑核)之间,多个 XCore 的线程之间,甚至多个 XMOS 芯片的线程之间,都可以通过内部高性能交换器(XConnect switch)进行通信。多个芯片可以通过硬件连接成一个多核网络设备。XConnect 通信速率最高可以达到 1Gb/s,所有逻辑核之间的通信都是 0 延时。两个远距离 XMOS 处理器芯片也可以通过 XConnect 互连(连接距离可以达几米),此时通信速度可以达到 500Mb/s,仍然为 0 延时。

XConnect 链路基于控制令牌(token)和数据令牌进行通信。数据令牌为数据载荷;控制令牌包括如下几种。

(1)应用令牌(token 0~127)。用于编译器或应用软件实现流式、包式或同步式通信。可用于编码数据结构,或用于提供信道中实时类型检查。

(2)特殊令牌(token 128~191)。用于通用数据类型和结构的标准编码。可由软硬件进行解释。

(3)特权令牌(token 192~223)。用于完成硬件资源共享、控制、监视和调试等系统功能。由硬件或特权软件进行解释。特权令牌与非特权令牌之间的转换将产生一个异常。

(4)硬件令牌(token 224~255)。只由硬件使用,控制链路的物理操作。用输出指令转换这类令牌将产生一个异常。

2. 多功能 I/O 模块

XCore 通过一组与物理引脚相连的 I/O 端口与外界环境交互。每个逻辑核每秒可处理 1 亿个 I/O 事件(即使是最低的 400MHz),响应速度是常规 MCU 的 100 倍。I/O 端口可采集和输出多种周期或非周期信号。

XCore 端口可灵活组建为不同位宽(1、4、8、16、32 位),每组 I/O 端口都具有独立的时钟源、计数器和条件判断等资源,并且具有可快速响应的事件驱动和中断功能。事件源于端口、定时器和通道,由 select 关键字选择。I/O 端口受指令控制,单周期访问。数据直接在 XCore 寄存器与 I/O 接口之间进行传输,减轻了内存负担并减小延迟。端口可以串行或并行化数据,使处理器能够处理高速数据流。端口能够标记数据到达时间,并且能够准确控制数据到达引脚或从引脚发出的时间。

多功能 I/O 模块的主要特征包括端口宽度可编程、端口带时钟和选通控制、输入采样和输出时序可编程、串行化或反串行化 I/O、I/O 缓存(FIFO)可编程、I/O 触发条件(引脚状态、信号沿或电平)可编程等。该模块可以对 I/O 数据进行处理,然后再将数据缓存后送至 CPU 内核,因此可以减轻 I/O 操作对 CPU 内核的负担,突破流水线设计的瓶颈。

3. 编程模型

XCore 指令控制线程的初始化、终止、开始、同步和停止等操作,以及输入输出和线程间通信。线程可用于实现并发执行的输入输出控制器,或者与处理过程同时进行通信或 I/O,实现延迟隐藏。

每个线程状态由 12 个操作数寄存器(r0~r11)、4 个访问寄存器(常数池指针 cp、数据指针 dp、堆栈指针 sp、链接寄存器 lr)和 2 个控制寄存器(程序计数器 pc 和状态寄存器 sr)进行表示。r0~r11 用于算术逻辑运算、数据访问和过程调用。

sr 寄存器包括 eeble(事件允许)、ieble(中断允许)、inenb(线程事件允许)、inint(线程在中断模式)、ink(线程在内核模式)、sink(保存 ink)、waiting(线程等待执行当前指令)、fast(线程允许快速 I/O)8 位。

每个线程还包括 spc 寄存器(保存 pc)、ssr 寄存器(保存状态)、et 寄存器(异常类型)、ed 寄存器(异常数据)、sed 寄存器(保存异常数据)、kep 寄存器(内核入口指针)、ksp 寄存器(内核堆栈指针)等附加寄存器。

事件与中断允许定时器、端口和通道端点自动地将控制流转移到预定义的事件服务例程。线程接受事件或中断的能力由线程的 sr 寄存器设定。定时器、端口和通道端点都支持事件,区别在于触发条件不同。

线程可以使能一个或多个事件,然后等待事件发生,对事件进行响应。线程处理事件时,其上下文没有变化,所有寄存器都可以使用。

中断可能在程序执行中的任何时刻发生。中断在内核模式下响应,因此,进入中断处理例程前,必须保存断点和状态。

异常为指令执行中的错误或系统调用,其处理机制与中断类似。异常处理例程地址根据内核入口指针计算。

XMOS 编程可以采用 XC、C 或 C++ 语言混合编程。XC 语言基于通信顺序进程(CSP)模型,在 C 语言中增加支持通信、I/O、事件、中断、并行等语法结构或运算符,扩充了 I/O 类型(in/out port)、定时器类型(timer)、时钟类型(clock)等数据类型。这些扩展简化了并发、I/O 和时间控制,直接对应于 XCore 的硬件资源,包括线程、通道和端口等,避免了库函数调用。所生成的程序代码为顺序指令序列,避免了死锁、竞争和内存冲突等并发问题。

XC 语言结构主要包括如下几部分。

（1）I/O 运算符包括":＞"（输入）和":＞"（输出）。

（2）port 用于声明一个 I/O 端口变量，该资源变量与指定的引脚进行连接。端口变量可以为输入（in）或输出（out）类型，并且可以为带缓冲的（buffered）和具有时序（与 clock 关联）。

（3）par 并行语句关键字，在 par{}花括号内的程序按并行方式运行。并行分支可以是语句、函数或程序块（以花括号为界）。

（4）chan 用于声明一个通道变量，用于线程与线程通信或传输数据。收发两端数据宽度必须一致，否则将造成阻塞。使用普通通道时，发送与接收为同步阻塞式。streaming 型通道具有 32 位的缓冲区，允许异步传输。

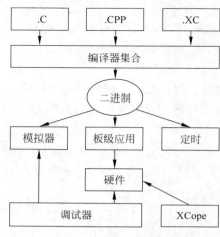

图 2.12　XMOS 的开发流程

（5）timer 用于声明一个定时器变量，计数频率为 100MHz。

（6）when 等待触发条件语句。可用于延时或等待引脚触发信号（如电平值等）。

（7）clock 用于声明时钟变量，该资源变量与时钟源绑定，为输出端口或其他时序变量提供参考时钟。

XMOS 的开发流程如图 2.12 所示。程序编译成所需二进制文件，在 XDE（XMOS development environment）中进行仿真调试、时序检测，通过 XTAG 在硬件上进行联机调试，也可使用 XCope 工具进行信号采样。最后将生成的二进制文件下载到硬件 Flash 上。

2.1.3　嵌入式处理器 IP

IP（知识产权）核将一些在数字系统设计中常用的、功能相对独立、具有良好可复用性的功能块，如嵌入式处理器核、FIR 滤波器、SDRAM 控制器、PCI 接口等设计成可修改参数的模块，其最重要的特性为可重用性。使用 IP 核设计是数字系统设计的重要选择之一，复用 IP 核可大大减轻工程师的负担，有效缩短产品筹备上市的时间。

根据 IP 核的硬件描述级，IP 核可分为软核、硬核和固核三种形态。

软核是用 VHDL 等硬件描述语言描述的功能块，但是并不涉及用什么具体电路元件实现这些功能。软核的主要优点是：设计周期短、设计投入少，并且由于不涉及物理实现，所以为设计者后续设计留有较大的发挥空间，可重定目标于多种制作工艺，在新功能级中重新配置，增强了 IP 核的灵活性和适应性；其主要缺点是：由于其以源代码的方式提供，所以在实际系统中必须在目标工艺中实现，并由系统设计者验证，通常很难获得最优的性能，难以实现 IP 保护。

硬核提供设计阶段的最终阶段产品——掩模。以经过完全的布局布线的网表形式提供，这种硬核既具有可预见性，同时还可以针对特定工艺或购买商进行功耗和尺寸上的优化。尽管硬核由于缺乏灵活性而可移植性差，但由于无须提供寄存器传输级（RTL）文件，因而更易于实现 IP 保护。

固核则是软核和硬核的折中。对于那些对时序要求严格的内核（如 PCI 接口内核），可预布线特定信号或分配特定的布线资源，以满足时序要求。这些内核可归类为固核，如果内核具有固定布局或部分固定的布局，那么它将影响其他电路的布局。

在实时嵌入式系统设计中，为了提高产品的上市时间，通常也采用基于 IP 核的设计。典型的嵌入式处理器 IP 核包括 Xilinx 公司的 MicroBlaze、Altera 公司（已被 Intel 收购）的 Nios Ⅱ 和 Gaisler Research 公司的 Leon2。

1. MicroBlaze

Xilinx 公司的 MicroBlaze 是一个可以嵌入在其 FPGA 平台的 RISC 软核处理器，具有运行速度快、占用资源少、可配置性强等优点，已被广泛应用于通信、军事、高端消费电子等领域。MicroBlaze 可选配浮点单元，运行在 150MHz 时钟时可提供 125DMIPS 的性能。可以将 MicroBlaze 配置为适合运行裸机代码的微控制器，或者支持运行 RTOS 的确定性实时应用的实时处理器，甚至支持运行嵌入式 Linux 的应用处理器。MicroBlaze 支持基于 CoreConnect 总线的标准外设集，提供了丰富的通信接口。通过与其他外设 IP 核集成，可以快速完成可编程系统芯片（SOPC）的设计。

MicroBlaze 采用哈佛结构（见图 2.13），具有独立的 32 位指令和数据总线，指令数据通路为取指、译码和执行三级流水线，可以全速执行存储在片上存储器和外部存储器中的程序。其内部配置了 32 个通用寄存器，以及程序计数器 PC 和状态标志寄存器 MSR 两个特殊寄存器。MicroBlaze 指令字长 32 位，采用 3 地址指令字格式，支持 2 种寻址模式，其指令集支持算术逻辑运算、分支、存储器读/写和特殊指令等功能。MicroBlaze 支持响应软硬件异常和中断，通过外加控制逻辑，可以扩展外部中断。另外，MicroBlaze 支持锁步和三模冗余 TMR 功能，以及睡眠、休眠和暂停模式等低功耗工作模式。

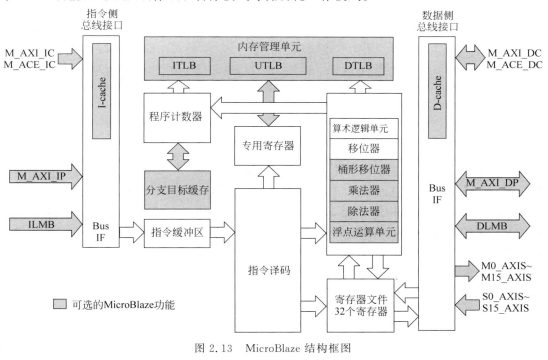

图 2.13　MicroBlaze 结构框图

实时嵌入式系统硬件架构

典型的 SOPC 系统如图 2.14 所示。应用 EDK(嵌入式开发套件)可以进行 MicroBlaze IP 核的开发(如图 2.15 所示)。工具包中集成了硬件平台生产器、软件平台产生器、仿真模型生成器、软件编译器和软件调试工具等资源。EDK 中提供一个集成开发环境 XPS,以便使用系统提供的所有工具,完成嵌入式系统开发的整个流程。XPS 支持行为仿真、结构仿真和时序精确仿真。EDK 中还带有一些外设接口的 IP 核,如 LMB,OPB 总线接口、外部存储控制器、SDRAM 控制器、UART、中断控制器、定时器等。利用这些资源,可以构建一个较为完善的嵌入式微处理器系统。利用微处理器调试模块(MDM)IP 核,可通过 JTAG 接口来调试处理器系统。多个 MicroBlaze 处理器可以用 1 个 MDM 完成多处理器调试。

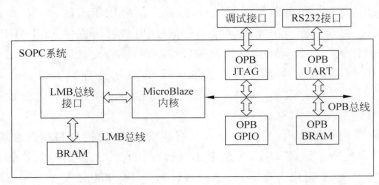

图 2.14　基于 MicroBlaze 的 SOPC 系统

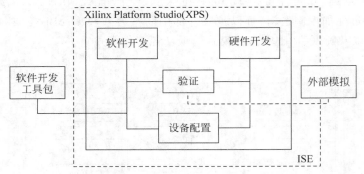

图 2.15　MicroBlaze IP 核的开发环境

基于 FPGA 的嵌入式系统设计包括硬件层、设备驱动层、嵌入式操作系统层(API)和应用软件层。硬件层可以仅包含用户定制的 IP 核,也可以通过标准总线接口——LMB 总线或 OPB 总线互连各个 IP 核,利用 MicroBlaze 构建基本的嵌入式系统。EDK 中提供的 IP 核均有相应的设备驱动和应用接口,使用者只需利用相应的函数库,就可以编写自己的应用软件和算法程序。对于用户自己开发的 IP 核,需要自己编写相应的驱动和接口函数。Xilinx 公司建议使用软件平台开发工具 SDK 完成相应的应用软件开发。Vivado 设计工具也已支持基于 MicroBlaze 的 SOC 系统设计。

2. Nios Ⅱ

2004 年,Altera 公司正式推出 Nios Ⅱ系列 32 位 RISC 嵌入式处理器,2015 年被 Intel 公司收购。Nios Ⅱ系列软核处理器是 Altera 的第二代 FPGA 嵌入式处理器,其性能超过

200 DMIPS,在 Altera FPGA 中实现仅需 35 美分。据悉,Nios Ⅱ 是 FPGA 行业中应用最广泛的软核处理器,具有前所未有的灵活性,可满足成本敏感、实时、安全关键(DO-254)和应用处理需求。

Nios Ⅱ 处理器是一个通用的 RISC 处理器核心,具有以下特点:32 位指令集、数据路径和地址空间;32 个通用寄存器;可选的影子寄存器组(shadow register set);支持 32 个中断源,包含外部中断控制器接口,用于更多的中断源;单指令 32×32 乘除产生 32 位结果;包含用于计算 64 位乘法和 128 位乘积的专用指令;可选的用于单精度浮点运算的浮点指令;单指令桶移位器(barrel shifter);可直接访问各种片上外设,并包含访问片外存储器和外设的接口;具有硬件辅助调试模块,使处理器在 Nios Ⅱ 软件开发工具的控制下启动、停止、步进和跟踪;可选的内存管理单元(MMU)支持需要 MMU 的操作系统;可选的存储器保护单元(MPU);基于 GNUC/C 工具链和用于 Eclipse 的 Nios Ⅱ 软件构建工具(SBT)的软件开发环境;集成 Intel FPGA 的信号 TAPII * 嵌入式逻辑分析仪,在 FPGA 设计中可实时分析指令和数据;指令集兼容所有 Nios Ⅱ 处理器系统;性能最高可达到 250 DMIPS;纠错码(ECC)支持所有 Nios Ⅱ 处理器的内部 RAM 块。

Nios Ⅱ 处理器核的结构框图如图 2.16 所示,包含寄存器文件、ALU 部件、面向专门指令逻辑的接口、异常控制器、内外部中断控制器、指令和数据总线、存储管理部件、存储保护部件、指令和数据 cache、紧耦合的存取指令和数据的存储器接口,以及 JTAG 调试模块。

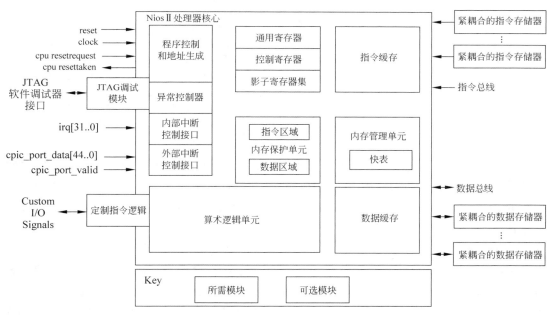

图 2.16　Nios Ⅱ 处理器核模块结构图

Nios Ⅱ 结构的功能单元构成了 Nios Ⅱ 指令集的基础。但是,这并不表明任何单元都是在硬件中实现的。功能单元可以用硬件实现,也可以用软件模拟,甚至完全省略。一个 Nios Ⅱ 实现是包含某一特定的 Nios Ⅱ 处理器核的设计选择的集合。所有实现都支持 Nios Ⅱ 定义的指令集。每个实现都完成一个特定目标,如较小的核尺寸或更高的性能。这种灵活性允许 Nios Ⅱ 体系结构适应不同的目标应用程序。设计选择通常在以下三方面权衡。

（1）支持功能的强弱，如 cache 容量的选择。

（2）软件实现或硬件实现，如除法指令是用软件还是硬件实现。

（3）包含或不包含某一功能特性，如是否包含 JTAG 调试模块。

Nios Ⅱ 处理器系统相当于微控制器或"片上计算机"，其中包括处理器以及单个芯片上的外围设备和存储器。一个 Nios Ⅱ 处理器系统由 Nios Ⅱ 处理器核、一组片上外围设备、片上存储器和片外存储器接口组成，它们均在 Intel FPGA 设备上实现。作为一个微控制器家族，所有 Nios Ⅱ 处理器系统使用一致的指令集和编程模型。一个 Nios Ⅱ 处理器系统如图 2.17 所示。

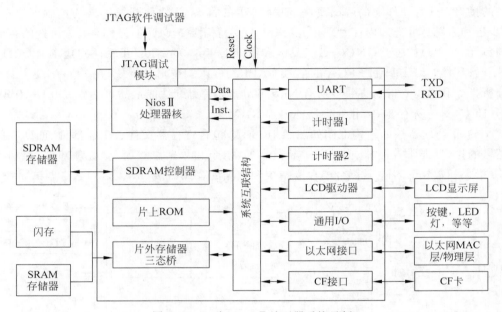

图 2.17　一个 Nios Ⅱ 处理器系统示例

Nios Ⅱ 处理器具有完善的软件开发套件，包括编译器、集成开发环境（IDE）、JTAG 调试器、实时操作系统（RTOS）和 TCP/IP 协议栈。设计者能够用 Altera Quartus Ⅱ 开发软件中的 SOPC Builder 系统开发工具很容易地创建专用的处理器系统，并能够根据系统的需求添加 Nios Ⅱ 处理器核的数量。

3. Leon2

Leon2 是 Gaisler Research 公司于 2003 年研制的一款 32 位、符合 IEEE-1754（SPARCV8）结构的处理器 IP 核，其前身是欧空局研制的 Leon 以及 ERC32。Leon2 的目标主要是权衡性能和价格，使之具备高的可靠性、可移植性、可扩展性、软件兼容性等，内部硬件资源可裁剪（可配置），主要面向嵌入式系统，可以用 FPGA/CPLD 和 ASIC 等技术实现。

Leon2 处理器的片上资源如下：分离的指令和数据 cache、硬件乘法器和除法器、中断控制器、具有跟踪缓冲器的调试支持单元（DSU）、2 个 24 位定时器、2 个通用异步串口（UART）、低功耗模式、看门狗电路、16 位 I/O 端口、灵活的存储控制器、以太网 MAC 和 PCI 接口。Leon2 的 VHDL 模块可以在大多数综合工具上进行综合，可以在任何符合 VHDL-87 标准的仿真器上进行仿真。采用 AMBA AHB/APB 总线结构的用户设计新模块,可以很容易加入到 Leon2 中,完成用户的定制应用。

图 2.18 所示为 Leon2 的片上结构框图。整个系统结构基于 AMBA AHB 和 APB 总线,连接着 SPARC 处理器、cache 系统及片上外设等设备。

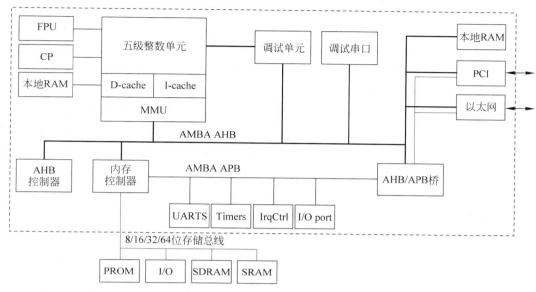

图 2.18 Leon2 片上结构框图

1) 处理器单元

处理器单元由整数单元(IU)、浮点单元(FPU)、协处理器(CP)单元构成。整数单元的特点有:5 级指令流水、分离的数据和指令 cache、支持 2~32 个寄存器窗口、可选的 4 个观察口寄存器、可配置乘法器、可选的 16×16 位 MAC(40 位累加器)、基 2 除法器。可支持的浮点处理器有 Gaisler Research 公司的 GRFPU、Sun Microsystems 公司的 Meiko FPU 或其他通用浮点处理单元。Leon2 提供了一个通用的用户可定义的协处理器,同 IU 并行运行,增强了系统功能。

2) cache 子系统

cache 子系统可配置的模式有直接映射模式和 2~4 组相连的多组相连模式;可选的三种替换算法是 LRU、LRR 和伪随机。

3) 片上外设

片上外设包括 2 个中断控制器、2 个串行通信口(UART)、2 个定时器(timer)和 1 个看门狗(watchdog)、16 位的 I/O 口、存储器控制器(PROM、SRAM、S13RAM)、PCI 桥接器、Ethernet 接口、高级片上调试支持单元(DSU)和跟踪缓冲器等,中断控制器可以最多处理 46 个内部和外部中断。2 个串行通信口支持 8 位数据帧、1 位校验位、1 位停止位,支持硬件流控功能。调试支持单元能够把处理器设置为调试模式,通过它可以读写处理器的所有寄存器和 cache。调试支持单元还包括 1 个跟踪缓存,可以保存已执行了的指令和 AHB 上传输的数据。

为了适用于航空航天的高可靠性应用,Leon2 采用多层次的容错策略,包括奇偶校验、TMR(三模冗余)寄存器、片上 EDAC(检错和纠错)、流水线重启、强迫 cache 不命中等。尽管在几乎所有 CPU 都有一些常规的容错措施,如奇偶校验、流水线重启等,像 IBM S/390

G5 还采用了写阶段以前的全部流水线复制技术,Intel Itanium 采用的混合 ECC 和校验编码等技术,但 Leon2 采用的容错措施更加全面。

Leon2 将时序单元(如存储器)的状态翻转作为数值容错的主要对象,根据时序逻辑的不同特点和性质,采用了不同的容错技术和手段。

(1) cache 的容错。配置 cache 对高性能 CPU 来说是至关重要的,而且其位于处理器的关键(时间)路径上。为了减少复杂性和时间开销,错误检测的方法采用 2 位的奇偶校验位,1 位用作奇校验,1 位用作偶校验,因此可以检查所有的错误情况,在读 cache 的同时进行校验。若校验出错误,强制 cache 缺失,从外部存储获取数据。

(2) 处理器寄存器文件的错误保护。寄存器文件是处理器内部的寄存器堆,内部的寄存器对于指令的运行速度和用户程序设计的灵活程度都是很重要的。内部寄存器的使用频率很高,其状态的正确性也很关键。Leon2 采用 1、2 奇偶校验位和(32.7)BCH 校验和进行容错。

(3) 触发器的错误保护。处理器的 2500 个触发器均采用三模冗余的方式进行容错,通过表决器来决出正确的输出。

(4) 外部存储器的错误保护。采用片上 EDAC 单元实现。EDAC 采用标准的(32.7)BCH 码,每 32 位字可纠正 1 位错误和检测 2 位错误。

(5) 主检测模式。指两个相同的处理器同时并行执行相同的指令,只让其中的主模式处理器输出结果,不让检测模式的处理器输出结果。在内部将检测模式处理器的输出同主模式处理器输出进行比较,以检查错误是否存在。这种工作模式,可以应用于可靠性要求更高的情况。

(6) 在软件上,还要考虑 cache 的清洗问题。因为上面介绍的 5 种方法,只有在对相应的单元进行访问时才进行错误检查。如果存储单元的数据不常使用,这些单元的错误会逐渐增加,因此必须使用一些软件的方法来实现。

2.1.4 英飞凌 AURIX 微控制器

AURIX 是英飞凌公司专用于汽车电子系统的 32 位微控制器系列,满足未来几代车辆应用的性能和安全性(业界最高安全标准 ASIL D)要求。借助 AURIX,设计者仅需一块 MCU 就能承载动力总成、车身应用、安全应用(转向、制动和安全气囊)和辅助驾驶等多个应用。

1. AURIX 32 位 TriCore 微控制器结构

AURIX 单片机由微处理器、片上存储器、片上总线及总线仲裁器、中断控制器、DMA 控制器、串口控制器、定时器和模数转换器等模块构成,如图 2.19 所示。片上总线含共享资源互连总线(SRI)和系统外设总线(SPB)。AURIX 处理器采用 RISC 架构,支持 DSP 运算和寻址方式,支持双核锁步核(lockstep core)架构。

AURIX 其他主要特性包括:采用便签式(SPM)指令和数据存储器,配置有片内 cache;串行通信接口具有灵活的同步和异步模式;具有完成 DMA 操作和中断服务的多通道 DMA(direct memory access,直接存储器访问)控制器;可配置中断优先级的中断系统;配置有硬件安全模块、通用定时器、高性能片上总线、灵活的电源管理,以及外部组件灵活互连的机制,支持片上调试和仿真。

TC27xC 单片机是一款三核处理器(TriCore),包括一个高效核(CPU0)和两个高性能核(CPU1 和 CPU2)。其中 CPU0 和 CPU1 带有锁步比较逻辑(LCL)单元,用于计算错误和传输错误校验。LCL 使用两个计算功能相同但运行有时差且逻辑信号互反的独立内核

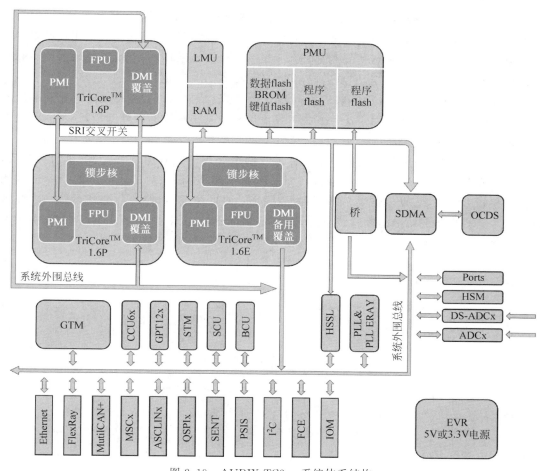

图 2.19　AURIX TC2xx 系统体系结构

同时进行计算,通过比较计算结果实现锁步功能,满足容错安全需求。

2. 锁步处理器架构

在航空器、汽车等很多要求高可靠性计算的系统中,通常采用冗余容错技术。随着余度系统带来的功耗、体积、重量、管理等方面的问题越来越严重,需要在处理器级达到很高的可靠性以降低系统余度。

锁步(lockstep)处理器架构能够同步监测处理器运行的错误,支持错误检测、故障隔离和错误恢复逻辑等功能。锁步容错架构采用多套逻辑功能一致的处理器、存储器、总线接口,由比较逻辑控制总线进行比较之后再输出计算结果(处理器投票),能够有效提高对处理器指令级错误的检测能力,以保证执行结果的正确性。同时,锁步容错架构支持故障隔离,防止故障扩散,在安全关键的汽车电子应用领域得到了广泛应用。

双余度锁步处理器容错架构可以为主从式锁步(主系统/检查器)或双冗余锁步,其同步监控方式可以提高处理器对于偶发的、细粒度错误的检测能力,如图 2.20 所示。双余度容错只检测错误,不判断哪个计算结果正确。当发现不一致的情况时,表明出现

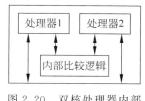

图 2.20　双核处理器内部
验证比较

实时嵌入式系统硬件架构

了故障,系统停止工作。主从式锁步进行处理器验证的方式简单易行,成本较低,但处理效率不高。这种模式易于利用现有的处理器进行扩展,可以在处理器外部利用同步比较逻辑等进行同步比较。其中主处理器(master)正常运行并输出计算结果,另一个检查处理器(checker)负责监视主处理器的工作情况,同步运行相同的任务。输出结果时主从结构逐步比较。

双冗余锁步时双处理器在内部进行同步比较,比较结果与外设总线通信,对于用户而言,执行结果与单处理器相同。这种方式不仅可以减少系统板级的额外开销,还不需要额外的软件进行同步协调。

英飞凌 TC27x 采用双冗余锁步安全技术。两个处理器核有运行时差,逻辑信号互反,物理上相互独立。双核并行工作,取指时对 2 个核同步取指,并对每条取出的指令进行比较。如果指令不一致,发生错误,则进行故障隔离;如果一致,则处理器继续运行。因此可以在指令运行出错的第一时间检测到故障,且定位准确。如图 2.21 所示为 TC27x 中用于故障检测的比较电路。图 2.22 为 TC27x 中用于自检锁步功能的比较电路。

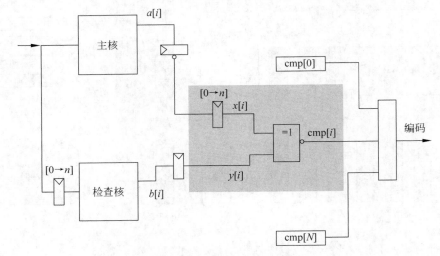

图 2.21　节点比较电路

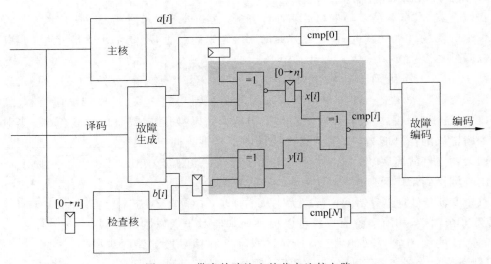

图 2.22　带有故障注入的节点比较电路

2.2 存 储 器

研究表明,微处理器与内存的性能差异越来越大,处理器的性能以每年 $1.5\sim2$ 倍速度增长,内存性能每年仅增长 1.07 倍。因此,在主存和处理器之间使用容量较小的高速存储器作为 cache 对保证处理器访存性能非常重要。基于局部性原理,缓存中临时存放着被处理器频繁访问的主存数据。缓存控制器需要根据处理器发出的访存地址对缓存中数据的标识(tag)进行检查,判断是否命中和数据是否有效。对嵌入式实时系统而言,进一步要求 cache 的访问性能可预测,而缓存技术中所存在的访问不确定性难以满足此要求。

层次化存储系统主要由硬盘、内存、cache、寄存器组成。按程序局部性原理,速度越快、容量越小的存储器距处理器越近;而速度越慢、容量越大的存储器距处理器越远。靠近处理器的存储层次作为下一级存储器的缓冲,使得处理器访问的数据能够尽量多地在最快的上层存储层次中命中,以减少程序执行时的访问时间。"cache-主存"层次主要用来弥补主存速度的不足,而"主存-辅存"层次主要是为了弥补主存容量的不足。

所谓程序局部性原理是指程序总是趋向于使用最近使用过的指令和数据,即程序所访问的存储器地址并不是随机分布,而是相对集中的。程序局部性可以分为时间局部性和空间局部性两类。时间局部性是指程序即将用到的数据很可能是正在使用的数据;空间局部性是指程序即将使用的数据很可能与现在正在使用的数据在地址上相邻。

cache 管理主要是替换算法和写策略。在多 cache 系统中,还需要进行不同层次和不同处理器节点的数据一致性维护,这些均由 cache 控制硬件完成,对应用软件透明。而 cache 及其控制硬件一般均集成在处理器芯片内。片上面积的限制使得 cache 容量有限,其管理控制算法和策略也必须简单高效。

为了满足时序可预测性要求,实时系统需要在设计时准确预估任务程序的执行时长。但是对于基于硬件的 cache 系统而言,cache 命中率和命中时间均是不确定的,成为导致程序执行时间难以准确预测的关键因素之一。多任务环境下,各任务对共享 cache 的竞争造成程序执行时间分析更加困难。为弥补硬件管理 cache 的不足,逐渐出现便笺存储器(scratch pad memory,SPM)和紧耦合存储器(tightly coupled memory,TCM)等由应用软件自主管理的片上存储器技术,并得到了广泛应用。

2.2.1 SPM

SPM 作为一种典型的软件管理片上存储器,最先起源于嵌入式体系结构。研究表明,由于采用软件管理,没有 cache 所需的匹配、比较、替换等硬件逻辑,在相同容量下,SPM 的芯片占用面积比 cache 少 34%,功耗低 40%。即使采用简单的背包算法,SPM 系统的程序执行时间仍然比 cache 系统少 18%,且命中时间确定,不会出现因为访存缺失而导致的延迟现象,能更好地满足系统实时性要求。

与传统基于 cache 的存储系统相比,SPM 最大的难点在于软件管理。SPM 软件管理主要是存储空间的分配算法研究。如何在保证程序正确性的基础上,在多个存储层次间合理调度计算数据,以达到捕获更多的程序局部性,减少 SPM 空间碎片,充分捕获数据复用,挖掘计算与访存的并行性等目的,是提高基于 SPM 的存储系统性能的关键。

SPM 分配算法可分为静态分配方法和动态分配方法两类。早期主要采用静态分配方法,在程序运行过程中静态划分数据所处的存储层次,且数据不在不同存储层次间移动。启发式静态划分策略简单地将标量数据分配到 SPM 中,将超过 SPM 容量的数组数据放在 DRAM 中。对于那些大小在 SPM 容量之内的数组数据,通过生存期和相干性分析,按照相干关系的多少进行降序排列,相干关系较多的数组放置于 SPM 中。

静态分配方法所能带来的收益非常有限,逐渐被动态分配技术所取代。动态分配方法通过 SPM 管理指令或语句,在程序执行过程中将程序数据在不同存储层次间进行迁移和复制,以捕捉尽量多的数据局部性。典型动态分配方法包括软件 cache 法和编译指导法。软件 cache 法模拟 cache 硬件对 SPM 进行管理。实现时由编译器在每条 load/store 指令前配上一条条件分支指令,条件分支成功和失败分别代表 SPM 命中和缺失。各数据项的标志位比较、有效位检查和 SPM 替换等工作均由软件完成。这种方法的优点在于通用性好,适合于常量、数组和堆栈等各种数据组织形式。但由于每条访存指令都需要进行 cache 操作模拟,即以每个字的访问粒度进行模拟,需要在程序中加入大量额外代码,必然造成程序执行效率低下。

编译指导技术通过静态分析和动态剖析等方式收集程序中数据的访问模式信息,包括生存期、相干关系和访问频率等,再通过生存期分割将程序中的热点数据分配到 SPM 中。程序动态运行过程中,在热点数据访问语句前插入复制语句,将这些热点数据复制到 SPM 存储器内。但由于容量限制,在复制以前,还需要为待复制的数据预留一定的容量空间,这时需要将一些非热点数据或不再使用的热点数据移出 SPM。通过编译指导的动态分配方法所能获得的性能收益更大,但复杂性也更高。

2.2.2 TCM

TCM 是一个固定大小的、与处理器内核紧密耦合的 SRAM。作为片上快速存储区,TCM 与 cache 功能相同。cache 由硬件控制器管理,受容量、映射算法和局部性等影响,访存命中与否存在很大的不确定性,其性能只具有统计学意义,难以保证实时性。而 TCM 存储的内容和替换策略可以由程序员控制,因此,其性能是可预测的,满足实时系统中某些关键代码(如中断处理)的性能要求,此外,也使存储访问延迟保持一致。

处理器使用明确的地址映射方式访问 TCM(地址区间寻址),不存在访问缺失的情况,访问延迟是确定可知的(通常一个时钟周期)。为了保证足够小的访问延迟,TCM 的容量较小。地址区间寻址所能映射的存储空间也相对较小。TCM 与 cache 的内容不会自动保持一致,意味着 TCM 映射的内存区域必须是非 cache 的区域。如果一个地址同时落在 cache 和 TCM 内,那么访问这一地址的结果是不能预测的。另一个限制是各个 TCM 必须要配置成不相交的。

相比于 cache,TCM 具有更小的面积和能效比,更适合于嵌入式低功耗处理器。Cortex-M 系列主要用于嵌入式市场,有实时性要求,因此 Cortex-M3 和 M4 带有几十 KB 的 TCM 以提高某些代码的响应速度。使用 GCC(GNU compiler collection,GNU 编译器套件)特有的"属性标签",将指定代码赋予 ITCM 属性,则该代码会被载入 ITCM 中执行。

2.3　定时与脉宽调制

2.3.1　计数器与定时器

计数器对输入信号的脉冲个数进行计数,而定时器是一种专用计数器,通过计数已知周期的输入时钟信号脉冲个数测量事件间隔时间。例如,测量汽车速度时,可以结合计数器和定时器,计数车轮的转数。

看门狗(watchdog)定时器在计数溢出时输出出错信号,可以将其作为处理器复位信号,也可作为出错中断信号,还可用于超时处理。嵌入式系统经常需要从造成死机的错误中自我恢复运行,看门狗常用于系统出错时复位重启。

2.3.2　脉宽调制器

脉宽调制器(pulse width modulator,PWM)是一种调节驱动外设的能量的技术。通过产生一个在高低电平之间周期性交替的输出信号,使电压或电流源以一种通(ON)或断(OFF)的重复脉冲序列施加于模拟负载上。PWM指定所需的周期和占空比(duty cycle),设置高低电平的持续时间。方波的占空比为50%。通过使用高分辨率计数器,只要带宽足够,任何模拟信号都可以使用PWM进行编码。

许多微控制器中集成了PWM。相对于PWM信号频率对电流或电压变化响应更缓慢的外设都可以通过PWM进行控制,典型应用包括时钟信号发生器、直流电机转速控制、信号灯亮度、加热元件稳定和设备控制命令编码。

【例2.1】　直流电机转速控制。设电机转速(rpm)＝100×输入电压,且PWM高电平输出为5V,低电平为0V,则转速为125rpm时输入的平均电压为1.25V,要求PWM波占空比为25%。如果PWM波周期足够小,电机可平稳运转,不会出现明显的加速或减速。■

【例2.2】　控制命令编码。设遥控车由不同宽度的脉冲控制,宽度1ms为左转命令,4ms为右转,8ms为前进。接收端可使用定时器测量脉宽,如在脉冲开始时启动定时器,脉冲结束时停止定时器,由此得到脉宽值。■

2.4　系　统　总　线

嵌入式系统中,典型的总线架构包括PCIE(系统总线)、ARM的AMBA和AXI总线(片内总线)、MicroBlaze的FSL总线,以及USB(外设总线)等。

2.4.1　PCI总线

PCI(peripheral component interconnect)总线属于局部总线(local bus),是系统总线的延伸,主要用于连接各种外设。PCI总线时钟频率为33MHz或66MHz。在PCI总线规范的基础上,PCI-SIG进一步提出PCI-X规范。PCI-X总线规范支持133MHz、266MHz和533MHz总线频率,并对PCI总线传送规则做了一些改动。PCI和PCI-X总线使用单端并行信号进行数据传递。单端信号容易受干扰,其总线频率很难进一步提高,因此,高速串行总线逐步替代了并行总线。PCIe(PCI express)串行总线与PCI总线基本兼容,在很大程度上继承了 PCI/PCI-X 总线的设计思路。

1. PCI 总线结构

PCI 总线结构为层次化树状结构,如图 2.23 所示。HOST 主桥作为根节点(系统中允许多个 HOST 主桥),连接 PCI 总线,并通过 PCI 桥级联下一级 PCI 总线,形成子树。PCI 桥两端分别连接了上游总线(primary bus)和下游总线(secondary bus)。PCI 桥的配置空间含有一系列管理 PCI 总线子树的配置寄存器,包括其下子树的地址范围。PCI 设备的地址由系统软件动态分配,实现了设备的"即插即用"。各 PCI 设备共享同一 PCI 总线。设备通过仲裁获得总线的使用权后才能进行数据传送。

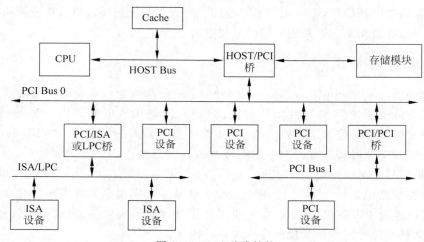

图 2.23　PCI 总线结构

PCI 总线中有主设备、从设备和桥设备三类 PCI 设备(称 PCI agent)。桥设备的主要作用是管理下游的 PCI 总线,并转发上下游总线之间的总线事务。一个 PCI 设备可以既是主设备也是从设备,但是在某个时刻只能为二者之一。

PCI 设备具有独立的地址空间,即 PCI 总线地址空间,也称 I/O 空间。该空间与存储器地址空间通过 HOST 主桥(HOST-to-PCI 桥,也称 PCI 控制器)相互隔离,并由 HOST 主桥进行两个空间的地址映射。在 HOST 主桥中含有许多缓冲,支持总线预取,使得处理器总线与 PCI 总线工作在各自的时钟频率中,彼此互不干扰。

处理器与 PCI 设备进行数据交换,或者 PCI 设备之间进行存储器数据交换时,都通过 PCI 总线地址完成。而 PCI 设备与主存储器进行 DMA 操作时,使用的也是 PCI 总线域的地址,而不是存储器域的地址。此时,HOST 主桥将完成 PCI 总线地址到存储器域地址的转换。

PCI 总线采用按地址寻址方式进行 I/O 空间数据传递,而采用 ID 寻址方式进行配置空间的配置信息传递。其中地址译码方式使用地址信号,ID 译码方式使用 PCI 设备的 ID 号,包括 bus number(总线号)、device number(设备号)、function number(功能号)和 register number(寄存器号)等。

2. 总线时序

PCI 总线的地址总线与数据总线分时复用。分时复用一方面可以节省接插件的引脚数,另一方面便于实现突发数据传输。在数据传输时,一个 PCI 设备作发起者(主控,initiator 或 master),另一个 PCI 设备为目标(从设备,target 或 slave)。总线上的所有时序的产生与控制都由 master 发起。主设备启动总线周期,首先发出 FRAME♯信号,表明一次访问(总线周期)开始,地址及操作命令字信号出现在 AD 与 C/BE♯线上。

PCI 总线在某一时刻只能供一对设备进行传输,因此需要仲裁器(arbiter)决定总线的主控权。当 PCI 总线进行操作时,master 先置 REQ♯,当得到 arbiter 的许可时(GNT♯),会将 FRAME♯置低,并在 AD 总线上发送 slave 地址,同时 C/BE♯放置命令信号,说明接下来的传输类型。所有 PCI 总线上设备都需对此地址译码,被选中的设备要置 DEVSEL♯以声明自己被选中。然后当 IRDY♯与 TRDY♯都置低时,可以传输数据。当 master 数据传输结束前,将 FRAME♯置高,表明只剩最后一组数据要传输,并在传完数据后释放 IRDY♯以让出总线控制权。

PCI 总线是半同步方式操作,时序如图 2.24 所示。主设备与从设备都准备好,即 IRDY♯及 TRDY♯均有效,信号是否有效由时钟 CLK 的上升边采样来确定。FRAME♯和 IRDY♯有效,指示总线忙。

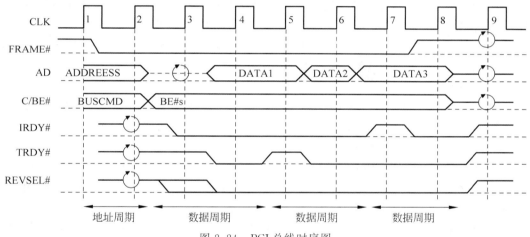

图 2.24　PCI 总线时序图

- 主设备启动总线周期。首先发出 FRAME♯信号,表明一次访问(总线周期)开始,地址及操作命令字信号出现在 AD 与 C/BE♯线上。
- 从设备响应。对地址和命令字译码后通过发出 DEVSEL♯有效信号进行响应,通知主设备从设备已经被选中。
- 数据读取。主设备与从设备都准备好即 IRDY♯及 TRDY♯均有效,主设备将数据取走。
- 突发模式。第一数据地址由地址周期给出。以后地址在此基础上按 AD1、AD0 的编码规定变化,如 AD1、AD0 为 00 时地址线性增加(每次加 4)。

PCI 总线对 AD 线的有效信息都进行奇偶校验操作。PAR 为校验位,发送方为 AD 与 C/BE♯线(共 36 位)配好校验值。接收方在地址周期用 SERR♯报告校验结果,用 PERR♯报告数据周期校验结果。

3. 总线事务

PCI 总线支持多种总线事务,包括存储器读写事务、I/O 读写事务和配置读写总线事务等。PCI 总线规定了 Posted 和 Non-Posted 两类数据传送方式,分别称为 Posted 总线事务和 Non-Posted 总线事务。Posted 总线事务指 PCI 主设备向 PCI 目标设备进行数据传递时,当数据到达 PCI 桥后,即由 PCI 桥接管来自上游总线的总线事务,并将其转发到下游总线。采用这种数据传送方式,在数据还没有到达最终的目的地之前,PCI 总线就可以结束当前总线事务,从而在一定程度上缓解 PCI 总线的拥塞。而 Non-Posted 总线事务是指 PCI 主设备向 PCI 目标设备进行数据传递时,必须等待数据到达最终目的响应。PCI 总线规定只有存储器写请求(包括存储器写无效请求)可以采用 Posted 总线事务(Posted memory write,PMW),而存储器读请求、I/O 读写请求、配置读写请求只能采用 Non-Posted 总线事务。

PCI 总线可以使用 delayed 总线事务处理 Non-Posted 数据请求,以便相对缓解总线拥塞。delayed 总线事务由 delay 读写请求和 delay 读写完成总线事务组成。当 delay 读写请求到达目的地后,将被转换为 delay 读写完成总线事务。此时,Non-Posted 请求在通过 PCI 桥之后,可以暂时释放 PCI 总线,再由 HOST/PCI 桥择机进行重试操作。但过多的重试周期也将大量消耗 PCI 总线的带宽。PCI-X 总线中的 split 总线事务可以有效解决重试操作过多问题。split 总线事务的基本思想是发送端首先将 Non-Posted 总线请求发送给接收端,然后再由接收端主动地将数据传递给发送端。

4. 总线仲裁

PCI 总线是共享总线,在 PCI 总线上可以挂接多个 PCI 设备。PCI 设备通过地址/数据、控制、仲裁、中断等信号与 PCI 总线相连。PCI 总线是同步总线,发送设备与接收设备通过总线 CLK 信号进行同步数据传递。

FRAME♯和 IRDY♯定义了总线的忙与空闲状态。两个信号中只要有一个有效,则总线忙。当两者都是高电平无效时,总线空闲。一旦 FRAME♯置为无效,在同一总线周期中不能再次置为有效。

PCI 总线的主设备和目标设备均可终止 PCI 传输。主设备实现终止及终止状态告知的信号是 FRAME♯和 IRDY♯。当 IRDY♯和 FRAME♯均无效时所有的传输均已终止,表示进入过渡周期。目标设备实现终止及终止状态告知的信号是 STOP♯、TRDY♯和 DEVSEL♯。目标设备可以在终止一次传输的同时以信号的电平组合告知主设备其不同的状态,即不同的终止原因。

PCI 总线树中每条总线上都有一个总线仲裁器。设备与仲裁器连接采用星形拓扑结构。总线仲裁器进行集中的独立请求式总线仲裁。PCI 设备通过仲裁获得总线的使用权后,才能进行数据传送。PCI 总线规范未定义总线仲裁器。虽然大多数 HOST 主桥和 PCI 桥都包含 PCI 总线仲裁器,但也可以使用独立的 PCI 总线仲裁器。一条 PCI 总线可以挂接的 PCI 主设备的数量与总线负载能力相关,也与 PCI 总线仲裁器能够提供的仲裁信号数相关。

每个 PCI 主设备使用一组仲裁信号(REQ♯和 GNT♯)与总线仲裁器直接相连,并获得总线的使用权。PCI 主设备使用总线进行数据传递时,需要首先置 REQ♯信号有效,向 PCI 总线仲裁器发出总线申请。当 PCI 总线仲裁器允许 PCI 主设备获得 PCI 总线的使用

权后,将置 GNT♯信号为有效,并将其发送给指定的 PCI 主设备,如图 2.25 所示。而 PCI
主设备在获得总线使用权之后,将可以置 FRAME♯信号有效,与从设备进行数据通信。

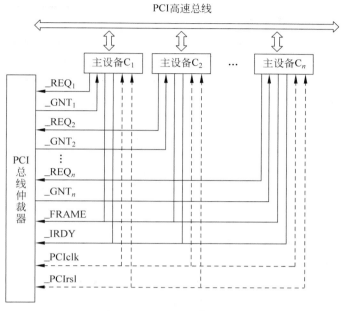

图 2.25　PCI 总线仲裁机制

PCI 总线仲裁的基本规则如下。

(1) 当 GNT♯信号无效而 FRAME♯有效时,当前的数据传输合法且能继续进行。

(2) 如果总线没有处于空闲状态,释放 GNT♯可以与设置另一个 GNT♯同时进行,否则两者之间需要一个时钟延迟,或者由于当前主设备正在进行地址步进,AD 和 PAR 可能出现竞争。

(3) 当 FRAME♯无效时,为了响应更高优先级主设备的总线请求,可以在任意时刻置 GNT♯和 REQ♯无效。若总线占有者在 GNT♯和 REQ♯设置后的 16 个 PCI 时钟还处于空闲状态而没有开始数据传输,则仲裁器可以在此后的任意时刻移去 GNT♯信号,以便服务于一个更高优先级的设备。

PCI 总线仲裁是基于访问而不是基于时间片的。PCI 总线的仲裁是"隐含的",即一次仲裁可以在前一次总线访问期间完成,使得实现仲裁无须占用 PCI 总线周期。PCI 仲裁器必须实现某个优先级仲裁算法,可以是固定优先级算法或循环优先级算法。先请求者先得到响应,且在一个总线操作周期之内不被打断。

【例 2.3】　设备 A 一直请求传输(一次一个字),设备 B 在 CLK1 请求传输一个字,B 优先级高于 A。总线时序如图 2.26 所示。

(1) A 一直申请数据传输(REQ♯A 在 CLK1 前就有效,图 2.26 中为低电平),在 CLK1 先得到许可,在 CLK2 置 FRAME♯,开始传输,同时置 IRDY♯,表示总线忙,传一个字。

(2) B 在 CLK1 请求传输一个字。由于 B 优先级高,因此仲裁器在 A 传输期间撤销了 GNT♯A 而置 GNT♯B 有效("仲裁不占用总线周期",故在一个 CLK 内撤销 A 并允许

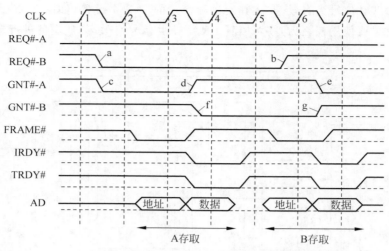

图 2.26　基于 PCI 总线的数据传输

B)。这样,A 在 CLK4 释放总线,B 在 CLK5 获得总线。

（3）B 传完一个字后,在 CLK6 撤销 REQ♯B,A 可继续传输。

（4）当 master 数据传输结束前,将 FRAME♯置高以表明只剩最后一组数据要传输,并在传完数据后放开 IRDY♯以释放总线控制权。■

许可时(GNT♯)会将 FRAME♯置低,并在 AD 总线上放置 Slave 地址,同时 C/BE♯放置命令信号,说明接下来的传输类型。

所谓总线的默认占用(称为"停靠"),是指在当前没有设备使用总线或请求总线的情况下,允许仲裁器根据一定的方式选定一个设备作为总线默认的拥有者,并向它发出 GNT♯信号。停靠选择的方式有多种,可为某一固定设备,也可为最后一次使用总线的设备,或者可以指定仲裁器自身为总线默认的拥有者。

当仲裁器将某一设备确定为总线的默认拥有者时,该设备可以不通过发 REQ♯信号就开始一次总线操作(只要总线空闲且 GNT♯信号有效)。但要注意的是,如果该设备需要多次的数据传输,它就应当发出 REQ♯信号,以便向仲裁器提出多次操作的请求;而如果该设备只要求一次总线操作,就不应当发出 REQ♯信号,否则仲裁器可能在它不需要使用总线的情况下又给它发出 GNT♯信号。

5．中断请求

PCI 设备可以通过四根中断请求信号 INTA♯～INTD♯向处理器提交中断请求。各设备共享中断请求信号("线与")。PCI 总线中,INTx 信号属于边带信号(sideband signal),即这些信号在 PCI 总线中是可选的,而且只能在一个处理器系统的内部使用,不能离开这个处理器环境。另外,PCI 桥也不会处理这些边带信号。

对嵌入式系统而言,系统中存在哪些 PCI 设备、它们各自使用哪些中断资源都是预知的。一般而言,此类系统中 PCI 设备的数量小于中断控制器提供的外部中断请求引脚数。因此,多数嵌入式系统中的 PCI 设备仅使用 INTA♯信号提交中断请求。

PCI 总线的 INTx 信号是一个异步信号,即 INTx 信号的传递与 PCI 总线的数据传送并不同步,与 PCI 设备使用的 CLK♯信号无关,因此存在数据完整性问题。例如,某 PCI 设备使用 DMA 写方式将一组数据写入存储器。当该设备在最后一个数据离开其发送 FIFO 时,会认为 DMA 写操作已经完成,因此设备将通过 INTx 信号,通知处理器 DMA 写操作完成。要注意的是,当处理器收到 INTx 信号时,并不意味着 PCI 设备已经将数据写入存储器中,因为数据传递可能需要通过 HOST 主桥和/或其他 PCI 桥才能最终到达存储器控制器。可能处理器已经收到 INTx 信号,开始执行中断处理程序 ISR 时,该 PCI 设备的数据还没有完全写入存储器。为了实现两者的同步,需要待数据写入完成后再发送中断请求,或者在使用数据前强制数据写入完成。可以使用设备"读刷新"或 ISR"读刷新"两种方法分别实现,即先执行读操作,强制数据完成写入,再进行后续操作,避免出现数据完整性问题。采用 ISR"读刷新"方法时,在中断服务例程中,一般先读 PCI 设备的中断状态寄存器,判断中断产生原因后,再对 PCI 设备写入的数据进行操作。通过读中断状态寄存器过程,获得设备的中断状态,也同时保证 DMA 写的数据最终到达存储器。

此外,MSI(message signal interrupt)中断机制允许使用 PCI 总线的"存储器写总线事务"传递中断请求,避免 INTx 机制的数据完整性问题。MSI 事务向 HOST 处理器指定的一个存储器地址写指定的数据,该存储器地址一般是中断控制器规定的某段存储器地址范围,数据通常含有中断向量号。HOST 主桥将 MSI 事务解释为中断请求,提交给处理器。目前 PCIe 和 PCI-X 设备必须支持 MSI 中断机制,但 PCI 设备并不一定都支持 MSI 中断机制。MSI 中断机制向处理器提交中断请求的同时,可以通知中断的原因,即通过不同中断向量号表示中断请求源。当执行 ISR 时,不再需要读取 PCI 设备的中断状态寄存器识别中断请求源,从而提高了中断处理的效率。

2.4.2 PCIe 总线

PCI 总线的最高工作频率为 66MHz,最大位宽为 64b,理论上 PCI 总线可以提供的最大传输带宽为 532MB。然而作为一个共享总线,PCI 总线上的所有设备必须要共享总线带宽。同时由于总线协议开销,导致 PCI 总线可以实际利用的数据带宽远小于其峰值带宽。

PCI express V3.0 总线(PCIe)支持的最高总线频率为 4GHz,远高于 PCI 总线的最高频率。PCIe 总线采用星形拓扑结构,使用端到端的连接方式,因此 PCIe 总线可以提供更高的可用带宽。PCIe 总线支持虚电路(virtual channel,VC)技术,使用数据报进行数据传递(可去除 INTx 等边带信号)。优先级不同的数据报文可以使用不同的虚电路,而每一路虚电路可以独立设置缓冲,添加流量控制机制,并对"访问序"做出进一步优化,以解决数据传送的服务质量问题。

PCIe 总线在系统软件级与 PCI 总线兼容,基于 PCI 总线的系统软件几乎可以不经修改直接移植到 PCIe 总线中。但是从硬件设计的角度上看,PCIe 总线完全不同于 PCI 总线,PCIe 总线设备的硬件设计难度更大。PCIe 采用高速差分总线,可以使用更高的时钟频率、更少的信号线。

1. 总线拓扑结构

由 PCIe 总线构建的系统包括根组件(root complex,RC)、交换机(switch,SW)和各种终端设备(end point,EP)。RC、SW 和 EP 共同组成了一个 PCIe 总线架构,或称 PCIe 网络,如图 2.27 所示。每个 PCIe 设备可能具有多个功能(function),位于一个总线架构中。RC 可以集成在存储控制中心(MCH)芯片中,主要功能与 PCI 总线中的 HOST 主桥类似,但是在 HOST 主桥的基础上增加了许多功能,用于处理器和内存子系统与 I/O 设备之间的连接。

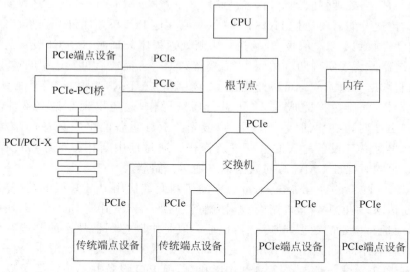

图 2.27　PCIe 总线拓扑结构

在 PCIe 架构中增加了 SW,取代 PCI 架构中的 I/O 桥接器,用于连接各种设备或 PCIe 扩展插槽。交换器可以提供 2 个以上端口,每个端口可以连接一个 PCIe 设备,实现多个设备的互连。上一级设备的下游端口(down stream port,DSP)连接下级设备的上游端口(upper stream port,USP)。数据包进入 SW 使用的端口称 ingress 端口,离开 SW 使用的端口为 egress 端口。当源自多个 ingress 端口的数据包发往同一个 egress 端口时,SW 需要进行端口仲裁,确定报文通过 egress 端口的顺序。

PCIe 根据深度优先规则定义总线号。第一级 RC 被定义为 Bus 0,下级总线由桥(bridge)或 SW 设备定义,每个桥或 SW 代表一级总线。各个设备通过<总线号,设备号,功能号>进行标记。PCIe 规范规定,一个 PCIe 网络中,最多支持 256 级总线,每条总线下面可以挂 32 个设备,每个设备最多拥有 8 个 function。如果一个设备存在,那么必须存在 function 0。通过 bus、device 和 function 就能唯一匹配到特定的功能设备。

2. 数据传输

PCIe 总线由事务层、数据链路层和物理层组成。PCIe 总线数据报文首先在设备的核心(device core)层中产生,然后再经过该设备的事务层(transaction layer)、数据链路层(data link layer)和物理层(physical layer),最终发送出去,如图 2.28 所示。而接收端的数据也需要通过物理层、数据链路和事务层,最终到达设备的核心层。传送延时包括串并转换延迟和协议栈延迟。

事务层定义了 PCIe 总线使用总线事务,其中多数总线事务与 PCI 总线兼容。在 PCIe 总线中,事务层传递报文时可以乱序。事务层还使用流量控制机制保证 PCIe 链路的使用效率。

数据链路层保证来自发送端事务层的报文可以可靠、完整地发送到接收端的数据链路层。来自事务层的报文在通过数据链路层时,将被添加序列号(sequence number)前缀和 CRC 后缀。数据链路层使用 ACK/NAK 协议保证报文的可靠传递。

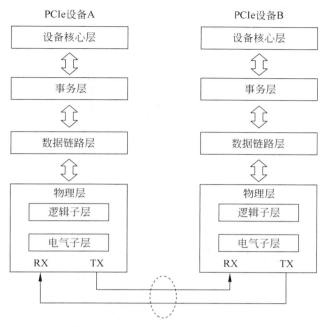

图 2.28 基于 PCIe 总线的数据传输

PCIe 总线物理层由多条数据链路构成,如图 2.29 所示。一条数据链路由两组差分信号(共 4 根信号线)组成两条数据链路,支持收发设备全双工通信。目前版本 PCIe 链路可以支持 1、2、4、8、12、16 和 32 条数据链路。PCIe 总线的峰值带宽(总线频率×数据位宽×2)以 GT(gigatransfer)为单位。

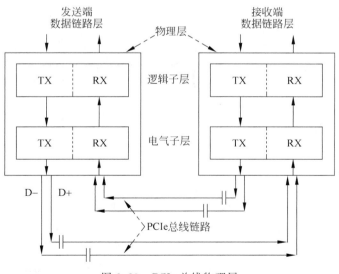

图 2.29 PCIe 总线物理层

PCIe 总线物理链路间的数据传送使用基于时钟的同步传送机制,但是在物理链路上并没有时钟线,PCIe 总线的接收端含有时钟恢复模块(clock data recovery,CDR),CDR 将从

第 2 章

实时嵌入式系统硬件架构

接收报文中提取接收时钟,从而进行同步数据传递。

2.4.3　AMBA 总线

下一代高性能 SoC 如多处理器核、多级存储器结构、DMA 控制器等,需要新一代灵活性更强的总线结构。AMBA(advanced microcontroller bus architecture)规范是由 ARM 公司推出的一套高性能嵌入式微控制器片上总线规范,已成为 SoC 设计的基础架构和 IP 库开发事实上的通信标准。

AMBA 规范定义包括高级可扩展接口(advanced extensible interface,AXI)、高性能系统总线(advanced system bus,ASB)、高性能总线(advanced high performance bus,AHB)和高级外设总线(advanced peripheral bus,APB),它们之间可以通过转接桥进行连接,增强了总线设计的灵活性。

AHB 和 ASB 支持高性能、高时钟频率的系统模块,可以作为高性能系统的背板总线,用于将多处理器、片上各种存储器和片外存储器接口连接到低功耗辅助宏单元。AHB 数据带宽 128b,支持突发传输和多个主控制器,基于时钟上升沿同步。ASB 可以代替 AHB。

APB 提供与低功耗外围设备的通信功能,为功耗和减小接口的复杂性进行了充分优化。APB 总线通常作为 AXI 或 AHB 的从设备使用,它们之间通过桥接器进行连接。桥接器主要完成 AXI 或 AHB 总线传输到 APB 总线传输的协议转换,为低速外设提供地址和数据信号,是 APB 总线上的唯一主设备。

图 2.30 所示为 AMBA 的典型系统结构,其中高性能的背板总线 AHB 或 ASB 上挂接着微处理器、片上存储器和其他 DMA 设备,APB 总线上连接着众多外设,如 UART、定时器和 PIO 等。

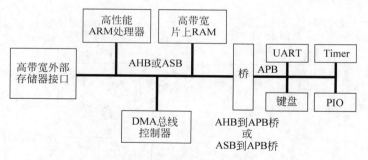

图 2.30　AMBA 的典型系统结构

1. AXI 总线协议

AXI 系列协议是 AMBA 3.0 总线架构中的一个系列,主要描述了主设备和从设备之间的数据传输方式,面向高性能、高带宽、低延迟的片内应用。本小节简单介绍于 2010 年发布的 AMBA 4.0 中定义的 AXI4 协议。目前 AXI 协议的最新版为在 AMBA 5.0 中定义的 AXI5。

典型的总线读操作步骤包括发地址、发读命令、等待数据返回,依次重复。与之类似,写操作包括发地址、发写命令、写数据、等待写响应返回,依次重复。AXI 总线是一种单向多通道传输总线,基于 burst 传输模式。AXI 总线协议具有如下特点。

(1) 分离的地址/控制和数据阶段。

(2) 使用字节选通(strobe)机制,支持不对齐的数据传输。

（3）突发数据传输中只需要首地址。

（4）读写数据通道分离，可以启用低成本的直接内存访问（DMA）。

（5）支持未决（outstanding）传输访问和乱序访问。

（6）更加容易进行时序收敛。

（7）支持事务（transaction）乱序完成。

多级存储系统中，主设备发出读写请求后，需要经过多级缓冲（buffer）才能到达内存。缓冲用于实现未决传输访问、时序调整和性能优化。缓冲可以有如下两种工作模式。

（1）FIFO 模式。仅完成上下级之间访问请求的存储转发。

（2）响应模式。当收到上一级请求后，回送响应信号，指示此次访问操作已经完成。

对于采用分离传输方式的多通道传输总线，"发送地址和命令"与"数据读写和响应"两个事务相分离，且地址、读数据、写数据、握手信号等在不同的通道中发送，因此可以支持未决传输和乱序传输，即主设备在没有得到返回数据或响应的情况下可发出多个读写操作（称"未决"），或者读回的数据顺序可以被打乱（称为"乱序"）。

AXI 协议中，事务是一系列操作的集合，具有原子性。一次 AXI 总线访问请求的全部操作构成一个事务。burst 为一次突发传输请求中的负载数据（payload data）。一次突发传输由多个数据传输（称 transfer 或 beat）构成，一次数据传输为一个数据总线宽度的数据。因此，burst 长度（burst_len）等于包含的数据传输次数或者 beat 数。一个 burst 传输的最大数据量为 burst_len · transfer_width。

AXI 传输首先发出 burst 的长度（burst-len，最大 16），同时发出此 burst 中第一个 transfer 的首地址、地址递增方式 burst-type 和 burst_size。其中，burst_size 代表当前 burst 中所有 transfer 中最大的字节数。transfer 的首地址可以是非对齐的。随后的其他 transfer 地址由从设备根据地址递增的方式进行相应的计算。地址递增方式包括 non-incr（不变）、incr（递增）和 wrap（回卷）。incr 传输过程中地址递增，增加量取决于 AxSIZE 值。wrap 与 incr 类似，但在特定高地址的边界处回卷到低地址处。wrap 的长度只能是 2/4/8/16 次传输。传输首地址和每次传输的大小对齐。最低地址与整个传输的数据大小对齐。wrap 边界等于（AxSIZE · AxLEN），或者 FIXED（突发传输过程中地址固定，用于 FIFO 访问）。

AXI4 系列协议分为三大类：面向地址映射（memory-mapped，MM）的 AXI4（AXI-full）协议、面向简化版的轻量级单次传输的地址映射接口 AXI4-Lite、面向无限制突发的数据流协议 AXI4-Stream。另外，ACE 4.0 是 AXI 缓存一致性扩展接口。

AXI4 协议采用单向通道体系结构，读写地址、读写数据、写响应都采用独立的单向通道。单向通道总线架构中信息流只以单方向传输，简化了时钟域之间的互联，减少了逻辑门数量。AXI4 支持突发操作（仅需一次寻址，可最多突发传输 256 个字），特别适合在复杂的系统上传输高速数据，能够有效减小时延，提高吞吐率，在满足高性能的同时兼顾功耗指标。AXI4 协议相当于原来的 AHB 协议，主要用于处理器访存等需要高速数据的场合。

AXI4-Lite 是一个轻量级的地址映射单次传输接口，相当于原来的 APB 协议。用于简单的低吞吐量内存映射通信，例如，与控制和状态寄存器之间的参数传递，为外设提供单个数据传输，用于访问一些低速外设。

AXI4-Stream 协议是专门针对流式数据的，没有地址线，通道和信号相对于 AXI4 协议有所简化。主从设备直接通过 FIFO 连续读写数据，主要用于如视频、高速 AD、PCIe、DMA

接口等需要高速流式数据传输的场合。AXI4-Stream 中涉及数据包的概念。数据包由若干数据字构成,用 TLAST 信号指示数据包中最后一个字。对于这类 IP,ARM 不能通过内存映射方式控制(FIFO 根本没有地址的概念),必须有一个转换装置,如 AXI-DMA 模块,以实现内存映射到流式接口的转换。

AXI4 总线和 AXI4-Lite 总线具有相同的组成部分,AXI4-Stream 则有所不同。AXI4 总线共有五个单向通道和一个全局通道。全局通道包括系统时钟和系统复位两个信号。单向通道包括读地址通道、读数据通道、写地址通道、写数据通道、写响应通道,每个通道都采用一个独立的握手协议。AXI 使用基于 VALID/READY 的握手机制,源端使用 VALID 表明地址/控制信号或者数据有效,目的端使用 READY 表明能够接收信息。

读地址和写地址都包括地址有效 ADDRVALID、地址就绪 ADDRREADY 和地址 ADDR 三个信号,地址总线为 32b。读写数据包括数据有效、数据就绪、数据和写响应信号,数据总线可为 8/16/32/64/128/256/512/1024b。

写数据通道中的数据是被缓冲的,主设备无须等待从设备对上一次写传输的确认即可发起一次新的写传输。写数据通道包括数据总线(8/16/…/1024b)和字节线(用于指示 8 位数据信号的有效性)。所有的写传输需要写响应通道的完成信号。从设备使用写响应通道对写传输进行响应。协议中对各通道主要信号的具体定义如表 2.1 所示。图 2.31 显示了读和写的模型(事务结构图)。

表 2.1 AXI4 通道功能说明

通 道 名 称	信 号 名 称	功 能 说 明
读地址通道	ARREADY 读地址就绪	由从设备向主设备发出,读地址就绪
	ARADDR 读地址	由主设备向从设备发出,指明读操作的具体地址,需要与 ARVALID 配合使用
	ARVALID 读地址有效	由主设备向从设备发出,读地址有效
写地址通道	AWREADY 写地址就绪	由从设备向主设备发出,从设备写地址就绪
	AWADDR 写地址	由主设备向从设备发出,指明写操作的具体地址,需要和 AWVALID 配合使用
	AWVALID 写地址有效	由主设备向从设备发出,主设备写地址有效
读数据通道	RREADY 读数据就绪	由主设备向从设备发出,主设备读操作就绪
	RDATA 读数据信号	由从设备向主设备发出,指明读操作的数据,需要与 RVALID 配合使用
	RVALID 读数据有效	由从设备向主设备发出,读数据有效
	RRESP 读响应信号	由从设备向主设备发出,表明从设备已经响应的主设备的读请求

通 道 名 称	信 号 名 称	功 能 说 明
写数据通道	WREADY 待写就绪	由从设备向主设备发出,表明从设备已经准备好接收写数据
	WDATA 写数据信号	写入数据,由主设备向从设备发出
	WVALID 写数据有效	由主设备向从设备发出,写数据有效
	WSTRB 有效字节指示	由主设备向从设备发出,WSTRB 中每位对应 WDATA 中的 1 字节,对应位为 1 时,表示该字节有效
写响应通道	BREADY 响应通道就绪	由主设备向从设备发出,主设备响应等待就绪
	BRESP 写响应	由从设备向主设备发出,响应主设备
	BVALID 写响应有效	由从设备向主设备发出,指示写响应有效
系统通道	ACLK 系统时钟	用于同步系统,上升沿采样
	ARESETn 系统复位信号	系统异步复位

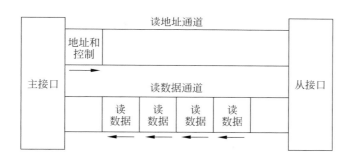

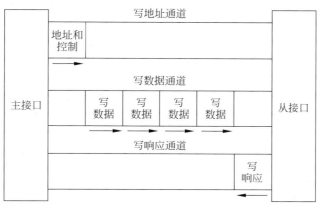

图 2.31 AXI 协议读和写事务结构图

实时嵌入式系统硬件架构

AXI 协议要求通道间满足如下关系。

（1）写响应必须跟随最后一次 burst 的写传输。

（2）读数据必须跟随数据对应的地址。

（3）通道握手信号需要确认一些依赖关系。

为防止死锁，通道握手信号需要遵循一定的依赖关系，分别如图 2.32、图 2.33 和图 2.34 所示。各图中单箭头指向的信号可以在其前趋信号之前或之后使能，双箭头指向的信号必须在其前趋信号有效之后才能使能。可以看出，VALID 信号不能依赖 READY 信号，而 AXI 接口可以待检测到 VALID 后才使能对应的 READY，也可以在检测到 VALID 之前就使能 READY。

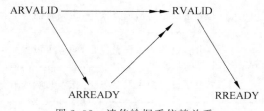

图 2.32　读传输握手依赖关系

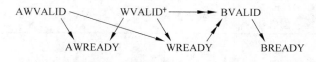

† 依赖于 WVALID 使能，还要求 WLAST 使能

图 2.33　写传输握手依赖关系

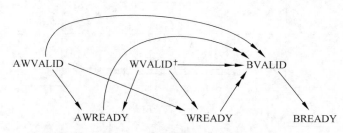

† 依赖于 WVALID 使能，还要求 WLAST 使能

图 2.34　从设备写响应握手依赖关系

AXI 协议是一个点对点的主从接口协议。当多个外设需要互相交换数据时，需要通过 AXI 互连（interconnect）阵列，如图 2.35 所示。互连阵列提供 AXI 主设备与从设备之间的一对一、一对多或多对多交换机制，类似于交换机中的交换矩阵。AXI 的乱序传输需要标注主设备的 ID，而不同的主设备发送的 ID 可能相同，因此 AXI 互连阵列需要对不同主机的 ID 信号进行处理，使之唯一。

2. ZYNQ 的 AXI-DMA 架构

Xilinx 公司的 ZYNQ 系列是一个可扩展处理平台，针对视频监控、汽车辅助驾驶以及工厂自动化等高端嵌入式应用。该系列四款新型器件得到了工具和 IP 提供商生态系统的

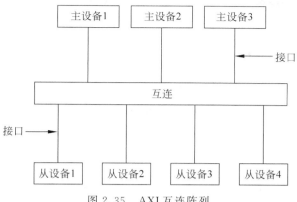

图 2.35　AXI 互连阵列

支持,将完整的 ARM Cortex-A9 MPCore 处理器片上系统(SoC)与 28 nm 低功耗 FPGA 紧密集成在一起,利于嵌入式软件开发人员定制、扩展、优化系统,并实现系统级的差异化。VIVADO 开发环境中几乎所有的 IP 核都支持 AXI 总线,因此 IP 核接口得以标准化。对于用户自定义 IP 核,标准化可以更快和更方便地搭建验证系统。VIVADO 为用户提供了相应的工具,相对于 ISE 开发环境是一个巨大的进步。

ZYNQ 采用的 ARM+FPGA 架构包含了 ARM 双核处理器和 FPGA 两部分,如图 2.36所示,其中 ARM 模块被称为 PS(processing system),FPGA 模块被称为 PL(programmable logic),二者的直接通信可通过 AXI 总线进行。

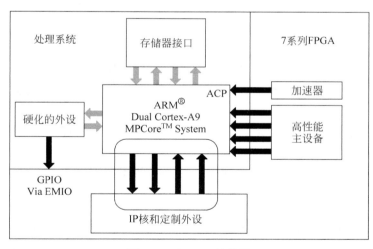

图 2.36　ZYNQ 结构图

ZYNQ 的 IP 模块使用如下三种 AXI 端口实现 PS 与 PL 之间的通信。

(1) AXI-GP 端口(4 个)。这是通用的 AXI 接口,包括 2 个 32 位主设备接口和 2 个 32位从设备接口,如图 2.36 中所示的 ARM 核与 IP 核之间的接口,通过该接口,IP 可以访问PS 中的片内外设。

(2) AXI-HP 端口(4 个)。这是高性能/带宽的标准的接口,PL 模块作为主设备连接,如图 2.36 中所示的 ARM 核与高性能主设备之间的接口,主要用于 PL 访问 PS 上的存储

实时嵌入式系统硬件架构

器(DDR3 和 On-Chip RAM)。

（3）AXI-ACP 端口（1 个）。这是 ARM 多核架构下定义的一种接口（加速器一致性端口），用于管理 DMA 等无缓存的 AXI 外设。PS 端是 Slave 接口。如图 2.36 中所示的 ARM 核与加速器之间的接口。

DMA 机制可以显著地提高系统性能。一旦配置好传输方式之后，DMA 可以自动完成系统设备间批量的数据传输而不需要处理器介入，将处理器从数据传输任务中解放出来。

典型的 DMA 控制器与处理器共享总线进行数据传输有以下三种模式。

（1）突发模式。以连续的操作方式传输一个完整的数据包。在许多应用中，DMA 的突发模式传输会拒绝处理器的总线访问请求。

（2）单字模式。与处理器交替访问总线，完成单字节或单字传输。这种模式可以防止处理器无法访问总线。

（3）透明模式。仅当处理器在执行任务而不需要访问外部系统总线时，DMA 才能传输数据。

新型 DMA 控制器支持"分散-聚集"（scatter-gather）DMA 传送方式，允许多个数据源的数据传输到同一个目的地址，或者同一个源地址的数据传输到不同的目的地址（也可以称为 buffers）。例如，对磁盘的每个 I/O 操作就是在磁盘与一些内存单元之间相互传送一些相邻扇区的内容。块设备驱动程序只要向磁盘控制器发送一些适当的命令（如 SCSI 命令）就可以触发一次数据传送。一旦完成数据的传送，DMA 控制器就会发出一个中断通知处理器执行块设备驱动程序。老式磁盘控制器在 DMA 传送时采用"块 DMA 方式"（block DMA），磁盘必须与连续的内存单元相互传送数据，即要求源物理地址和目标物理地址必须是连续的。在传输完一块物理上连续的数据后将引起一次中断，然后再由处理器发起进行下一块物理上连续的数据传输。但是在采用虚存技术的计算机体系中，逻辑连续的存储地址空间在物理上不一定是连续的，所以 DMA 传输要分多次完成。支持分散聚集传送方式磁盘控制器使用一个链表描述物理上不连续的存储空间，然后把链表首地址告知 DMA 控制器（master）。在此方式下，磁盘可以与一些非连续的内存区相互传送数据。启动一次分散-聚集 DMA 传送，块设备驱动需要向磁盘控制器发送要传送的起始磁盘扇区号和总的扇区数，以及内存区的描述符链表。其中链表的每项包含一个地址和一个长度，即在内存页中位置及大小。master 在传输完一块物理连续的数据后，不用发起中断，而是根据链表来传输下一块物理上连续的数据，直到传输完毕后再发起一次中断。显然，分散聚集 DMA 方式比块 DMA 方式效率高。

ZYNQ 中由 AXI 总线所连接的设备间可以采用 DMA 方式通信。ZYNQ SoC 的 AXI-DMA 控制器作为主设备连接在 AXI4 中央互连架构上，在 PS 系统的存储器与 PL 模块（包括 PL 中的 AXI4-Stream 外设）之间完成 64 位的 AXI 总线传输，如图 2.37 所示，其中 AXI 是存储器一侧的接口，AXIS 是 FPGA 一侧的接口。在 ZYNQ 中，AXI-DMA 是 FPGA 访问 DDR3 的桥梁，不过该过程受 ARM 的监控和管理。但是 AXI-DMA 不支持在 Zynq PS 的外设之间发起传输，这些外设没有支持 DMA 操作的流控制信号。

AXI-DMA 控制器有 8 个通道，可以同时执行 8 个 DMA 传输操作（如图 2.38 所示），其工作模式分为直接寄存器模式（direct register mode）和分散聚集模式（scatter/gather mode）两种。直接寄存器模式具备 DMA 的基本功能，除了控制寄存器和状态寄存器外，给

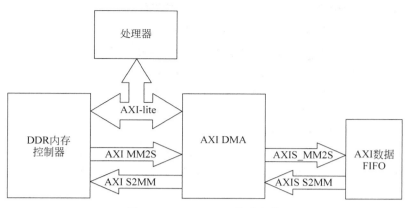

图 2.37　AXI-DMA 体系架构

出源地址和目的地址及传输长度之后,就可以启动一次传输。该模式的特点是配置完一次寄存器之后只能完成存储器连续地址空间的读写。如果需要向不同地址空间发送数据,则需要重新配置寄存器以开启一次新的传输。分散聚集模式把关于传输的基本参数(如起始地址、传输长度、包信息等)存储在缓冲描述符链表(buffer descriptor,BD)中。

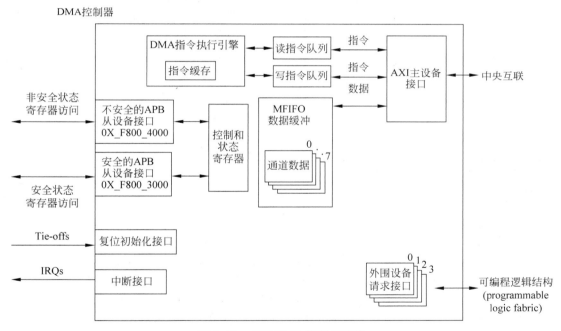

图 2.38　AXI-DMA 控制器结构

2.4.4　MicroBlaze 系统总线

为了满足上市的时间要求,实时嵌入式系统多采用"微处理器＋FPGA"的架构,但在整合处理器系统与用户定制的片上逻辑资源(IP 核)时,厂商采用的方式各不相同。如前所述,MicroBlaze 是 Xilinx 公司为其 FPGA 器件开发的软核处理器,具有如下丰富的接口支持。

(1) 带字节允许的 OPB(on chip peripheral bus,片上外设总线)V2.0 总线接口。

(2) LMB(local memory bus,本地存储器总线)高速接口。

(3) FSL(fast simplex link,快速单向链路总线)主从设备接口。

(4) XCL(Xilinx cache link,Xilinx 缓存链路)接口。

(5) 与 MDM(微处理器调试模块)连接的调试接口。

OPB 部分实现了 IBM CoreConnect 片上总线标准,适用于将 IP 核作为外设连接到 MicroBlaze 系统中。LMB 用于实现对片上 block RAM 的高速访问。FSL 可以实现定制 IP 核与 MicroBlaze 的内部通用寄存器直接高速连接。XCL 用于实现对片外存储器的高速访问。

1. FSL 总线

FSL 总线是一条基于 FIFO 的单向点对点通信总线,接口宽度为 32 位,其 IP 核结构如图 2.39 所示,I/O 信号如表 2.2 所示。FSL 接口的主要特点包括单向点对点通信、主从式非共享无仲裁通信、支持控制命令与数据分离、可配置的数据宽度,以及高速的通信性能,独立运行时可达 600MHz。

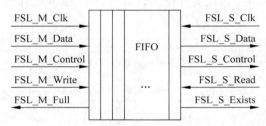

图 2.39 FSL 总线 IP 核结构

表 2.2 FSL 接口的 I/O 信号列表

信 号 名	I/O方向	功 能
FSL_M_Clk	I	FSL 总线主设备接口时钟
FSL_M_Data	I	FSL 总线主设备接口的输入数据
FSL_M_Control	I	在每个时钟沿与数据一起发送的单位控制信号
FSL_M_Write	I	控制 FSL 主设备接口的写允许信号
FSL_M_Full	O	表示 FIFO 已满的 FSL 主设备接口输出信号
FSL_S_Clk	I	FSL 总线从设备接口时钟
FSL_S_Data	O	FSL 总线从设备接口的输出数据
FSL_S_Control	O	在每个时钟沿与数据一起接收的单位控制信号
FSL_S_Read	I	控制 FSL 从设备接口的读确认信号
FSL_S_Exists	O	表示 FIFO 已有数据的 FSL 从设备接口输出信号

两个设备使用 FSL 进行数据传输必须分别作为主设备或从设备连接到 FSL 核上。如果需要进行双向传输,需要使用两个 FSL 核连接。无论是作为主设备或是从设备,都需要在设备的微处理器外设描述文件(MPD)中进行相应的定义。

MicroBlaze 的 FSL 接口支持最多 8 对 FSL 连接,具有 8 个输入和 8 个输出 FSL,每个 FSL 通道都可以发送和接收控制字或数据字。具体实现的接口数由系统硬件描述文件

（MHS）中的参数 C_FSL_LINKS 决定。

　　FSL 接口写操作时序如图 2.40 所示，由 FSL_M_Write 信号控制。FSL 主设备在第一个时钟上升沿检查到 FSL_M_Full 信号未置高，就允许主设备将 FSL_M_Write 置高，并将 FSL_M_Data 和 FSL_M_Control 送上总线，在下一个时钟周期这些数据就被总线读取并送入 FIFO。

　　图 2.40 中的 Write2 和 Write3 是一组"背靠背"的连续写操作。在 Write3 时 FIFO 满，使得 FSL_M_Full 信号被置高，强制主设备取消其 FSL_M_Write 信号，直到一次读操作将 FSL_M_Full 置低后才可以发起另一次写操作。

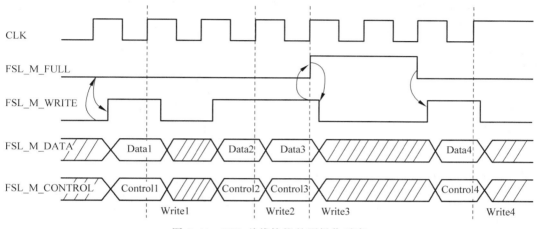

图 2.40　FSL 总线协议的写操作时序

　　对 FSL 总线的读操作由 FSL_S_Read 信号控制，图 2.41 是 FSL 从设备的 3 次读操作时序。当 FSL_S_Exists＝1 时，FSL 总线上存在有效数据，FSL_M_Data 数据和 FSL_M_Control 控制位可以立即被 FSL 从设备读取。一旦从设备完成读操作，FSL_S_Read 信号必须置高一个时钟周期，以确认读操作成功完成。在读操作发生后的时钟上升沿（图 2.41 中 Read2 处），FSL_M_Data 和 FSL_M _Control 会被更新为新数据，同时 FSL_S_Exists 和 FSL_M_Full 信号也会被更新。

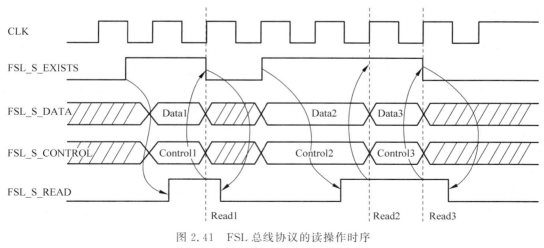

图 2.41　FSL 总线协议的读操作时序

实时嵌入式系统硬件架构

MicroBlaze 指令集中包含如下针对 FSL 总线操作的指令。

（1）get,put。阻塞式数据读写 FSL,控制信号被置为 0。

（2）nget,nput。非阻塞式数据读写 FSL,控制信号被置为 0。

（3）cget,cput。阻塞式控制位读写 FSL,控制信号被置为 1。

（4）ncget,ncput。非阻塞式控制位读写 FSL,控制信号被置为 1。

2. CoreConnect

CoreConnect 是由 IBM 开发的片上总线通信链,用于将多个芯片核集成为一个完整的新芯片。在 CoreConnect 标准产品平台设计中,处理器、系统及外围 IP 核可以复用,以达到更高的整体系统性能。CoreConnect 总线架构包括处理器本地总线(PLB)、片上外设总线(OPB)、一个总线桥、两个仲裁器(PLB 仲裁和 OPB 仲裁),以及一个设备控制寄存器(DCR)总线,如图 2.42 所示。

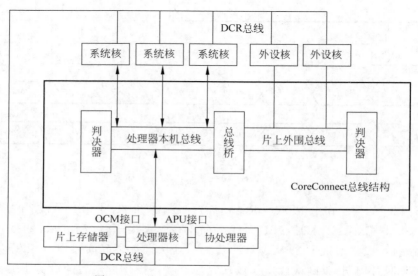

图 2.42　基于 CoreConnect 总线的系统结构

PLB 和 OPB 总线是系统芯片内宏单元之间数据交换的主要手段。这两个总线具有不同的结构和控制信号,因此需要分别设计不同的接口(PLB 宏和 OPB 宏)来连接设备。通常 PLB 用于互连高带宽设备,如处理器核心、外部内存接口和 DMA 控制器。

PLB 接口(如图 2.43 所示)为处理器的指令和数据提供分离的 32 位地址和 64 位数据总线。PLB 支持具有 PLB 总线接口的主设备和从设备进行读写数据传输。总线架构支持多主从设备。每个 PLB 主设备通过独立的地址总线、读数据总线和写数据总线与 PLB 连接。PLB 从设备通过共享但分离的地址总线、读数据总线和写数据总线与 PLB 连接,每条数据总线都有各自的传输控制和状态信号。集中式仲裁器负责进行 PLB 使用权分配,允许主设备竞争访问总线。

片上外围总线(OPB)是第二级总线,它通过减少 PLB 上的负载来缓解系统性能瓶颈。处理器内核通过 OPB 访问低速和低性能的系统资源,包括串行通信接口、并行通信接口、UART、GPIO、定时器等。OPB 是一种完全同步总线,提供分离的 32 位地址总线和 32 位数据总线。处理器内核可以通过 PLB to OPB 桥从 OPB 访问从设备外设,OPB 总线控制器

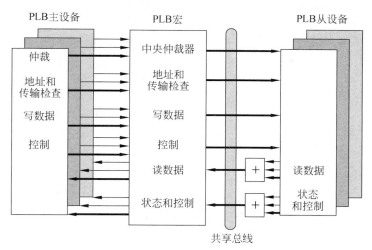

图 2.43 PLB 设备互连

的外设可以借助 OPB to PLB 桥通过 PLB 访问存储器。

如图 2.44 所示，OPB 通过将地址和数据总线实现为分布式多路复用器(distributed multiplexer)，支持多个主从设备。这种类型的结构适合于非数据密集型的 OPB 总线，允许在自定义核心逻辑设计中添加外围设备，而不需要更改 OPB 仲裁器或现有外设的接口。

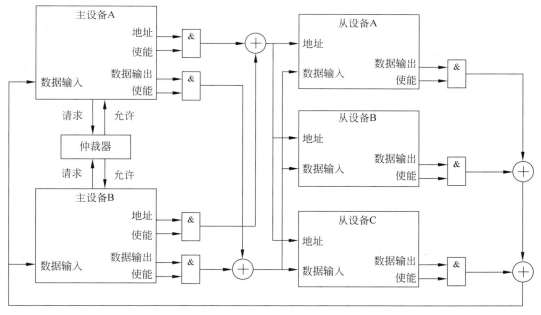

图 2.44 OPB 的物理实现

DCR(如图 2.45 所示)用于在处理器的通用寄存器(GPRs)和 DCR 的从逻辑设备控制寄存器(DCRs)之间传输数据。DCR 的最大吞吐量为每两个周期完成一次读或写传输，是一条完全同步的总线。DCR 总线使用环形数据总线，在提供所需的连通性的前提下，节省了片内资源的使用。

实时嵌入式系统硬件架构

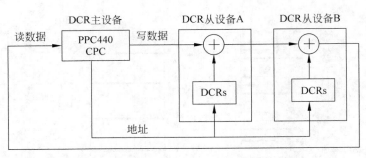

图 2.45　DCR 总线结构

2.5　本 章 小 结

与通用计算不同,实时嵌入式系统针对特定应用而设计,需要考虑可靠性、性能、功耗和成本等约束定制其硬件系统结构。相应地,包括微处理器、微控制器、存储器、总线和 I/O 控制等都具有与通用计算平台不同的独特特征,为了确保系统的时间行为满足设计需求,需要在设计或选择时进行专门考虑。为了满足这些需求,嵌入式系统的微处理器、存储器、总线和外设等产品架构从简单到复杂,规格众多。本章假设读者对计算机系统的基本组成原理,包括 I/O 控制机制已经有充分的理解,仅介绍了其中一些典型产品的关键特征。

对板级系统设计而言,总线架构选择以及对其仲裁规则、数据传输模式和时序行为(包括传输时延抖动)的理解至关重要,影响设备驱动和应用软件开发,因此本章运用了相当多的篇幅来对多种嵌入式系统总线体系结构进行了较为详尽的介绍。

作为重要的输入输出控制方式之一,DMA 技术有了很大改进,支持多种传输模式,应用十分普遍。本章以 ZYNQ 的 AXI-DMA 架构为例进行了分析说明。

思 考 题

1. 分析指令级并行技术对实时计算的利弊。
2. Cortex-M 处理器采用了哪些技术保证中断响应的可预测性?
3. 反应式处理器 XMOS 采用了哪些技术支持同步计算模型?
4. 比较 SPM 和 TCM 存储器的特征。
5. 分析 AXI 总线的实时性。

第3章　实时操作系统

通用计算中,并发或并行理论和技术的主要价值在于提升系统性能。对嵌入式计算而言,许多活动都是同时进行的,并发是计算系统与物理系统交互的固有属性,支持多任务并发是嵌入式系统必备的计算能力。例如,发动机控制器在保证及时(不早不晚)点火的同时还需要响应外部控制命令。

操作系统是计算机系统的关键组成部分,为应用软件开发和执行提供系统软件平台。如图 3.1 所示,不同用户通过不同接口与计算机系统进行交互。操作系统可以提供很多系统服务,包括并发多任务管理、存储管理、时间管理、I/O 管理、文件系统、网络系统,以及人机界面等。当然,并不是所有系统都采用操作系统,并且操作系统自身也会带来额外运行开销。如果硬件相对简单,应用软件代码较小,则无须操作系统。

实时系统中的嵌入式计算机通常不直接与用户交互,因此,实时操作系统(real-time operating system,RTOS)的结构和提供服务的方式与通用操作系统有很大差异。典型的 RTOS 采用微内核(micro kernel)

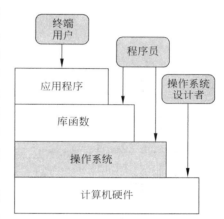

图 3.1　计算机系统的不同视图

体系结构(如图 3.2 所示),其内核只提供最基本的系统服务,如任务调度和管理,其他服务位于内核之外,可根据应用需求进行剪裁和配置。

应用程序通过系统调用(system call)请求系统服务,系统调用的执行过程如图 3.3 所示。运行在用户态的应用程序发出系统调用后,进行调用参数合法性检测,再执行一条软中断指令(trap),处理器从用户态转入内核态(又称监控态、系统态),才开始执行 OS 内核中的系统服务程序。这一机制保证了 OS 的安全,隔离了应用程序之间的相互干扰。当然,也带来了状态切换的额外开销。因此,对时间敏感的硬实时系统,可能不区分用户态或内核态。

为了保证内核数据结构的完整性,非抢占内核(如某些版本的 UNIX)在执行系统调用时禁止所有中断(关中断)。关中断方式的平均任务抢占时间优于使用互斥锁的可抢占内核(如 μC/OS-Ⅲ)。但对于非抢占内核,任务抢占只能发生在用户态,导致低优先级任务进行系统调用时,高优先级任务被阻塞,直至系统调用完成,造成优先级翻转。最坏情况下,系统调用可能需要执行几百 ms,甚至有可能导致高优先级任务错失其截止期。

RTOS 按预定的调度策略调度任务执行,保证所有关键任务的最坏情况可调度性,以及软实时和非实时任务的平均响应时间。"机制与策略相分离"是保证操作系统设计的灵活

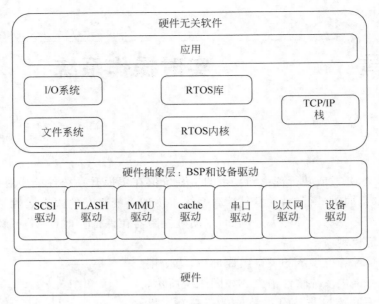

图 3.2　RTOS 中的微内核

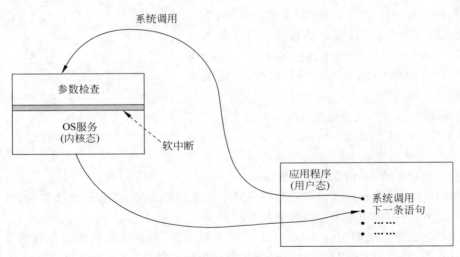

图 3.3　系统调用的执行过程

性的一个重要原则。RTOS 通常支持优先级抢占或时间片轮转(round-robin,RR)两种基本任务调度机制,而 RM(rate monotonic,单调速率)或 EDF(earliest deadline first,最早截止期优先)等调度策略由用户实现。

　　RTOS 的主要特征如下。

- 提供时钟和定时器:高分辨率的时钟和定时器对 RTOS 十分关键。
- 实时优先级:RTOS 需要支持静态优先级。任务的静态优先级由程序员指定,RTOS 不能改变。与之不同,通用操作系统为了提升吞吐率,可能改变用户指定的任务优先级。
- 快速任务抢占:任务抢占时间指高优先级任务在抢占执行前的等待时间。RTOS

一般为 ms 级,通用操作系统(非抢占内核)的最坏情况可能为 s 级。

- 可预测的快速中断延时(latency):中断延时指中断发生与开始执行 ISR 的间隔时间。RTOS 的中断延时必须有界,一般小于几 ms。为此,可以采用推迟过程调用(deferred procedure call,DPC)技术,将 ISR 中需要完成的大部分工作放到一个较低优先级的任务中,待 ISR 完成后再执行。进一步可以采用中断嵌套技术,支持可抢占中断。
- 支持资源共享:对于大中型应用,RTOS 需要提供优先级天花板协议(priority ceiling protocol,PCP),确保共享资源访问时间有界。
- 内存管理:除了大型复杂应用,RTOS 一般不提供虚存和内存保护。
- 支持异步 I/O:传统的读写系统调用为同步阻塞式,进程向下进行前需要等待硬件完成物理 I/O,并判断读写操作是否成功。异步 I/O 为非阻塞式,进程仅仅将读写请求发给硬件或 OS 队列,即可继续向下进行,无须等待物理 I/O 完成。

3.1 反应式内核

内核有三个关键控制部件:调度器(scheduler)、资源管理器(resource manager)、分派器(dispatcher),如图 3.4 所示。调度器根据调度算法(如 RM 或 EDF)为每个任务分配处理器,设定原始优先级,并选择当前应执行的任务。资源管理器按资源访问控制协议(如优先级继承协议等)进行任务同步控制,确定任务的当前执行优先级,并为任务分配所需资源。分派器是调度器的一部分,完成新旧任务的上下文(context)切换,改变执行流,启动新任务。实时钟(real-time clock,RTC)提供时间信息,中断管理器(interrupt handler)提供异步事件服务请求信息。另外,系统实现时调度器与分派器可以合二为一。静态调度系统的任务调度表在设计时生成,运行时由分派器按静态调度表激活任务执行。

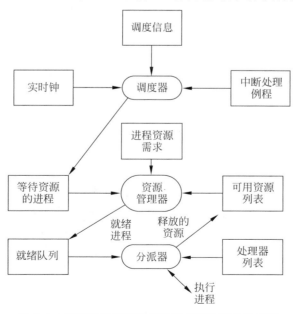

图 3.4　内核关键控制部件及其与其他部件的关系

大多数 RTOS 内核以任务为调度对象,多任务并发需要 RTOS 内核具有处理多任务的能力。通用操作系统一般以进程作为调度、资源分配和保护的对象,然而,线程模型的性能更优,内存开销更小,因此 RTOS 大多采用线程模型。对于单处理器系统,内核实际上是在保证各个任务的时间约束的前提下,交错地执行多个任务。

控制任务的时间约束依赖于系统对环境事件的控制响应要求。环境和系统的特性决定了任务产生其结果的截止期。需要定期激活的活动被定义为周期任务。从 RTOS 角度看,周期任务由内核按时间触发(time-triggered,TT)方式直接控制激活,因此保证了这类任务的定期性要求。而非周期任务由应用或外部事件触发(event-triggered,ET)激活,包括显式地执行系统调用或发生与某任务相关的外部中断。即使外部中断定期到达,内核仍然可以按非周期方式处理,除非中断源保证激活速率的准确上界。

如果中断按定常速率发生或者存在最小到达间隔,则相应的非周期任务被称为偶发任务。通过假设其最坏情况(即按最大速率到达),可以保证满足偶发任务的时间约束。

当完成任务优先级划分并确定它们的时间约束、周期性和关键度后,RTOS 可保证所有硬实时任务在其截止期之前完成。对软实时或非实时任务,将按尽力而为(best-effort)策略最小化其平均响应时间。

调度器可以作为编译器或代码生成器的一部分,在设计时产生调度决策;也可以作为内核的一部分,在运行时产生调度决策。调度器可能被 ISR 调用,也可能作为某些系统服务的组成部分被调用。

执行流可能位于应用任务线程、ISR 或 RTOS 内核中。当任务或 ISR 调用内核服务时,执行流进入内核相应的系统调用例程中。系统调用完成时,调度器负责选择下一个需要执行的任务,分派器负责引导执行流转向该任务。

3.2 系 统 服 务

RTOS 的内核只提供最基本的系统服务,如任务管理;任务互斥、同步与通信;内存管理、时间管理和 I/O 管理和异常与中断管理等。

3.2.1 任务管理

任务是一个应用层抽象概念。在实时系统中,可以按功能或时序等属性,将一组活动或动作定义为一个任务。在 RTOS 中,任务往往实现为线程。

1. 多任务模型

多任务模型中,应用由多个任务构成。每个任务拥有各自的上下文,记录了任务执行时 CPU 各个寄存器的状态,这些状态随任务的执行而动态地变化。当系统切换执行不同的任务时,需进行任务上下文切换。新任务创建时,内核创建并维护该任务的任务控制块(task control block,TCB)。TCB 是内核存储每个任务相关信息(包括上下文)的数据结构,如图 3.5 所示。

当任务被中断时,其上下文在 TCB 中被冻结,并在下一次运行时再恢复。调度器进行上下文切换时,在当前任务的 TCB 中保存其上下文,从下一个任务的 TCB 中加载其上下文(即该冻结的任务在上一次执行被中断时的 CPU 寄存器映像)。这个切换过程所需时间为上下文切换时间。硬实时系统必须考虑上下文切换开销。

大多数操作系统内核支持的任务调度策略有如下两种。

- 基于优先级(priority-driven,PD)的调度。假设每个任务都被指定了优先级,调度器总是按优先级从高到低的顺序选择任务执行。通常优先级值小表示优先级高。
- 基于 CPU 使用比例的共享式(share-driven,SD)调度。按任务权重(比例)进行调度,让任务的执行时间与其权重成正比。实现算法包括轮转法、公平共享、公平队列、彩票调度法(tottery)等。

RTOS 一般都支持优先级抢占式调度算法,即如果任务的优先级高于其他任务,将立即抢占执行。

轮转调度中,CPU 的计算时间被划分为定长的时间片,各个任务轮流占用时间片执行。使用每个时钟嘀嗒递增的计数器跟踪记录任务使用的时间片数量。

任务由任务名、ID、优先级(采用优先级调度时)、TCB、堆栈、程序代码等构成。在系统运行过程中,任务总是处于某个状态,典型的包括就绪(ready)、运行(running)和被阻塞(blocked)等,构成任务状态机(如图 3.6 所示)。

TCB

任务ID(task identifier)
任务地址(task address)
任务类型(task type)
关键度(criticalness)
优先级(priority)
状态(state)
计算时间(computation time)
周期(period)
相对截止期(relative deadline)
绝对截止期(absolute deadline)
利用率(utilization factor)
上下文指针(context pointer)
前驱指针(precedence pointer)
资源指针(resource pointer)
下一TCB指针(pointer to the next TCB)

图 3.5　TCB 结构示例

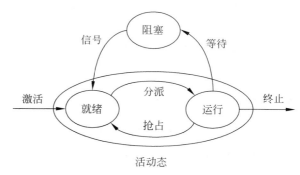

图 3.6　任务状态机

- 就绪:任务已经准备好,但由于高优先级任务正在执行,因此尚未被分派处理器执行。
- 阻塞:任务请求的资源尚不可用,或需要等待某事件发生,或需要延迟一段时间。
- 运行:任务为最高优先级,正在处理器上执行。

就绪任务处在就绪队列中,阻塞任务处在阻塞队列中,如图 3.7 所示。任务被内核创建激活后置于就绪队列。调度器每次启动后首先决定哪些任务需要改变状态,再根据调度策略从就绪队列中选择下一个任务分派执行。

正在运行的任务可能由于被高优先级任务抢占而回到就绪态,也可能因为申请尚不可用的资源、等待某事件发生或需要延时执行等原因而进入阻塞态。处于阻塞态的任务因为

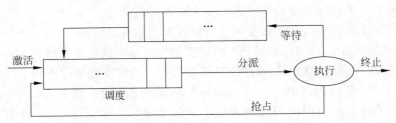

图 3.7 任务和任务队列

相应的阻塞条件消解而重新进入就绪态。

典型的任务结构有如下两种。

- run-to-completion 任务。执行一次就不再重复执行。通常用于系统启动阶段的初始化,包括创建其他任务和共享变量等。
- endless-loop 任务。在系统工作期间重复执行。完成"采样-计算-输出"控制过程。此类任务采用无限循环结构,其中应包含阻塞调用,以便当前作业完成后挂起自己,让低优先级任务得以执行。

2. 系统服务

RTOS 所提供的任务管理服务 API 包括创建与删除任务、任务调度和获取任务相关信息等。

任务创建后将进入就绪队列,等待调度执行。删除任务将终止任务的执行,并释放它所占用的内存。但不正确的删除操作可能导致共享数据不一致或信号量未释放,甚至造成内存泄漏,导致系统崩溃。因此,必须确保某任务已经释放其所占用的所有系统资源后才能进行删除。

系统运行过程中,由内核控制任务的状态变化,但用户也可以使用系统服务参与任务调度,如自我挂起、改变任务优先级或禁止抢占等。

3.2.2 任务互斥、同步、通信

实际应用中,所有任务相互独立的应用场景非常少见,多数任务之间具有显式或隐式的依赖关系,如哲学家进餐(dining philosopher)问题、读者-写者(reader-writer)问题、理发师睡觉(sleeping barber)问题和生产者-消费者(producer-consumer)问题等经典的进程间通信(inter-process-communication,IPC)或任务间协作场景。

首先,多个任务可能需要竞争使用特定的资源(文件、设备或通信通道等),而这些资源某时刻只允许单个任务独占式访问,如哲学家进餐问题中的筷子,此时需要任务间的互斥机制。其次,某些任务需要使用其他任务的计算结果,如生产者-消费者问题,或计算位置偏差的任务需要使用计算当前位置任务的计算结果,此时任务间需要相互通信。如果基于共享内存(全局变量)进行通信,为了保证数据的一致性,通信双方需要互斥地访问共享内存,称为资源访问同步。即使任务间没有显式的数据传递依赖关系,各任务也可能需要按特定的顺序执行,如读者-写者问题和理发师睡觉问题,或初始化任务需要先于其他任务执行等,此时任务间需要同步,称为活动同步。

计算机系统中,事件和信号是一个泛化概念,事件可由软件(内部)事件源或硬件(外部)

事件源产生,信号是事件的通知。此外,操作系统中典型的事件响应机制包括事件标志(或称事件寄存器)、信号(软中断)和外部中断(硬中断)。

实际应用场景中,往往需要通信过程与同步控制两者相结合,实现特定的通信或资源共享协议。典型场景有如下几种。

- 任务与任务间基于二值信号量同步。
- ISR 与任务间基于二值信号量同步。
- 任务与任务间基于事件标志同步。
- ISR 与任务间基于事件标志同步。
- ISR 与任务间基于计数信号量同步。
- 带数据交换的会合点同步。

1. 通信模型

任务间通信可以交换信号以通知事件发生(称信号通信),或交换各自的数据(称数据通信),或者数据交换同时伴有事件通知。

嵌入式实时系统中,通信可以发生在任务与任务之间或任务与 ISR 之间。可以为单向无确认方式(松耦合通信),亦可为双向确认方式(紧耦合通信),或者广播式。

数据通信的任务间存在数据依赖关系,基本通信模型为生产者-消费者模型。

从实现角度,通信分为共享内存(sharing memory)和消息传递(message passing)两种模式。

1) 共享内存

所有任务都通过访问相同的内存区域完成通信。这一内存区域被称为临界资源(critical resource),访问共享资源的程序代码称为临界区(critical section,CS)。当两个或多个任务读写共享内存,而最终的结果取决于任务运行的精确时序,称为竞态(race condition)。此时,除非对该区域的访问只有只读操作,否则必须考虑多个模块并发访问时的互斥问题,即将并发访问串行化,以避免竞争访问导致最终结果数据不一致。OS 级的互斥访问可以采用多种技术,如互斥量(mutex)或监视器(monitor,亦称管程)等。

共享内存通信效率高,但处理竞态等问题开销大。在任务间共享多个临界资源时,如果允许抢占,还应考虑死锁和优先级反转等问题。另外,对于硬件上没有共享内存的系统,实现更加困难。

2) 消息传递

协作任务间互相发送的信号称为消息或事件。基于通信双方或多方共享的通信介质(信道、通道),以消息为单位进行通信称消息传递。典型的应用存在如下两种方式。

(1) 异步/非阻塞(asynchronous/non-blocking)方式。此方式下,收发双方无须同步。发送方不需要知道接收方是否准备好接收消息,只需按自己的步调发送消息。由于通信双方不同步,因此需要采用带缓冲的通信通道,也需要注意处理消息溢出问题。

(2) 同步/阻塞(synchronous/blocking)方式。通信开始前,收发双方必须通过某种机制进行同步,相互等待对方准备好,再进行通信。

消息传递可以基于共享内存或网络信道实现。

2. 同步模型

同步的基本含义是同时(same time)发生或同速率(same speed)执行,但在计算机系统的不同抽象层次,同步一词的具体语义有所不同。如前所述,在操作系统层,同步可划分为资源同步和活动同步两类。资源同步保证多个任务同时安全地访问共享资源,活动同步使多个任务相互等待,同时到达特定的状态。

1) 资源同步

多任务并发访问共享资源必须保证资源状态的完整性(integrity)。资源同步要求各任务的临界区代码互斥地执行,即并发任务串行化顺序执行,任何时刻只允许一个任务访问共享资源。写-写操作竞争将破坏资源的完整性,写-读操作竞争使读出数据不一致。互斥算法保证某任务执行临界代码时不被其他竞争此资源的任务中断。

资源同步可以基于 client-server 模型,由集中式资源服务器负责协调共享资源访问请求。资源服务器基于预分配策略或启发式策略确定合法的访问请求。

2) 活动同步

将异步环境下一组并发任务通过消息通信而进行相互协作、互相等待,使得各任务按一定速度执行的过程称为任务间活动同步。具有活动同步关系的一组并发任务称为协作任务,活动同步语义为任务在同步点相互等待,步调一致地向前执行。此时任务间无数据交换,是一种"低级通信"。

活动同步是多任务协调执行顺序的操作,既可以采用同步式,也可以为异步式。具体模式包括相互等待同步(wait-and-signal sync)、多任务会合点同步(rendezvous sync)、信号速率同步(credit-tracking synchronization,或 rate sync)以及同步栅(barrier sync)等。

同步栅模式中,多个任务异步到达同步栅,最后到达者广播通知其他任务。所有任务同时跨越同步栅继续执行。单处理器环境下,"同时"意味着并发交错执行。实现同步栅包括三个动作:某任务告知其他任务已抵达同步栅;该任务等待其他任务抵达;该任务收到继续执行的通知。同步栅可以基于互斥锁或条件变量实现。Ada 语言提供支持同步栅的语法结构。

某些文献中,会合点指两个任务同步,同步栅指多个任务同步。支持会合点同步的语言提供会合点入口(entry)语法结构(为一回调函数)。某任务定义并发布其入口函数,并等待其他任务调用此入口函数。发布任务接受此函数调用,并将结果返回调用者。

会合点同步与事件标志类似。如果入口调用没有发生,则发布者阻塞等待。两者差别在于会合点允许双向参数传递,即入口函数接收输入参数,返回输出结果。简单的会合点同步也可以使用信号量或消息队列实现,而不使用入口函数。两个任务间使用信号量实现会合点同步不支持数据传递。

3. 系统服务

RTOS 一般提供信号量、消息队列、事件、信号和条件变量等机制,支持任务间的互斥、同步与通信。注意,不同系统中事件和信号的语义有差异。

1) 信号量

信号量(semaphores)是内核对象,用于并发任务间相互同步或互斥地访问共享资源。创建信号量时,内核建立相应的信号量控制块(SCB)记录此信号量的 ID、值(二进制或计数值,亦称令牌数)和等待任务队列等信息。

任务可以申请或释放信号量。信号量的值有限,任务申请(acquire)信号量时值减 1,释放(release)时值加 1。内核跟踪各信号量的令牌数。一旦计数为 0,新的申请者将被阻塞等待,直至有任务释放该信号量。等待信号量的任务可按 FIFO 或优先级方式进行排队。

信号量分为二值(binary)信号量、计数(counting)信号量和互斥(mutex、mutual exclusion)量等多种类型。

(1) 二值信号量。其值为 0 或 1,代表资源空闲或被占用。0 表示不可用,1 表示可用。初始化时可置为 0 或 1,一般置为 1。内核提供 acquire()/wait() 和 release()/signal() 服务原语。常用于资源访问或任务同步。

(2) 计数信号量。创建时设置令牌数上界。一旦令牌数为 0,表示资源已分配完。内核提供 acquire()/wait() 和 release()/signal() 服务原语。常用于资源计数或同步控制。

(3) 互斥量。这是一种特殊的二进制信号量。创建时互斥量值初始化为 0,表示资源空闲。mutex 亦称锁(lock),其值为 1 时表示资源被使用者加锁,申请者需等待。内核提供 lock() 和 unlock() 服务原语。互斥量可用于解决数据一致性控制、任务安全删除、资源使用权分配或优先级反转控制等问题。

RTOS 所提供的信号量管理服务 API 包括信号量创建与删除、申请与释放、清空等待队列和获取信号量相关信息等。任务申请信号量时可以采用持续等待(wait forever)、等待超时(wait with a timeout)或无等待(no waiting,信号量无效时任务不被阻塞挂起)等几种方式。清空某信号量的等待队列(flush 原语)将释放队列中的所有被阻塞的任务,使之进入就绪队列。因此,清空操作可用于实现多个任务会合点同步。

信号量通常用于任务间同步。为了访问共享资源,可以使用二进制信号量,也可使用互斥量。由于信号量可被任何任务释放,即使该任务不是最初获得此信号量的任务,因此是不安全的。而互斥量基于所有权概念。某任务对资源成功加互斥锁后,则拥有此任务的所有权。其他任务只能加共享锁,不能再加互斥锁。只有互斥量的所有者才能释放此互斥量,因此,互斥量保证了共享资源的独占式访问。

【例 3.1】 两个任务同步点相互等待同步。二进制信号量 sem 初始化为不可用(值为 0)。设高优先级任务先到达执行,同步点申请 sem 时被阻塞挂起,等待低优先级任务。低优先级任务得到执行机会,在同步点释放信号量。∎

【例 3.2】 多个任务会合点同步。二进制信号量 sem 初始化为不可用(值为 0)。设多个高优先级任务先执行,各自执行到同步点时申请 sem 被挂起。最后低优先级任务执行,同步点时调用 flush 原语清空 sem 的等待队列,同时释放所有被阻塞的高优先级任务。∎

【例 3.3】 执行速率匹配。设发送信号的任务(高优先级)发送速率快于接收信号的任务(低优先级),可用计数信号量记录信号发生次数。信号量初始化为不可用(值为 0)。低优先级任务先到达,申请信号量被阻塞。高优先级任务到达后,释放信号量,使低优先级任务进入就绪队列,直至高优先级任务作业完成。在低优先级任务开始执行前,允许高优先级任务按其信号发生速率多次发送信号(释放信号量),而低优先级任务根据信号量的令牌计数累积逐一响应,实现对信号突发模式的同步跟踪处理。∎

【例 3.4】 单一共享资源互斥访问。共享资源包括内存单元、数据结构或 I/O 设备等待。可采用二值信号量 sem 进行资源保护。初始化时 sem 值为 1。访问被此信号量保护的资源时首先需申请 sem(值变为 0),使用完成后需释放 sem(值重新变为 1)。如果任务申请信号量时值为 0,则资源被其他任务占用,只能等待释放。此方法的风险在于信号量可能被没有使用资源的其他任务错误释放,导致一致性访问约定被破坏。安全性方法是使用互斥

量 mutex。■

【例 3.5】 单任务重复访问资源控制。设任务及其调用的子过程都需要访问共享资源。使用 sem 时如果没有及时释放，将造成嵌套访问，导致任务自身锁死。此时应使用互斥量 mutex。当任务对 mutex 加锁后，则临时拥有资源的所有权，此任务及其子过程都可以再次锁定 mutex 而不会被阻塞。■

【例 3.6】 多资源访问控制。设资源由多个等价资源构成。可使用计数信号量或多个互斥量。■

2）消息队列

消息队列是一种数据缓冲区内核对象，用于任务或 ISR 间通过收发消息进行数据通信。发送者将消息暂存于消息队列中，直至接收者准备处理这些消息。消息队列使收发双方解耦，使他们无须同时进行收发操作。

RTOS 所提供的消息队列管理服务 API 包括队列创建与删除、消息发送与接收、广播消息，以及获取消息队列信息等。

消息队列创建时，内核为其分配队列控制块（QCB），指定队列名和 ID，根据用户指定的队列长度和最大消息长度分配内存缓冲区，并建立等待任务队列和排队策略等。消息队列为内核全局对象，不属于任何任务。

消息发送过程通常为两次复制，从发送者内存空间复制到内核的队列缓冲区，再复制到接收者的内存空间。由于数据复制开销大，减少复制次数（直接从发送者内存复制到接收者内存）或减少数据量（如发送数据指针而不是数据本身）有利于提升系统效率。

消息队列可为满或空。队列满后，发送者将被阻塞；队列空时，接收者将被阻塞。ISR 使用消息通信时不能被阻塞，异常时只能返回错误。

接收者从队首读取消息，一种方式是破坏性读取，另一种为非破坏性读取。

【例 3.7】 非互锁单向数据传输。非互锁单向数据传输是一种最简单的消息队列通信形式。ISR 通信只能采用这种形式。■

【例 3.8】 互锁单向数据传输。采用消息队列和信号量，收发双方实现握手同步，也称锁步（lockstep），实现可靠通信。如果数据错误，可以重发。■

【例 3.9】 互锁双向通信（也称全双工通信）。互锁双向通信可用于 client/server 系统。需要两个消息队列，并使用信号量实现同步握手。■

【例 3.10】 广播通信。基于一个消息队列，一个任务发送消息，多个任务接收此消息。■

3）事件标志

事件标志（event flag）用于标识某些事件是否发生，是一种异步的单向任务同步机制。任务只有在主动调用接收事件 API 时才与事件同步。事件标志可以由任务或 ISR 设置。事件不排队，也不进行计数，即同一事件的后一次到达将覆盖前一次事件。如果同一事件可由多个事件源产生，事件标志并不指示当前的事件源。如果需要区分，可以将它们定义为不同事件。

任务可以等待某个特定事件，也可以等待多个事件。任务等待多个事件发生时，事件之间可以是"或（or）"或"与（and）"的组合关系。ISR 也可以与事件同步，但不能被阻塞。

使用事件同步时，任务可以与一个事件寄存器（event register）绑定。事件寄存器的每位为一个二进制事件标志,定义了该任务所等待的所有事件。任务通过检查事件寄存器中的事件标志与特定事件同步。

内核使用事件控制块管理事件标志,记录任务等待的事件(wanted event)、当前到达的事件(received event)、任务等待超时(timeout value)及通知条件(notification condition)等。通知条件指示任务等待多个事件时的与或组合条件。

与事件标志相关的 RTOS 服务包括创建或删除事件寄存器、事件标志置位或清零,以及接收事件等。

4) 信号

信号(signal)是事件发生后的一种软中断机制。信号到达时,如果当前执行的是接收此信号的任务,则其被中断,转而执行与该信号相关的异步信号例程(asynchronous signal routine,ASR)。信号与硬中断的区别在于其由任务或 ISR 产生,而不是由外部事件产生。并且,任务可以指定其响应的信号。

信号响应是非嵌套的,新信号被挂起,只有处理完当前信号后才能响应。信号可以被忽略(屏蔽)或阻塞。忽略意味着不发往任务,阻塞意味着信号被挂起,直至当前任务执行完特定程序块后再被中断。内核维护信号向量表和信号控制块(SCB)。信号向量表记录 ASR 入口地址。信号控制块记录允许信号集、忽略信号集、挂起信号集和阻塞信号集。

内核服务包括设置接收的信号(catch)、删除已设置的信号(release)、发送信号至某任务(send)、禁止产生某信号(ignore)、设置阻塞信号(block)和解除被阻塞的信号(unblock)。

可以使用信号机制实现 ISR 的上下部。但信号机制开销大,且与任务执行异步,导致系统执行的不确定性。

5) 条件变量

条件变量(condition variable)用于确定共享资源的状态。例如,文件或通信信道等共享资源存在不同的状态。任务可能需要等待这类资源被设置为(由其他任务造成)特殊的状态才能进行访问。条件变量与特定资源绑定,允许某任务等待其他任务改变资源状态,以满足此任务的访问条件。条件变量允许进行信号(signal)和等待(wait)两种操作。当任务对某个条件变量进行 wait 操作时,如果条件不满足,该任务将被阻塞,直到其他任务对此条件变量执行 signal 操作。

一个条件变量可以与多个条件相关联,多个任务也可能排队等待同一个条件变量。协作的任务需要预先约定各自访问共享资源的条件。

条件变量本身也属于共享资源,需要互斥访问,以避免条件的不一致。因此,需要使用锁对其进行保护。注意,条件变量不是共享资源访问的同步机制,只是用于判断共享资源的值或状态是否满足执行要求的机制。在进行条件评估之前,任务首先需要获得锁。如果访问条件不满足,任务需要释放锁并进入等待队列阻塞等待。内核需要保证任务释放锁和阻塞等待为原子操作。

内核服务包括创建共享变量(create)、任务等待条件满足(wait)、通知条件满足(signal)和通知所有等待任务条件满足(broadcast)等。某任务执行 signal 操作指示资源的条件已经被建立,内核将按照预定策略(优先级或 FIFO)从等待队列中释放一个任务。broadcast 操作将唤醒所有等待任务。

条件变量用于任务之间的同步,允许一个任务等待直至另一个任务将共享资源设置为所期望的状态。但条件变量不是作为互斥访问共享资源的同步机制,其典型应用为生产者-消费者问题。

【例 3.11】 互斥锁和条件变量实现同步栅。如下伪代码所示,每个参与同步的任务都需要调用 barrier()函数。函数的第 8 行获得互斥量,第 9 行对同步任务计数,第 10 行检查是否所有任务都已经到达同步栅。如果仍有任务尚未到达,barrier()函数调用者被第 11 行条件变量函数 cond_wait()阻塞。如果调用者是同步栅的最后一个任务,则第 14 行重置同步栅,第 16 行通知所有任务同步结束。■

```
Pseudo code for barrier synchronization.
1   typedef struct {
2       mutex_t br_lock;          /* 卫式互斥量 */
3       cond_t br_cond;           /* 条件变量 */
4       int br_cont;              /* 到达同步栅的任务数 */
5       int br_n_threads;         /* 参与同步栅的任务数 */
6   } barrier_t;
7   barrier(barrier_t * br) {
8       mutex_lock(&br -> br_lock);
9       br -> br_count++;
10      if (br -> br_count < br -> br_n_threads)
11          cond_wait(&br -> br_cond, &br -> br_lock);
12      else {
13          br -> br_count = 0;
14          cond_broadcast(&br -> br_cond);
15      }
16      mutex_unlock(&br_lock);
17  }
```

3.2.3 内存管理

内存管理涉及内存分配、内存保护和内存容量分析等问题。

1. 内存分配

标准 C 语言中,经常使用 malloc()和 free()原语进行动态内存分配或释放。然而,在实时系统中,malloc()和 free()不利于保证系统可预测性。一方面,它们的执行时间不确定;另一方面,动态分散式内存分配造成的内存碎片使内存申请的结果不可预知。

虚存管理减少了平均内存访问时间,但增加了最坏情况内存访问时间。开销在于存储页表和虚实地址映射。缺页处理的开销也很大,并伴随非常高的访问时间抖动。因此,支持虚存的操作系统需要提供内存加锁之类控制换页的机制,防止某页被换出至外存。

为了保证可预测性,RTOS 一般不采用虚存技术,而是在应用程序申请内存时为其分配一块地址连续的物理内存。由于不支持虚存,内存碎片处理困难,也没有内存保护机制。用户程序与操作系统处于同一地址空间,普通功能调用和系统调用没有区别。错误使用指针很难发现。

内存分区(partitioned memory)管理是 RTOS 中常用的一种技术(如 μC/OS)。每个内存分区由固定大小的内存块构成。任务先创建分区,再从分区中取得内存块。内存块分配和释放在常数时间内完成,且为确定的。任务可以创建和使用多个分区,从而可以使用不同大小的内存块。这种方法缺乏灵活性,且增加了内部碎片(内存块内部的剩余空间)。此外,应用所需的内存块大小难以预估,可能某些大小的内存块需求量大,而另一些块却空闲。

【例 3.12】 基于内存分区技术,内存空间划分为 32、50 和 128 固定块大小的三个内存池,如图 3.8 所示。内存控制结构(memory control struct,MCS)记录各个内存池的信息,包括块起始地址、块大小、块数和空闲块数等,并按块大小排序。内存池(空闲链表)为单向链表。内存分配与释放都发生在链首。每次申请或释放内存块时更新 MCS。■

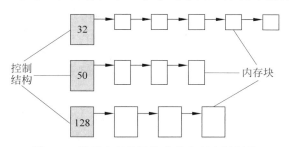

图 3.8　基于内存分区技术的内存空间划分

内存耗尽时,malloc()不允许调用者等待内存可用。某些实时系统中,一旦内存分配失败,任务需要回滚至某个检查点,或者重启系统,代价过高。然而,很多情况下,内存耗尽是暂时的。如果任务能够预知内存拥塞,则可以提供更多的设计选择。例如,网络通信中,数据包可能突发到达,接收任务需要占用大量内存,使得发送任务暂时无法申请到内存以发送数据。此时,如果发送任务能够预知这种情况,就无须回滚或重启系统。因此,内存分配算法应提供申请内存时永久阻塞、超时阻塞或非阻塞等选项。

【例 3.13】 可以使用一组计数信号量和一个互斥量实现阻塞式内存分配函数,如图 3.9 所示。为每个内存池绑定一个计数信号量,其计数初值为初始化时内存池中可用空闲内存块数。为 MCS 绑定互斥锁。任务申请内存时须先获得计数信号量,再获得互斥锁。任务可以等待内存块可用,获得可用块,再继续执行。

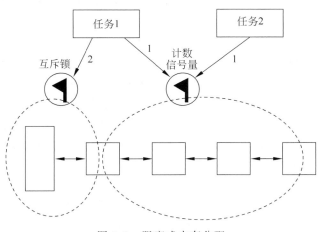

图 3.9　阻塞式内存分配

申请内存时,任务首先申请计数信号量。如果无空闲块,则任务被阻塞等待(而不是返回内存分配失败)。如果有空闲块,则计数信号量减 1,为该任务预留内存块。下一步,任务申请互斥锁,如果成功,则进一步获取内存块,并释放互斥锁。

释放内存时,任务首先申请互斥锁,释放内存块,释放互斥锁,再释放计数信号量。

注意,此设计方案不会造成优先级反转。■

2. 内存保护

MMU(memory management unit,内存管理单元)负责虚实地址映射和内存保护。另一种选择是忽略 MMU 的虚实地址空间映射机制但利用其内存保护机制。此时,MMU 使能,物理内存按页访问。MMU 提供的页属性包括代码或数据存储标识,页访问权限(可读、可写、可执行,或它们的组合),非特权模式下是否允许 CPU 访问等。MMU 自动检查任务访问的合法性,并触发相应的异常处理。

3. 内存容量分析

与通用计算机相比,嵌入式计算平台存储容量有限。因此,需要合理组织存储空间映射,需要在设计时分析应用的存储需求,计算存储容量上界。

栈通常用于存放局部变量,传递参数,或实现过程调用、中断响应和任务上下文切换。栈帧(stack frame)是栈中一种保存程序断点现场的固定的数据结构。

堆用于动态内存分配。堆结构有助于跟踪和管理内存分配和回收过程。malloc()从堆中申请内存,free()向堆中释放不再使用的内存。如果用完的内存没有释放,则导致内存泄漏。对长时间连续运行的嵌入式系统,内存泄漏累积可能耗尽物理内存空间,导致程序崩溃。某些系统中周期性运行垃圾回收器,自动回收(释放)不再使用的内存,原则上无须程序员再显式地释放内存。

系统进行内存碎片整理和垃圾回收时要求正在运行的所有任务都暂停,对于实时系统而言,难以采用。

过程调用或中断处理均需使用栈。如果应用超出所分配的栈空间,则发生栈溢出(stack overflow),可能改写其他内存空间的数据,导致不可预知的后果。栈空间分析计算应用中栈大小的上界。假设任务执行不被中断,且程序中不使用递归,则可以遍历函数(或过程)调用图(call graph)确定所需栈空间上界。

函数调用图是控制流图(control flow graph,CFG)的一种扩展形式。CFG 是一个有向图,其中点集由程序的基本块组成,边集则表示基本块之间的控制流。通过在 CFG 中引入调用(call)边和返回(return)边分别连接调用函数和被调函数,描述函数调用的控制转移过程,构成调用图,如图 3.10 所示。如果不使用递归,函数调用可以通过内联(inlining)实现,即将被调函数的代码复制到调用函数中,那么,函数调用图退化为内联后的 CFG。

调用图描述函数的相互调用情况,可以通过跟踪调用图的关键路径得到调用和返回序列。据此,如果每个栈帧的大小已知,则可计算最坏情况下栈的大小。如果考虑中断驱动的系统,中断嵌套等问题导致软件的栈空间分析更加复杂。

堆分析比栈分析困难。一方面,程序所使用的堆空间大小取决于输入数据值,而且只有在运行时才能知道;另一方面,堆空间大小还取决于动态存储分配和垃圾回收算法的细节。

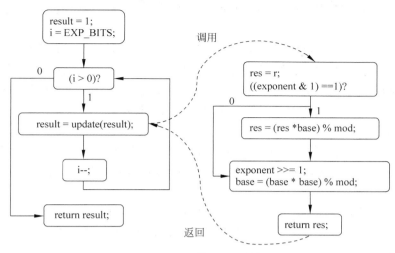

图 3.10 函数调用图举例

3.2.4 时间管理

时钟和时间服务是所有 OS 都提供的基础设施。高分辨率时钟(ns 级)可以通过将硬时钟映射到用户空间而实现。在计算机系统中存在着许多硬件计时器,如实时钟、时间戳计数器(time stamp counter,TSC)和可编程间隔定时器(programmable interval timer,PIT)等。

1. 实时钟

实时钟用于记录当前时间和日期。实时钟由专门的电池供电,与 PIT 无关。应用程序通过 OS 系统调用,得到时间服务,如获取当前时间等。

2. 系统时钟

OS 提供的时间服务基于软件时钟,称系统时钟(system clock)。系统时钟基于 PIT 对系统晶振时钟信号计数。OS 根据所接收的 PIT 时钟中断,维护系统时钟。

PIT 也称为定时器芯片,可用于事件计数、时间测量、周期性事件生成或系统时序控制等。每秒产生的定时器中断数称为定时中断速率,由输入时钟源的频率和 PIT 的设置(定时计数值)决定。PIT 按定时计数值对时钟信号递减计数,计数为 0 时产生一次中断请求,称为时钟嘀嗒(tick),代表了时间单位。如定时速率为 100tick/s,则每 10ms 一次 tick。实时内核的一个重要功能是周期性响应 tick,并据此触发任务调度。时钟中断 ISR 中将进行绝对时间(墙钟)和流逝时间(系统上电后)更新。

硬实时系统的时序约束往往为 ms 级,因此,系统时钟需要细粒度分辨率(两次 tick 的间隔时间)。虽然硬件时钟(系统晶振)的分辨率为 ns 级,但在 OS 中实现高分辨率时钟还是很困难,原因有如下两点。

- 中断服务开销(包括上下文切换等)过高,以及存在中断响应时间抖动(BCRT 与 WCRT 之差)。
- 系统调用响应时间的抖动。中断响应的优先级高于系统调用,时间服务系统调用可能被抢占,是造成其响应时间抖动的一个因素。

商用 RTOS 的系统调用响应时间抖动范围为 ms 级,因此,比此值更低的系统时钟分辨率没有意义。

某些实时应用需要 ns 级时间分辨率。一种方式是将硬时钟映射到用户空间,应用程序可以按常规的读内存的方式直接读硬时钟,而无须通过系统调用。例如,用户程序可以直接读 Pentium 的时间戳计数器。这个计数器在系统上电时被置为 0,每 CPU CLK 递增,分辨率为 ns 级。这一方法的问题在于降低了应用程序的可移植性。

3. 定时器

定时器为时钟中断计数器。RTOS 通常提供周期定时器和非周期(单次)定时器两种。

- 周期定时器。用于周期性活动或事件响应,如周期采样等。周期定时器周期性超时和重置。
- 非周期定时器。用于单次超时,如看门狗定时器。看门狗定时器可用于检测任务错失截止期或系统失效。每次应用看门狗定时器都需要重新设置。一旦发现超时,将进入任务异常处理或重启系统。

4. 定时事件管理

RTOS 维护一个预处理定时器队列和一个系统定时器队列(如图 3.11 所示)。定时器队列按照各个定时器超时的先后顺序排队。每个定时器与其 ISR 相关联,定义定时器超时时应完成的操作。

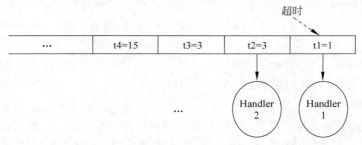

图 3.11　定时器队列

RTOS 响应系统时钟中断时需要完成以下任务。

- 递增软时钟计数。
- 处理定时器事件。发生时钟中断时,RTOS 内核搜索各定时器的超时事件。一旦发现定时器事件,则将其 ISR 插入就绪队列(ready queue,RQ),等待调度执行。
- 更新就绪队列。由于发生了新的定时器事件,表示新的任务到达或等待此事件的任务就绪。RTOS 需要整理等待队列(waiting queue,WQ),将就绪任务移至就绪队列。如果该任务的优先级高于正在执行的任务,将可能发生抢占。
- 更新执行预算(时间片)。每次时钟中断调度器都要递减正在执行任务的时间片。如果其剩余时间片为 0,则被剥夺执行。

定时器的结构有多种,如表 3.1 中的基于升序链表、基于最小堆和基于时间轮(timing wheel)等,不同应用场景下需要考虑它们的效率和复杂度。

表 3.1　常用定时器实现算法复杂度

实现方式	StartTimer	StopTimer	PerTickBookkeeping
基于链表	$O(1)$	$O(n)$	$O(n)$
基于升序链表	$O(n)$	$O(1)$	$O(1)$
基于最小堆	$O(\lg n)$	$O(1)$	$O(1)$
基于时间轮	$O(1)$	$O(1)$	$O(1)$

假设系统有大量的定时器,使用升序链表性能低下,添加一个定时器的复杂度是 $O(n)$,此时时间轮比较适合。时间轮由固定大小的数组构成(如图 3.12 所示,类似于循环缓冲区),每个数组元素为一个时间槽,代表时间单位,即软定时器的精度。时间轮以恒定速率顺时针转动,每转动一步(称一次 tick),槽指针(clock dial)就指向下一个槽。每个槽绑定一个超时事件回调函数双向链表,代表同一个超时时间的一系列定时器(事件)。设置新的定时事件时,以当前槽指针为基准,将其挂载到对应的时间槽位置。注意,插入定时事件的误差为最小超时(定时器精度)的二分之一。通过时间轮排序的时间表可以高效地更新、设置(install)和撤销定时器事件。

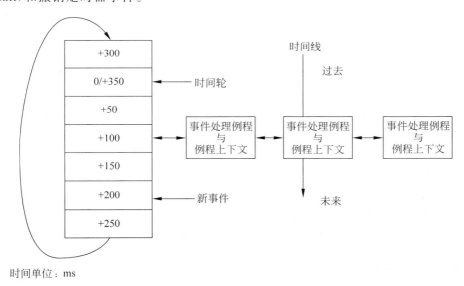

图 3.12　时间轮工作举例

超时频率决定定时器的精度。例如,如果定义每个 tick 的间隔为 50ms,则每个槽代表时间流逝了 50ms,定时器的最小超时事件也只能是 50ms。

假设时间轮有 N 个槽,tick 间隔为 s_i,则时间轮转动一周的时间为 $T = s_i N$。插入定时器时可以直接计算出要放在哪个槽。假设在 t 时间后到期,则 $insertslot = \lceil curslot + (t/s_i) \rceil \% N$,即插入数组下标为 $insertslot$ 的槽位,复杂度为 $O(1)$。

典型的时间轮操作包括定时器启停和超时处理。

基本时间轮结构的时间槽数量固定,即超时定时器数量固定。超出范围的定时事件可用一个附加的溢出事件缓存临时保存,待时间轮转到合适槽位时进行处理。如图 3.13 所示,400ms 事件需要在槽 2 时处理,500ms 事件需要在槽 3 时处理等。溢出事件缓存需要按

实时操作系统

升序排序,每次 tick 时都需要进行检查。这一问题也可采用层次化时间轮方法进行解决。层次化时间轮基于 ticksPerWheel(一轮的 tick 数)、tickDuration(一个 tick 的持续时间)以及 timeUnit(时间单位)3 个参数设计。

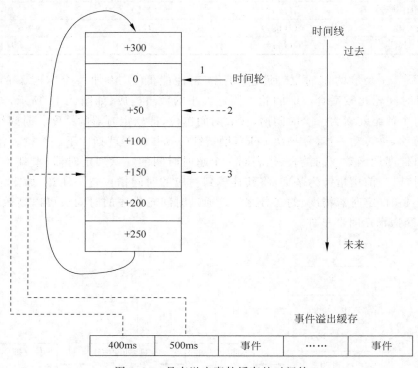

图 3.13　具有溢出事件缓存的时间轮

每个时间槽所绑定的定时事件应同时触发执行,但如果每个槽的事件数无法确定,时间轮算法无法保证各事件的响应时间有界。

RTOS 提供的定时器管理 API 一般包括硬件时钟操作、软件定时器操作和实时钟或系统时钟访问操作等几大类,供 BSP、系统软件和应用软件调用。

3.2.5　I/O 管理

嵌入式实时系统往往用于对特定的设备进行控制或管理。对 I/O 操作的理解依赖于设计者的视角和对硬件细节了解的需要。

对系统软件开发者而言,I/O 操作指与设备进行交互和对其进行编程,使设备完成 I/O 请求初始化,在系统与设备之间进行数据传输,并在操作完成时通知请求者。

程序员需要理解设备的物理属性和访问方法,如设备与系统的组织结构,控制寄存器定义等。对于多实例设备,定位正确的实例是设备通信的内容。

开发设备驱动程序还需了解设备操作过程中出现错误应如何处理。

对 RTOS 而言,I/O 操作需要为 I/O 请求定位正确的 I/O 设备,确定正确的设备驱动程序,并向设备驱动程序发送 I/O 请求。有时也需要 RTOS 保证访问同步。RTOS 需要向应用软件开发者提供隐藏设备特殊性和规格的抽象。应用开发者的目标是以一种简单统一的方法与系统中的所有设备通信,并向终端用户提供有用的数据。

1. I/O 系统

I/O 系统由 I/O 设备、设备驱动和 I/O 子系统构成。I/O 系统的编程模型主要涉及设备类型、设备端口与寻址、I/O 控制方式等问题。

1) 设备模式

设备模式(或类型)包括字符设备(character-mode)和块设备(block-mode)两类。字符设备以单个字符为数据单位,允许进行无结构的数据传输。通常采用串行通信方式,一次传输 1 字节。字符设备通常为串口或键盘等简单设备。设备缓冲用于系统与设备之间的传输速率匹配。块设备以数据块(如 1024 字节)为单位进行数据传输。某些协议强制要求数据必须结构化,即如果块大小不足,必须填满,否则为错误。

2) 设备接口

设备接口(端口)一般由控制寄存器、地址寄存器、数据寄存器和状态寄存器等组成。系统中所有设备的端口寄存器地址构成 I/O 地址空间。如果 I/O 地址空间单独编址,称为独立编址方式或端口映射方式;如果 I/O 地址空间与内存地址空间统一编址,称为内存映射方式。独立编址方法需要使用专门的 I/O 指令进行 I/O 操作。所有 I/O 设备都必须通过设备控制寄存器进行初始化。

3) 设备控制方式

在以轮询或中断模式进行输入输出的程序 I/O 方式下,设备与内存间的数据传输需要通过处理器寄存器进行中继。因为存在多次数据复制,这种方式不能满足高速 I/O 的要求。DMA 方式通过专用芯片控制设备与内存之间直接进行数据传输。数据传输前,需要处理器指定传输源和目的地址,以及需要传输的数据量。一旦 DMA 开始,则无须处理器介入。此时,数据传输率取决于设备、内存和 DMA 控制器的性能。

2. I/O 子系统

所有与特定设备相关的操作代码组成设备驱动程序。每个设备驱动程序处理一种类型的设备,负责接收上层应用的设备独立的 I/O 操作请求,向设备控制器发送设备依赖的命令,监测命令执行并向上层返回执行结果。每个 I/O 设备驱动都提供一组专门的 I/O 编程 API。

在嵌入式系统中,I/O 子系统的目标在于向内核和应用开发者隐藏各种设备的特殊信息,提供访问所有设备的统一方法。I/O 子系统定义了一组标准的 I/O 操作,所有设备驱动都需要遵从和支持。设备驱动程序负责将标准 I/O 操作 API 与特定设备的 I/O 操作相关联。I/O 子系统为应用程序提供了一个设备抽象层(或称硬件抽象层)或虚拟化层。

典型的标准 I/O 操作 API 包括创建(create)、撤销(destroy)、打开(open)、关闭(close)、读(read)、写(write)和控制(ioctl)等。

- create()在 I/O 子系统中建立指定 I/O 设备的一个虚拟化实例,使设备可用于读写等操作。创建设备实例时设备驱动将完成设备地址空间映射、中断号分配、ISR 加载以及设备状态初始化等工作。调用 create()者将得到设备实例的引用号。

- destroy()从 I/O 子系统中撤销已建立的 I/O 设备实例,使之不再可用。调用 destroy()时设备驱动程序将完成一系列清除设备映射的工作,并释放相应的内存空间。

- open()为后续的读写操作做准备。设备创建后可能处于禁用(disabled)状态,open()将其置于可用(enabled)状态,并指定其使用模式,如只读、只写或接收控制命令等。由于 create()和 open()的功能存在重叠,某些系统中,两者被合二为一。

- close()使打开的设备不可用。例如,使设备进入休眠态以节省能耗。close()与 destroy()也可能合二为一。
- read()和 write()完成数据读写而无须理解设备操作的具体细节。使用时须指定读写数据量和内存地址。
- ioctl()向设备发送控制命令,或设置设备驱动程序的运行参数。

I/O 子系统通常维护 I/O 设备驱动表(I/O driver table)进行 I/O 标准 API 与特殊设备驱动函数的映射,供创建设备的虚拟实例时使用。

【例 3.14】 I/O 设备驱动表如图 3.14 所示。表中第一行为 I/O 标准 API 名,第一列为特定设备类型的通用设备名,表中内容为相应设备的标准 API 函数指针。当 I/O 子系统进行设备加载时,函数指针被填入表中。■

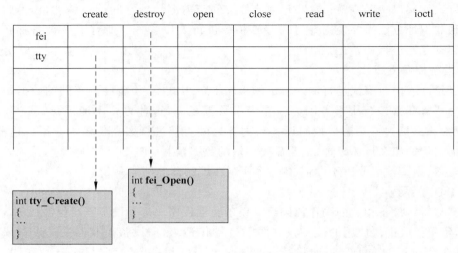

图 3.14 I/O 设备驱动表

I/O 子系统利用设备表建立设备与设备驱动之间的关联,记录设备的虚拟化实例。新创建的实例被分配一个唯一的名字并插入表中。

【例 3.15】 设备表及其与设备驱动表的关联如图 3.15 所示。设备表中,每个设备实例按通用设备名和实例号命名,记录该实例的一般信息,包括设备驱动以及数据结构。■

3.2.6 异常与中断管理

主流嵌入式处理器体系结构都提供打断正常执行流的异常和中断处理机制。异常和中断的作用包括内部错误或特殊状态管理、服务请求管理和硬件并发。嵌入式应用系统往往需要在程序执行发生错误时进行异常处理和恢复,避免出现停机。嵌入式处理器一般有普通和特权两种执行状态,某些指令只能在特权状态下执行,如禁止外部中断指令,否则产生异常。某些外设可以与系统处理器并行工作而无须过多干预,此时中断可以作为外设与处理器正在执行的应用之间的一种通信机制。当外设完成所分配的工作后,可通过中断通知处理器。这类外设包括间隔定时器和网卡等。

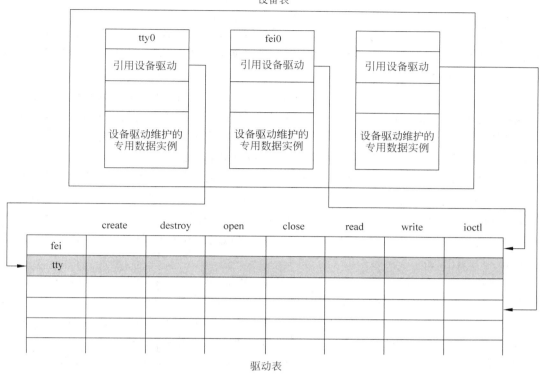

图 3.15 设备表与设备驱动表的关联

1. 异常与中断

一般 CISC 架构采用以中断为核心概念的体系,包括硬中断(外部中断)和软中断(内部中断,含指令异常和陷阱)。而 RISC 架构采用以异常为核心概念的体系,外设产生的异步事件称中断。本书参照 RISC 架构的描述方式。

异常是强制处理器进入特权状态执行指令的事件,包括同步异常和异步异常两类。内部事件产生同步异常,如执行读写指令产生内存对齐异常、除法指令异常等。外部事件产生异步异常,与指令执行无关,如外设的复位信号产生复位异常。嵌入式系统中的通信处理器模块收到数据包时也会产生异步异常。中断是外设事件产生的异步异常。异常与中断或同步异常与异步异常的差别在于产生异常的事件源,同步异常(简称异常)由处理器事件产生,异步异常(简称中断)由外设事件产生。异常分为精确和非精确两类,中断分为可屏蔽和不可屏蔽两种。

1) 精确异常

对精确异常,程序计数器(PC)准确指向造成异常的指令地址,处理器处理异常返回后将从此处重新执行。在现代处理器的指令和数据流水线中,按写指令的顺序而不是执行的顺序向处理器提交异常。处理器架构保证在异常指令之后进入流水线的指令不改变处理器状态。

2) 非精确异常

芯片厂商为了处理器性能,引入许多高级技术,包括推测指令和数据加载、指令和数据流水线化,以及 cache 机制等。例如,处理器可以按非顺序访存模式乱序执行浮点和整数访存操作。如果处理器采用多流水线或预取等技术,准确确定造成异常的指令和数据是不可能的,称为非精确异常。此时,PC值对异常处理没有意义。

可由软件禁止(阻塞)或允许的中断称可屏蔽中断,反之为不可屏蔽中断(non-maskable interrupt,NMI)。硬件复位等不可屏蔽中断需要处理器立即响应和处理。许多处理器设有专门的NMI请求引脚。

可以屏蔽某个中断源的中断请求,此时即便中断请求到达,但处理器不予响应。也可以屏蔽某一优先级(含低于此优先级)的所有中断请求,甚至屏蔽所有中断源的中断请求(称为"关中断")。进行中断屏蔽的可能原因包括降低中断响应负载、保证程序代码的可重入或需要进行原子操作(如保存现场)等。注意,异常不可以被屏蔽或禁止。

所有处理器按预定顺序(优先级)处理异常,一般NMI最高,其次是精确异常,然后是非精确异常,最后是可屏蔽中断。对应用和RTOS而言,异常和中断的优先级高于任务的优先级。可以允许高优先级异常抢占低优先级异常,称为中断嵌套。响应某中断请求时,低优先级或同优先级的中断请求被挂起。同一优先级可以有多个中断源,一般按FCFS规则进行处理,不允许相互抢占。

异常处理涉及异常的触发源、实现控制转换的硬件和确定异常向量存储位置的机制等。可编程中断控制器(PIC)协助处理器管理多个中断源,包括中断允许或禁止、分配优先级,并将最高优先级中断请求发往处理器。中断表罗列了所有中断相关信息。中断服务程序(ISR)也称中断向量。中断向量表保存所有异常处理程序和中断向量的入口地址。

【例3.16】 中断表如表3.2所示,其中IRQ为PIC中断请求引脚编号,处理器据此识别中断源并执行相应的ISR。■

表 3.2 中断表

中 断 源	优先级	向量地址	IRQ	最大频率	描 述
安全气囊传感器	最高	14h	8	N/A	安全气囊
刹车踏板传感器	高	18h	7	N/A	刹车系统处置
油量传感器	中	1Bh	6	20Hz	汽油量测量
实时钟	低	1Dh	5	100Hz	时钟嘀嗒10ms/次

2. 异常响应过程

发生异常后,处理器进入异常处理程序前,按以下步骤执行。

(1) 保存当前执行流断点(NPC)和当前处理器状态。

(2) 关中断。

(3) 确定异常原因,将相应的异常处理程序入口地址赋给PC。

(4) 将执行流转移至异常处理程序入口并开始执行。

异常处理执行完成后,在返回被中断的执行流前,处理器按以下步骤执行。

(1) 恢复处理器状态。

(2) 开中断。

(3) 返回被中断的执行流,从其断点处恢复执行。

异常处理程序(ESR或ISR)完成以下工作。

(1) 切换至异常栈帧。

（2）保存附加处理器状态信息，亦称保存现场。典型工作为将通用寄存器入栈。

（3）屏蔽当前中断级，但允许更高优先级中断发生。

（4）完成最少量的响应工作，而由相应的任务完成主要处理过程。

（5）恢复现场。

对允许中断嵌套的系统，如果 ISR 是非可重入的，ISR 中应禁止同优先级中断，也不应调用不可重入的 API 函数（如 malloc()或 printf()），还应避免自我阻塞或挂起行为。

外部事件为非累积式，即同一中断的后来者覆盖先前到达者。为了不丢失中断请求或影响任务调度，禁止中断的时间应尽量短。同时，中断响应的时间也应尽量短。事件处理有两种模式：一种是在 ISR 中完成所有处理工作；另一种是两阶段模式，即只在 ISR 中确认外设状态和服务请求，而将事件处理的主要工作交给相应的任务去执行完成。此时，ISR 结束后将进行任务调度，选择合适的任务执行。两阶段模式，一方面减少了 ISR 的执行时间；另一方面，由于中断优先级高于任务优先级，这种模式可以将低优先级工作交给低优先级任务完成，避免了在 ISR 中完成低优先级的工作，减少了对高优先级任务的不利影响。两阶段法提升了系统的并发性，其代价为延长了低优先级事件的响应时间。

μC/OS-Ⅱ的两阶段中断与任务响应时序如图 3.16 所示。

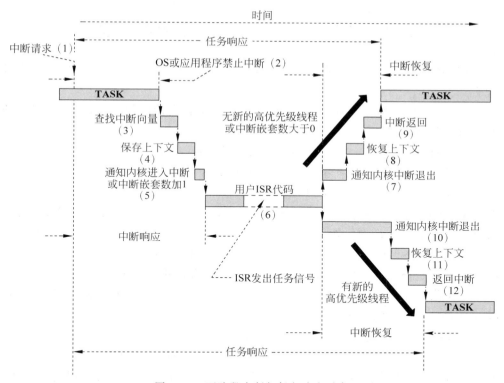

图 3.16　两阶段中断与任务响应时序

（1）任务响应时间。从中断到达到任务开始执行的时间。

（2）中断延迟时间。从中断到达到处理器进入 ISR 之前的时长（latency）。

（3）中断响应时间。从中断到达到 ISR 结束的持续时间，或等价于中断延迟时间。

（4）中断恢复时间。ISR 结束前恢复现场的时间。

实时操作系统

其中,中断响应时间一般包括:

① 处理器确认中断原因并为相应的中断处理进行初始化所需的时间。

② 如果处理器正在响应高优先级中断,低优先级中断被阻塞的时间。

③ 中断禁止时间。如果中断被禁止,中断延迟亦相应延长。

④ ISR 保存中断上下文并响应中断,进行中断服务的时间。

由于中断禁止时间难以预测,最坏情况下可能导致中断响应时间无界。由于中断禁止主要用于保证数据共享的原子性,因此可以采用循环队列等技术,避免进行中断禁止。但必须注意,使用中断禁止的鲁棒性最高。

任务的响应时间包括调度器执行时间(称调度延迟)和任务上下文切换时间。

3. 伪中断

伪中断(spurious interrupt)是中断输入引脚上的一种持续时间非常短的信号。这种信号由信号的差错产生,可靠的系统设计需要对伪中断进行处理。

外设产生中断触发的信号有两种:电平触发和边缘触发。数字信号一般为边缘触发,模拟信号为电平触发。使用电平触发时,通常需要设定信号的触发电平阈值。数字信号存在毛刺或抖动,需要进行消抖处理。模拟信号存在波动,需要进行滤波。

3.3 RTOS 主要性能指标和测试套

对应用开发而言,RTOS 的平台选择非常关键,其选择应依据相应的功能和性能指标。主要包含如下量化参考指标。

(1) 支持的优先级数量。如 64、128 或 256,以及是否支持同优先级。优先级数一般与所支持的并发任务数相关。

(2) 中断响应速度。即从中断产生到进入中断服务程序的时间。

(3) 上下文切换时间。即任务切换时间,典型值为 1ms。

(4) 系统服务的执行时间上下界。

(5) 系统存储开销(footprint)。代码大小以及资源使用,堆栈、ROM 及 RAM 的占用。

RTOS 的功能性定性指标如下。

(1) 使用的任务调度算法。如时间片轮转调度、加权轮转调度(weighted RR)、先入先出 FCFS 或优先级调度等。任务调度算法决定了任务响应时间的可分析性。

(2) 使用的资源管理协议。如是否支持防死锁(deadlock)和优先级反转(priority inversion)等提高系统可靠性的功能。

(3) 所支持的微处理器/微控制器、I/O 设备、GUI。

(4) 调试功能。是否具有调试功能(尤其是多线程、多核)以及支持的调试工具。

(5) 授权方式及服务。是按产品型号计费、产品数量计费还是一次性授权。参考文档的完整程度,以及相应的技术支持。

高并发性是典型的嵌入式实时系统特征,应用任务与 RTOS 服务交错执行,如图 3.17 所示。RTOS 是保证系统并发行为可预测性的关键,需要提供合适的调度、同步和通信机制,并进行可预测的中断管理。因此,需要采用包含系统运行时关键特征的测试套对 RTOS 的可预测性指标进行评估。

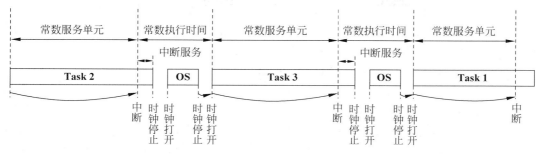

图 3.17　应用任务与 OS 交错执行

Rhealstone 是实时操作系统最常用的测试套，可以度量如下 6 个关键指标（如图 3.18 所示）。

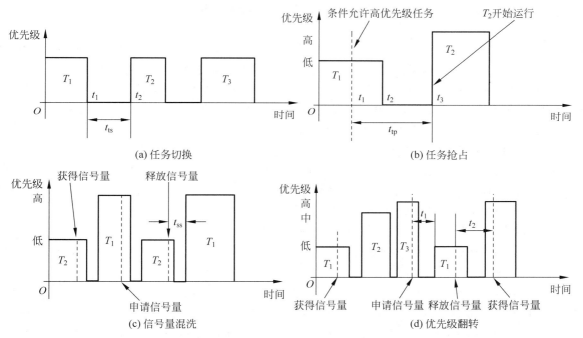

图 3.18　Rhealstone 的指标示意图

（1）任务切换时间 t_{ts}。指在相同优先级的任务间进行一次上下文切换的时间。此时间由操作系统内核数据结构的性能决定。

（2）任务抢占时间 t_{tp}。指高优先级任务在抢占当前任务执行前的等待时间，由任务切换时间、发现高优先级任务事件的时间和任务分发时间三部分组成。

（3）中断延时时间 t_{il}。指中断发生与开始执行 ISR 的间隔时间（示意图与 t_{tp} 类似），由 CPU 识别中断的硬件延迟（delay）、完成当前指令的剩余时间、当前任务上下文保存时间三部分构成。

（4）信号量混洗（semaphore shuffling）时间 t_{ss}。指低优先级任务释放信号量，被其阻塞的高优先级任务获得此信号量并开始执行的间隔时间。

（5）优先级翻转时间上界 t_{up}。设操作系统发现优先级翻转后，转而执行占有资源的任务

T_1 的时间为 t_1，T_1 释放资源到被阻塞任务获得资源重新开始的时间为 t_2，则 $t_{up} = t_1 + t_2$。

(6) 数据交换时间(datagram throughput time)t_{dt}。指不使用共享内存或指针时，两个任务可以传输的数据量(KB)。用于度量消息传递原语的实现效率。

Rhealstone 值为这 6 个指标的加权平均，如下式：

$$\text{Rhealstone Metric} = a_1 t_{ts} + a_2 t_{tp} + a_3 t_{il} + a_4 t_{ss} + a_5 t_{up} + a_6 t_{dt}$$

其中：$a_1, a_2, \cdots, a_6$ 为实验常数。

Rhealstone 刻画了 RTOS 内核和硬件的组合特征，但其指标选择的合理性论证并不充分，且对如何评估调度器保证任务满足其截止期的能力没有考虑，如没有评估高优先级任务的阻塞时间或阻塞链是否有界等特征指标。RTOS 系统服务执行时间是否有界，如内核可抢占度等其他指标也可作为选择时的参考。

3.4　典型的 RTOS

RTOS 是支持实时系统设计和运行的操作系统，其应用通常包括汽车引擎控制、轨道交通、工业机器人、飞行器控制系统等。实时操作系统一般提供抢占式调度机制，即重要的高优先级任务可以剥夺低优先级任务对 CPU 的使用权。当实时任务在等待所需资源而无法执行时，RTOS 可以将其 CPU 的使用权释放给其他就绪的任务，从而降低系统的总体响应时间。通常 RTOS 提供以下典型功能和服务。

(1) 任务的创建、暂停、删除。

(2) 基于静态优先级(fixed-priority)的抢占式(preemptive)任务调度。

(3) 进程间通信(基于消息、消息邮箱、管道)。

(4) 基于信号量(semaphore)的进程间同步。

(5) 资源访问控制(并发控制与防止互锁)。

(6) 临界区(critical section)控制。

(7) 驱动程序的管理与接口。

(8) MMU 内存管理、内存动态申请与分配。

(9) 其他功能，如 GUI 用户界面和支持 TCP/IP 网络。

μC/OS-Ⅱ、FreeRTOS 和 RTEMS 是常用的开放源码免费 RTOS，相关资料比较多。VxWorks 是商业的 RTOS，安全性和可靠性高，用于航空航天、轨道交通和卫星等安全关键应用。以 Linux 为基础的 RTOS 应用也越来越多，它们支持复杂的文件、数据库、网络通信协议。

3.4.1　μC/OS-Ⅱ

μC/OS-Ⅱ 的前身是 μC/OS，最早于 1992 年由美国嵌入式系统专家设计开发，其当前版本为 μC/OS-Ⅲ。

μC/OS-Ⅱ 具有执行效率高、占用空间小、实时性能优良和可扩展性强等特点，最小内核可以编译至 2KB。μC/OS-Ⅱ 已经移植到了几乎所有知名的 CPU 上。虽然这款操作系统的源码开放，但用于商用目的时需要收费。

μC/OS-Ⅱ 也是在国内研究最为广泛的嵌入式实时操作系统之一。μC/OS-Ⅱ 最多可以支持 64 个任务，系统保留了 4 个最高优先级的任务和 4 个最低优先级的任务，所有用户可以使用的任务数有 56 个。

3.4.2 FreeRTOS

FreeRTOS 是一款多任务、抢占式的实时嵌入式操作系统,可移植性好,具有可裁剪性,且内存占用较小等优势。FreeRTOS 主要的功能包括任务管理、时间管理、信号量、消息队列、内存管理、记录功能、软件定时器、协程等,可基本满足较小系统的需要。FreeRTOS 操作系统可以被方便地移植到不同处理器上工作,现已提供了 ARM、MSP430、AVR、PIC、C8051F 等 30 多个不同硬件平台的移植工作,具有良好的可移植性。FreeRTOS 占用内存资源少,代码量小。同少数其他实时操作系统(如 μC/OS-Ⅱ)一样,可以在小型单片机上运行。FreeRTOS 完全免费的操作系统,其最新版本为 9.0.0 版。

3.4.3 RTEMS

RTEMS(real time executive for missile/military/multiprocessor system)是一个开源的无版税实时嵌入操作系统。RTEMS 最早应用于美国国防系统,现在由 OAR 公司负责版本的升级与维护,在航空航天、通信、军工和民用领域有着极为广泛的应用。

同大多数嵌入式操作系统一样,RTEMS 采用微内核设计思想,将内核主要功能集成在一个小的执行体中,附加的功能在包裹内核层的外层实现,提供事件驱动基于优先级的可抢占调度,以及可选的单调速率(RM)调度方式。应用可以根据实际系统配置裁剪、链接相应的资源。

为了加速应用程序的开发,RTEMS 提供了大量的符合 RTEID(real time executive interface definition)接口、POSIX 标准接口和 ITRON 架构接口的 API。另外,RTEMS 还移植了 FreeBSD 的 TCP/IP 协议栈,提供完善的网络应用接口。

RTEMS 的内核既适用于紧耦合又适合于松耦合目标系统硬件的配置。此外,RTEMS 提供简单和灵活的实时多处理器功能,支持由同构和异构混合的处理器组成的系统。虽然 RTEMS 提出了对多处理器进行支持的设计思路并对多处理器支持层的接口进行了定义,但是具体到某个系统,因为涉及系统结构的不同,多处理器通信层的实现需要根据实际的硬件结构进行设计。

3.5 RTOS 标准

通用操作系统标准强调功能性和可移植性,目的在于利于应用系统开发和维护。与之不同,RTOS 主要应用于安全关键系统,需要有严格的标准以保证其功能和时间行为符合产品要求。

典型的 RTOS 标准包括 POSIX-RT 标准、OSEK/VDX 标准、AUTOSAR OS 标准和 ARINC 653 标准。

3.5.1 POSIX-RT 标准

POSIX(portable operating system interface based on UNIX operating system)主要关注不同 UNIX 操作系统中应用的源代码级移植问题。目前,在非 UNIX 系统中,POSIX 也

得到了广泛应用。

POSIX 仅仅定义了操作系统服务的接口和这些服务的语义,并没有规定这些服务如何实现。为了实现源码级兼容,POSIX 定义了操作系统需要提供哪些系统调用,以及这些调用的参数和调用的语义。

POSIX 标准包含如下几部分。

(1) POSIX.1。系统接口和系统调用参数。

(2) POSIX.2。用户接口与工具。

(3) POSIX.3。验证符合 POSIX 的测试方法。

(4) POSIX.4。实时扩展。

其中,POSIX.4 也被称为 POSIX-RT,是 POSIX 的实时扩展,强调系统行为的可预测性。其主要内容如下。

① 调度算法。必须支持固定优先级抢占调度,偶发服务器调度。

② 系统调用性能。指定了大多数操作系统服务的最坏执行时间要求。

③ 优先级级数。最少 32 级。

④ 定时器。支持周期和单次定时器(watchdog timer)、高分辨率定时、执行时间预算管理(时间测量和任务执行时间控制)。

⑤ 实时文件系统。可选。可以提前在存储器(硬盘)上部署文件系统,使文件访问延迟(delay)可预测。

⑥ 内存加锁。可选。定义了 mlockall()锁定进程的所有页,mlock()锁定一部分页,mlockpage()锁定当前页,以及对应的释放函数。

⑦ 虚存管理。包括取消指定实时任务采用虚存模式的服务。

⑧ 多线程支持。强制支持线程。线程为实时应用的调度实体,可以有各自的时序约束,也可以指定一组线程的时间约束。

⑨ 互斥、同步与通信。互斥同步基于优先级继承协议,等待和信号同步基于条件变量,数据共享基于共享内存对象,任务间通信基于优先级消息队列。

POSIX-RT 是实时系统中最成功的标准之一,众多商用内核都采用了这一标准。由于 POSIX 内容庞大,为了适应不同嵌入式系统的需求,POSIX.13 分为如下不同实现版本。

(1) PSE51(minimal real-time system profile)。针对小微嵌入式系统。删除了许多通用操作系统的复杂功能。规定并发实体为线程,不支持进程。输入输出可以通过预定义的设备文件,但不采用完整的文件系统。实现此版本仅需几千行代码,内存空间几十 KB。

(2) PSE52(real-time controller profile)。针对机器人控制等应用。与 PSE51 类似,可提升文件操作能力,包括创建和读写操作,使之成为一个简单文件系统。

(3) PSE53(dedicated real-time system profile)。针对航空电子等大型应用。基于多进程模型,并提供隔离保护。

(4) PSE54(multi-purpose real-time system profile)。针对实时与非实时应用并存的系统。支持 POSIX 和 POSIX-RT 的主要功能。

3.5.2 OSEK/VDX 标准

OSEK/VDX(open systems and the corresponding interfaces for automotive electronics/

vehicle distributed eXecutive)为汽车电子分布式控制单元工业标准,主要目标是定义汽车软件的支撑环境,包括应用程序编程接口、实时操作系统和网络管理等内容。

无论是 ECU 内部通信,还是 ECU 之间的外部通信,都可以使用这一接口标准。ECU之间的交互层通信需要通过网络层和数据链路层。OSEK/VDX COM 只定义了对这些层次的规格要求,其实现可以基于不同的网络协议。

典型的 OSEK/VDX 系统具有如下典型特征。

(1) 可扩展性。支持 8 位及以上位宽的众多处理器。不要求存储保护。

(2) 可移植性。采用 ISO/ANSI-C 接口简化软件移植。未定义 I/O 接口标准。

(3) 可配置性。采用 OIL 语言(OSEK implementation language)实现系统服务和开销调整。

(4) 软件部件静态分配。编译时指定系统所需应用软件部件和操作系统部件,包括任务数、代码、所需资源和服务等。使系统可以在 ROM 上部署。

(5) 调试支持。通过 ORTI(OSEK run time interface)提供任务跟踪和上下文交换时间等软件调试信息。

(6) 支持时间触发架构。提供 OSEKTime OS 定义,支持在 OSEK/VDX 框架中集成时间触发体系结构 TTA。

3.5.3 AUTOSAR OS 标准

AUTOSAR(automotive open system architecture,汽车开放系统架构)联盟成立于2003 年,主要成员包括 BMW 集团、大陆集团和西门子汽车电子公司等。联盟成立的主要目的是设计开发一套开放的汽车电子架构行业标准,该标准于 2004 年推出 1.0 版本并取名为 AUTOSAR 1.0。

AUTOSAR 基于 OSEK/VDX 定义了汽车软件架构标准。AUTOSAR OS 对 OSEK/VDX 进行了多种扩展,包括内存保护、操作系统服务、截止期监视、执行时间监视、多核支持,以及实现 TTA 的调度表支持等。

据统计,当前一辆高档汽车配置了超过上百个 ECU,车上软件的代码量已经超过了一千万行。未来的车辆功能需求(如高级自动驾驶)将向车辆引入具有高度复杂的计算资源要求,并且必须满足严格的完整性安全约束的新型汽车软件。这些软件实现的功能包括环境感知和行为规划,并将车辆与外部后端和交通基础设施系统相集成。为了适应外部环境的动态变化和自身功能更新,汽车软件在整个车辆的生命周期中都可能需要重构。AUTOSAR 经典平台标准强调深嵌入式 ECU 的需求,却不能很好地满足上述新的要求,原有的 AUTOSAR 标准难以应用于智能汽车电子系统。因此,AUTOSAR 联盟于 2015 年提出了新型系统架构 AUTOSAR(adaptive platform,AP),并将原有的 AUTOSAR 重新命名为 AUTOSAR CP(CP,classic platform)。第一个 AP 可用版本于 2018 年 10 月推出。AP对 AUTOSAR 原标准内容进行了大量更新,不再采用实时系统 OSEK,而是采用了基于POSIX 标准的操作系统,如 Linux,使得 AUTOSAR AP 的应用程序发生了巨大变化。AP 的应用程序拥有独立且巨大的虚拟地址空间,支持多线程、共享内存等高级特性,采用 C++编程语言,以面向对象的思想进行开发,并且可使用所有标准的 POSIX API。AUTOSAR AP主要提供高性能计算和通信机制,并且提供了灵活的软件配置方法,如软件远程更新

（OTA）。对电气信号和汽车专用总线系统的访问等 CP 功能可以被集成到 AP 中。与 CAN 等传统汽车通信技术相比，一直增长的带宽需求使得汽车中引入了以太网，可以提供更高的带宽和网络交换功能，实现更加有效的长信息传输和点对点通信。

关于 AUTOSAR 架构的进一步讨论，参见 9.8 节。

3.5.4　ARINC 653 标准

航空电子系统在联合架构（federated architecture，FA）时代，飞行器上的每个数字化功能模块被部署到独立的硬件平台，各平台之间基于总线方式（如 1553B）相互连接，从而形成一个功能完善的航空电子系统。FA 系统本质上属于分布式架构，数据基于消息方式在模块之间传递，系统监控数据传输过程，并能及时处理传输错误。各模块之间耦合度较低，系统具有天然的故障包容能力，一个模块上发生的错误不会蔓延到另一个模块，模块之间鲜有数据结构的共享。

2000 年以后，基于硬件平台共享机制的综合化航空电子（integrated modular avionics，IMA）技术开始崭露头角。与 FA 架构方案类似，IMA 也采用分布式架构理念，各功能模块被部署在不同的逻辑分区，而这些逻辑分区之间共享同一硬件平台。与 FA 架构相比，IMA 的优势在于资源的整合及其优化配置。在 FA 架构中，每个航电模块配备独立的软硬件资源环境，随着硬件性能的增强，系统资源（如处理能力、存储空间、网络带宽）变得越来越富裕，但是富裕的资源并不能被有效利用，一定程度上造成了浪费。此外，为了提升系统可靠性，每个模块还配备了独立的冗余备份，进一步加大了资源的浪费，增加了系统重量。鉴于此，IMA 方案将这些独立的模块集中部署于同一硬件平台，之前各模块专属硬件平台的富裕资源可以用于其他功能模块，系统软硬件资源得以有效利用。同时，多个功能模块还可以共用冗余备份资源，进一步节省了硬件资源。

ARINC 653（avionics application standard software interface）为航空实时系统的事实软件规范，针对安全关键实时系统的实现、验证和执行，支持在相同硬件系统上部署多种应用软件。ARINC 定义了 IMA 标准，为各个组件定义了相应的功能需求及接口标准，降低了硬件成本。IMA 定义了分布式多处理器系统的操作系统接口标准（avionics application software standard interface），支持共享内存和网络通信。

APEX（application/executive）定义了应用与系统服务之间的接口规范以及调度机制，包括分区管理、进程管理、时间管理、分区间通信、分区内通信、健康管理等。使用这个标准能够使航空电子设备供应商和系统集成商在同一个硬件平台上部署多个航电应用模块，同时保持系统符合严格的航空电子安全标准，如 RTCA DO-178C。

运行时，各个软件子系统占用独立的物理内存分区，采用静态循环调度。每个分区时序隔离，执行时间不能超过循环调度所分配的时间。每个分区包含一个或多个应用进程，采用固定优先级调度。调度点将检查是否发生错失截止期异常。

不同分区的进程通过消息进行通信，如图 3.19 所示。支持两种消息类型：采样消息（sampling message）和排队消息（queuing message）。采样消息方式下，新消息覆盖旧消息；排队消息基于 FIFO 队列。

分区内的进程基于传统机制进行通信，包括缓冲区、信号量、事件等。

ARINC 653 的 2010 版由概述、服务、扩展服务、符合性测试、服务子集、性能 6 部分组

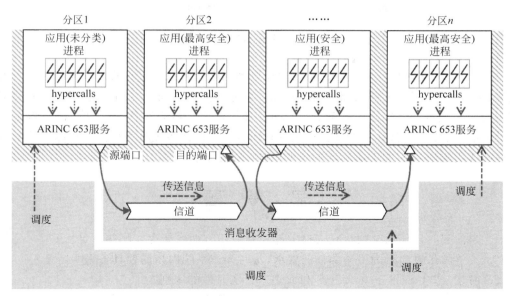

图 3.19 APEX 中的分区管理和分区间通信

成。其中服务部分定义了应用软件的基本操作环境,包括系统功能和 57 个服务的需求。6 个主要功能为分区管理、进程管理、时间管理、分区内及分区间通信,以及健康监测,采用自然语言描述。服务需求即 APEX 接口,采用由自然语言和结构化语言组合而成的 APEX 服务规约语法描述。

STOP 服务需求规约示例如下:

```
procedure STOP
    (PROCESS_ID : in PROCESS_ID_TYPE; RETURN_CODE : out RETURN_CODE_TYPE) is
error
    when (PROCESS_ID does not identify an existing process or identifies the
    current process) ⇒
        RETURN_CODE : = INVALID_PARAM;
    when (the state of the specified process is DORMANT) ⇒
        RETURN_CODE : = NO_ACTION;
normal
    set the specified process state to DORMANT;
    if (current process is error handler and PROCESS_ID is process which the error
    handler preempted) then
        reset the partition's LOCK_LEVEL counter (i.e., enable preemption);
    end if;
    if (specified process is waiting in a process queue) then
        remove the process from the process queue;
    end if;
    stop any time counters associated with the specified process;
    RETURN_CODE : = NO_ERROR;
end STOP;
```

第 3 章

实时操作系统

3.6　本章小结

　　本章讨论了实时操作系统的体系结构和典型的系统服务。实时操作系统是实时嵌入式系统的关键组件,安全关键系统对其实时性和可靠性要求严苛。实时操作系统通常采用微内核架构,内核可以仅提供任务调度和时间管理等最小化核心服务,利于按需定制,更有利于核心代码的形式化验证。API 服务执行时间有界是保证系统时序行为可预测性的必然要求,通常需要参考相应的工业标准进行严格的测试和验证。

思　考　题

1. 当前实时操作系统内核在支持关键控制应用方面主要存在哪些不足?
2. 为了满足时序行为可预测性的要求,实时操作系统内核需要具备哪些特征?
3. 简述 μC/OS-Ⅱ、FreeRTOS 和 RTEMS 实时性的区别。
4. 实时操作系统一般采用哪些方法保证 I/O 行为的时间可预测性?
5. 描述实时操作系统支持事件触发和时间触发的执行机制。
6. 解释"资源同步"和"任务同步"的含义。

第4章 | 实时任务调度

实时操作系统(RTOS)的关键特征在于其调度机制和策略以满足任务的实时约束为目标,并且要求其所有系统服务的执行时间有界。为了满足任务的适时性,RTOS可以提供多种调度算法,程序员需要针对特定需求灵活选择和部署。此外,程序员也可以基于RTOS提供的基本调度机制,自主实现所期望的调度策略。本章主要讨论单处理器实时任务调度和可调度性分析技术,以及任务依赖处理等问题。

4.1 任务与作业

任务的生命期包括激活、到达、就绪、释放、开始、抢占、恢复、完成等阶段。在实时控制系统中,任务通常为非终止多次重复执行模式,此时任务可以看成是一系列作业组成的无穷序列。

作业(job):每一次事件发生,响应该事件的任务将产生一个任务实例(task instance)。

这里假设事件重复发生,否则无须区分任务与作业。周期任务由无限的作业序列构成,其第一个作业到达时间任意,后续作业按固定周期间隔到达。任务 T_i 的第 j 次到达,也即其第 j 个作业,表示为 $T_i(j)$。

任务释放的作业可能部分或者全部位于某个时间区间内(也称时间窗)。按该作业对其他任务在这个时间段内的干扰情况不同,作业可以分为以下三类。

(1) 带入作业(carry-in job)。释放时间在时间区间之前,绝对截止期在时间区间内的作业,如图4.1中的 J_1。

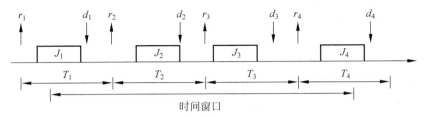

图 4.1 带入作业、带出作业和区间内作业

(2) 带出作业(carry-out job)。释放时间在时间区间之内,绝对截止期在时间区间之后的作业,如图4.1中的 J_4。

(3) 区间内作业(body job)。释放时间和绝对截止期都在时间区间内的作业,如图4.1中的 J_2 和 J_3。

在优先级驱动调度中,按优先级分配模式,固定优先级或静态优先级算法的任务在其整个执行过程中优先级保持不变,动态优先级则可变。动态优先级可进一步分为两种,一种是任务的不同作业优先级可以不同,但一个作业在其执行过程中不变,称为任务级动态优先级;另一种是在一个作业的执行过程中其优先级可以改变,称为作业级动态优先级。

4.2 任务约束

实时任务的约束(constraint)包括时序(timing)、优先(precedence)和资源(resource)三类。

(1) 时序约束。限制任务执行的严格时间行为,主要包括任务到达时间和截止时间,两者之间为可行的调度窗口,即可行区间,如图 4.2 所示。

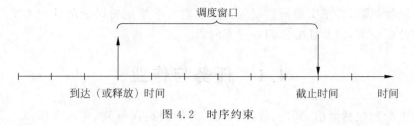

图 4.2 时序约束

(2) 优先约束。任务间的数据和控制依赖限制任务按特定的先后顺序执行,包括时态顺序和因果关系。时态顺序由时间距离(temporal distance)即完成时间之差表达,因果关系由先发生(happen-before)关系表达。优先约束一般为偏序(partial order)或部分序关系,具有自反、非对称和传递等属性,包括如下三种类型。

- 链式(chain):每个任务至多有一个前趋和一个后继。
- 输入树(intree):每个任务至多有一个后继。
- 输出树(outtree):每个任务至多有一个前趋。

(3) 资源约束。刻画任务对共享资源的访问需求,包括数据依赖、互斥和访问控制协议。注意,数据共享互斥由调度和资源访问控制算法负责实施,不是任务执行顺序的内在约束,因此无须在任务间强加任何特定的优先约束。

任务之间约束关系可用优先图(precedence graph)、任务图(task graph)或资源图(resource graph)进行可视化表示。

(1) 优先图。基于有向无环图(DAG),其中的节点为不同作业,有向边指示作业执行的优先顺序关系。优先图只能表示任务的偏序关系,无法表示数据依赖、时间依赖等约束。

(2) 任务图。是优先图的扩展,其中的节点表示不同作业,不同的边表示不同的依赖关系,如数据依赖边、时间依赖边等。

(3) 资源图。用于描述资源配置,其中的节点表示资源(处理器和其他资源),边表示资源之间的关系,包括从属关系(is-a-part-of)和访问关系(accessibility)。资源数说明可用单元的数量。参见 5.2 节。

任务图如图 4.3 所示。图 4.3 第一行表示周期任务 T_1 的作业约束情况,其相位(phase)为 0,周期(period)为 2,相对截止时间为 7。该任务的作业各自独立,没有依赖关系,因此没有边相连。图 4.3 第二行表示周期任务 T_2 的约束情况,其相位为 2,周期为 3,相对截止时间为 3。该任务具有直接优先约束。第三行任务具有复杂的约束依赖关系,如数据依赖(图 4.3 中的生产者-消费者边)、时间依赖(图 4.3 中标注 2/3 的边,即"三取二")以及分支和合并等优先约束,具体如下。

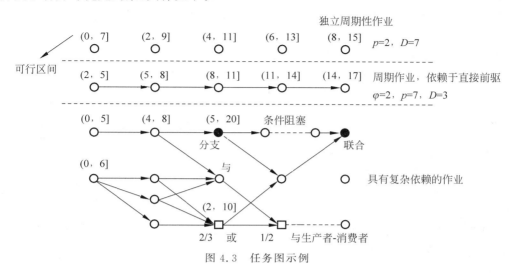

图 4.3　任务图示例

(1) 数据依赖(data dependency)。基于共享存储的生产者-消费者间的数据依赖不一定有优先约束。为了保证数据的完整性,可用锁机制。

(2) 时间依赖(temporal dependency)。某些作业需要在与其他作业相关的特定时间内完成,如演讲视频播放,为了保证口型同步,显示一帧与产生对应的声音片段的时间须小于 160ms。两个作业的完成时间差称为时间距离。具有时间依赖的作业可以有 deadline 或没有。任务图中的时间依赖边表示一个任务必须在另一个任务完成后的某个时间内完成。

(3) 与/或顺序约束(and/or precedence constraint)。传统的模型中,有多个直接前趋的作业需要等到所有直接前趋结束后才能开始执行,称为 and 顺序约束。任务图中的空心圆点〇表示 and 顺序,方框□表示 or 顺序,如图 4.3 中的 2/3,其 3 个直接前趋可能是冗余的作业(三取二)。

(4) 条件分支。传统模型中,所有直接后继都需要执行,称为 and 约束边。任务图提供 or 约束边,表示分支,如图 4.3 中的分支。任务图中的实心圆点●表示 join 作业。

4.2.1　事件时序约束模型

事件可能由任务产生,以便对外部环境进行响应,或者进行任务间协作。事件也可能来自系统的外部环境,激励任务执行。因此,可以分为激励事件和响应事件。

(1) 激励事件。来自系统环境,称为外部事件。可能为周期性,如周期采样产生的事件。

(2) 响应事件。系统产生的响应外部激励的事件。可为周期或非周期。

事件可以是瞬间的,也可以持续一段时间。持续事件可以看作由开始事件和结束事件两个事件构成,但保留持续事件的概念有其方便之处。

时序约束针对系统中的特定事件。时序约束可以分为性能约束和行为约束。性能约束针对系统的响应,行为约束针对环境激励。行为约束保证系统的环境是友好的,性能约束保证系统工作满足要求。

每个性能和行为约束可以进一步分为三项:延迟约束、截止期约束、持续时间约束。

(1)延迟约束。表示两个事件间隔的最小时间。如果事件 e_1 发生后,e_2 发生早于最小延迟时间 d,则违反了延迟约束。设 $t(e)$ 为事件的时间戳,则应有式(4.1)。

$$t(e_2) - t(e_1) \geqslant d \tag{4.1}$$

如图 4.4 所示,事件 e_1 发生后,图 4.4(a)中事件 e_2 满足延迟约束,而图 4.4(b)中的 e_2 违反了延迟约束。

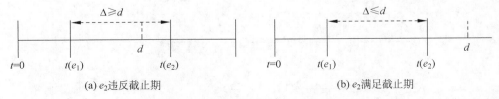

(a) e_2违反截止期   (b) e_2满足截止期

图 4.4　延迟约束和截止期约束

(2)截止期约束。表示两个事件间隔的最大时间。如果事件 e_1 发生后,e_2 发生晚于截止期,则违反了截止期约束。应有式(4.2)。

$$t(e_2) - t(e_1) \leqslant d \tag{4.2}$$

如图 4.4 所示,事件 e_1 发生后,图 4.4(b)中 e_2 满足截止期约束,而图 4.4(a)中 e_2 违反了截止期约束。

(3)持续时间约束。定义事件的持续时间,可分为最小持续时间或最大持续时间两种。

4.2.2　任务时序约束模型

事件发生,驱动执行特定任务,称为任务到达或被释放/开始。按事件发生的间隔时间特征,可以分为周期事件(periodic event)、偶发事件(sporadic event)和非周期事件(aperiodic event)。相应地,任务也可分为周期任务、偶发任务和非周期任务。

(1)周期任务。按固定间隔时间周期性发生,存在到达时间上界或准确的到达时间。

(2)偶发任务。随机发生,但具有规则的到达模式,其前后任务之间具有最小到达间隔,即到达率。紧急的偶发任务具有高关键度。

(3)非周期任务。任务的最小到达间隔可以为 0(即同时发生),也可能很长,没有限制。非周期任务一般为软实时任务,其时限以平均值或统计值表示,可以容忍一定的错失截止期。

任务的释放时间、执行时间和截止期(亦称截止时间或时限)是实时系统的三个关键指标。截止期源自环境对系统的响应时间要求。根据截止期和释放间隔(周期)的关系,任务分为如下三种类型。

(1)隐式截止期(implicit deadline)任务。任务的相对截止期等于最小释放间隔。

(2)约束截止期(constrained deadline)任务。任务的相对截止期小于或等于最小释放间隔。

(3)任意截止期(arbitrary deadline)任务。任务的相对截止期小于、等于或大于最小释放间隔。

1. 非周期任务时间约束模型

非周期任务时间约束模型是基本的任务模型,周期任务模型为其特例。如图 4.5～图 4.7 所示,对于作业 J_i,主要有如下时序约束。

(1) 到达时间 a_i。事件发生触发任务到达(arrival/request)的时刻。此时任务进入就绪队列,等待调度执行。如果任务集中所有任务同时到达,称为同步任务集,否则称为异步任务集。

(2) 释放(release)时间 r_i。相对于任务到达的时刻,为任务的最早调度时间。如果忽略任务调度和切换开销,则与任务开始时刻相同。

(3) 开始(start)时间 s_i。满足任务执行条件时,调度器开始调度任务或任务实际开始执行的时间。

(4) 完成时间。指一个任务请求到这个任务实际完成的时间跨度,如图 4.5 中从 a_i 到 f_i 所经过的时间。如果一个任务响应单个事件,一般在任务完成时产生结果。如果一个任务响应多个事件,产生某事件响应的时刻不一定等于任务的完成时刻。对硬实时任务,只要满足时限,任务提前完成并没有特殊的意义。而对于软实时任务,平均响应时间是度量调度器性能的重要指标,最小化平均响应时间是其重要的调度目标。

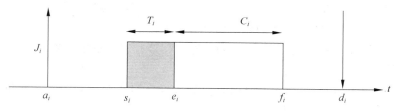

图 4.5　非周期任务时序约束

(5) 响应(response)时间。如图 4.6 中的 R_i,即从任务到达到其给出结果的时间,或从任务到达到完成服务的时间。此时间段对应于从事件发生到任务产生响应结果的持续时间。一般情况下,与任务完成时间等价使用。

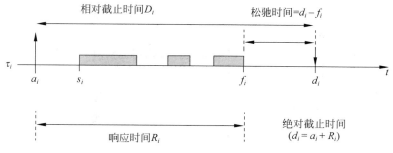

图 4.6　响应时间、绝对截止期和相对截止期

(6) 任务执行时间(capacity/workload)C_i。任务程序代码的执行时间(不考虑抢占和中断等因素的影响)。由于不同任务实例的执行路径可能不同,同时,受到体系结构特征的影响(如流水线冲突和 cache 缺失等),任务实际执行时间难以确定,因此,一般以最好情况执行时间(BCET)、最坏情况执行时间(WCET)和平均执行时间(ACET)等指标度量任务执

行时间。

(7) 切换时间 T_i。低优先级任务被高优先级任务抢占,或高优先级任务执行结束低优先级任务恢复执行,完成任务切换的时间。也称上下文切换时间。如图 4.5 中从 s_i 到 e_i 所经过的时间,$T_i = e_i - s_i$。其中,e_i 为作业 J_i 调度结束时刻。

(8) 绝对截止期(absolute deadline)。为期望任务执行完成并给出结果的绝对时刻值(从某个物理时钟的时间 0 开始计时),也是任务的最晚调度时间。如图 4.5~图 4.7 中的 d_i。

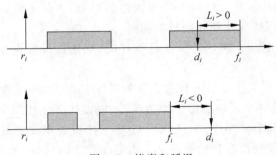

图 4.7 裕度和延迟

(9) 相对截止期(relative deadline)。如图 4.6 中的 D_i,是从任务开始时刻到其完成时限的间隔时间,是相对于释放时间的截止时间,$D_i = d_i - a_i$。

(10) 松弛(slack)时间。绝对截止期与任务完成时刻之差,亦称裕度(laxity)。如图 4.7 中的 L_i(L_i 大于 0 时),有 $L_i = d_i - f_i$。

(11) 任务延迟(latency)。任务完成时间与其截止期之差。如图 4.7 中的 L_i(L_i 小于 0 时)。任务延迟时,$L_i = f_i - d_i$。

2. 周期任务时间约束模型

周期任务时间约束模型中,任务到达时间、释放时间一般相等,都为周期开始时刻,但由于多任务调度,任务实例(作业)的开始时刻每个周期可能不同。

如图 4.8 所示,一个周期任务可以使用四参数模型表示,$\tau_i = \{C_i, T_i, D_i, O_i\}$,各参数含义如下。

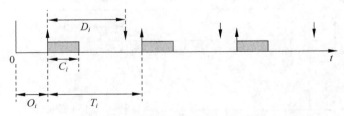

图 4.8 周期任务时间约束模型

(1) 执行时间 C_i。任务的非中断 WCET。

(2) 周期 T_i。任务重复到达的固定时间间隔,或任务释放时间的间隔。

(3) 位移 O_i。系统从开始到周期任务第一次到达的时间间隔,即任务的第一个实例的释放时间,也称相位。用于为了支持表示任务到达而指定特定的任务执行顺序。

(4) 相对时限 D_i。可以等于周期,也可以不等。

此外，对于一个周期任务集，超周期（hyper period）为任务集中各个任务周期的最小公倍数。周期任务模型是最常见的任务模型，当周期与截止期相等且不考虑相位时，可以简化为两参数模型 $\tau_i = (C_i, T_i)$，称为 LL(liu and layland)模型。偶发任务模型可以简化为三参数模型：$\tau_i = (C_i, D_i, T_i)$。

3. 时间抖动

典型的抖动（jitter）是周期任务对于其严格周期行为的偏离。在复杂的实时控制系统中，系统往往包含多个不同采样频率的控制循环，实时系统理论将其建模为周期任务模型，并使用调度算法协调这些任务的执行序列。调度产生的任务交错并发执行，使每个周期性任务的执行时序与传统离散控制器设计中的等距"采样-施动"理论具有一定的延迟（latency 或 lateness）和抖动。如果不能对其加以控制，这种因调度而产生的延迟和抖动将会对实时控制系统的性能产生较大的负面影响，甚至出现失控现象。

其他需要关注的抖动包括任务结束时间抖动、任务开始时间抖动、任务完成时间抖动（I/O 完成时间抖动）等，如图 4.9 所示。任务结束时间抖动由于物理时钟偏斜而产生，难以避免；任务开始时间抖动由并发任务调度的顺序造成；任务完成时间抖动由高优先级任务抢占等造成。

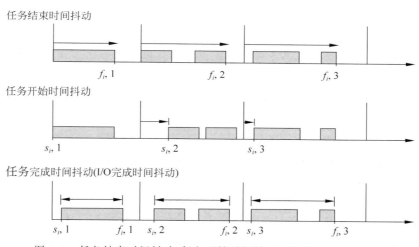

图 4.9　任务结束时间抖动、任务开始时间抖动和任务完成时间抖动

任务结束时间抖动可能影响任务的调度顺序，导致错失截止期。程序员可采用如下两种方法控制任务开始时间抖动和任务完成时间抖动。

（1）如果仅有一两个任务需要严格的抖动控制，可以为它们分配最高优先级。在任务数量较少时，这种方法效果很好。对于勉强满足可调度性的应用，这一方法可能导致某些任务错失截止期。

（2）对于勉强满足可调度性的场景，可以将任务一分为二，一为完成响应计算，另一为输出计算结果。两者周期相同，但输出任务优先级较高。显然，输出任务的输出值落后计算任务一个周期，但保证了完成时间抖动的要求。

4.3　任务调度

任务调度算法用于确定多个并发任务的处理器分配、执行顺序和时序。任务调度决策可以由程序员在应用层进行(设计时或编译时),如 Ada 方法,也可由 RTOS 在系统层完成(运行时)。自 20 世纪 80 年代以来,研究者提出众多实时任务调度算法,单处理器任务调度算法研究已基本成熟。

4.3.1　任务调度器属性

对实时系统而言,并不是所有调度都是可行的。任务集的有效调度方案(valid schedule)要求满足每个处理器只被分配一个任务,每个任务至少被调度执行一次,任务不会在其到达前被调度,每个任务的执行时间等于其最大执行时间,任务间的优先顺序和资源访问约束都得到满足。对于一个有效调度方案,如果所有任务的时序约束都得到满足,则其为一个可行调度方案(feasible schedule)。对可行调度而言,如果调度器 A 能调度另一个调度器 B 所能调度的所有任务集,反之不然,则调度器 A 比调度器 B 更专业,称 A 为专业调度器(proficient scheduler)。如果两个调度器都能相互调度对方的所有任务集,则这两个调度器为等价调度器。

最优调度器(optimal scheduler)为最小化成本函数的调度器。如果没有定义成本函数而只关心可行调度,那么如果一个调度器能调度其他任何调度器所能调度的所有任务集,则此调度器为最优的。如果某个任务集最优调度器无法调度,其他调度器也不可能可行调度。启发式调度算法在启发函数指导下进行调度决策。启发式算法倾向(但不保证)找到最优调度。

构造调度算法,应分别考虑任务的时间要求和重要性(价值)。任务的价值与其时序约束(截止期或周期等)可能相关,也可能无关。从这一角度看,如果某调度算法使任务集的累积价值最大,则为最优调度。

最优预知调度器(optimal clairvoyant scheduler)是一种基于先验知识(预知所有任务未来的到达时间)的理论算法,可以作为可行调度算法的对比参考。比较参数包括:

(1) 累积价值(cumulative value)。任务集的总价值。为调度算法针对某任务集的性能指标,最小累积价值表示算法的最坏情况。

(2) 优势因子(competitive factor)。某调度算法的累积价值与最优预知调度器的累积价值之比值。优势因子 $\phi_A \in [0, 1]$。

可行调度器的最优判据包括:

(1) 最小化任务的最大延迟。如果任务集最大延迟小于 0,则所有任务都满足其截止期。

(2) 最小化错失截止期的任务个数。

4.3.2　调度算法分类

实时调度算法可从平台属性、调度生成方式、任务集特征以及调度器特征等方面进行分类。按平台属性,分单处理器、多处理器和分布式系统等;按调度器特征,包括轮转式调度或优先级调度、抢占性(抢占/非抢占/有限抢占)、时间驱动或事件驱动(优先级驱动/中断驱动)、静态调度(固定优先级)或动态调度(动态优先级等)。任务集属性包括同构任务集(周期/非周期)或混合任务集、任务各自独立(无优先约束)或相互依赖竞争等类型。从调度生成角度,包括离线调度或在线调度。

(1) 离线调度。在所有任务激活前对任务集进行调度。调度方案以调度表的形式存储,运行时由分派器激活执行。

(2) 在线调度。当系统运行时有新任务到达或正在执行的任务结束,进行调度决策。

(3) 静态调度。调度决策基于固定的参数(如静态优先级),在任务激活之前对任务进行赋值。

(4) 动态调度。调度决策基于系统执行过程中动态可变的参数(如动态优先级)。

(5) 抢占调度。正在执行的任务可以随时被中断而将处理器分配给其他就绪的任务。当高优先级任务到达时,抢占式调度器挂起低优先级任务而调度高优先级任务执行。被抢占的低优先级任务只有在没有更高优先级任务时才能恢复执行。

(6) 非抢占调度。任务一旦开始执行,将占有处理器直至执行完成。只有在任务完成后才能进行新的调度决策。

调度点指调度器执行调度程序确定下一个待执行任务的时刻。从 RTOS 角度,系统调用、任务完成或被阻塞等事件发生时刻都是调度点,都可能导致调度器执行任务调度。调度器实现时,时钟驱动调度器采用时间触发工作模式,调度点为周期定时器中断发生时刻,亦称 Tick 驱动。事件驱动调度器采用事件触发工作模式,调度点为特定事件发生时刻,亦称中断驱动。混合调度器同时使用时钟中断和特定事件定义调度点。

图 4.10 主要从优先级抢占调度角度进行调度算法分类,有一些矛盾、模糊或值得商榷之处,如"实时调度"并不一定是抢占式调度。从优先级分配角度,应区分周期驱动或截止期驱动。从优先级调度器实现角度,应区分时钟驱动或事件驱动。

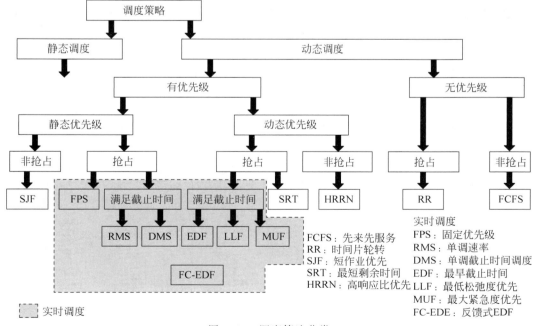

图 4.10 调度算法分类

4.3.3 处理器利用率

在实时系统中,通常都有多个任务并发执行。若处理器的计算能力不够强,则可能会出现某些实时任务不能得到及时处理,导致发生难以预料的后果。资源的负载(workload)由资源利用率衡量,任务的时间需求(time demand)指完成计算所需的时间。

处理器利用率指单位时间内任务占用处理器的平均执行时间。对周期任务 T_i,利用率 $U_i = e_i/p_i$,其中 e_i 为任务的执行时间,p_i 为任务的周期。对于周期任务集$\{T_i\}$,其总利用率 $U = \sum_{i=1}^{n} e_i/p_i$。如果多个任务周期不同,则应以这些任务的超周期为时间窗进行分析。超周期为各任务周期的最小公倍数。

CPU 利用率上界(utilization bound):设任务集 τ 中包含 n 个周期性的硬实时任务,对于第 i 个任务,令其处理时间为 C_i,周期为 T_i,并且周期就是该任务的时限,假设 m 为处理机(器)个数,则此任务集的可行调度必须满足如下条件(充要条件)。

(1) 单处理机系统。所有任务的总利用率 $U_{sum}(\tau) = \sum (C_i/T_i) \leqslant 1$。

(2) 多处理机系统。所有任务的总利用率 $U_{sum}(\tau) = \sum (C_i/T_i) \leqslant m$,且单任务的最大利用率 $U_{max}(\tau) \leqslant 1$。

单处理器系统(单 CPU 核)调度算法的可行性与利用率直接相关,最优抢占调度器的充要条件是任务集利用率小于 1。但是,对多处理器而言,可行性与利用率的直接关系被打破。如果系统利用率超过 $(m+1)/2$,任何分区算法或全局固定优先级算法都无法调度。如果利用率等于 m,则某些分区算法或全局固定优先级算法可行。

优秀的可行调度器应在高利用率(接近于 1)的情况下完成调度。如果处理器利用率大于 100%,称为超时过载(overrun)。对于非抢占调度,即使任务集的处理器利用率小于 100% 时也可能发生过载。

【例 4.1】 图 4.11 中 BL 和 TL 两个任务周期相同,但执行时间不同,其中,BL = (500, 30),TL = (500, 90),则处理器利用率 $U = (30ms + 90ms)/500ms = 24\%$。■

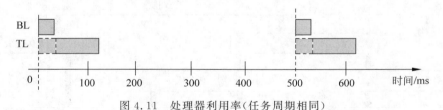

图 4.11 处理器利用率(任务周期相同)

【例 4.2】 图 4.12 中两个任务的周期和执行时间均不同,BL = (300, 30),TL = (200, 90),则处理器利用率为 $U = (2 \times 30ms + 3 \times 90ms)/600ms = 30/300 + 90/200 = 55\%$。■

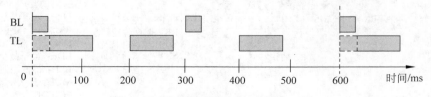

图 4.12 处理器利用率(任务周期不同)

【例 4.3】 图 4.13 是过载的一个例子。图中,BL=(500,200),TL=(500,350),此时,处理器利用率 $U=(200+350)/500=110\%>100\%$,因此过载。■

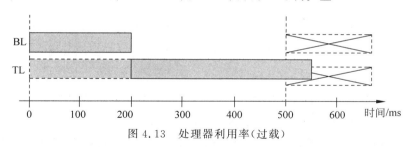

图 4.13 处理器利用率(过载)

【例 4.4】 图 4.14 中,BL=(100,30),TL=(200,90),处理器利用率 $U=(2\times30+90)/200=75\%<100\%$,但在非抢占调度时,仍然过载。■

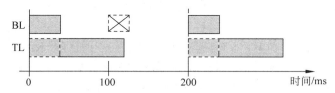

图 4.14 处理器利用率(非抢占调度时过载)

4.4 调 度 算 法

时钟驱动调度属静态调度。RM 和 EDF 调度是两个最优动态调度器,是其他调度器(包括多处理器调度)的基础。RM 只支持周期任务集,EDF 调度既支持周期任务集,也支持非周期任务集,但不支持混合任务集。RM 和 EDF 为优先级抢占调度,要求任务独立,允许任意抢占。任务调度要求所有任务同时激活(创建)。表调度(list scheduling)在线构建调度表,要求所有任务同时到达。

4.4.1 时钟驱动调度

表驱动调度和循环调度器为时钟驱动调度器,属离线调度。需要预知任务的释放时间(开始时间)和执行时间等信息。合理定义帧长十分困难,时钟驱动调度难以应用。事件驱动调度则不存在这些问题。然而,事件驱动调度运行时开销大,时序可预测性差。

1. 表驱动调度

表驱动调度(table-driven scheduling)在系统设计时预先计算(静态生成,静态调度)各任务的执行时刻,并存储于调度表中。系统运行时,无须动态进行并发任务排序,只需当时钟中断到达时,分派相应任务执行。

表 4.1 是表驱动调度的一个示例。表中,假设各任务的相位为 0,5 个任务依次执行,不断重复。

表 4.1　一个表驱动调度的示例

任　　务	开始时间/ms
T_1	0
T_2	3
T_3	10
T_4	12
T_5	17

对周期任务集,无论任务的相位是否为 0,各任务周期的最小公倍数(least common multiple,LCM)称为该任务集的主循环(major cycle)。调度表应存储任务集的主循环调度项。

2. 循环调度器

循环调度器(cyclic scheduler)也称循环执行器(cyclic executive)或时间线调度(timeline scheduling)。

与表驱动调度类似,循环调度器的调度表存储任务集的主循环。主循环(major cycle)被等分为一个或多个小循环(minor cycle),小循环亦称为帧(frame)。帧边界由周期定时器中断确定,为调度点。每个任务占用一个或多个帧,存储于调度表中。表 4.2 是循环调度器的调度表示例,图 4.15 是此例循环调度器的时序图。

表 4.2　循环调度器的调度表示例

任务编号	帧编号
T_3	f_1
T_1	f_2
T_3	f_3
T_4	f_2

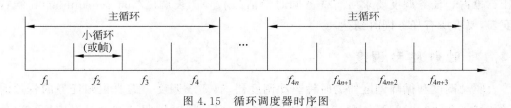

图 4.15　循环调度器时序图

在循环调度器中,确定帧的大小应满足如下 3 个约束。

(1) 最小化上下文切换。任务尽量在一个帧中完成,否则,任务将被挂起并在后续帧中恢复执行,产生上下文切换开销。因此,帧长的下界应大于最大的任务执行时间。

(2) 最小化调度表。主循环应包含整数个帧,否则,调度表需要存储多个主循环。

(3) 满足任务时限。从任务到达任务的截止期至少应跨越一个帧。由于调度点为帧的起始处,晚到的任务只能在下一个帧起点被调度,最坏情况下须延迟接近一个帧长时间,可能过于接近时限,来不及执行完成。

因此,根据约束(3),对单个任务,帧长上界为 $2F-\text{GCD}(F,p_i)\leqslant d_i$,其中,$F$ 为帧长,p_i 为周期,d_i 为截止期,GCD 为最大公约数。对多个任务,帧长上界为 $\max[\text{GCD}(F,p_i)+d_i/2]$。

图 4.16(a)不满足此约束,图 4.16(b)则满足。某些情况下,满足上述三个约束的帧长并不存在。此时,可以将造成冲突的任务划分为小的子任务,以便在多个帧中执行。这一过程可能需要通过不断试错来完成。

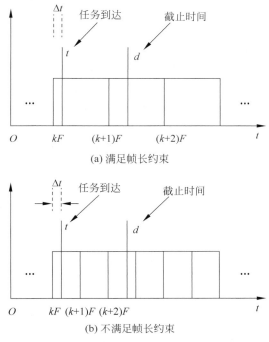

(a) 满足帧长约束

(b) 不满足帧长约束

图 4.16 任务执行时间、截止期、帧长

对混合任务集,可以采用"通用任务调度器"进行任务调度,利用帧的松弛时间执行偶发任务或非周期任务。各帧的松弛时间需要存储在调度表中。通用任务调度器首先调度周期任务,再调度偶发任务,最后调度非周期任务。

通用任务调度器实例代码如下:

```
cyclic-scheduler(){
        current-task T = Schedule-Table[k];
        k = k + 1;
        k = k mod N;                    // N 为调度表中的任务总数
        dispatch-current-Task(T);
        schedule-sporadic-tasks();      //如果当前任务 T 完成的早,偶发任务可以开始执行
        Schedule-aperiodic-tasks();     //在帧结束处,如果正在执行的任务还未完成,将被抢占
        idle(),                         //无任务执行则空闲
}
```

与表驱动调度相比,循环调度器只需一个循环定时器,在每个帧的开始处准时产生中断,触发调度器执行。而表驱动调度器需要为每个任务启动定时,开销大。反之,如果帧长大于任务执行时间,循环调度器可能导致浪费处理器时间。

3. 时间片轮转调度

时间片轮转调度器(RR)是一种抢占式调度器,也是一种混合时间驱动和事件驱动的调度器,还是一种基于 CPU 使用率的共享式调度器(share-driven scheduling),适用于响应时

间要求不高的应用。

RR 的就绪队列为一循环队列,任务顺序执行。每个任务执行定长时间(时间片)。如果任务在时间片内没有完成,将被抢占,并送回就绪队列。

时间片轮转调度为公平调度器。当然,如果为高优先级任务分配较多时间片,也可作为优先级调度器。

在时间片轮转算法中,时间片的大小对系统性能有很大的影响,如选择很小的时间片将有利于短作业,因为它能较快地完成,但频繁地发生时钟中断和任务上下文的切换增加了系统开销;反之,如选择太长的时间片,使得每个进程都能在一个时间片内完成,时间片轮转算法便退化为 FCFS 算法,无法满足交互式用户的需求。一个较为可取的大小是,时间片略大于一次典型的交互所需要的时间。这样可使大多数进程在一个时间片内完成。

时间片轮转算法的调度目标是吞吐率最大或平均周转时间(响应时间)最小,具体包括如下指标。

(1) 周转时间(turnaround time)T_i。从一个任务到达该任务执行完成的时间。

(2) 带权周转时间(weighted turn around time)W_i。一个任务的周转时间 T_i 与实际给它的服务时间(等于任务执行时间)T_{si} 之比 T_i/T_{si}。

(3) 平均周转时间。所有任务周转时间的均值,有 $T = 1\left/ n \sum_{i=1}^{n} T_i\right.$。

(4) 平均带权周转时间。所有任务带权周转时间的均值,有 $W = 1\left/ n \sum_{i=1}^{n} T_i/T_{si}\right.$。

【例 4.5】 图 4.17 对同一组任务 $\{A,B,C,D\}$ 采用两种时间片方案($S=1$ 和 $S=3$)分别进行 RR 调度。两种方案同时完成所有任务,但具有不同的性能,具体参见表 4.3。■

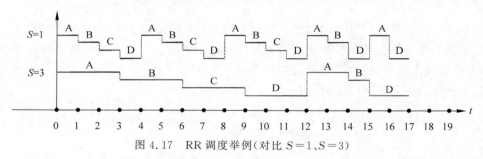

图 4.17 RR 调度举例(对比 $S=1$、$S=3$)

表 4.3 时间片大小对平均周转时间和平均带权周转时间的影响

时间片		任务情况				
	任务名	A	B	C	D	平均
	到达时间	0	1	2	3	
	服务时间	5	4	3	5	
$S=1$	完成时间	16	14	11	17	
	周转时间	16	13	9	14	13
	带权周转时间	3.2	3.25	3	2.8	3.0625
$S=3$	完成时间	14	15	9	17	
	周转时间	14	14	7	14	12.25
	带权周转时间	2.8	3.5	2.3	2.8	2.85

4.4.2 动态任务调度

如果调度器在每次进行调度决策时,及时获取已释放的作业信息,且调度决策基于系统执行过程中动态可变的周期或截止期等参数,则为动态调度。动态调度可以由事件驱动或时间驱动。可以做一些假设,如假设任务集为同步任务集(所有任务同时到达)或异步任务集。周期任务集可以为同步任务集(如 RM 要求),亦可为异步任务集,而 EDF 调度对两种都可行。

1. 前后台调度器

前后台调度器(foreground-background scheduler)为典型的事件驱动调度。周期性实时任务为前台任务,偶发、非周期和非实时任务作为后台任务。在每个前台任务调度点,选择最高优先级任务。没有前台任务就绪时,运行后台任务。则后台任务的完成时间为 $C_b \Big/ \Big(1 - \sum_{i=1}^{n} u_i\Big)$,其中 C_b 为后台任务的执行时间。

【例 4.6】 如图 4.18 所示,系统包含一个前台任务和一个后台任务。前台任务周期 $p=100\mathrm{ms}$,执行时间 $e=50\mathrm{ms}$,截止期 $d=100\mathrm{ms}$。后台任务执行时间 $1000\mathrm{ms}$。设上下文切换开销为 $1\mathrm{ms}$。可知,后台任务的完成时间为 $1000/(1-52/100)=2083.3\mathrm{ms}$。■

图 4.18　前后台调度示例

2. EDD 调度

最早交付期(earliest due date,EDD)调度算法要求所有任务按其绝对截止期排队,优先选择截止期最近的任务执行,如图 4.19 所示。如果两个任务时限相同,则其相对顺序任意。EDD 算法复杂度为 $O[n\log(n)]$。

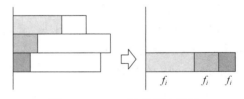

图 4.19　EDD 调度算法举例

EDD 调度算法要求任务同时到达,即"不支持任务异步到达"。此场景下,抢占没有意义。EDD 调度算法不关注任务周期和重复地执行,但可以很容易地扩展成 EDF(earliest deadline first,最早截止期优先)调度算法而提供这些支持。

EDD 为最小化最大延迟的最优调度器。非抢占且任务异步到达时,最小化最大延时问题和可行调度问题都是 NP 难问题。如果任务到达时间未知,且采用贪心策略,则 EDF 调度算法为最优的非抢占调度器。如果任务到达时间已知,通常分支界限法(branch-and-bound)的平均性能良好,但最坏情况下降级为指数复杂度。

3. EDF 调度算法与 LLF 调度算法

Horn 于 1974 年提出的 EDF 算法是经典动态优先级调度算法。EDF 为单处理器最优可抢占动态优先级调度器,使最大延迟最小。EDF 调度算法基于事件驱动,支持任务异步到达,支持周期或非周期任务集,但不支持混合任务集。

在调度点(任务完成或事件发生等时刻)EDF 选择截止期最近的任务首先执行,因此,EDF 亦称"截止期驱动"。注意,EDF 并未为每个任务分配指定一个固定的优先级值,每次任务到达其优先级顺序不同。

【例 4.7】 图 4.20 是一个异步到达的非周期任务集,采用 EDF 调度算法进行抢占调度。设就绪队列按截止期排序。在时刻 0,T_1 到达并立即执行;在时刻 4,T_2 到达,其截止期为 28,早于 T_1,则被分配高于 T_1 的优先级,抢占 T_1 执行;在时刻 5,T_3 到达,其截止期为 29,晚于 T_2,则被分配就绪等待;在时刻 7,T_2 完成,调度器选择 T_3 执行;在时刻 17,T_3 完成,T_1 恢复执行。∎

	到达时间	时长	截止时间
T_1	0	10	33
T_2	4	3	28
T_3	5	10	29

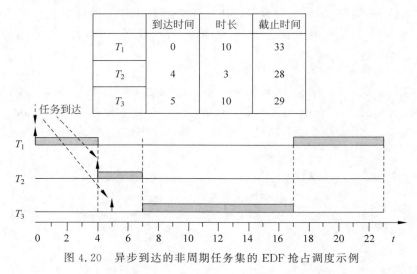

图 4.20 异步到达的非周期任务集的 EDF 抢占调度示例

EDF 调度算法存在以下问题。

(1) 多米诺效应(domino effect)问题。对于已超过或几乎要超过截止期的任务,仍然因其优先级最高而得以运行,可能导致一系列任务错失截止期。

(2) 瞬间过载问题。某些情况下,任务的执行时间超过其原计划时间,可能造成系统瞬间过载(overload)。引起瞬间过载的原因很多,包括设计考虑不周(最坏情况负载分析不充分)、操作系统异常、设备异常、异常输入导致程序进入非常少用的分支(称为 overrun)等。EDF 调度周期任务时,一个低优先级任务瞬间过载可能导致多个高优先级关键任务错失截止期,且设计时难以预测。

(3) 资源共享问题。EDF 支持资源共享应用的开销过高。

(4) 有效实现问题。虽然有多种 EDF 实现方案,但其实现代价仍然过高。且本质上 EDF 属优先级驱动,尽力而为地满足时序约束,时间可预测性难以保证。

最小裕度优先(least laxity first,LLF)算法亦称最小松弛时间(least slacktime first,LST)算法或 MLF(minimum laxity first)算法,是 EDF 调度算法的变形。在调度点(事件到达、任务完成、定时器中断),LLF 算法根据任务截止期、当前时间和已执行时间计算每个任务的裕度值,并选择裕度最小者首先执行。裕度为负者被丢弃,保证了所执行的任务都能满足截止期,避免了 EDF 算法可能选择会错失截止期任务的问题。但计算裕度需记录任务已经执行的时间,每一次定时器中断都需要重新计算各个就绪任务的优先级,实现开销大,且当多个任务的裕度相同时,可能产生颠簸现象(称为"laxity-tie 问题"),故而 LST 算法一般仅用于有特殊要求的应用。

【例 4.8】 图 4.21 中的任务集与图 4.20 相同,每次任务到达和 tick 都需要重新计算各个任务的优先级,重新选择任务执行。

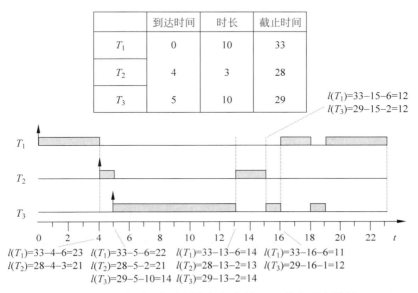

	到达时间	时长	截止时间
T_1	0	10	33
T_2	4	3	28
T_3	5	10	29

$l(T_1)=33-15-6=12$
$l(T_3)=29-15-2=12$

$l(T_1)=33-4-6=23$ $l(T_1)=33-5-6=22$ $l(T_1)=33-13-6=14$ $l(T_1)=33-16-6=11$
$l(T_2)=28-4-3=21$ $l(T_2)=28-5-2=21$ $l(T_2)=28-13-2=13$ $l(T_3)=29-16-1=12$
$l(T_3)=29-5-10=14$ $l(T_3)=29-13-2=14$

图 4.21 异步到达的非周期任务集的 LLF 抢占调度举例

EDF 调度算法是一种抢占式调度算法,为了适应不可抢占任务的需要,Jeffay 等人在 1991 年提出了非抢占 EDF(non-preemptive earliest deadline first,NPEDF)调度算法。NPEDF 中的任务一旦执行就要执行完成。调度程序只是在一个任务执行完成后才决定下一个要执行的任务,这与抢占式方案在每个时钟嘀嗒都选择要执行的任务不同。

实现时,EDF 调度器维护一个就绪队列,最新任务插入队尾。队列的每个节点包含任务的绝对截止期。在每个抢占点,EDF 调度器扫描整个队列,选择最近截止期的任务。这一实现的插入开销为 $O(1)$,选择和删除开销为 $O(n)$。

更优的方案是采用堆(即平衡二叉树)实现的有序优先级队列,则插入开销为 $O(\log_2 n)$,选择堆顶元素为下一个任务,而删除开销为 $O(1)$。

另一个类似的方案是假设任务集中不同的截止期个数有限,则任务的绝对截止期可以通过释放时间和相对截止期计算。为每个相对截止期维护一个 FIFO 队列。最新到达的任务被插入到对应的 FIFO 末尾。显然,FIFO 中的任务是按绝对截止期排队的。调度时,需要查找所有的 FIFO 选择下一个任务。由于 FIFO 队列个数有限,其查找和插入代价都为 $O(1)$。

动态优先级实现代价大。改变一个就绪任务的优先级,须将该任务从其当前优先级队列中取出,改变其优先级值(在 TCB 中),再将其插入新的优先级队列。

对 RTOS 内核更好的方法是提供 EDF 调度能力,本质上可以使用与 DM 相同的队列结构,如图 4.22 所示。当然,也需要相应的内核 API 支持。

115

第 4 章

实时任务调度

（1）创建任务 API。创建任务时需要指明相对截止期。

（2）定时器 API 或调度器 API。释放任务时，根据其释放时间和相对截止期计算其绝对截止期。

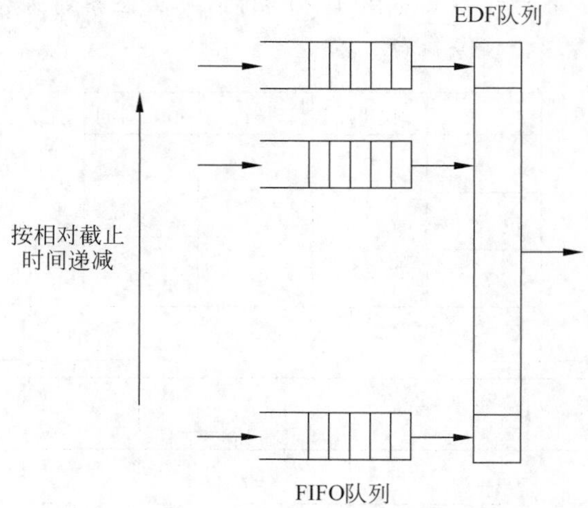

EDF队列

按相对截止
时间递减

FIFO队列

图 4.22　内核支持的 EDF 调度队列

由于 EDF 调度算法中任务的优先级为动态优先级，任务到达时根据其截止期插入就绪队列，实现起来较速率单调（rate monotonic，RM）调度算法更加复杂，但实际应用中性能更优，很少发生抢占，上下文切换开销小。另外，与 RM 不同，当利用率小于 1 时，允许任务执行时间增加或周期缩短而不影响可调度性。

4. RM 调度、DM 调度与 MUF 调度

RM 调度算法为经典的单处理器最优可抢占静态优先级调度器，广泛应用于实际系统中。RM 也称固定优先级调度器，假设任务的截止期等于其周期，RM 算法按照任务的到达速率（与周期成反比）分配优先级，发生速率低者，优先级低。

相对于 EDF 调度算法，RM 调度算法数据结构简单，其就绪队列可以采用多级循环队列，或称多级反馈队列，如图 4.23 所示。几乎所有 RTOS 都支持静态任务优先级分配机制，因此都支持 RM 调度算法。RM 调度算法很容易基于定时器中断实现，中断时间间隔等于任务周期的最大公约数。也可采用多个定时器。

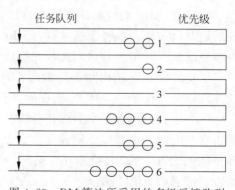

图 4.23　RM 算法所采用的多级反馈队列

截止期单调（deadline monotonic，DM）调度算法是 RM 调度算法的变形，是周期与截止期不相等任务集的固定优先级最优调度器。DM 调度算法按任务相对截止期分配优先级，截止期小者优先级高。

在瞬时过载的情况下 RM 调度算法可以保持稳定。一旦低优先级任务超过其计划执行时间，高优先级任务就发生抢占。但应用时需预留较大余量以保证最坏情况，导致平均利用率低。RM 调度算法主要包括如下问题。

（1）周期与截止期不相等的任务集，RM 不是最优调度器。

（2）任务周期与其关键性不一致，如长周期关键任务。

（3）支持偶发任务和非周期任务困难。

周期转换技术（period transformation technique）提出将长周期关键任务逻辑上等分为多个小的子任务，解决任务周期与其关键性不一致问题。

最紧急优先（maximum urgency first，MUF）调度算法为 RM 调度算法与 LLF 调度算法的综合，以保证高关键度任务不会错失其截止期。MUF 调度算法为每个任务增加一个关键度（criticality）属性，为一二值函数（0 或 1），据此将任务集划分为关键任务和非关键任务两个子集。MUF 调度算法的策略如下。

（1）任务按周期排序并分配优先级，与 RM 调度算法相同。

（2）关键任务集按 LLF 调度。优先调度关键任务子集中的任务。

考虑到反馈队列（feedback queue）的内存开销和搜索开销，RTOS 支持的优先级数一般有限（8～256 级）。如果任务数大于优先级数，某些任务需要共享相同的优先级。如何分配任务的优先级将影响其可调度性和处理器利用率。随机算法的利用率很低，为此提出了许多分配算法，包括如下几种。

（1）均匀算法（uniform algorithm）。按优先级数等分任务数，并分配各任务的优先级。如果不能等分，剩余的任务将分配低优先级。

（2）算术算法（arithmetic algorithm）。按算术级数，将 r 个最短周期任务指定为最高优先级，$2r$ 为次高，以此类推。设 N 为任务数，n 为优先级数，则 $N = r + 2r + 3r + \cdots + nr$。

（3）几何算法（geometric algorithm）。按几何级数，将 r 个最短周期任务指定为最高优先级，kr^2 为次高，以此类推。$N = r + kr^2 + kr^3 + \cdots + kr^n$。

（4）对数算法（logarithmic algorithm）。亦称几何网格分配算法。基本思想是最高优先级的短周期任务尽量占据不同的优先级。在保证高优先级任务可调度性的前提下，剩下的低优先级任务被打包分配相同的优先级。因此，首先任务按周期递增排序，再按对数区间划分周期范围，区间数与优先级数对应。设 $p_{\max}$ 为任务集的最大周期，$p_{\min}$ 为最小周期，$r = (p_{\max} / p_{\min})^{1/n}$，$n$ 为优先级数，设 $k = 1$，则周期为 r 的任务分配最高优先级，周期介于 r 与 r^2 的任务分配次高优先级，介于 r^2 与 r^3 的再次之，以此类推。$N = r + kr^2 + kr^3 + \cdots + kr^n$。对数算法适用于任务周期均匀分布的任务集。

表 4.4 从应用（动态性、关键性）、RTOS 实现难易程度、任务周期性、利用率、可预测性这几个方面对 RM 调度算法和 EDF 调度算法进行了对比。

表 4.4　FP/RM 与 EDF 调度算法的比较

特　征	FP/RM	EDF
应用特征	关键、静态	动态、弱关键
实现	容易	较难
任务集属性	仅周期	周期与非周期
CPU 利用率（U）	上界为 69%	上界为 100%
可预测性	高	如果 $U > 1$，则较 FP/RM 弱

4.4.3 混合任务集调度

EDF 调度算法既支持周期任务集,又支持非周期任务集,但其前提是任务集为同构的而非异构的,即只有周期任务或只有非周期任务。

事件驱动的离线调度可以基于最小到达时间间隔假设而调度非周期任务。如果此假设不成立,则离线调度非周期任务不可行。

时钟驱动的循环调度对混合任务集可以采用"通用任务调度器"进行任务调度,利用帧的松弛时间执行偶发任务或非周期任务。各帧的松弛时间需要存储在调度表中。通用任务调度器首先调度周期任务,再调度偶发任务,最后调度非周期任务。

具有混合任务集的实时调度算法的目标如下。

(1) 保证硬截止期任务满足截止期。

(2) 最大化固截止期任务的完成数量。

(3) 最小化软截止期任务的平均响应时间。

混合任务调度中,周期任务可以基于固定优先级(RM)或动态优先级(EDF)调度。本节讨论基于固定优先级调度,且非周期任务的到达时间未知,偶发任务具有最小到达间隔的应用场景。

假定系统维护如图 4.24 所示的就绪队列,各类任务按优先级排队。

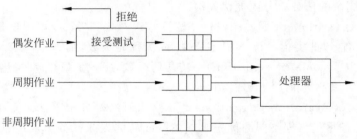

图 4.24　混合任务调度器的就绪队列

偶发任务往往具有高关键性影响,须在释放时进行可接受性测试。测试时应考虑已分配了执行时间的周期任务和已调度但尚未完成的偶发任务。如果新到偶发任务能够在松弛时间内完成,且不会导致系统中任何任务延迟,则接受该任务调度执行,否则拒绝。拒绝新的偶发任务后,将给系统足够的时间以采取必要的恢复操作。

非周期任务可采用尽力而为模式。

对于周期任务和非周期任务的混合调度,目前已有的方法可以分为后台运行(background)法、带宽服务器(bandwidth-preserving)法和时间挪用(stealing time)法三类。带宽服务器法也称非周期服务器(aperiodic server)法。

1. 后台运行法

类似于前后台调度器(见 4.4.2 节),后台运行法是在处理器执行周期任务的空闲时间才运行非周期任务。如图 4.25 所示,τ_1 和 τ_2 是两个周期性任务,基于 RM 调度算法,τ_1 优先级高于 τ_2。非周期任务仅在 τ_1 和 τ_2 运行之余运行。

后台运行法的优点在于实现简单,高优先级的周期任务基于 RM 调度算法,低优先级

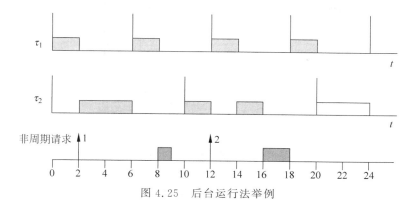

图 4.25　后台运行法举例

的非周期任务基于 FCFS 调度算法,其主要问题在于如果周期任务负载高,非周期任务的响应时间难以保证。因此,这一方法主要适用于周期任务负载较轻且非周期任务时间约束不强的场合。

2. 带宽服务器法

带宽服务器以轮询服务器为基础,目标在于改善后台运行法中非周期任务的平均响应时间,其主要思想是在保证满足周期任务截止期的前提下,引入一个或者几个额外的定期任务,使用指定的处理器带宽作为服务器来处理非周期任务。

增加一个虚拟周期任务,称为轮询服务器(polling server),专用于尽快执行非周期任务,将偶发任务或非周期任务调度问题转换为周期任务调度,再基于 RM 调度算法进行调度。服务器的周期和执行时间(称时间预算)固定。任务使用服务器的执行时间按令牌(一个时间单位)分配,依赖于到达时间、计算时间和截止期等参数。如果服务器的时间预算已被用完,就绪或未完成的非周期任务只能延至下一周期,待服务器重新补充预算后再继续执行。如果某次轮询没有就绪的非周期任务,服务器可以挂起自己放弃执行,同时将其剩余预算转交周期任务。但如果刚刚挂起却有任务到达,则任务被迫延期至下一服务器周期才能处理。

【**例 4.9**】　图 4.26 中任务 τ_1 周期为 4,τ_2 周期为 6,服务器周期为 5 且时间预算为 2。有 A_1 和 A_2 两个非周期任务,A_1 的执行时间为 1,A_2 的执行时间为 2。第一轮服务器应在时刻 1 执行(优先级为 2,高于 τ_2),但由于没有非周期任务到达,故放弃执行,将时间预算转交 τ_2。因此,虽然 A_2 在时刻 2 到达,但被延期至时刻 5(第二轮服务器)响应。A_1 在时刻 8 到达,由第三轮服务器在时刻 10 执行,由于 A_1 的执行时间为 1,A_1 执行完时,服务器的时间预算剩余 1,但由于没有其他非周期任务到达,也没有其他周期任务要执行,故处理器空闲,直到 τ_1 的新一个周期到来。■

如果非周期服务器执行完现有的非周期任务,还有剩余时间预算时如何处理,又有可延期服务器、优先级交换和偶发服务器等算法。

1) 可延期服务器

设可延期服务器(deferable server)优先级高于某些周期任务(可以为最高)。如果某次轮询没有就绪的非周期任务,服务器可以暂时挂起让周期任务执行,但其剩余预算保留,并不转交周期任务。一旦在服务器的当前周期中有非周期任务到达,只要有时间预算,就立即抢占执行。

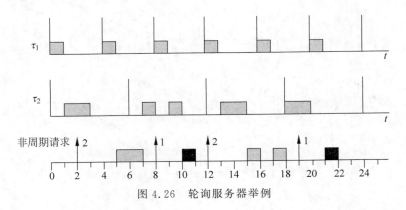

图 4.26　轮询服务器举例

【例 4.10】　图 4.27 中的任务集与图 4.26 类似,但采用可延期服务器。第一轮服务器在时刻 1 时,因没有非周期任务就绪而被挂起,但时间预算保留,当 A_2 在时刻 2 到达时立即执行。■

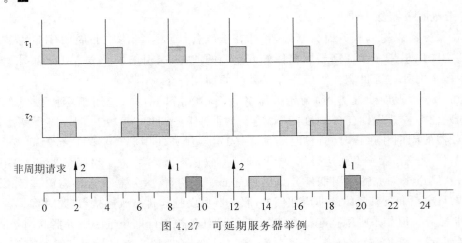

图 4.27　可延期服务器举例

可延期服务器易于实现,改善了轮询服务器非周期任务的平均响应时间,但偏离了 RM 调度算法严格的周期执行模型,故系统比较保守,处理器利用率低。

2) 优先级交换

优先级交换(priority exchange)与可延期服务器类似,但通过将其时间预算与较低优先级周期任务的执行时间交换而得到保留。

在每个服务器周期的开始时刻,其时间预算被补充。设服务器的优先级较高,如果这个时候有挂起的非周期任务,则被释放执行;否则选择执行最高优先级的周期任务(其优先级低于服务器)。这个周期任务使用服务器的时间预算,即服务器的执行时间被积累到正在执行的周期任务的优先级层次上。从这个角度,相当于这个周期任务得到提前执行,而服务器的执行时间并没有丢失,只是被保留在一个较低的优先级上,实现了所谓优先级交换。这种优先级交换将持续到服务器时间预算被耗尽或者一个非周期任务到达。

采用优先级交换技术,与可延期服务器相比,非周期任务的响应性稍差,实现复杂(需要跟踪优先级交换记录),但能够跨周期边界积累执行时间,因此周期任务的可调度性(处理器利用率)较好。

3) 偶发服务器

偶发服务器(sporadic server)的基本机制类似于可延期服务器,差别在于时间预算补充规则。偶发服务器并不在服务周期开始处就充满时间预算,而是分别按照补充时间规则和预算计算规则进行时间预算补充。

(1) 当偶发服务器处于活动状态(即为最高就绪任务)且其时间预算大于 0 时,允许补充。

(2) 当偶发服务器变为空闲状态或其时间预算被耗尽时,确定补充的时间预算量。该预算值等于上一次偶发服务器的状态由空闲变为激活时服务器所消耗的执行时间。

与优先级交换算法相比,偶发服务器算法更加简单,不需要在每个优先级层次上维护其执行时间。可延期服务器按固定间隔补充时间预算,与非周期任务的实际执行时间需求无关。非周期任务到达时,如果有令牌就立即执行,否则等待补充令牌。而偶发服务器补充时间依据准确的时间预算使用情况。系统设置一个定时器记录预算消耗,既推迟其执行时间也推迟其执行时间的补充,在不降低周期任务利用率的情况下,改善了非周期任务的平均响应时间,具有简单而且高效的双重优点。

偶发服务器利于将偶发任务和非周期任务当作周期任务进行可调度性分析,以及为其分配合适的优先级。包含一个偶发服务器的周期性任务系统可能是可调度的,而包含可延期服务器并具有同样参数的系统则不行。当然,某些服务器周期可能没有任务到达,浪费了处理器时间。

其实,如果要改进非周期任务的响应时间,有两个方法:第一个方法是使用偶发服务器类算法,但是为服务器分配一个较短的周期;第二个方法是为每个非周期请求分配一个尽可能早的截止期,当然,这种截止期分配必须保证非周期任务的处理器利用率不能超过规定的最大值。

3. 时间挪用法

松弛时间窃取算法(slack stealing algorithm,SSA)采用零星服务方式,针对非周期任务集较大的应用场景,其基本思想是在保证满足已有硬实时周期任务时限的前提下,尽量挪用出部分时间来执行非周期任务(采用 FCFS 策略)。

某时段的松弛时间等于能够用来执行非周期任务而不会导致任何周期任务错失截止期的时间。松弛(空闲)时间表通过在周期任务集的超周期上计算得到,因此这个算法要求在调度器中存储松弛时间表。对于某些周期任务集这个表可能很大。

SSA 离线地计算可用松弛时间量,系统运行时需要启动一个具有最高优先级的窃取者任务,当有非周期任务到达时,它利用所有可用的松弛时间调度处理这些任务。如果所有松弛时间已经耗尽而任务没有完成,这个任务将被挂起,直到系统中有更多可用的松弛时间。

SSA 是一种贪心算法,一旦有可用的松弛时间就会立即被使用。SSA 是对带宽服务器技术的实质性改进。

4.4.4　优先约束任务调度

具有优先约束的任务集由优先图或任务图描述各个任务之间的顺序依赖关系,要求前趋任务完成后才能释放执行后继任务。

LDF(latest deadline first,最晚截止期优先)和 EDF* 都是动态算法。LDF 是"表驱动",要求任务同时到达(否则无法动态建表),为非抢占式;EDF* 不要求同时到达,任务到达时根据截止期确定优先级顺序,可抢占。

本节仅考虑非周期任务。

1. LDF 调度算法

LDF 调度算法为最小化最大延迟的最优算法,能够对不可抢占的并发任务集调度。LDF 调度算法使用表驱动(table-driven)调度器分派各任务执行,要求任务同时到达,因此可在线调度。

设任务数量固定并有限。LDF 调度算法先构建一个后向调度表,再按调度表逆序分派任务执行。后向调度表先选择最后执行的任务,即先插入无继承者,再插入有继承者。多任务并发时绝对截止期最晚者优先。

【例 4.11】 图 4.28(a)是任务图,任务集大小为 6。按 LDF 调度算法,后向调度表为 $\{T_6,T_5,T_3,T_4,T_2,T_1\}$,而调度器按逆序分派执行,如图 4.28(b)第 2 行所示。■

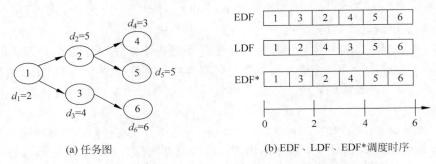

(a) 任务图   (b) EDF、LDF、EDF* 调度时序

图 4.28　采用 EDF、LDF、EDF* 对同一个任务图进行调度

2. EDF* 调度算法

时间的一个重要功能是定序。然而,虽然给定任务的释放时间和截止期,但有时候与任务的优先顺序并不一致,某任务的释放时间可能晚于其后继的释放时间,其截止期也可能早于其前驱的截止期。在单处理器任务可抢占条件下,解决此问题的关键思路是通过修改任务的释放时间和截止期,从而将优先顺序约束转换为时序约束。

根据优先约束关系,设任务集为 T,任务 $T_i \in T$,令 $D(i) \in T$ 为任务图上依赖于 T_i 的所有任务,$T_j \in D(i)$,有:

- 有效释放时间 r_j^*。后继任务 T_j 须在前驱任务 T_i 完成后再释放,有 $r_j^* = \max[r_j, \max(r_i^* + e_i)]$。没有前驱的任务,其有效释放时间等于其给定释放时间。

- 有效截止时间 d_i^*。前驱任务 T_i 须在后续任务 T_j 开始前完成,有 $d_i^* = \min[d_i, \min(d_j^* - e_j)]$。对于无后继节点,有 $d_i^* = d_i$。

计算有效截止时间可以从无后继节点开始。改进最早截止期优先调度算法 EDF* 为基于有效截止期的 EDF 调度算法。

按有效释放时间和有效截止期进行任务调度,保证了每个任务开始执行的时间不早于其释放时间,并且不早于其所有前驱的完成时间。修改后的定时约束与优先约束保持一致,因此可以忽略优先顺序约束。因此,对 RM 调度算法此结论亦成立。

【例4.12】 图4.28中,设各任务执行时间 $e_i = 1$,各任务的截止期如图4.28中各任务节点所标示,则各任务的有效截止期分别为:$d_1^* = 1, d_2^* = 2, d_3^* = 4, d_4^* = 3, d_5^* = 5, d_6^* = 6$,按 $\{T_1, T_2, T_4, T_3, T_5, T_6\}$ 顺序调度执行,如图4.28中第3行所示。■

可以采用 EDF 的可调度性判定方法对实时参数修改后的任务集进行可调度分析,而且可证明 EDF* 调度算法是最优的。

与 EDF 调度算法相同,EDF* 调度算法支持任务异步到达。实现 EDF* 调度算法需要在调度前对系统的所有任务间偏序关系以及实时参数情况预先掌握,才能根据规则进行参数修改,甚至需要实时记录任务间的偏序约束关系,以便新任务加入时进行相应参数的修改。由于释放时间存在抖动,实现难度大。

4.4.5 模式切换

系统的操作模式(mode)即系统的行为模式,可由一系列系统功能和相应的时序约束进行描述,因此,系统模式可以从不同的抽象层次定义。实时系统设计主要关注任务及其调度。

可按不同的功能(如不同操作模式)或时间约束(如任务周期改变)将系统中的任务划分为不同的集合。如果系统检测到环境变化或系统内部状态变化,就需要从旧模式(当前工作模式)切换到新模式。在此期间(模式转换期,transition stage)系统需要重新配置,包括删除某些新模式中不再执行的任务,或创建一些新的任务。新旧两种模式中都存在的任务也可能需要调整其时序参数。

【例4.13】 图4.29是一个模式切换应用场景。其中有两个模式,分别是初始模式和操作模式。任务1和任务2在这两个模式中的周期不同。■

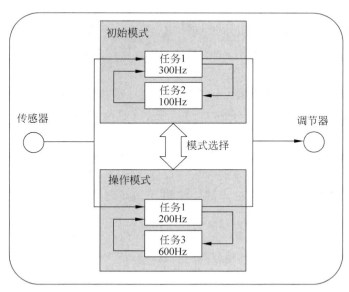

图 4.29 模式切换应用场景

图4.30显示了从旧模式到新模式的切换过程。其中:
(1)模式。由同时激活的任务构成。

（2）旧模式任务。在旧模式中执行的任务。

（3）新模式任务。在新模式中执行的任务。

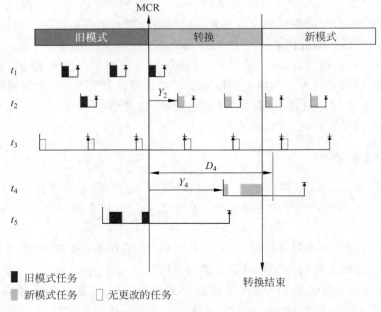

图 4.30　从旧模式到新模式的切换过程示意图

（4）不变任务。在新旧模式中都存在，且执行时间参数维持不变。

（5）可变任务。在新旧模式中都存在，但执行时间参数发生变化，如 WCET、速率等。

（6）模式切换任务。负责完成系统重配置操作的任务。该任务一般为偶发任务，由模式切换请求（mode-change request，MCR）事件激活。

只要系统处于相同的操作模式，周期任务及其时序参数就保持不变。模式切换期间应保证新旧任务集的可调度性（不同模式下任务调度策略可能发生变化），需要快速响应某些紧急任务，需要保证共享资源的数据一致性。模式切换可能还需要回收被占用的共享资源，更新资源使用信息。模式切换期间不允许再响应新的模式切换请求，即模式切换不允许嵌套。

如果在模式切换期间既要完成模式切换，又要保证某些新旧任务需要按时完成，则可能出现系统过载。此时，某些旧任务若继续执行可能不安全，应当被删除。新任务可以推迟执行（可能导致模式切换延迟），甚至推迟到完成模式切换之后再执行（相移，offset）。图 4.30 中的 Y_i 为相移，D_i 为切换延迟。

模式切换协议（mode change protocol）决定切换调度策略的时刻和增加或删除任务的规则。模式切换协议需要解决如下典型问题。

（1）在 MCR 时刻，旧任务立即放弃执行，还是正常执行直至 MCR 完成？

（2）转换期间，不变任务按原周期执行，还是有相移？

（3）新任务引入时机，按同步式还是异步式？

（4）采用哪种资源共享控制协议？

（5）可调度性分析方法有哪些？

模式切换协议在响应 MCR 时放弃旧任务的能力、转换期间不变任务的激活模式和转换期间新旧任务组合执行的能力等方面存在差异。

放弃旧任务的模式包括立即放弃所有旧任务、运行所有旧任务直至它们正常完成、放弃某些旧任务等方式。立即放弃方式利于应对紧急情况，但可能导致共享数据不一致。

在新旧模式中保持不变的任务在转换期间的执行方式有如下两种。

（1）周期性方式。不变任务与模式切换进程相互独立执行，不变任务原有激活步调保持不变。

（2）非周期性方式。允许不变任务推迟执行，影响了任务原有激活速率。非周期性方式利于保证转换的可行性和共享数据的一致性。

新旧任务在转换期间有同步式和异步式两种组合执行方式。同步式中，旧任务完成后再引入新任务，因此，新旧任务没有相互影响，无须进行可调度性分析。周期性或非周期性不变任务执行方式都可以采用同步式。异步式允许在转换期间同时执行新旧任务，响应时间优于同步式，但异步式需要进行可调度性分析。

恰当地利用相移可以解决模式转换过程中的问题。只要推迟激活新任务就可以最终完成模式转换。如果相移足够大，所有旧任务都可以在新任务开始前完成，避免了模式转换期间的过载。同时，数据不一致问题也不复存在。但是，过大的相移对在新旧模式中不发生变化的任务不合适，影响它们的周期性。同样，对紧急的新任务也不合适。

1. 同步模式切换协议

空闲时间协议（idle time protocol）保持旧任务集执行，直至处理器空闲时才响应 MCR，执行模式切换任务，激活新任务集。此协议的优势在于实现简单，且由于不影响优先级分配，易于支持采用天花板优先级协议（CPP）进行资源访问控制。但该协议在最坏情况下的切换性能很差，新任务延迟过多。

单相移协议（single offset protocol）中，所有新任务相移相同，将它们的开始时间都推迟固定的时间。此类协议对不变任务的影响各不相同。相移设定可采用"最大周期相移"，即所有新任务的相移等于新旧模式中频率最低任务的周期，而不变任务不受此影响。此协议可能使影响资源访问协议的阻塞时间延长。"最小单相移"类协议对此进行了优化。

2. 异步模式切换协议

异步模式切换协议针对 DM 调度，允许新旧模式中任务的 WCET 不同，可以采用 CPP 进行资源访问控制。需要进行转换期间的可调度性分析。

基于利用率协议（utilization based protocol）为了保证转换期间的利用率，允许删除旧任务，但新任务可能不能在 MCR 发生时立即开始执行。此协议需要记录旧模式的利用率，增加了系统开销。

异步周期协议（asynchronous protocol with periodicity）允许旧任务最后一次执行完成，不变任务与模式切换相互独立执行，新模式中发生变化的任务在其旧版本最后一次执行周期结束后再释放，全新的任务在足够的相移后再开始执行。

异步非周期协议（asynchronous protocol without periodicity）中，所有任务在一定相移后开始执行，无论其在新旧模式中是否有变化。由于允许新任务相移延迟，因此该协议的转换是可调度的，资源一致性也得以保持。

3. 多模式系统的资源共享

可以基于 CPP 进行模式切换期间的资源访问控制。CPP 中,每个任务的原始优先级静态确定,每个资源的使用者也需要静态确定。当任务访问资源时,立即提升其优先级至共享资源的天花板优先级。在不同模式下,由于任务集不同,资源的天花板优先级可能不同,需要相应提升或降低。

由于新旧任务的执行时间不重叠,同步模式切换协议中共享资源不存在问题,共享资源的天花板优先级调整可以在释放新任务之前进行。

异步模式切换时,难以确定合适的资源天花板优先级调整时机,过早或过晚将导致一系列问题,包括增加新任务的阻塞时间(当天花板优先级需要降低时)或违反 CPP(当资源天花板优先级低于使用该资源的新任务的最高优先级,需要提升时)。问题的解决思路仍然是尽量寻找旧任务的准确完成时间,待其完成后,再释放新任务。

4. 模式切换协议可调度性分析

模式切换期间的可调度性分析可以采用处理器利用率测试或响应时间分析法。分析时需要考虑不同协议下负载变化和对资源访问控制的阻塞时间变化。

4.4.6 基于释放时间的调度

当调度的目标是满足任务截止期时,没有必要早于截止时间完成任务。特别地,也可能因为某种安全原因需要推迟硬实时任务执行,如为了满足偶发任务的响应时间等。

1. LRT 调度

LRT(latest release time)算法,或称反向 EDF 算法,将释放时间当作截止期,将截止期当作释放时间,逆向调度任务。类似优先级驱动的 EDF 方式,从截止期最迟的任务开始调度,直至当前时间。LRT 优先级分配基于任务释放时间,释放时间越迟,优先级越高。

当有就绪任务时,LRT 算法可能导致处理器空闲,是非贪心的,因此 LRT 不是优先级驱动算法。但在 EDF 最优时,LRT 也最优。

2. 非周期任务调度

EDF 调度支持非周期性任务调度。若指定任务的开始时限,则采用非抢占调度。当某任务的开始截止时间到达时,正在执行的任务必须执行完其强制部分或临界区,释放 CPU,调度开始截止时间到的任务执行。若指定任务的完成时限,则采用抢占调度。

允许 CPU 空闲的 EDF 调度(earliest deadline with unforced idle time)优先调度最早截止时间的任务,并将它执行完毕才调度下一个任务。即使选定的任务未就绪,允许 CPU 空闲等待,也不能调度其他任务。尽管 CPU 的利用率不高,但这种调度算法可以保证系统中的任务都能按要求完成。

【例 4.14】 针对表 4.5 的非周期任务集,分别采用 EDF、允许 CPU 空闲的 EDF 调度、FCFS 进行调度,时序如图 4.31 所示。可以看出,采用 EDF 调度算法时,任务 B 会错失其开始截止期;采用 FCFS 调度算法时,任务 B 和任务 E 都会错失其各自的开始截止期;采用允许 CPU 空闲的 EDF 调度时,所有开始截止期都没有错失。■

表 4.5　非周期任务集

进　　程	到 达 时 间	执 行 时 间	开始截止期
A	10	20	110
B	20	20	20
C	40	20	50
D	50	20	90
E	60	20	70

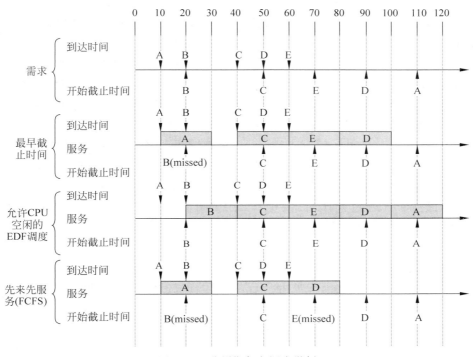

图 4.31　非周期任务调度举例

4.4.7　有限抢占调度

实时和非实时系统之间一个显著的不同之处是对抢占的处理。非实时系统中,任务通常采用分时间片运行基础上的公平调度,调度主要考虑的问题是负载均衡和防止任务“饿死”,所有任务都被看成具有相同的优先级,因此也就不存在抢占的基础。而在实时系统中,调度的核心目标是满足所有任务的截止期约束。在实时系统中任务的优先级通常代表任务的关键度,高优先级任务比低优先级任务更重要或是更紧急。例如,在汽车电子系统中,刹车系统正常工作的重要性要大于其他系统,因此给予刹车系统高优先级,使其工作不受其他子系统的干扰是普遍采用的设计策略。

为了使高优先级任务能够先运行而不被低优先级任务阻塞,RTOS 必须提供抢占机制。然而,抢占在提高 RTOS 对实时任务支持能力的同时也会带来新问题。抢占带来的上下文切换、调度器运行以及作业迁移等操作会消耗系统资源。虽然与任务运行相比,这部分资源消耗很小,但如果抢占非常频繁,那么累积消耗的系统资源,特别是作业迁移造成的额外资源消耗,不能忽视。

按照对抢占的处理方式的不同,实时系统调度算法可以分为三类:抢占调度、不可抢占调度和有限抢占调度。

抢占调度对抢占没有任何约束,抢占始终被允许,在任意时刻释放的高优先级作业,如果没有空闲处理器运行时就会抢占优先级比它低的作业执行,通常操作系统会选择抢占优先级最低的作业。不加任何约束的抢占行为可保证高优先级任务优先得以执行,但是过多不必要的抢占会带来资源的额外开销。

不可抢占调度则完全相反,禁止一切抢占行为,低优先级作业开始运行之后将一直占用处理器。即使在低优先级作业运行期间高优先级作业释放,也不能抢占低优先级作业,即任何作业都必须等待,直到有空闲处理器可用时才被调度。不可抢占调度完全消除了作业切换,额外资源消耗非常小,但可能导致高优先级作业长时间等待,错失截止期。

权衡可预测性和效率时,抢占系统与非抢占系统各有所长。在完全抢占系统中,当前任务可以在任何时刻被高优先级任务抢占而中断执行,满足了高优先级任务的高响应性要求。但抢占破坏了系统的局部性,造成 cache 或其他预取机制失效,并且 WCET 估算困难。完全非抢占系统中,为了避免任务间的干扰,保证可预测性,完全禁止抢占,但带来很高的阻塞代价,并降低了系统的可调度性。非抢占调度保证了独占访问共享资源,不存在互斥问题,而抢占调度需要复杂的资源访问控制协议。

如何在保持可调度性的前提下,避免不必要的抢占,减少抢占发生,降低抢占开销等是需要解决的问题。有限抢占调度(limited preemptive scheduling)可以避免任意抢占的不确定性。

1. 有限抢占调度算法

在一些系统中,当执行中断服务 ISR 或临界区时,需要在一段时间内禁止抢占。在许多基于共享介质进行 I/O 或通信的实际系统中,抢占可能导致出现竞态或消息碎片。因此需要采用有限抢占调度技术,包括如下。

(1) 抢占阈值(preemption threshold)。任务抢占只能发生在高于某个优先级别时,此优先级别被称为抢占阈值。可以为每个任务指定其优先级和抢占阈值。

(2) 推迟抢占(deferred preemption)。推迟抢占为每个任务指定最长的非抢占时间。具体实现可采用浮动模型(floating model)或激活触发模型(activation-triggered model)。浮动模型由程序员在任务代码中插入相应的内核原语(禁止抢占、使能抢占)指定非抢占区,这种方法难以离线分析非抢占区长度。激活触发模型中,高优先级任务到达将触发低优先级任务的最长非抢占时间定时器,如果定时器超时后任务仍然未完成执行,则允许抢占。在此期间,新任务到达也不会推迟抢占时间点。定时器超时后新的高优先级任务到达将触发另一个非抢占区。

(3) 任务划分(task splitting)。任务划分亦称为协作式调度(cooperative scheduling)。任务默认为非抢占,抢占只发生在预定的代码位置,称为抢占点。按此模式,任务被划分为多个非抢占块,称子任务。抢占仅发生在非抢占块的边界。

抢占阈值法的实现相对简单,只需系统提供提升任务执行优先级的系统调用供任务开始执行时调用。也可由操作系统在第一次调度任务执行时提升任务的优先级至其阈值。研究表明,如果阈值恰当,抢占阈值法的利用率可能高于完全抢占或完全非抢占。甚至即使采用了完全抢占或完全非抢占不可调度的任务集,抢占阈值法却可以调度。因此,如何为每个任务确定满足可行调度和最少抢占的最优抢占阈值是一个关键问题。

推迟抢占法的浮动模型可以通过操作系统禁止或允许抢占原语实现,也可通过改变任务优先级实现。使用激活触发模型时,可以由操作系统的任务激活原语启动非抢占间隔定时器,再由定时器的超时 ISR 调度高优先级任务抢占执行。在保证任务集可调度性的前提下,确定各任务的最长非抢占时间以减小抢占开销是一个重要问题。

任务划分法无须特殊的内核支持,而是由程序员在每个抢占点插入操作系统任务调度原语,激活调度器,以允许被挂起的高优先级任务抢占当前正在执行的任务,如图 4.32 所示。在非抢占下不可调度的任务集,可能存在多种划分任务的方法为之生成可行调度。

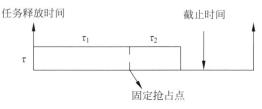

图 4.32   固定抢占点任务划分

如果能预知抢占点,有利于简化估算抢占开销,提升 WCET 分析的紧致性。由于抢占点依赖于当前任务的运行时状态和高优先级任务的到达时间,抢占阈值法实际上不可能预知准确的抢占点,可预测性较差。浮动模型没有指定非抢占区的位置,可以认为抢占点是未知的。激活触发模型的非抢占时间与高优先级任务的到达时间有关,也是难以预知的。与它们不同,任务划分法的抢占点由程序员显式指定,因此可以在设计时准确评估抢占开销,具有很好的可预测性。

2. 任务抢占点的选择

抢占造成的运行时开销只在抢占点发生,因此,生成可行调度的关键在于寻找任务中的最佳抢占点。一般而言,任务中的短循环、临界区和 I/O 操作等代码段等基本块(BB)不希望发生抢占,称为非抢占基本块(NBB),由程序员根据任务结构指定。由于临界区和条件分支在 NBB 内执行,因此无须资源访问控制。NBB 的边界是潜在抢占点(PPP),其中满足可调度性且抢占开销最小的子集为有效抢占点(EPP)。因此,在基本块构成的代码序列中,两个相邻 EPP 之间为非抢占区(NPR)。

研究者给出了基于 RM 和 EDF 调度的 EPP 选择算法。算法的目标是找到代码序列中 PPP 的子集 EPP。首先可以基于任务的阻塞容忍度(以非抢占时可调度性测试上界为限),计算其不发生错失截止期的最长阻塞时间。如果每个 NPR 的时长与抢占开销之和不超过任务的最长阻塞时间,则 EPP 为可行。

4.4.8   过载处理

过载(overload)指系统的利用率超出预期。新任务提前到达或当前任务执行时间超过预计时长,都可能导致系统过载。超时(overrun)指在一个时间段内,某任务所需的计算时间超过处理器在此时段所能提供的计算时间。硬实时系统过载意味着基于最坏情况假设,当前任务集不存在可行调度,此时,多个任务可能错过截止期。对周期任务系统而言,过载意味着超周期内处理器利用率大于 100%。

瞬间过载(transient overload)指在有限的时间内出现过载现象。可能由于一系列任务执行时间超时或非周期请求突发而造成。

(1) 非周期任务过载。事件触发系统中可能发生。如果非周期任务过多,将导致 EDF 调度性能严重降级,一个新任务到达,可能导致所有前期已经到达的任务错失截止期,即多米诺效应。

(2) 任务执行时间超时。事件触发和时间触发系统都可能发生。由于周期或非周期任务偶尔执行时间超过预计而造成。对 RM 调度,低优先级任务超时执行可能使其错过截止期,但不会影响高优先级任务。对 EDF 调度,一个任务超时可能导致所有任务错过截止期。

持久过载(permanent overload)指过载的持续时间无法预知。由于任务执行时间估计不正确,或出现新的周期任务,或环境变化导致任务发生频率增加等,都可能造成周期任务系统出现持久性过载。发生过载时各任务的计算时间不断累积,导致任务的响应时间持续增加,最终难以控制。

1. 非周期任务过载处理

非周期任务过载处理针对事件驱动系统,假设任务到达时间无法预知。在此情况下,只有众多任务突发到达才可能导致过载。因此,检测任务到达时间即可发现系统是否过载。

如果任务异步到达且发生过载,则不存在可行调度,多个任务可能错过截止期,最好推迟执行最不重要的任务,使系统平稳降级(graceful degradation)。因此,过载时应分别考虑任务的时间要求和重要性(价值)。任务的价值与其截止期或周期可能相关,也可能无关。从这一角度看,如果某调度算法使任务集的累积价值最大,则为最优调度。

假设时间约束与价值相关,则如果有一个硬实时任务错过截止期,即使所有其他任务都早于截止期完成,调度算法得到的累积价值也为负无穷大。因此,需要首先为所有硬实时任务分配由其独占的计算资源。如果保证了硬实时任务,实时调度算法的目标就成为保证固实时和软实时任务在正常情况下的可行调度和瞬间过载情况下任务集累积价值最大。

在正常情况下最优的动态调度算法,在过载情况下往往是非最优的,因此,设计时需要充分掌握任务到达时间和任务价值等先验信息。

最优预知调度器(optimal clairvoyant scheduler)是一种基于先验知识的理论算法,可以作为与过载时动态调度算法对比的参考。

所有动态调度算法的优势因子存在上界。如果过载时间无限,则动态调度无法保证优势因子大于 0。实际上,过载往往是间歇性的,持续时间很短。因此,希望采用高优势因子的调度算法。EDF 算法没有任何形式的过载保护,其优势因子为 0。

从过载预测和处理角度,调度算法可分为如下三类。

(1) 尽力而为算法。没有任何过载控制。

(2) 可接受测试算法。每次任务到达时都进行可接受性测试,即基于最坏情况假设检查可调度性,不通过者将被拒绝。

(3) 健壮性算法。以最大化可行任务的累积价值为目标,根据被拒绝任务的重要性采取不同的拒绝策略。例如,对于瞬间过载,可以暂时将被拒绝者置于一拒绝队列。如果实际执行有空余时间则执行之。

1) RED 算法

RED(robust earliest deadline)基于 EDF 调度原理,是一种针对固实时非周期任务的过载调度算法。RED 算法协同综合了过载降级、截止期容忍和资源回收等多种特征,在正常和过载状态下具有很好的性能表现。RED 算法可以预测错失截止期和过载持续时间,以及它们对系统的整体影响。

每个任务由 C_i、D_i、M_i、V_i 四个属性定义,其中 C_i 为执行时间;D_i 为相对截止期;M_i 为截止期容忍度;V_i 为价值。

M_i 表示任务所允许的延时。虽然任务错过了截止期,但仍然产生有效的结果。任务调度仍然基于截止期,但过载时,M_i 作为任务可接受性测试的判据。

RED 可接受测试基于剩余裕度(residual laxity)L_i,即任务的预计完成时间与绝对截止期之差。对于非周期任务集,就绪任务按绝对截止期递增排序,则 L_i 按式(4.3)计算,其中 $L_0 = 0$,$d_0 = t$,t 为当前时刻,$c_i(t)$ 为 t 时刻任务的剩余最坏执行时间。

$$L_i = L_{i-1} + (d_i - d_{i-1}) - c_i(t) \tag{4.3}$$

如果原任务集可调度,新任务到达后,只需计算其 L_i 即可判断是否将造成系统过载。

过载时可拒绝价值最低的任务。更有效的拒绝策略可以考虑拒绝多个任务,以使被拒绝任务的累积价值最小。某些算法可以采用在线回收机制,利用剩余时间执行先前被拒绝的任务。

2) D^{over} 算法

D^{over} 算法是优势因子最优(可达 0.25)的动态调度算法。D^{over} 基于 EDF,采用就绪任务的最晚开始时间(latest start time,LST)检测过载,即根据截止期前剩余的时间是否等于其执行时间进行过载判断。发现过载后,需要放弃某些任务,可能是达到 LST 的任务或其他任务。D^{over} 将就绪任务划分为特权任务和等待任务两个子集。被抢占的任务为特权任务。如果有任务基于 LST 被调度,则所有就绪任务都将变为等待任务,无论它们是否被抢占或尚未执行。优势因子最优动态调度并不等于任何负载条件下性能最好。为了保证最高的优势因子,D^{over} 可能拒绝价值高于当前任务但低于最优阈值的任务。换言之,为了应对最坏情况任务序列,D^{over} 并没有利用幸运序列的优势,可能不必要地拒绝了过多的任务价值。

2. 超时处理

为了阻止任务无界延迟,需要放弃当前的超时任务,或让其在低优先级继续执行。放弃方法不安全,因为该超时任务可能正处于临界区,放弃可能导致数据不一致。第二种方法更灵活,典型的实现技术为资源保留技术。

资源保留技术为每个任务分配恰好满足时间约束要求的处理器带宽。内核需采取时序保护(temporal protection)手段保护此任务的带宽。这种隔离技术类似于任务各自执行于低速处理器上。对于执行时间变化的任务,这种方法有很好的可预测性。系统的整体性能依赖于正确的资源分配。

采用 EDF 调度时,一种简单的实现资源保留的内核隔离机制是常数带宽服务器(constant bandwidth server,CBS)。新任务到达时,CBS 为其分配一个合适的调度截止期(在保留带宽范围内),并将其插入 EDF 就绪队列。如果任务执行时间超过预期,为了减少对其他任务的影响,其截止期被推迟,优先级降级,利用松弛时间执行。

如果系统为 CBS 指定的利用率为 U_s,CBS 保证其对总利用率的占用不会超过 U_s,即使系统出现过载。如果一个 CBS 管理一组任务,这些任务之间共享 CBS 带宽,没有相互隔离,但它们与 CBS 之外的其他任务是隔离的。CBS 是一种动态优先级服务器,也可用于混合任务集调度。实际应用时,还需考虑带宽分配是否合理,任务是否正在执行临界区代码等问题。

【例 4.15】 如图 4.33 所示,$\tau_1 \sim \tau_4$ 为软实时任务,$\tau_5 \sim \tau_7$ 为硬实时任务,采用 CBS 调度。■

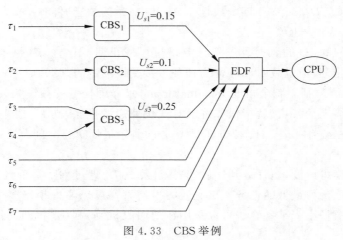

图 4.33 CBS 举例

3. 持久性过载处理

对周期任务系统,处理持久性过载有如下三种基本方法。

(1) 作业跳过(job skipping)法。在周期任务中跳过(放弃)某些作业,降低整体负载,保证满足时间约束的最小任务集。

(2) 周期适应(period adaptation)法。通过延长任务的周期而降低系统负载,使之保持在某个阈值之内。

(3) 服务适应(service adaptation)法。在可预测性与 QoS 之间进行折中。通过服务降级,减少任务执行时间,从而降低系统负载。

作业跳过法适合软实时和固实时系统,如多媒体系统。对某些控制系统,由于存在惯性,也能容忍偶尔跳过某些任务。

某些实时系统对时间约束的要求并不严格,主要依赖于系统状态,如可变速率系统。飞行控制系统,高度越低,采样频率越高。机器人导航与此类似,越接近障碍物,采样率越高。因此,与其拒绝一个新的任务,不如调整(降低)其他周期任务的执行频率,以满足新任务的要求。应用中,周期适应法需要统一的负载管理框架。为此,弹性模型(elastic model)将周期任务模型的周期参数表示为一个周期范围。

服务适应法通过减少任务执行时间而降低系统负载。前提是任务的原始设计考虑了这一需求,如一些近似计算应用。

4.5 可调度性测试与分析

实时系统设计的可预测性要求设计时进行可调度性测试与分析,预测运行时每个任务的截止期保证情况。对一种调度算法而言,如果任务集中的每个任务都能够在其截止期限内执行完成,则称该调度是可行的。可调度性分析是可行调度算法的关键组成部分,两者同为一体。即使某调度算法非常接近于最优,但缺乏相应的可调度性分析技术或分析困难,此算法也难以实际应用。

【例 4.16】 针对同一任务集,不同可行调度算法的可调度性不同。如图 4.34 所示,RM 不可调度,EDF 可调度。■

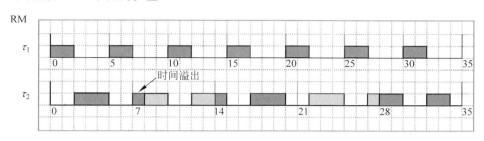

(a) RM调度

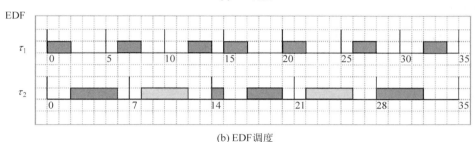

(b) EDF调度

图 4.34　不同调度算法的可调度性差异

可调度性分析需要寻找系统的最坏情况,并且检查在此情况下系统资源的分配使用情况。如果在最坏情况下所有任务在各自的截止期内都能得到足够的系统资源并且执行完毕,则在其他更有利的情况下任务也能正常执行完毕,此特性称为系统的可持续性(sustainability)。可调度性分析基于可持续性假设,但可能存在“调度异常”。

可调度性分析技术通常可分为如下两大类。

(1) 可调度性测试。基于资源利用率,通过计算资源的使用率,确定任务集是否可调度。基于利用率的测试依赖于任务的 WCET 分析结果是否紧致,一般过于保守。

(2) 可调度性分析。分析每个任务在临界时刻的完成时间或响应时间,判断是否错过其截止期。可调度分析也称最坏响应时间分析(WCRT),结果更加有效。

基于截止期分析(DA)测试和基于响应时间分析(RTA)测试都是通过分别测试每个任务的可调度性来确定任务集的可调度性的。两者有如下不同之处。

(1) DA 截止期已知,响应时间未知。

(2) 在基于 DA 的可调度性测试中,作业的运行窗口是指从作业进入就绪状态到绝对截止期的时间区间。在基于响应时间分析(RTA)的可调度性测试中,作业的运行窗口是指从作业进入就绪状态到响应时刻的时间区间。

(3) 在 DA 测试中,高优先级任务的优先级排序对判定被测试任务的可调度性没有影响,即任意调换两个高优先级任务的优先级,被测试任务的可调度性不变。而在 RTA 测试中,需要计算高优先级任务的最大响应时间。最大响应时间与任务的优先级相关,因此

实时任务调度

RTA 测试必须严格按照优先级顺序由高到低依次进行。

RTA 在给定的调度策略下估计一组任务中每个任务的响应时间下界。响应时间分析是一种重要的系统设计和分析技术,不仅用于硬实时系统可调度性分析,响应时间界也是软实时系统性能的一项重要指标。

4.5.1 EDD 保证性测试

EDD 针对任务同时到达的非周期任务集,为非抢占。此时,可调度性测试称保证性测试(guarantee test)。

为了保证 EDD 调度器产生某任务集的可行调度,需要测试在最坏情况下,所有任务可以在其截止期前执行完成。

对硬实时任务集,假设任务按截止期升序排序,则第 i 个任务的完成时间为 $f_i = \sum_{k=1}^{i} C_k$,则 EDD 保证性测试判据为 $f_i \leqslant d_i$。

4.5.2 EDF 可调度性测试

单处理器系统中,对周期任务集,如果所有任务的截止期等于周期,只要任务集总利用率 $\leqslant 1$,则 EDF 可调度。对于截止期不等于周期的任务集,则 EDF 可调度测试的充分条件为:

$$\sum_{i=1}^{n} \frac{C_i}{\min(T_i, D_i)} \leqslant 1$$

4.5.3 RM 可调度性测试

设 n 个任务同时开始,则 RM 可调度性测试:

- 必要条件为 $U \leqslant 1$。

- 充分条件为 $\sum_{i=1}^{n} U_i \leqslant n^{(2^{\frac{1}{n}}-1)}$。

可调度性区间(schedulability region)指周期任务集的利用率为 $n^{(2^{\frac{1}{n}}-1)} < U \leqslant 1$ 的区间,图 4.35 所示为两个任务的可调度性区间。

充分条件亦称 LL 测试(Liu & LayLand test),具有有界性,即当任务的数量趋于无穷时,RM 算法 $U(n)$ 的上限值趋向于 69%。对任务周期各不相同(随机分布、均匀分布)的任务集,平均处理器的使用率极限是 88%。对任务周期为谐波(长周期为短周期的整数倍)的任务集,利用率可以达到 100%。

显然,对于不满足 LL 测试的任务集,RM 仍然有可能调度。此时,应检查超周期内各任务的完成时间能否满足其截止期。对于相位任意的周期任务集,当且仅当 0 相位时,所有任务满足各自

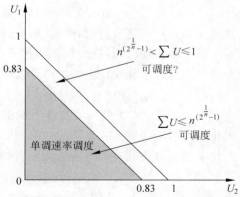

图 4.35 两个任务的可调度性区间

的第一截止期,则 RM 可调度,称为 Lehoczky 测试。采用 Lehoczky 测试缩小了检查区间,简化了测试过程。

设任务的截止期等于其周期,任务 T_k 的优先级大于 T_i,则 T_i 第一次执行的等待时间为

$$\sum_{k=1}^{i-1} \left\lceil \frac{T_i}{T_k} \right\rceil \cdot C_k \qquad (4.4)$$

因此,Lehoczky 判据可表示为

$$C_i + \sum_{k=1}^{i-1} \left\lceil \frac{T_i}{T_k} \right\rceil \cdot C_k \leqslant T_i \qquad (4.5)$$

对固定优先级抢占式调度,某任务的最坏执行情况是在其执行期间,所有高优先级任务都发生了,此时刻称任务的临界时刻(critical instant)。因此,如果此时任务的完成时间满足其截止期,则可调度。Lehoczky 测试的本质是给出了 RM 的最坏情况。对固定优先级抢占调度,Lehoczky 测试亦称"第一截止期规则",为满足可调度性的充要条件。

对于相对截止期大于或小于周期的任意任务集,Lehoczky 判据亦成立。注意,Lehoczky 测试需要对每个任务进行检查。最低优先级任务通过测试不等于整个任务集都是 RM 可调度的。

相对于响应时间分析法(RTA),Lehoczky 测试方法易于使用。Lehoczky 测试也称时间需求分析(time-demand analysis)、负载分析(workload analysis)或处理器要求分析。Buttazzo 等提出 Hyperplanes 测试方法进一步简化了 Lehoczky 测试。

任务到达时,最多发生一次抢占。因此,每个任务最多发生两次上下文切换,即到达时抢占当前任务,完成时恢复被抢占的任务。设上下文切换时间为常数 c,则任务的执行时间等价于 $C_i + 2c$。据此可考虑系统任务切换开销情况下的可调度性测试。

任务因互斥、同步或通信而被阻塞时,操作系统将其从就绪队列中删除,并插入等待队列,完成"自挂起"。进行可调度性测试时需考虑挂起时间的影响。

4.5.4　DM 算法可调度性

DM 算法可调度性充分条件为

$$\sum_{i=1}^{n} \frac{C_i}{D_i} \leqslant n(2^{\frac{1}{n}} - 1) \qquad (4.6)$$

与 RM 算法类似,Lehoczky 测试对 DM 算法同样成立,但任务集中任务优先级顺序与 RM 不同,应用时需要注意。Lehoczky 判据(充要条件)为

$$C_i + \sum_{k=1}^{i-1} \left\lceil \frac{D_i}{T_k} \right\rceil \cdot C_k \leqslant D_i \qquad (4.7)$$

4.5.5　响应时间分析

一般而言,基于利用率的可调度性测量是不准确的,或任务集的总利用率难以计算。WCRT 分析源自单处理器系统任务集 FPPS(固定优先级抢占式调度)的研究,旨在通过分析任务响应时间的最坏假设以计算任务的 WCRT。一个任务的响应时间(response time)是指从该任务请求执行(任务到达)到这个任务实际完成的时间跨度。若任务的 WCRT 小

于其截止期,则判定该任务可调度,否则判定任务不可调度。若任务集中所有的任务均可调度(需逐一检查),则判定该任务集可调度,否则判定该任务集不可调度。此分析方法称响应时间分析(response time analysis,RTA)法,由于该方法最初主要针对 DM 调度,故也称为 DMA(deadline monotonic analysis)。

1. 独立任务集 WCRT 计算

一个任务的临界时刻是比这个任务优先级高的所有任务同时发出请求的时刻,或者在其执行期间,所有高优先级任务的抢占都发生了,也即低优先级任务的最坏执行情况。

设针对固定周期任务集,按 RM 调度,有:

(1) 对最高优先级任务,WCRT=执行时间=WCET。

(2) 对周期为 T_i 的任务 τ_i,有 $R_i = C_i + I_i$,其中,I_i 为所有优先级高于 τ_i 的任务 τ_j 造成的延时:

$$I_i = \sum_{j \in \mathrm{hp}(i)} \lceil R_i / T_j \rceil C_j \tag{4.8}$$

因此,得 WCRT 迭代方程:

$$R_i^n = C_i + \sum_{j \in \mathrm{hp}(i)} \lceil R_i^n / T_j \rceil C_j \tag{4.9}$$

此 WCRT 迭代方程的终止条件有:

(1) 前后两次迭代结果相同。此结果即该任务的 WCRT,即

$$\text{当 } R_i^{m+1} = R_i^m \text{ 时,} \quad R_i = R_i^m \tag{4.10}$$

(2) 如果 R_i^m 超过截止期 D_i,则不可调度。

2. 共享资源周期任务集 WCRT 计算

设共享资源的周期任务集基于信号量进行同步,并采用 PIP/PCP 等资源访问控制协议,则需要分析阻塞链长度,计算各个任务的阻塞因子(blocking factor)。

阻塞因子 B_i 为任务申请信号量时的最大延迟,有:

$$R_i = B_i + C_i + \sum_{\forall j \in \mathrm{hp}(i)} \left\lceil \frac{R_i}{T_j} \right\rceil C_j \tag{4.11}$$

另外,如果进一步考虑具有优先约束的任务同步关系,有研究者进一步研究了具有释放偏移的任务的可调度性问题,基于释放抖动、d-忙周期和 i-忙周期等概念,给出了偶发任务和 EDF 调度的 WCRT 计算方法,可以参考 6.5 节。

3. BCRT 计算

最好情况响应时间(BCRT)主要用于分析完成时间抖动,基于最优时刻(optimal instant)分析。低优先级任务的最优时刻为其完成时刻与所有高优先级任务释放的同时的时刻。或者在执行过程中,高优先级任务释放前,低优先级任务被抢占次数最少的时刻。

类似于 WCRT 分析,设 $\lceil x / T_i \rceil - 1$ 为抢占的最小次数,可得 BCRT 迭代方程为

$$\mathrm{BR}_j = C_j + \sum_{i<j} \left(\left\lceil \frac{\mathrm{BR}_j}{T_i} \right\rceil - 1 \right) C_i$$

迭代过程为

$$\mathrm{BR}_j^{(0)} = \mathrm{WR}_j$$

$$\mathrm{BR}_j^{(k+1)} = C_j + \sum_{i<j} \left(\left\lceil \frac{\mathrm{BR}_j^{(k)}}{T_i} \right\rceil - 1 \right) C_i$$

其中：BR 为最好情况响应时间；WR 为最坏情况响应时间。迭代方程的终止条件为前后两次迭代结果相同，此结果即该任务的 BCRT。

4.6　WCET 估算

实时任务调度需要预知任务的执行时间。最坏情况执行时间（worst case execution time，WCET）估算是实时调度算法及其可调度性分析的输入条件。现有 WCET 分析技术可以分为静态分析法和仿真测量法。本节介绍静态分析法。

4.6.1　影响程序执行时间的因素

WCET 为全部输入和所有状态下程序的最长执行时间。影响程序执行时间的典型因素包括如下几种。

（1）循环上界。死循环或无界的函数调用序列可能导致顺序程序不能终止。程序员必须对每个循环在最坏情况的循环次数进行限定。同样，递归调用的深度也需要确定。一般情况下，循环界和递归深度问题是不可判定的，等价于停机问题，但对于实际应用中常见的几种循环结构，存在自动确定其循环上界的方法。

（2）执行路径。程序中有条件分支、无条件分支和选择语句决定顺序程序的执行路径。不同执行路径的执行时间不同。程序路径的数量是程序大小的指数倍，但某些路径是不可行的（unfeasible）。一般情况下，判断路径的可行性是 NP 完全问题，但在很多实际系统中，路径的可行性是可以判定的。

（3）指令集并行。现代处理器为提升处理器平均性能而采用的指令级并行技术，如分支预测和乱序执行，导致程序执行不确定。

（4）存储层次。特别是硬件管理的缓存机制，对程序执行时间有巨大影响。因此硬实时系统往往采用由程序员管理的 SPM 或 TCM 存储器代替常规 cache。

（5）任务依赖。同步、互斥与通信所导致的任务阻塞。

（6）中断机制。中断和异常处理导致任务被挂起。

在通用场景下，由于无法判定程序是否结束，WCET 难以计算。针对实时系统 WCET 分析，一般假设任务是独立的，其结构基于简单任务模型（simple-task model）。

（1）每个任务采用顺序的"输入-计算-输出"程序结构。

（2）程序中不存在递归和无限循环。

（3）在任务开始处输入有效。

（4）在任务结束时输出有效。

（5）任务中无互斥等竞态阻塞。

（6）任务中无同步和通信。

在简单任务模型的限制下，只有输入和任务开始时的状态才能影响任务的执行时间。同时，在进行 WCET 分析时假设任务的执行过程是连续非中断的。

即使基于这些假设，WCET 分析结果也是非紧致的（如图 4.36 所示），使用时需留有较大余量。图 4.36 中纵轴为程序执行时间，表示多次分析或测量的结果分布，即某个执行时间值的出现次数。WCET 和 BCET 为测量或分析结果的分布区间，时间上下界为执行时间

分布的安全区间上下界。有研究者使用程序执行时间区间大小度量系统的时序行为
(timing behavior)可预测性。

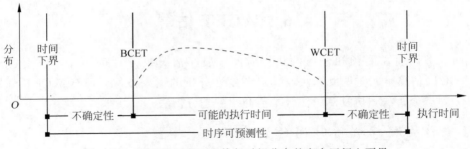

图 4.36　WCET、BCET 和执行时间分布的安全区间上下界

4.6.2　静态 WCET 分析

测量程序运行时间可以采用基于汇编手册、基于周期精确仿真器、使用逻辑分析仪或处
理器的性能计数器等方法,但其结果都是不安全的,例如,访存指令的执行时间可能相差几
百个时钟周期。

静态 WCET 分析方法分为程序流分析、处理器行为分析和 WCET 计算三个步骤,如
图 4.37 所示。

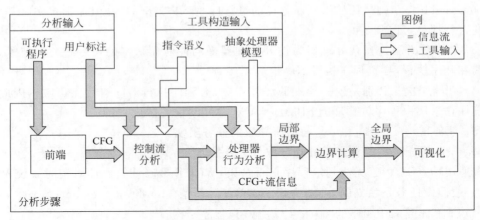

图 4.37　静态 WCET 分析步骤

1. 程序流分析

程序流分析进行最长执行路径搜索。采用基于控制流图或调用流图(control/call flow
graph,CFG)的路径分析方法。CFG 描述程序的分支、循环以及函数调用。执行路径依赖
于输入和初始状态。搜索时遍历所有可能的路径,指定循环上界(bound),确定最长路径。

2. 处理器行为分析

处理器行为分析的目标是建立执行时间模型,也称底层(low level)分析。对非指令级
并行(ILP)处理器,程序执行时间为每条指令执行时间的算术累加。对 ILP 处理器,还需要
考虑 cache、流水线 stall、分支预测等问题的影响。

流水线中的结构冲突、数据冲突和分支冲突可能导致程序执行时间发生变化。流水线

分析的典型方法是基于保留表。两条指令的执行时间就是它们对应的两个保留表连接之后，从前一条指令的第一级流水段到后一条指令的最后一级流水段之间的时钟周期（cycle）数。

典型的考虑 cache 的分析方法是将每条指令分为不同的访问类型，再分别计算不同类型指令访问缓存引起的 WCET。指令的访问类型可以分为四类：总是不命中（always miss）、总是命中（always hit）、第一次不命中（first miss）和第一次命中（first hit）。

cache 不命中却使程序整体执行时间缩短，称为时序异常（timing anomaly），需要注意。图 4.38 所示是一段程序在一个同时配备了乱序流水线和 cache 的处理器上的两种不同的执行情况。图 4.38 中 A～E 为指令标号，LSU 为访存部件，IU 为整数运算部件，MCIU 为乘法运算部件。

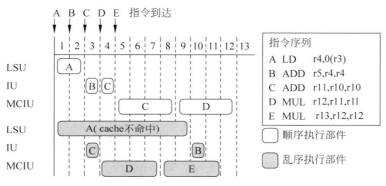

图 4.38 cache 不命中时的时序异常举例

在情况一中（图 4.38 上半部），指令 A 已经存在于 cache 中，因此 A 执行时 cache 命中，仅用 2 个时钟周期执行完毕。接下来 B 和 C 依次占用 IU 运算单元执行。由于 D 和 C 以及 E 和 D 存在 RAW 依赖，所以 D 和 E 将在 C 执行完毕后方可依次执行。情况一中 5 条指令共执行了 12 个时钟周期。

在情况二中（图 4.38 下半部），如果指令 A 在 cache 中不命中，那么它将执行 9 个时钟周期，由于 B 和 A 存在 RAW 依赖，因此 B 将在第 10 时钟周期执行。由于流水线是乱序执行，与 A 和 B 没有依赖关系的 C 可以提前在 IU 运算单元上执行，进而 D 和 E 的执行时间都比情况一中提前了一个时钟周期。其结果是情况二时 5 条指令仅用 11 个时钟周期便可执行完毕。直觉上，情况二中指令 A 发生 cache 不命中，其整体的执行时间应该比情况一的要长，但是指令 A 的 cache 不命中却间接导致了整体执行时间的缩短，这种现象与直觉相反。

3. WCET 计算

在前两步完成后，计算 WCET 包括基于路径（path-based）、基于树（tree-based，又称 timing schema）和隐含路径枚举技术（IPET-based）三种方法。

基于路径方法按 CFG 和基本块的执行时间，累计最长路径的执行时间为 WCET，如图 4.39 所示，但此方法不能处理三角形的循环结构。

基于树的方法自底向上遍历语法树进行计算，有时会过于悲观。

隐含路径枚举技术基于网络流（network flow）和逻辑流约束（logical flow constraint）

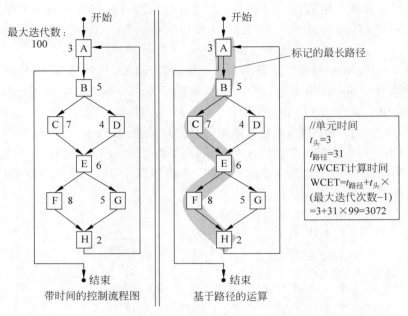

图 4.39　基于路径的 WCET 计算方法

理论建模程序执行路径和可行路径，将程序路径和各基本块的执行时间用代数和或逻辑的限制条件表示，并采用整数线性规划（IP）技术求解 WCET。但 IPET 描述复杂程序控制流信息的能力有限，进而限制了处理器行为分析所能采用的技术。

4.7　本 章 小 结

RM 和 EDF 算法分别是实时调度理论中最经典的静态调度算法和动态调度算法，也是最优调度算法。但应用时需要注意这两种算法的前提假设条件。对于具有优先依赖或资源竞争的任务集，或周期与偶发相混合的任务集，或需要考虑系统的过载影响时，都需要采用更为复杂的调度技术。

抢占机制有利于高优先级任务的响应性，但在资源共享情况下可能导致出现竞态，需要相应的资源访问控制协议，见第 5 章。

实际系统往往具有不同的操作模式。设计模式切换协议需要仔细分析新旧模式下并发任务的属性变化。

调度算法设计与其可调度性分析方法相辅相成。没有可调度性分析方法支持的调度算法不具有实际应用价值。

任务的 WCET 是可调度性分析的输入条件。任务的执行时间依赖于特定的软硬件计算平台和运行时状态。现有处理器架构、存储体系和 I/O 机制针对提升通用计算的平均性能而设计，不利于 WCET 分析的紧致性，进而影响了 RTE 系统行为的可预测性。为了保证安全关键系统的正确性，应用中 WCET 甚至可能留有 30% 的余量，大大增加了资源成本。

思 考 题

1. 比较离线调度与在线调度、静态调度与动态调度、抢占式调度与非抢占式调度的特点。

2. 时间驱动调度包含哪些调度算法？

3. 设任务集属性如表 4.6，判断 RM 是否可调度。如果可行，请给出任务执行时序图和分析过程。

表 4.6　任务集属性

任务 ID	到 达 时 间	周期/截止时间	WCET
1	0	5	2
2	1	4	1
3	2	20	2

4. 设任务集包含 4 个任务，参数如表 4.7，判断使用 EDF 和 LLF 调度器是否可行。如果可行，请给出任务执行时序图和分析过程。

表 4.7　任务参数（4 题）

任务 ID	到 达 时 间	截 止 时 间	WCET
1	10	18	4
2	0	28	12
3	6	17	3
4	3	13	6

5. 设任务集包含 6 个任务，参数如表 4.8，任务依赖图如图 4.40，判断使用 LDF 和 EDF^* 调度是否可行。如果可行，请给出任务执行时序图和分析过程。

表 4.8　任务参数（5 题）

任务 ID	截 止 时 间	WCET
1	15	3
2	13	5
3	14	4
4	16	2
5	20	4
6	22	3

6. 某些任务集不满足可调度利用率条件，但 RMS 仍然可行。构造一个包含三个任务的此类任务集。

7. 构造一个 RM 不能调度而 EDF 能够调度的任务集，列出各个任务的开始时间、计算时间和周期。

8. 证明 LLF 算法针对独立可抢占单处理器任务的最优性。

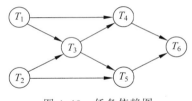

图 4.40　任务依赖图

9. RM 算法与 EDF 算法等价的条件是什么?

10. 设任务集属性如下(c 为执行时间,d 为截止时间,p 为周期)。

T_1: $c_{1,1}=1, c_{1,2}=2, c_{1,3}=3, d_1=p_1=18$

T_2: $c_{2,1}=1, c_{2,2}=2, d_2=5, p_2=6$

T_3: $c_3=1, d_3=p_3=18$

T_1 含三个子任务,顺序执行完后必须与 T_2 会合。T_2 含两个子任务,第一个子任务完成后必须与 T_1 会合。请构造此任务集的调度方案。

11. 设一个任务的绝对截止期为 d,由 n 个子任务 J_i 组成,每个子任务的计算时间为 $c_i, i=1,2,\cdots,n$。此任务在 k 时刻请求执行,计算完成每个子任务的最晚截止时间。

12. 请给出一个任务到达时间抖动导致多米诺现象的示例。

13. 分析不同的可调度性分析方法的适用场合。

14. 影响 WCET 分析结果紧致性的因素有哪些?

第5章 | 共享资源访问控制

计算机系统中,资源包括数据结构、处理器、寄存器、内存区和 I/O 设备等。这些资源可以划分为单实例资源和多实例资源两类。单实例资源只有一个工作单元,一次只能响应一个请求。多实例资源包含多个工作单元,可以同时响应多个请求。

按可剥夺性,资源又可以划分为可抢占资源和不可抢占资源两类。任务可以被非自愿地暂时剥夺可抢占资源而不影响其执行状态或最终结果,如寄存器堆。当任务因被抢占而切换时,寄存器堆的内容和当前任务的执行状态被保存于主存(堆栈)中,待此任务重新执行时再恢复。不可抢占资源只能由其拥有者自愿放弃,否则将造成不可预知的后果,如共享内存区,在某任务完成读写操作前,不能允许其他任务同时写同一内存单元。

使用任一资源的过程由申请资源、使用资源和释放资源三个步骤构成。若申请时资源不可用,那么申请者被迫等待,或者在资源可用时被唤醒,或者等待一段时间后重试。

资源共享与竞争要求设计者仔细协调,以保证每个任务最终都能得到其所需资源,顺利执行完成。对抢占式系统,高优先级任务的重要性高于低优先级任务,因此需要优先于低优先级任务访问共享资源。如果高优先级任务始终抢占低优先级任务的资源,可能导致低优先级任务饥饿,无法执行完成。一种避免饥饿的方法是逐步提升低优先级任务的优先级,使之最终能够获取所需资源而得以执行。

5.1 互　斥

为保证共享资源不出现竞态(race condition),必须采用某种互斥访问同步技术。使用互斥锁的两个最常见的问题是死锁和优先级反转。另外,如果持有锁的线程被挂起,将造成其他申请者也无法执行,称为护航(convoying)问题。

强制对临界区的互斥访问是并发编程的关键问题之一,研究者提出许多解决方案。其中既有软件方案(如 Dekker 算法、Peterson 算法和 Bakery 算法),也有硬件方案;既有低级方案,也有高级方案。有的方案要求任务间主动进行合作,有的方案要求严格遵循特定的协议。一般而言,由于临界资源保护开销大,临界区代码应尽量短。但在实际应用时应仔细评估临界区的关键度及其对系统整体性能的影响,据此选择合适的互斥算法。如果互斥算法保证任何时刻只有一个任务进入临界区,或者支持多个竞争任务公平的访问临界区,或者某任务执行临界区不会阻止其他非竞争任务进入临界区,则此算法是安全的。

饥饿、死锁和优先级反转三个问题对任务调度的影响非常大。RM 和 EDF 调度没有考虑任务间的依赖,也没有考虑任务间共享临界资源的竞争。它们假设任务是独立的,资源随时可用,且任务可以在任意时刻开始执行或抢占(或被抢占)而不影响其最终结果的正确性。

资源访问控制协议亦称"同步协议",与调度算法一起使用。

5.2 死 锁

任务的资源请求模型有 4 种：单请求、AND 型请求、OR 型请求和 AND-OR 型请求。单请求时任务仅请求一个资源,其他情况下任务同时请求多个资源。AND 型请求时任务需要获得所有资源才能继续执行,OR 型请求时任务只需获得多个资源之一就能继续执行。

资源分配图(resource allocation graph)描述任务资源请求和系统资源分配情况,如图 5.1 所示,图中的节点包括任务(方框)和资源(圆圈),边包括分配边(从资源指向任务)和请求边(从任务指向资源)。

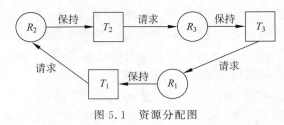

图 5.1 资源分配图

死锁(deadlock)指多个任务并发执行过程中因资源竞争被相互永久阻塞而造成的一种僵局(deadly-embrace)。在这种僵持状态下,多个任务互相等待对方控制的资源,所有任务都无法向前推进。

产生死锁的原因在于资源竞争或申请-释放资源顺序不当。发生死锁需要具备如下 4 个必要条件。

(1) 互斥(mutual exclusion)。在一段时间内某资源只能由一个任务占用。资源被占用时,新的请求者只能等待。

(2) 请求和保持(hold and wait)。某任务已经占用了一个以上资源,又请求新的资源,但所请求的资源正被其他任务占用而未释放。

(3) 不可抢占(no preemption)。已被占用的资源在未由其占用者释放前不能被其他任务抢占。

(4) 循环等待(circular wait)。存在两个以上任务循环请求资源而构成的环链。每个任务持有一个以上相邻任务所需的资源。

已经证明,上述 4 个条件可以用有向图(如资源分配图)进行描述。根据死锁的基本定义,应用中存在错序死锁(lock-ordering deadlock)、自死锁(self-deadlock,申请自己已经占有的锁)和递归死锁(recursive-deadlock)等类型。多任务程序可能难于理解,死锁很难避免,而且代码中的问题可能不会在测试中表现出来。系统中往往潜伏着死锁条件,但仍然能够运行很多年而不暴露。多数现有死锁处理方法对程序员强加很多严格约束,或者要求设计者非常精细,因此问题可能出现在并发进程编程模型上。一种策略是采用"鸵鸟算法",即如果认为死锁出现频率低,处理代价高,且系统设计有更重大的问题需要考虑,则可以选择忽略死锁问题。

死锁处理涉及检测算法、恢复算法、死锁避免(avoidance)和死锁预防(prevention)等问题。

5.2.1 检测算法

一类死锁被称为稳定死锁(stable deadlock),没有任务会通过等待超时或放弃资源请求而主动打破僵局,只能借助外力进行消解,即只能依赖 RTOS 的死锁检测和恢复机制;另一类死锁为暂时死锁(temporal deadlock),即任务可以通过等待超时或放弃资源请求而主动打破僵局。此时,检测算法是一种局部算法,由任务自己检查死锁条件。

稳定死锁情况下的检测算法是一种全局算法,处于死锁链中的任务无法感知死锁条件,因此,相应的恢复算法需要更具有介入性。死锁检测算法周期性执行,检查当前资源分配状态和正在等待的请求,判断是否发生了死锁,以及死锁所涉及的任务和资源,并构建死锁集。

对于单请求型,资源图中存在环链是发生死锁的充要条件;对于 AND 型,存在环链是出现死锁的充要条件,此时某任务可能属于多个死锁任务集;对于 OR 型,资源图中存在死结(Knot)是死锁的充要条件;对于 AND-OR 型,不存在简单的检测方法,可以先检测死结,再检测环链。

检测算法可以通过对资源分配图进行化简的方法检查系统当前是否处于死锁状态。

【例 5.1】 检测算法示例如图 5.2 所示,首先进行图遍历,找出一个既不阻塞又不独立的任务节点,如 P_1,消去其请求边和分配边,使之成为孤立节点。其次,将孤立节点释放的资源授予请求节点,使之执行完成,成为新的孤立节点,如 P_2。如此依次化简,最终,按死锁定理,如果所有节点都变为孤立节点,则该图为完全可化简的,不存在死锁。否则,为不可完全化简的,将发生死锁。注意,如果图中有多个符合条件的节点,第一步的任务节点选择不影响最终的化简图。■

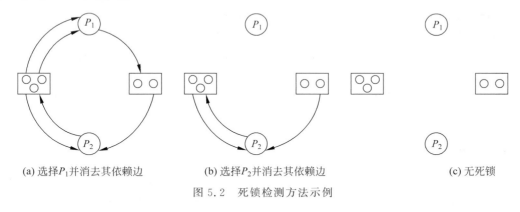

(a) 选择 P_1 并消去其依赖边　　　　(b) 选择 P_2 并消去其依赖边　　　　(c) 无死锁

图 5.2　死锁检测方法示例

多实例资源的死锁检测算法亦可基于系统可用资源表、资源分配表和资源请求表。各表由资源管理器动态记录每个资源单元的分配和请求情况。注意,检测算法开销较大,且是非确定性的。

5.2.2 恢复算法

死锁恢复算法寻找打破死锁的路径。不存在简单的死锁恢复方法,需要综合采用多种手段。

对于可抢占资源,资源抢占是消解死锁的一种方法。恢复算法从死锁集中选择某个任务,剥夺其占有的资源,并将此资源分配给另一个任务,使该任务得以完成并释放所占有的资源,打破死锁环。资源抢占使被抢占的任务暂时放弃执行,不直接影响其执行状态或结果,但可能影响任务的时序约束。

对于不可抢占资源,资源抢占方法对资源占有者而言是有害的,同时也可能影响其他任务的执行结果。如果任务带有内建的自恢复机制,剥夺不可抢占资源的负面影响可以最小化。任务可以在其执行路径上建立自恢复检查点(check-point),并定义可由恢复算法激活的入口以便重新执行。恢复时回滚至上一个检查点。示例代码如下所示。

检查点及回复例程	到达#1检查点

``
< code >
…
< code >
…
/* #1检查点 */
state = CHECKPOINT_1;
…
< code >
…
/* #2检查点 */
state = CHECKPOINT_2;
…
``
	``
	recovery_entry()
	{
	    switch(state)
	    {
	        case CHECKPOINT_1;
	            recovery_method_1();
	            break;
	        case CHECKPOINT_2;
	            recovery_method_2();
	            break;
	        …
	    }
	}
	``

【例5.2】 对读者-写者问题,可以剥夺写者的资源,将其分配给读者。待读者执行完成,写者回滚,重做写操作,并广播通知其他任务共享内存区已被更新。■

注意:选择被抢占资源的重新分配对象,对解除死锁非常关键。

【例5.3】 设死锁集为$\{T_1,R_2,T_2,R_4,T_3,R_5,T_5,R_3\}$,如图5.3(a)所示。设恢复算法首先选择从$T_2$中抢占$R_2$。第一方案将$R_2$分配给$T_3$,如图5.3(b)所示,但此时问题并没有解决,因为形成了新的死锁$\{T_1,R_2,T_3,R_5,T_5,R_3\}$。第二方案将$R_2$分配给$T_1$,则死锁被解除,如图5.3(c)所示,首先$T_1$完成并释放$R_1$、$R_2$和$R_3$,然后$T_5$完成释放$R_5$,此时允许$T_2$重新执行完成,死锁消除。■

5.2.3　死锁避免

设计应用时,可以使用单一锁或临时禁用中断等手段避免死锁。在整个多任务程序中只使用一个锁(单一锁)是一种简单的方法,但这种方法不利于模块化设计,也影响实时性。禁用中断可以防止任务被可屏蔽中断干扰,但如果禁止时间长,对系统的整体影响较大。另外,实时内核大多允许用户在申请信号量时定义等待超时,以此化解死锁。

安全状态指系统能够按某种顺序为每个任务分配其所需资源,使所有任务都可以顺利完成。如果无法找到安全序列,则系统处于不安全状态。虽然并非所有不安全状态都是死锁状态,但当系统进入不安全状态后,可能发生死锁。

死锁避免算法是资源管理器采用的一种算法。在资源的动态分配过程中,采用某种死锁避免算法防止系统进入不安全状态。Dijkstra银行家算法(banker's algorithm)是最著名的死锁避免算法,但需要预知所有资源请求情况,包括资源数量、任务数和最大需求等。

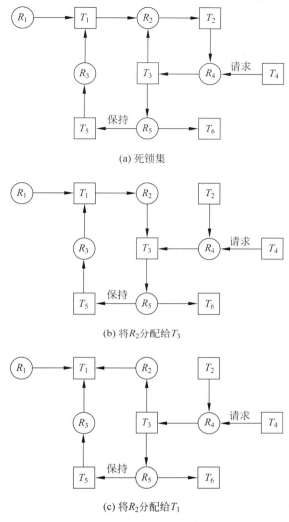

(a) 死锁集

(b) 将R_2分配给T_3

(c) 将R_2分配给T_1

图 5.3　死锁消除示例

任务请求资源时,资源管理器检查资源分配的可行性。需要预先确定并评估所有任务所需最多资源的场景。对动态系统而言,满足这一要求非常困难。对静态系统或安全关键系统,这一要求有一定的可行性,但是也可能存在评估过于保守导致资源利用率过低的问题。

多核系统强制软件并行执行,死锁更是一个重要问题,需要在传统的并发互斥和同步原语基础上,动态进行死锁避免,程序员手工更加难以处理。密歇根大学 Wang 等于 2009 年提出的程序插桩(program instrumentation)方法结合程序控制流分析,基于反馈离散控制理论(discrete control theory,DCT),自动综合死锁避免控制逻辑,并将其插入程序代码中。程序运行时,控制逻辑基于锁延迟分配策略避免死锁。Wang 方法采用的延迟分配策略是最宽容的,只在必须避免死锁时才应用,保证了系统并行的最大化。自动化方法消除了锁机制破坏的可组合性,缓解了全局无锁编程分析的困难。通过离线静态分析和运行时控制,尽量减少锁的使用数量。离散控制理论检查潜在的死锁条件。

一般而言,经典控制理论适于量化规约问题,而 DCT 适于定性规约问题,如避免不期望的系统状态等。对于这两种理论而言,反馈控制是相同的。DCT 将系统看作离散状态空间和事件驱动动态。DCT 往往采用有限自动机和 Petri 网建模系统行为,其中 Petri 网的方法广泛用于不确定并发系统建模。

Wang 方法(如图 5.4 所示)首先从程序源码中提取控制流图(突出锁定义和访问代码),并将其转换为 Petri 网模型,Petri 网模型中包括加锁同步操作,以反映原程序中的同步模式;其次,根据 Petri 网模型并基于 SBPI(supervision based on place invariant)理论,自动综合生成避免死锁的控制逻辑;最后,基于 POSIX 线程库,采用插桩技术,将控制代码和封装的锁操作函数插入原程序。

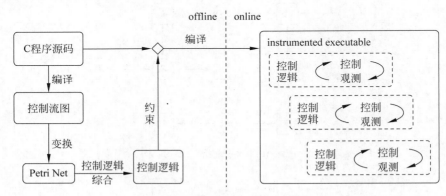

图 5.4　死锁避免的 Wang 方法

5.2.4　死锁预防

死锁预防是通过设置某些限制条件来破坏产生死锁的 4 个必要条件之一。这种方法简单直观,容易实现,已被广泛使用。但限制条件严格,可能导致资源利用率和吞吐率降低。与死锁避免算法不同,死锁预防为设计时的策略选择,无须在运行时对资源分配的可行性进行检查,降低了系统的运行时开销,提升了系统行为的可预测性。

具体策略可以归纳为静态资源分配、顺序分配和释放、抢占性分配三种。但是,对复杂应用,预先估计资源需求非常困难。保证加锁顺序也难以实现,且仅仅添加或减少一个锁就需要对整个设计进行调整。抢占性分配利用尝试加锁操作,按"先占后用"的原则,如果申请不成功则放弃自己占有的锁,再随机重试。这种方法可能导致活锁(live lock)问题,即任务间不断冲突,导致不断退避,所有任务都无法执行。

1. 消除"互斥"条件

消除互斥条件可以使用资源池技术,如打印机排队,或无锁同步方案。无锁同步方案为每个任务复制一个共享资源副本。

2. 消除"请求和保持"条件

系统可以规定所有任务在开始运行之前,都必须一次性申请其在整个运行过程中所需的全部资源。如果系统资源足够,全部资源可用,则任务开始执行,类似于银行家算法。因此,任务在其后的执行期间不再申请新的资源,消除了请求条件。如果申请时所需任一资源不满足,则即使其他资源都空闲,也不为此任务分配资源,并阻塞任务执行。因此,任务等待时不占有任何资源,消除了保持条件。

对动态系统,准确预测任务执行所需资源非常困难。即使可以预测资源需求,也无法保证此类预测实际有用。资源使用由执行路径决定,而实际路径受当时的输入等外部因素影响。

这一方法隐含要求所有资源同时空闲,且任务在其整个执行过程中占有所有资源,即使是一次性使用或短暂使用,因此必然会造成资源利用率过低。

3. 消除"不可抢占"条件

任务动态执行,逐一申请所需资源。当任务已占有某些资源,而再提出新的资源请求时,如果该资源不可用,任务必须释放其所占用的所有资源,并阻塞等待,消除了不可抢占条件。当任务恢复执行时,需要重新申请新资源和曾经拥有的资源。

这一策略比一次性申请方法的动态性略好,但任务需要重新从头开始执行或采用检查点技术,运行时开销大或实现复杂,且不利于实时性。

4. 消除"循环等待"条件

系统将所有资源按类型进行线性编号,按顺序排队。所有任务的资源请求必须严格按资源序号的升序依次申请。这样,避免了资源分配图中出现环路,消除了循环等待条件。采用这种策略时,总有一个任务占用了高序号的资源。此后该任务申请的资源必然是空闲的,因而此任务可以持续执行。这一策略的变种是仅要求任务不能申请序号比其当前所占有的资源序号低的资源。

另一种策略是保证每个任务任何时刻只能占用一个资源。如果申请第二个,必须先释放第一个资源。

5.2.5 替代同步方法

程序员可以采用锁机制保护共享数据,避免竞态,但持有锁的线程被中断执行可能导致等待者无期限延迟执行(饥饿)。错误地使用锁也可能导致死锁。另外,因为可能出现死锁,基于锁的软件模块不可组合。

一种思路是尽量避免使用锁,但无锁范式的全局属性难以分析和实现。替代锁机制的方法包括禁止外部中断(亦称锁中断)、禁止任务抢占(亦称锁抢占)、RCU(read-copy-update)同步、使用原子操作(atomic operation)和基于 lock-free 或 wait-free 数据结构的无锁编程技术。

锁中断关闭处理器中断响应,禁止所有可屏蔽中断事件。细粒度锁中断针对单一中断事件或某个中断优先级。锁中断实现开销小(仅几条指令),但副作用较大。其持续时间必须尽量短,避免影响系统定时。激活锁中断的任务不能被阻塞。

锁抢占禁止调度器执行任务调度。多数 RTOS 支持优先级抢占调度,当任务进入临界区时锁抢占技术禁止调度器执行,出口时再开放调度器。锁抢占可能导致优先级反转,即高优先级任务无法执行,即使锁抢占期间允许中断。相对于锁中断,锁抢占允许响应中断事件。主流 RTOS 在禁止任务抢占时,如果某任务进行阻塞调用将自己挂起后,将调度其他任务执行,当阻塞调用任务重新就绪,恢复执行后,调度器禁止抢占。

1. RCU

RCU 允许读者访问共享数据时先创建一个副本,因而无须获得锁,更新操作可以与写者并发执行。但写者更新数据时仍然需要锁。RCU 放宽了读者-写者锁语义:RCU 将只允许一个读写临界区放宽为多个并发的只读临界区。与读写临界区重叠的只读临界区可能得到旧数据,也可能得到新数据。数据对象必须维护多个状态,以保证所有读者访问结束前旧版本数据可用。RCU 的更新操作需要以单一原子性的方式完成,且需要提供确定更新结束的方法。实现 RCU 需要与调度器集成。线程中断时,调度器更新 RCU 的状态。写操作完成时,RCU 锁至少等待处理器被中断一次,再使旧数据不可用(注意:不是改写)。RCU 的写延迟(自发布更新到读者不再使用旧数据)可能为几十 ms。

2. 原子操作

原子操作为不可被中断的一系列操作,是不可分的一个整体,要么发生,要么没有发生,不存在中间结果(partial effect)。原子操作可以分为基本读写(read and write)操作和改写(read-modify-write,RMW)操作。RMW 允许进行更复杂的原子事务性操作。

大多数现代处理器架构都提供了少量的原子操作指令,它们也是现代操作系统实现互斥锁的物理基础。对对齐的基本数据类型进行读写操作一般是原子的。非对齐的读写操作不具有原子性,往往被处理器禁止。最新的处理器能自动保证单处理器对同一个缓存行中的数据进行 16/32/64 位的操作是原子的。但是复杂的内存操作不能自动保证其原子性,如超出总线宽度、跨多个缓存行、跨页表的访问等,需要使用处理器总线锁或缓存锁机制。因为很多内存数据已经存放在 L1/L2 cache 中,对这些数据的原子操作只需访问本地 cache,而无须通过总线。cache 一致性(coherency)机制用于保证多处理器 cache 数据一致。

不同处理器实现的 RMW 操作指令包括比较交换(compare-and-swap,CAS)、取加(fetch-and-add,FAA)、测试置位(test-and-set,TAS)等,其中最基本的是 CAS 语义,其他操作可通过 CAS 实现。

CAS 原语将某内存单元(1 字节)的值与一个期望值进行比较,如果两者相等,则将该内存地址处的值替换为新值。x86 指令 cmpxchg8 实现了类似操作。CAS 只能保证一个共享变量的原子操作,对多个共享变量操作时,仍然需要使用锁机制。

应用 CAS 指令的一种模式是基于循环。程序中循环检查值是否发生变化,如果没有发生变化则更新。但是如果一个值原来是 A,中间变成 B,最后变回 A,那么循环检查时会认为该值没有发生变化,与实际不符,称为 ABA 问题。解决思路是使用版本号,在变量前增加版本号,每次变量更新时版本号加一,则 A-B-A 过程变为 1A-2B-3A。

另一种实现 CAS 语义的方法是基于 LL(load-linked)/SC(store-conditional)指令对。LL 指令返回当前变量值。如果数据在读取之后没有变化,那么使用 SC 指令会将 LL 读取的数据保存。LL/SC 方法不存在 ABA 问题。PowerPC、MIPS、Alpha 和 ARM 架构中实现了 LL/SC 指令。

3. 无锁编程

可以设计基于 FIFO 队列、双端队列、LIFO 栈、数组和哈希表等数据结构的避免读写操作使用锁的算法。无锁编程所设计的算法称为非阻塞型算法(non-blocking synchronization),其目标是停止任意一个线程的执行不会阻塞系统中其他线程的运行。目前比较流行的实现方案有如下三种。

(1)无等待(wait-free)。指任意线程的任何操作都可以在有限步之内结束,而不用关心其他线程的执行速度或者是否失败。wait-free 是线程级的,必须无饥饿(starvation-free)。但实际情况并非如此,采用 wait-free 技术并不能保证无饥饿,同时内存消耗随线程数量而线性增长。目前只有极少数的非阻塞算法实现了这一点。

（2）无锁（lock-free）。指能够确保执行它的所有线程中至少有一个能够继续往下执行。不是每个线程都是无饥饿的，即有些线程可能会被任意地延迟。然而在每一步都至少有一个线程能够往下执行，因此系统整体是在持续执行的。lock-free可以认为是系统级的。所有wait-free算法都属于lock-free。

（3）无阻碍（obstruction-free）。指在任何时刻，一个孤立运行线程的每一个操作可以在有限步之内结束。只要没有竞争，线程就可以持续运行。一旦共享数据被修改，obstruction-free要求中止已经完成的部分操作，并进行回滚。所有lock-free算法都属于obstruction-free。

这三种方案也是无锁编程的三个层次，其中obstruction-free性能最差，而wait-free算法性能最好，但实现难度也最高。lock-free保证最终可执行，即如果所有线程允许执行有限步，则至少一个线程能完成执行。wait-free保证最终可执行和公平性。虽然lock-free算法理论上存在饥饿，但实际上不会发生。因此lock-free算法被重视和实际运用，如被Linux内核采用。Kopetz提出的NBW（non-blocking write）原语也是一种典型的无锁编程方案。

一般采用原子性read-modify-write原语，如CAS，实现lock-free算法。LL/SC指令对是lock-free理论研究领域的理想原语。

lock-free编程要求每个操作执行时都检测并发和冲突操作。如果发现这类更新操作，待执行操作将等待它们执行完成。如果冲突操作不结束，将使它放弃执行（回滚），或者如果冲突的更新操作是必需的，则协助它执行完成。

原子区（atomic section）方法保证原子性和隔离地执行，主要特点在于无锁编程和可组合性（因为无死锁），可以基于事务内存（transactional memory）或传统的锁机制实现（称临界区方法）。事务具有原子性，事务内存技术允许原子区乐观地并发执行，同时监测它们之间的冲突，再基于回滚技术进行消解。回滚技术不适合不可重启的操作，如事务中发生设备I/O操作，但支持这些操作可以串行化的事务。

5.3　优先级反转

从计算机系统资源属性的角度，由多个任务共享的资源（shared-resource-access）可以分为两类：一类为可抢占式（如CPU）；另一类为不可抢占式，需要独占式使用。如果某任务正在访问文件、设备或公共数据结构（共享内存）等资源时被其他任务抢占，这些资源可能被破坏，导致资源状态不完整或不一致（inconsistent），造成系统失效甚至崩溃。如前所述，此类资源被称为临界资源，而访问临界资源的程序代码称为临界区。

当低优先级任务执行临界区代码占用临界资源时，高优先级任务只能等待，处于被阻塞状态，直至低优先级任务释放资源后高优先级任务才能抢占执行。操作系统所提供的支持临界资源互斥访问的机制包括信号量、锁和监视器。然而，不当使用这些技术可能导致优先级反转（priority inversion），甚至无界（unbounded）优先级反转，进而可能导致违反任务的时序约束。

简单优先级反转（也称直接阻塞）仅仅发生在一对不同优先级的任务之间。此时高优先级任务的最长阻塞时间为最坏情况下低优先级任务使用临界资源的最长时间。只要编程时限制任务访问共享资源的时间，可以控制简单优先级反转造成的影响。

无界优先级反转指当高优先级任务等待低优先级任务释放所占有的资源时,中间优先级任务抢占低优先级任务执行,导致低优先级任务无法释放临界资源,造成高优先级任务的阻塞时间无法确定。此时高优先级任务不仅需要等待低优先级任务释放资源,而且需要等待中间优先级任务执行完成,但中间优先级任务个数、各自的资源需求和执行时间等问题都难以估算。如图 5.5 所示,其中 CR 为临界资源。

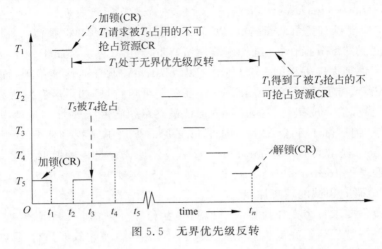

图 5.5　无界优先级反转

造成优先级反转的原因在于抢占式调度,非抢占调度不存在此问题。对于抢占式调度,简单优先级反转无法避免,但可以采用合适的技术限制无界优先级反转。基本思想是使进入临界区的任务尽快执行,释放资源。具体措施包括:一是简单地禁止已经进入临界区的任务被抢占,如 NPP 协议;二是临时提升占有临界资源的低优先级任务的优先级,相应的资源访问控制协议包括 PIP、CPP、PCP 和 SRP 等。注意,这些协议的出发点是化解简单优先级反转造成的高优先级任务阻塞问题,并试图缓解无界反转的影响,但无法消除其影响。

5.3.1　非抢占协议

NPP(non-preemption protocol,非抢占协议)中,任务一旦进入临界区后就不许被抢占,即使无资源竞争,因此也称为不可抢占临界区协议。如图 5.6 所示,$\tau_1 \sim \tau_4$ 为 4 个任务,其中 H 和 L 分别表示高优先级和低优先级。

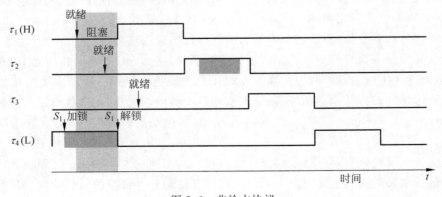

图 5.6　非抢占协议

NPP 的优点在于简单易行,且避免了死锁,当临界区代码短时非常高效,可用于静态优先级和动态优先级,无须预知每个任务所需资源的先验知识。NPP 的问题在于所有高优先级任务都因禁止抢占而被阻塞,即使它们与低优先级任务无资源竞争,导致原本无须阻塞的任务间反而也出现反转。

5.3.2 优先级继承协议

PIP(priority inheritance protocol,优先级继承协议)是避免无界优先级反转的简单技术,易于 RTOS 实现,因此多数商用 RTOS 都支持 PIP。

PIP 的基本思想是一旦发生优先级反转,低优先级任务立即临时继承高优先级任务的优先级(称为该任务的"执行优先级"),待执行完临界区代码,释放临界资源后,该任务再恢复到原优先级。因此,低优先级任务可以防止被中间优先级任务抢占,得以尽快执行,避免了高优先级任务的无界优先级反转,如图 5.7 所示。

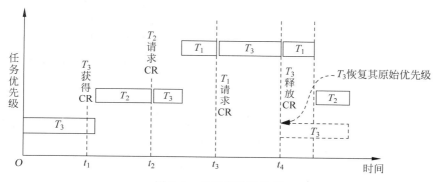

图 5.7　优先级继承协议

设任务 T 申请临界资源 CR,PIP 分配 CR 的规则如下。

(1) 如果 CR 被占用,T 阻塞等待。

(2) 如果 CR 空闲,T 获得 CR 的使用权。

(3) 当出现高优先级任务请求 CR 时,T 的执行优先级提升至该请求任务的优先级。

(4) 一旦 T 释放 CR,则恢复其原优先级。

当多个任务在等待同一临界资源时,占有资源的任务继承等待任务中优先级最高者,其他任务排队等待。因此,需要为每个资源维持一个等待队列。

PIP 的主要问题在于存在阻塞链,需要多次提升低优先级任务的执行优先级。并且 PIP 没有采取措施阻止死锁。

【例 5.4】 阻塞链指高优先级任务被多个低优先级阻塞。如图 5.8 所示,箭头表示任务到达和抢占。其中,任务 J_3 被 J_2 抢占,J_2 被 J_1 抢占。释放 J_1 时需提升 J_3,再提升 J_2。因此,J_3 和 J_2 为 J_1 的阻塞链。■

【例 5.5】 PIP 没有防止死锁。设 J_2 先执行,占有资源 b。J_1 在 t_2 时刻抢占 J_2 执行,占有资源 a,t_4 时刻又申请资源 b,因 b 尚由 J_2 占用,导致 J_1 被阻塞。检测到发生阻塞后,J_2 继承 J_1 的优先级,继续访问 b,t_5 时刻申请 a。由于 J_1 尚未释放 a,出现死锁,如图 5.9 所示。■

共享资源访问控制

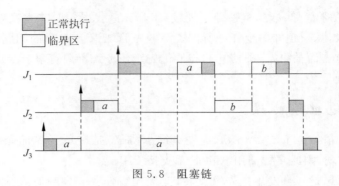

图 5.8　阻塞链

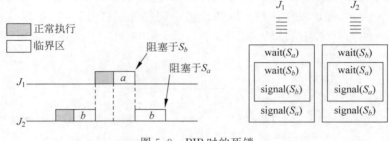

图 5.9　PIP 时的死锁

由例 5.5 可以看出,死锁和优先级反转是并发任务竞争访问共享资源时需解决的两个问题。如果按照先占后用或消除循环等待等死锁预防规则进行编程,将可避免此例中的死锁。

5.3.3　天花板优先级协议

天花板优先级协议(CPP)亦称立即优先级天花板协议(immediate priority ceiling protocol,IPCP)或最高锁优先级(highest locker priority,HLP)协议,是针对 PIP 多次提升问题的改进。

当多任务共享同一资源时,将最高优先级任务的优先级设为该资源的"天花板优先级"。如图 5.10 所示,圆圈表示任务,三角表示资源(实心为正在使用者,空心为空闲者),任务与资源之间的边为资源请求。设自顶向下优先级递减。资源 1 的天花板优先级为 M,资源 2 和 4 的天花板优先级为 H,资源 3 的天花板优先级为 L。

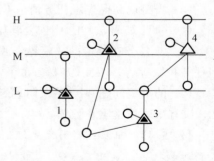

图 5.10　资源的天花板优先级

当允许任务存在相同优先级时,FCFS(first come first served)和时间片轮转两种调度器的天花板优先级计算规则不同。采用 FCFS 时,无论是否有其他相同优先级的任务在等待执行,当前任务都将执行直至完成,因此,天花板优先级为访问某资源的所有任务的优先级最高值。而采用时间片轮转时,相同优先级任务按时间片进行轮转,因此,天花板优先级为访问某资源的所有任务的优先级最高值加 1。

一旦任务进入临界区,CPP 立即提升其执行优先级至该资源的天花板优先级,以便临界区尽快完成,释放所占用的资源。如果某任务占有多个资源,则其执行优先级继承这些资源的天花板优先级最高者。CPP 中,每个任务的原始优先级静态确定,每个资源的使用者也需要静态确定。

设任务 T 申请资源 CR,CPP 分配 CR 的规则如下。

(1) 如果 CR 被占用,T 阻塞等待。

(2) 如果 CR 空闲,T 获得 CR 的使用权。如果 CR 的天花板优先级较高,则提升 T 的执行优先级至 CR 的天花板优先级。如果 T 占有多个资源,其执行优先级为这些资源的天花板优先级中最高值。

(3) 当 T 释放了天花板优先级最高的资源,其执行优先级降至天花板优先级次高者。

(4) 当 T 释放了所有资源,则恢复至其原始优先级。

如图 5.11 所示为 H、M、L 三个优先级分别为高、中、低的任务的 CPP 时序。

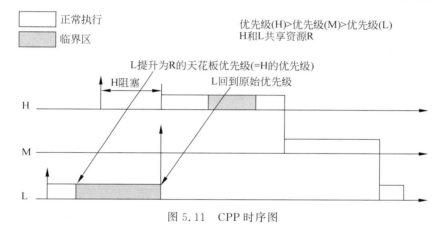

图 5.11 CPP 时序图

CPP 规则意味着如果某个任务需要多个资源,一旦其开始执行,其优先级就提升为需要这些资源的任务中的最高者,直至完成所有临界区。因此,在其执行过程中,那些需要相同资源的高优先级任务不可能再抢占执行,即不可能出现排队等待的情况,也就不再可能出现死锁。

CPP 避免了 PIP 的多次提升,消除了阻塞链。同时,CPP 改善了 NPP 无竞争也阻塞的问题,不会阻塞高于天花板的无竞争者。但是,介于天花板优先级和最低优先级之间的无竞争者仍可能被反转,导致大量的中间优先级任务错失截止期,因此,实际系统中很少采用。

5.3.4 优先级天花板协议

优先级天花板协议(priority ceiling protocol,PCP)延续了 CPP 控制无界优先级反转、阻塞链和死锁问题的技术路线,进一步减小了中间优先级任务反转问题的影响。

与 CPP 类似,PCP 为每个资源指定一个天花板优先级。RTOS 使用当前系统天花板 CSC(current system ceiling)变量记录正在使用的所有资源中的最高天花板值。系统初始时或没有资源被占用时,CSC 设为比所有任务的优先级都低的值。

PCP 采用资源授权和资源释放两个规则进行资源访问控制。

1）资源授权规则

（1）资源申请规则。当任务申请资源时，如果 CR 被占用，则阻塞 T。如果 CR 空闲：

① 如果 T 的优先级高于 CSC，则为 T 分配 CR；

② 如果 T 已经占有某个天花板优先级等于 CSC 的资源，则为 T 分配 CR。

此时，如果 CSC 小于 CR 的天花板优先级，则修改 CSC 为此优先级。

（2）继承规则。T 申请失败被阻塞。此时，如果占有该资源的任务的执行优先级低于 T 的优先级，则继承 T 的优先级执行。

2）资源释放规则

（1）如果 T 释放资源的天花板优先级等于 CSC，则设 CSC 为剩余被占用资源的天花板最大值。

（2）任务优先级还原为其原始优先级，或继承正在等待其所占剩余资源的其他任务中的最高优先级。

PCP 与 CPP 的差别在于 CPP 是贪心的，而 PCP 是非贪心的，即 PCP 申请者的优先级必须高于此资源的天花板优先级，否则即使资源空闲也不一定立即分配。PCP 的资源申请有两个规则：①保证资源按序访问，防止发生死锁；②防止任务自我阻塞。规则保证高于 CSC 的任务不会申请已被占用的资源，正在占用资源的任务也不会申请高于 CSC 的任务所需要的资源。

【例 5.6】 基于 PCP，具有优先和互斥约束的任务调度时序如图 5.12 所示。■

事件	动 作
1	T_3 开始执行
2	T_3 锁 S_3
3	T_2 开始执行，抢占 T_3
4	由于 T_2 的优先级不高于 S_3 被锁的优先级天花板，T_2 尝试访问 S_2 时被阻塞，T_3 按其继承的 T_2 优先级恢复执行其临界区
5	T_1 初始化，抢占 T_3
6	T_1 锁信号量 S_1，T_1 的优先级高于所有被锁信号量的优先级天花板
7	T_1 解锁信号量 S_1
8	T_1 完成执行，T_3 按其继承的 T_2 优先级继续执行
9	T_3 锁信号量 S_2
10	T_3 解锁 S_2
11	T_3 解锁 S_3 并恢复其最低的优先级，此时 T_2 可以锁 S_2
12	T_2 锁 S_3
13	T_2 解锁 S_3
14	T_2 解锁 S_2
15	T_2 完成，T_3 恢复执行
16	T_3 完成

【例 5.7】 同 PIP 死锁，见例 5.5，PCP 防止了死锁发生，如图 5.13 所示。资源 a 和 b 的天花板优先级都为 J_1。首先，CSC 初始化为最低优先级。J_2 执行并申请 b，此时 b 空闲，且 J_2 优先级高于 CSC，按申请规则①，J_2 得到 b，CSC 也置为 J_1。J_1 抢占 J_2，J_1 申请 a。虽然此刻 a 空闲，但由于其不满足申请规则①和②，因此被阻塞。J_2 继承 J_1 执行，完成对

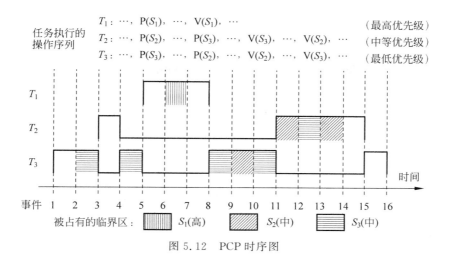

图 5.12　PCP 时序图

b 和 a 的访问和释放，CSC 降为最低值，J_2 优先级也降为其原始优先级。之后，由于 J_1 满足任一申请规则，故抢占 J_2 执行，完成后续任务。■

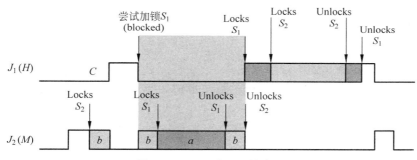

图 5.13　PCP 防止死锁产生

例 5.7 可以进一步明确 PCP 的继承规则。

（1）继承时刻是高优先级任务被阻塞时，低优先级任务才继承，因此可以减小对中间优先级任务的影响。而 CPP 中，一旦任务进入临界区，立即提升其执行优先级至该资源的天花板优先级。因此 J_2 执行开始后 J_1 不可能抢占。

（2）继承高优先级任务的优先级，而不是资源的天花板，这是 PCP 与 CPP 的另一个差别。

采用 PCP，请求资源的任务会因为如下三个原因被阻塞。

（1）直接资源竞争阻塞。所申请的资源已经被占用。

（2）优先级继承阻塞。占有资源的任务的执行优先级继承自高优先级任务或资源，且此优先级高于申请者的优先级。

（3）优先级天花板阻塞。任务的优先级低于当前系统天花板 CSC，即使资源已经空闲。此类阻塞也称回避阻塞，是防止死锁的代价。

避免死锁和阻塞链是 PCP 的一个重要的优点，但也意味着引进了不必要的阻塞，因此该协议是次优协议（suboptimal）。另外，实现 PCP，除了要支持对信号量的锁定和释放，还需要维护一个按优先级排序的任务队列和一个按优先级排序的当前被锁定的信号量队列。

5.3.5 栈资源策略

多任务间共享运行时栈是嵌入式系统设计中的一种节省内存开销的技术,此时,堆栈成为临界资源。堆栈是一种只允许单向抢占的资源,如果任务被抢占,其执行上下文入栈。只有当其位于栈顶时,任务才能恢复执行,因此必须确保不会有任务在其执行开始时因为申请资源而被阻塞,否则可能存在死锁。

栈资源策略(stack resource policy,SRP,亦称 stack-based PCP)是针对栈的访问控制协议,与 CPP 等价。

SRP 协议规则如下。

(1) 调度规则。任务被释放后,立即被阻塞,直至其原始优先级高于 CSC。

(2) 分配规则。只要任务请求某个资源,就为其分配该资源。

也就是说,任务一旦开始执行就不会被阻塞,所需要的全部资源都是空闲可用的。否则,如果某个资源不空闲,那么任务的优先级一定小于或等于 CSC,不可能开始执行。同样,只要一个任务被抢占,则抢占者所需的资源都是空闲的,确保了抢占者总可以执行完成,被抢占者可以恢复执行。因此,SRP 保证不发生死锁。

5.3.6 同步协议比较

NPP、PIP、CPP 和 PCP 是几种常见的资源访问控制协议。每一种协议定义了任务调度规则、资源分配规则和优先级继承规则。

优先级反转和死锁的根本原因在于抢占造成的阻塞。NPP 往往采用禁止中断方式实现临界区非抢占,从根本上防止了反转和死锁,效率极高,适于 RTOS 自身的设计实现。优先级继承技术的出发点在于尽快使用和释放资源,减小对高优先级任务的阻塞。具体比较如表 5.1 所示。

表 5.1　不同同步协议的比较

	NPP	PIP	CPP	PCP	备注
无界优先级反转	否	否	否	否	
最多一次阻塞	是	否	是	是	
避免死锁	是	否	是	是	
优先级多次提升	否	是	否	否	
中间优先级阻塞	是	是	稍强	弱	
先验知识	否	否	是	是	
实现开销	易	易	稍难	难	

注意,一方面,这些比较仅仅是定性的;另一方面,应用中需要考虑的因素还有很多,如系统切换开销、是否需要支持同优先级或动态优先级等。表 5.1 中"最多一次阻塞"意味着对抢占式调度,简单优先级反转是无法避免的,也意味着避免了优先级多次抬升,高优先级任务的阻塞时间为一个临界区的执行时间,是可以预测的,利于可调度性分析。

一些 RTOS 支持 PIP 和 CPP/PCP,如 VxWorks。PIP 需要动态检测是否有资源竞争,据此决定是否需要优先级继承,但由于规则简单,执行效率高。PIP 适用于抢占单个资源的场景,此时只存在优先级翻转,不存在死锁。PCP 限制了受竞争影响任务的范围,因此对中间优先级任务的影响比 CPP 稍小。PCP 是非贪心的,为防止出现死锁,不追求资源利用率最优,适用于抢占多个资源的场景。

5.4 本章小结

本章主要讨论单处理器系统的资源访问控制问题。对异步系统而言,共享资源竞争问题微妙复杂,优先级反转往往导致系统行为难以预测和重现。共享资源访问控制机制是资源管理的软硬件系统设计的核心问题,对于安全关键系统尤为重要。但不同方法的实现开销、运行时代价和对实时性的影响不同。对同步范式,由于其基于同步假设,因此逻辑上不存在死锁和优先级反转问题,但实现时仍然需要考虑。

CPP 协议指定每个资源的最高优先级,PCP 按所有正在使用资源的任务确定最高优先级。可以将 CPP 看作 PCP 的简化版,某些文献中的 PCP 即为 CPP。

RM 和 EDF 等经典实时调度算法的关键假设之一是各个任务不存在资源竞争。进行动态调度系统实现和可调度分析时,必须考虑资源约束。时间触发系统中生成静态任务时间表时需要考虑任务的共享资源竞争问题。

思 考 题

1. 设任务集包含 4 个以上任务,给出发生无界优先级反转的场景,并说明可以使用哪种方法使之有界。

2. 设任务集由 T_1、T_2 和 T_3 三个任务构成,T_1 优先级最高,T_2 次之,T_3 优先级最低。三个任务共享资源 A、B、C,占用时间如表 5.2 所示。设资源同步采用 PIP,请计算每个任务的最大阻塞时间 B_i。

表 5.2　2 题表

任务 ID	A	B	C
T_1	3	0	3
T_2	3	4	0
T_3	4	3	6

3. 设采用 PCP,请计算上题中每个任务的最大阻塞时间 $B_i(i=1,2,3)$。

4. 分析 PIP 避免死锁的原因。

5. 请给出计算最坏情况阻塞链长度的方法。

第6章　多处理器与分布式实时系统

多处理器系统是紧耦合系统,多个具有相同计算能力的处理器物理上共享内存,所有处理器访问时间都相同。进程间通信(IPC)可以通过读写内存实现,开销非常低,与任务的执行时间相比,可以忽略。与之相对应,分布式系统是松耦合系统,不存在物理共享内存。集中式调度器需要统一维护所有任务的状态,通信开销非常大。因此,多处理器系统可以采用集中式调度器,而分布式系统则无法采用。多处理器系统中,任务是否与处理器绑定由任务分配(划分)和调度算法决定,而与任务的功能无关。但在分布式嵌入式系统中,任务一般与特定节点的功能相关。

分布式实时系统与单机实时系统相比,在系统可扩充性和容错能力等许多方面都具有一定优势。随着芯片技术与通信技术的不断发展,分布式实时系统将在许多关键性的控制领域得到越来越广泛的应用。

6.1　多处理器任务调度

按任务调度理论的观点,多处理器系统可分为如下三种类型。

(1) 同构多处理器系统(identical multiprocessor)。所有处理器的计算能力相同。

(2) 统一多处理器系统(uniform multiprocessor)。每个处理器的计算能力不同。此时,计算能力解释为在计算能力为 s 的处理器上, t 个时间单元内完成的计算量 $s \cdot t$。

(3) 异构多处理器系统(heterogeneous multiprocessor)。每个处理器的计算能力不同。此时,计算能力解释为某任务在某个处理器上的执行速率 r,而不是 t 个时间单元内完成的计算量 $r \cdot t$。

同构系统是统一系统的特例,且两者都是异构系统的特例。本节主要讨论多处理器系统的任务分配与调度问题,此处讨论主要针对同构多处理器系统。

多处理器系统中任务调度首先需要确定处理器分配(称为"任务划分问题"),再确定处理器上任务的执行顺序(称为"任务调度问题")。任务划分可以静态或动态进行。静态任务划分方法在系统的设计阶段(设计时)根据预定的任务到达模式确定各个任务的处理器分配方案,且一旦确定则在运行时就不再改变。动态划分时,待任务到达后再确定执行它的处理器,因此,每次执行任务的处理器都可能不同。多处理器系统中任务的最优分配问题是 NP 难问题,实际应用中往往采用启发式算法。多数硬实时系统都采用静态方法,但动态方法的资源利用率更高。

因此,根据任务的划分时机,存在两种多处理器调度器,如图 6.1 所示。

(1) 分区调度器(partitioning scheduling)。每个处理器维护本地任务就绪队列,调度

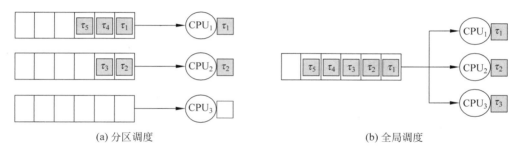

是局部化的。首先为所有任务分配处理器。系统执行过程中,任务不允许在处理器之间迁移,由每个处理器上的本地调度器进行任务调度。

(2) 全局调度器(global scheduling)。系统维护一个全局任务就绪队列。任务开始执行时动态地为其分配当前空闲的处理器或抢占某个正在执行的任务。允许任务在处理器之间迁移,包括任务级迁移或作业级迁移。

全局调度的目标在于优化处理器利用率,但允许迁移加大了可调度性分析的难度。静态任务划分只能采用分区调度器,动态划分可采用分区调度器或全局调度器。

为任务分配处理器后,分区调度等价于单处理器实时任务调度。分区调度适用于物理分区系统或分布式实时系统(如符合 ARINC 653 标准的系统),利于分析端到端最坏情况响应时间,但不适合共享全局资源任务系统。

全局调度算法可基于优先级驱动策略,如全局固定优先级(global FP)、全局 EDF (global EDF)和全局 RM(global RM)、最早时限零松弛(EDF until zero laxity,EDZL)等。研究表明,在多处理器平台上任意的任务集不存在最优在线调度,即在无法预知到达时间和执行时间的情况下,构造一个最优调度是不可能的。

PFair 是经典的全局调度理论,基于各任务按比例(proportionate progress)公平地使用资源的思想。PD、PF、PD^2 等调度算法是 PFair 的不同实现,支持共享资源任务调度或时间隔离。在共享内存的多处理器系统中,PFair 已发展成为适用周期任务、偶发任务以及动态任务的最优实时调度理论。基于 PFair 进一步提出了 BF(boundary fair)、ERfair(early release fair)等调度理论。

异构多处理器调度需要进一步考虑各个处理器的计算性能、通信和功耗等指标的差异,而多核调度问题可以类比多处理器调度,本章暂不考虑这两类问题。

6.1.1　分区任务调度

分区调度的关键技术是为各个任务分配处理器。任务划分的重要约束条件是处理器利用率上界。

1. 静态任务划分

针对分区调度,任务分配采用集中式算法,包括 UBA(utilization balancing algorithm,利用率平衡算法)、BPA(bin packing algorithm,背包算法)和 NFA(next-fit algorithm)。

UBA 将任务按利用率递增排序,依次将任务分配至利用率最低的处理器,使各个处理器利用率平衡。如果任务集任意,完全平衡很难达到。简单的启发式算法给出次优结果。

好的 UBA 目标为最小化 $\sum_{i=1}^{n}|u-u_i|$，其中，n 为处理器个数，u 为所有处理器的平均利用率，u_i 为处理器 i 的利用率。UBA 适合处理器数量固定，且每个处理器采用 EDF 调度的系统。

BPA 适合 EDF 调度。设 n 个周期任务所需处理器个数（背包数）为 $\left\lceil \sum_{i=1}^{n} u_i \right\rceil$。背包问题是 NP 完全问题。有如下多种背包算法。

（1）FF 算法（first fit algorithm）。将任务分配给第 1 个可接受它的处理器。

（2）BF 算法（best fit algorithm）。如果处理器可接受该任务，并且接受该任务后，处理器剩余利用率在所有可接受该任务的处理器中最小，则将任务分配给该处理器。

（3）FR 算法（first-fit random algorithm）。只要处理器利用率不超过 1 就可以随机选择任务并将其分配给任意处理器。仿真研究显示，FR 算法所需处理器数为最优处理器数的 1.7 倍。

（4）FD 算法（first-fit decreasing algorithm）。任务按其 CPU 利用率递减排序，逐一分配处理器（只要处理器利用率不超过 1）。FD 算法所需处理器数为最优处理器数的 1.22 倍。

NFA 适合 RM 调度。该算法的目标是尽量少地使用处理器（算法无须预先知道处理器数量）。该算法思想是将利用率相同的任务分配在同一处理器上执行。NFA 先将任务集中的任务按其利用率分为几个子集。每个子集可在一个或多个处理器上执行。仿真研究显示，NFA 所需处理器数为最优处理器数的 2.34 倍。任务划分按式（6.1），其中 m 为子集个数，e 为执行时间，p 为周期，任务 T_i 属于子集 j（$0 < j < m$），当且仅当：

$$(2^{\frac{1}{j+1}}-1) < \frac{e_i}{p_i} \leqslant (2^{\frac{1}{j}}-1) \tag{6.1}$$

【例 6.1】 NFA 的任务划分，如表 6.1 所示，共分为 4 个子集（class）。■

表 6.1　NFA 算法的任务划分示例

任务	T_1	T_2	T_3	T_4	T_5	T_6	T_7	T_8	T_9	T_{10}
e_i	5	7	3	1	10	16	1	3	9	17
p_i	10	21	22	24	30	40	50	55	70	100
u_i	0.5	0.33	0.14	0.04	0.33	0.4	0.02	0.05	0.13	0.17
子集	1	2	4	4	2	2	4	4	4	3

2. 动态任务划分

如果任务在各个节点异步到达，则需要进行动态任务划分。动态任务分配假设任务可以在任一处理器执行。动态任务分配算法多数为分布式的，因为各个节点的分配器需要实时跟踪其他节点的当前负载，运行时通信开销较大。动态任务划分算法包括 FAB（focussed addressing and bidding）算法和伙伴（buddy）算法。

FAB 算法中，每个处理器维护各自的状态表（status table）和系统负载表（load table）。处理器的状态表存放在其上执行的任务信息，包括执行时间和周期等，系统负载表存放其他处理器的最近负载情况，据此确定那些处理器的剩余算力。处理器按定长时间窗划分其执行时间。每个时间窗结束前，各个处理器向其他处理器广播下一个时间窗的空闲算力。任务到达时,该节点先查找其状态表,确定是否能在本地执行,否则查找负载表,确定能执行此任务的目标处理器,并向其发送执行请求 RFB(request for bid)。注意,负载表可能过期,目标处理器状态已经发生了变化,无法再接受新任务。因此,要求任务节点只有在确定任务能够按时完成时,才能发送 RFB,为此需要考虑处理器邻近度和准确的负载等信息。FAB 算法维护系统负载表的通信开销高,确定合适的时间窗也比较困难。时间窗过小,通信开销大;时间窗过大,状态信息过期失效。

伙伴算法针对 FAB 算法通信代价高的问题,改进了目标处理器的选择策略。根据预定利用率阈值,处理器处在欠载和过载两种状态。伙伴算法不再周期性地于时间窗结束处广播负载信息,而仅仅在其欠载或过载状态发生转换时才进行广播。广播只针对伙伴集中的处理器,而不是所有处理器。伙伴集大小和所包含处理器的选择非常关键。为了确定伙伴集,可以采用多种算法。对于多跳网络,可以选择伙伴集中的处理器为其直接邻居。

6.1.2 全局任务调度

本节讨论 EDZL 调度算法和 PFair 调度算法两种全局任务调度器,并且讨论具有优先约束的任务集调度问题。

1. EDZL 调度

EDZL 调度算法是一个作业级动态优先级算法,组合了 EDF 调度算法和 LLF 调度算法的特点,具有比 EDF 更好的调度上界和比 LLF 更低的上下文切换开销。

EDZL 基于截止期和松弛时间确定作业的优先级。任务根据 EDF 定义的动态优先级调度,直到作业的松弛时间变为零。为了避免松弛时间为零的作业错过截止期,作业立即被提升为系统中的最高优先级,并立即调度抢占执行直至完成,即使还有其他较早截止时间的作业(松弛量为正)等待执行。如果一个任务的松弛时间为负值,说明这个作业不能在截止期内完成,则该任务不可调度。

EDZL 调度是工作保持的(work-conserving),也是贪心的,意味着只要处理器空闲,就绪任务就将被立即调度执行。如果系统是过载的,即没有松弛时间为零而正在执行的作业存在,调度程序将丢弃这个作业。在当前的多个零松弛时间的作业中,EDZL 调度算法选择计算时间最小的作业。

EDZL 算法维护两个作业队列:队列 P 和队列 Z。最新释放的作业插入队列 P 中。在每个时间片结束时计算队列 P 中作业的松弛量。如果作业的松弛量变为零,这个作业移到队列 Z,即队列 Z 中任务的松弛时间都为 0。

EDZL 算法按照如下规则分配优先级。

- 规则 1:基于 EDF 调度算法分配队列 P 中各个作业的优先级。
- 规则 2:队列 Z 中各个作业的优先级分配系统最高优先级,队列 Z 中各个作业的优先级高于队列 P 中各个作业的优先级。

EDZL 通过提升任务优先级能够得到比 EDF 更高的利用率上界 $(m+1)/2$,其中 m 为处理器个数。

2. PFair 算法

假设任务同步到达,PFair 将每个周期任务按利用率比例划分为多个子任务,每个子任务执行 1 个时间单位。所有等待调度的子任务按照优先级次序组成全局等待队列。新的子任务到来时,按优先级次序插入等待队列中。在每个时间片检查等待队列,选择一个最高优先级任务调度。PFair算法隐含"比例公平"思想,各处理器的利用率相同,各任务按相同的执行速率步进。

更一般地,PFair调度算法可以在 $M(M>1)$ 个处理器上调度周期、偶发、内偶发(intra-sporadic,IS)或广义内偶发(generalized-intra-sporadic,GIS)任务系统 τ。τ 中每个任务都有一个合理的权值 $wt(T) \in (0,1]$。对于任务 T,$wt(T) = T_e/T_p$,其中 T_e 和 T_p 分别为 T 的执行时间和周期,即任务需求。考虑隐式时限系统,即任务 T 中每个作业的相对时限与周期相等,PFair调度中要求 T_e 和 T_p 都为整数。

每个任务执行一个时间单元,称作一个子任务。同一任务实例的相邻子任务可以有一个时间单元重叠。任务 T 的第 i 个子任务记为 T_i,其时间参数包括释放时间 $r(T_i)$、截止时限 $d(T_i)$ 和运行窗口 $|w(T_i)|$。$r(T_i)$ 表示子任务 T_i 的最早调度时间,$d(T_i)$ 表示子任务 T_i 的最晚调度时间。运行窗口亦为调度窗口,T_i 必须在调度窗口中获得处理器调度。

处理器时间划分为量子(quanta),基于量子构建时间槽,每个时间槽只执行一个子任务。时间区间 $[t, t+1)$ 称为时间槽 t,t 是非负整数。一个任务可能被分配到不同的处理器上,但不会在同一个时间槽上,即允许处理器间作业级迁移,但是不允许同一任务的作业并行。

GIS任务系统 τ 在 M 个处理器上是可行的,当且仅当 $\sum_{T \in \tau} wt(T) \leqslant M$ 成立,且此时 PD^2 是最优的。注意,周期性任务系统也是IS任务系统,进而也是GIS任务系统,所以构建出适合GIS任务的模型也适合于其他任务模型。

【例6.2】 如图6.2所示,周期任务 T 的权值为 $3/7$,T_1、T_2、T_3 为 T 的子任务。图6.2(a)为子任务运行窗口;图6.2(b)中 T 为IS任务,T_2 晚释放一个时间单位;图6.2(c)中 T 为GIS任务,T_2 未出现,T_3 晚释放一个时间单位。■

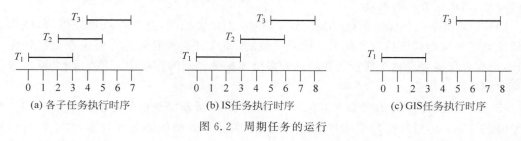

(a) 各子任务执行时序 (b) IS任务执行时序 (c) GIS任务执行时序

图6.2 周期任务的运行

PF(基本PFair算法)、PD(pseudo-deadline,伪截止期算法)和 PD^2 三种PFair调度算法实现都是基于EDF调度,按子任务截止期分配调度优先级。PF和PD针对同步周期任务。PD^2 基于PD算法,是针对异步周期任务的最优算法,综合了PFair和ERfair思想。ERfair允许子任务在其运行窗口之前释放,即如果两个子任务是同一任务的子任务,则当第1个子任务执行完成后,允许另一子任务执行。

当两个子任务的截止期相同时,需采用判决规则(tie-breaking rule)确定它们的优先级。上述三种调度算法的判决规则各不相同:PF算法任意选择;PD根据4个参数在常数时间内完成判决;PD^2 使用两个判决参数,引入了组时限的概念。当子任务时限相同时,根据任务组时限确定优先级。如果组时限也相同,则认为这两个任务调度优先级相同,处理器可任意选择一个任务调度。

实际应用中,共享资源的任务被调度到不同处理器上是不可避免的。例如,当共享资源任务的处理器利用率大于 1 时,这些任务不可能都被分配在同一处理器上。PFair 调度中,每个子任务在时间片内不可抢占,所以在子任务执行窗口之前对共享资源加全局锁,可保证共享资源的同步使用。

EPDF(earliest pseudo-deadline first,最早伪时限优先)算法将 PFair 调度应用于弱实时任务系统中。EPDF 没有使用判决规则,可以任意解析时限相等的子任务之间的关系。虽然 EPDF 是次优的,因为省去了保留信息的开销,已经证明了在一些情形中使用 EPDF 是较好的。另外,EPDF 处理权值变化的能力也要比已知的最优方法好。

3. 优先约束任务集调度

对一有先后顺序约束的任务集,设任务数固定,处理器数限定,调度目标为最小化调度长度,即任务集总的完成时间。此问题为 NP 难问题,但存在有效调度,如 HLS(Hu level scheduling)算法。

HLS 算法基于优先图,将图中从任务 T 到其他无依赖关系的任务的路径上所有任务的执行时间总和的最大值分级 L,按 L 级指定各任务的优先级,L 级高者优先级高。一旦确定各任务的优先级,使用表调度器查找优先级最高的任务,并将其分派给空闲处理器执行。

HLS 为一种关键路径算法,以最小化优先图中路径的最大总执行时间为目标。虽然不是最优,但对多数图而言,是最接近最优的方案。

【例 6.3】 如图 6.3 所示,T_1 为 L3,T_2 和 T_3 为 L2,T_4、T_5 和 T_6 为 L1,因此,T_1 优先级最高,T_2 和 T_3 优先级次之,T_4、T_5 和 T_6 优先级最低。设有 2 个处理器,则调度结果如图,总完成时间为 4。■

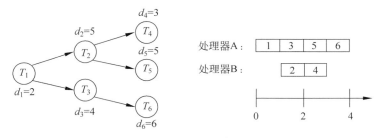

图 6.3　多处理器优先约束任务集调度

6.1.3　调度异常

调度时长(scheduling length)指任务图中的所有任务到调度完毕后,出口任务的调度完成时间,也即任务集总的完成时间。一般而言,任务集的约束条件限制了调度选择,放宽约束有利于优化调度时长。调度异常(scheduling anomaly)指由于任务集的约束条件变化而造成的调度反常行为,如约束放宽却导致任务集的总的完成时间反而增加等。

Richard 调度异常定理指出,采用固定优先级调度,并假设处理器数固定,且任务执行时间和执行顺序确定,则增加处理器数,或减少任务执行时间,或放宽执行顺序,都可能导致调度时间增加。

【例 6.4】 9 个任务的任务图如图 6.4 所示。设任务 1 的优先级最高,任务 9 的优先级最低。C 为执行时间。按优先级驱动调度。三个处理器调度图如图 6.4 所示,调度长度为 12。增加一个处理器,调度长度反而增加为 15,如图 6.5 所示。减少所有任务的执行时间 1 个单位,结果如图 6.6 所示。去掉任务 7 和 8 与任务 4 的顺序依赖(4,7)和(4,8),结果如图 6.7 所示。■

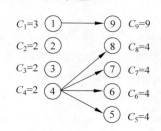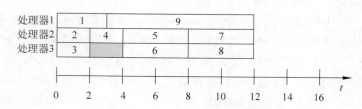

图 6.4   三个处理器的调度图

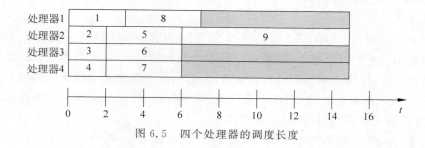

图 6.5   四个处理器的调度长度

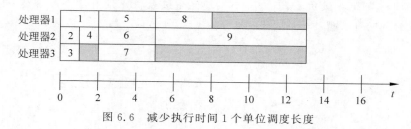

图 6.6   减少执行时间 1 个单位调度长度

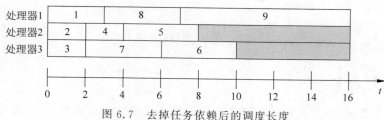

图 6.7   去掉任务依赖后的调度长度

【例 6.5】   设任务 2 和任务 4 互斥访问共享资源,任务静态分配处理器。如果任务 1 的执行时间减少,将造成任务 2 和任务 4 执行顺序反转,调度时间反而增加,如图 6.8 所示。这种异常在实际应用中很普遍。■

注意:如果任务是不可抢占的,即使为单处理器系统,调度异常现象也可能发生。

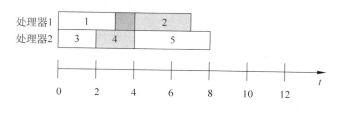

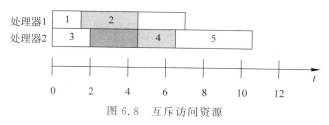

图 6.8 互斥访问资源

实际系统中,执行时间和释放时间抖动不可避免,调度异常使优先级驱动系统的可调度性验证问题变得非常困难。

6.2 多处理器资源同步

直观上,任务读取变量时应该得到最新写入的值。顺序一致性(sequential consistency)指程序中所有操作的执行顺序与其程序代码顺序一致。共享内存多线程程序执行的正确性必须与各个线程执行的相对速率无关,存储一致性模型决定了共享内存多处理器中访存指令(load 和 store)交错执行的合法性,即一个线程的访存操作(结果)何时能被其他线程观察到。同步问题与存储一致性模型密切相关。单处理器中多线程并发或多处理器中多线程并行,都可能导致不同线程的访存操作相互干扰。

第 5 章讨论了单处理器多线程并发系统中的资源同步问题,本节主要讨论多处理器系统中访问共享内存的正确性和可靠性问题,包括存储一致性模型和同步原语的可靠执行,以及多处理器互斥编程。

6.2.1 存储模型

访存一致性模型又称存储模型,是现代 ISA 架构的重要组成部分,规定了计算机系统访存操作必须遵从的规则。程序顺序语义中,对同一存储单元进行读写访问的指令具有相关性,它们的执行顺序不能改变,而不具有访存相关性的指令执行顺序可以任意调度,不影响程序结果的正确性。不采用指令集并行技术的单核处理器系统中,处理器访存顺序与其指令执行顺序严格一致。多核或多处理器系统中,由于各线程执行速率不同,造成各处理器访问共享内存的顺序存在不确定性,导致程序并行执行结果的不可预知。因此,软硬件设计都需要遵从存储模型的规定,以保证程序可在任何支持该存储模型的机器上正确执行,也保证硬件设计时可以不用考虑机器上执行的软件的复杂性和多样性。

存储模型众多,对系统性能和实现开销各不相同,典型者存储模型包括顺序一致性模型(sequential consistency model)、放松一致性模型(relaxed consistency model)和释放一致性模型(release consistency model)等。

(1) 顺序一致性模型。严格按程序顺序访存。该模型要求在多处理器上并行执行的程序如同在单处理器上一样依次顺序访存,保持各处理器上程序规定的访存顺序不变,即使各程序的访存操作没有相关性。每个访存写操作都能够被系统中的所有处理器同时观察到,所有访存操作都具有原子性和串行性。

(2) 放松一致性模型。允许调度非相关访存指令执行顺序。该模型有利于挖掘应用的并行性,提升多处理器系统的性能,但可能导致程序执行结果不可预知。因此,为了实现串行化访存,引入存储屏障(fence)指令或同步栅(barrier)指令用于同步访存执行顺序。fence指令保证该指令之前的所有指令进行的数据访存结果必定先于在该指令之后进行的访存结果被观察到。

(3) 释放一致性模型。支持获取-释放(acquire-release)机制。该模型将 fence 指令的功能分拆为两部分,其中 acquire 指令仅屏障该指令之后的访存操作,release 指令仅屏障该指令之前的所有访存操作,因此相比 fence 指令更加宽松。

顺序一致性模型中,来自不同线程的所有访存指令按照全局一致的顺序交错执行,并且满足线程内部的程序顺序,是最严格的一种访存一致性模型,限制了系统性能优化,尤其是硬件优化技术的效果。放松一致性模型和屏障指令相结合,只确保线程内的一致性,不引入线程间的顺序约束,有效平衡了系统功能和性能。释放一致性模型是弱顺序一致性模型的一种细化,要求线程临界区内的访存操作必须在 release 指令将临界资源释放给其他线程之前全局完成,向程序员和编译器进一步暴露出充分的访存操作并行性。放松一致性模型和释放一致性模型的访存操作顺序性完全由软件控制。

x86 架构的 SFENCE、LFENCE 和 MFENCE 指令提供了高效的方式来保证读写内存的排序。

RMW 指令属于复杂指令,要求原子执行一次读一次写两次访存操作,不利于五级流水或乱序执行的 RISC 流水线。MIPS 指令集架构定义了链接加载指令Ⅱ和条件存储指令 sc 用于实现互斥访存读写操作,支持实现互斥锁的原子"读-修改-写"操作。指令 sc 只有在指令Ⅱ之后没有执行其他 store 指令时才会更新内存单元。

RISC-V 指令集架构规定不同的硬件线程 Hart(hardware thread)使用放松一致性模型,并定义了 fence 和 fence.i 指令,分别用于同步数据存储器和指令存储器的访存操作顺序。其可选的访存原子操作指令支持释放一致性模型,如 amoswap.w.aq 和 amoswap.w.rl 指令。使用此类原子操作指令,意味着放松了原子性要求。另外,互斥读写指令 LR(load-reserved)和 SC(store-conditional)指令编码中包含 aq/rl 位,也支持释放一致性模型。

fence 指令针对外部可见的访存请求,如设备 I/O 访问、内存访问等进行串行化。"外部可见"是指对其他处理器核、线程、外部设备或协处理器等可见。fence.i 指令同步指令存储区的指令和数据流。在执行 fence.i 指令之前,对于同一个硬件线程,RISC-V 不保证用存储指令写到指令存储区的数据可以被取指指令取到。fence.i 指令可以有不同的实现方法。一种简单的实现就是在执行 fence.i 指令时,排空(flush)指令缓存(Icache)和指令流水线,确保指令缓存中的内容和指令内存空间中的数据一致,以及所有写指令缓存的操作完成,保证后续的取指操作正确。Icache 通常是只读的,但自修改指令可能会需要执行写操作。

6.2.2 锁与互斥访存

互斥锁是并发或并行编程模型中实现临界资源互斥访问的重要机制,其实现需要体系结构硬件提供相应的物理技术支持。例如,ARM 指令集中使用 swp 原子操作指令,将存储单元中的值读入目的寄存器,再将源操作数寄存器中的值写入同一存储单元,实现存储单元与源寄存器两者交换。实现 swp 指令时,可以在读存储单元后,由 AHB 总线置 lock 信号锁定总线,直至写存储单元操作完成再释放。

滥用 swp 指令可能造成总线长时间被锁定,降低系统并行性,影响系统性能,为此 ARM 架构进一步引入了互斥访存机制。互斥访存由互斥读(load-exclusive)指令、互斥写(store-exclusive)指令和监视器(monitor)共同实现。其中:

(1) 互斥读指令,完成一次读访存。

(2) 互斥写指令,完成一次写操作,但不一定成功。执行时会向目的寄存器写回成功与否的标志,如成功写回 0,否则写回非 0。

(3) 监视器保证只有当互斥读和互斥写指令成对地访问同一内存地址,且两者之间没有其他针对该内存地址的写操作时(可来自任何线程),互斥写指令才能成功执行。

监视器需要监视读写操作的性质,因此 AXI 总线引入互斥属性信号,以区别普通读写指令和互斥读写指令。执行互斥读和互斥写指令之间并不总是锁定总线,因此不是原子操作,不会造成系统性能下降。使用时如果互斥写指令返回不成功,则需要重试互斥读指令。除了利用目的寄存器返回成功与否的标志外,对于支持条件标志的机器,可以使用一个条件位标识互斥写指令执行失败。

采用互斥读写指令实现基于锁的互斥机制时,可使用互斥读取出当前锁值,判断锁值是否被占用(值为 1);如否,则使用互斥写将其置 1,尝试加锁。如果返回成功,意味着上锁成功。此互斥读写上锁过程中,可能其他线程也会尝试上锁,但监视器保证了互斥写操作的 FIFO 执行顺序。

6.2.3 多处理器互斥

多处理器系统不适合照搬单处理器系统中的互斥机制(阻塞锁)。一方面,多处理器系统为并行环境(真并发),多个任务可同时执行;另一方面,释放一个锁可能唤醒多个处理器上等待该锁的任务并行执行,导致出现的竞态,而单处理器系统只有一个任务执行,不存在此问题。多处理器系统中通常采用自旋锁、休眠/唤醒锁和读写锁等互斥技术。

自旋锁(spin lock)是多处理器系统中常见的互斥手段。不同处理器上访问共享资源的任务非阻塞自旋忙等(busy wait)锁被释放。自旋锁释放后交给下一个正在等待的任务。如果任务上下文切换开销大于自旋的平均代价,或申请资源任务的所在处理器当前没有其他就绪任务,则自旋锁有效。如果系统负载很高,长时间自旋造成浪费。延迟阻塞(delayed blocking)是一种短时自旋的技术,如果短时间内无法获得锁,则转为阻塞。

休眠-唤醒锁(sleep-wakeup lock)是阻塞锁,在锁被占用时阻塞等待,减少了处理器和总线开销。一旦锁被释放,释放锁的任务只唤醒等待该资源的优先级最高的任务,而不是所有等待的任务。

读者-写者锁(reader-writer lock)区分读者和写者,只有写者需要独占访问资源,适合于多读少写的应用场景。读写锁允许多个读者进入其临界区,而写者必须在没有其他共享者时才能进入临界区。

现代处理器中,缓存行的长度为 64～128 字节,且有进一步增加的趋势。缓存一致性协议负责维护与主存的同步。缓存行中某字节发生变化,整行将被视为无效。相邻地址区中不同处理器的共享数据可能处于同一缓存行,此时如果某个数据被改变,将导致同一缓存行中的其他数据被标识为无效,称为假共享(false sharing)。假共享对基本 LL/SC 具有破坏性。基本 LL/SC 执行依赖于缓存行,LL 操作设置缓存行的连接标志,SC 操作在写之前,会检查该行的连接标志是否被重置。如果被重置,SC 写无法执行,返回 false,将触发内存顺序冲突(memory order violation)异常,导致 CPU 清空流水线。

6.3 分布式资源同步

分布式系统一般假设:

(1) 系统中的进程分布于不同节点上,每个进程可能随机地发生崩溃。

(2) 系统通信的不可靠性导致消息延迟或丢失,但低层通信协议支持超时和重发。

(3) 物理时钟同步代价高。

分布式系统中广泛应用事务(transaction)抽象模型和原子动作(atomic action)处理同步问题,避免程序员直接面对互斥、临界区管理、死锁预防或崩溃恢复等低层技术细节。注意,事务的原子性意味着事务执行中断不会造成危害,可以安全地回滚或重启。死锁恢复的方法是"杀死"一个或多个进程,因此使用事务时"杀死"进程的影响或代价较小。

实验表明,在 LAN 上短消息的发送时间可能为 1ms,且约 90% 的死锁回路由两个进程构成。

6.3.1 分布式互斥

分布式系统中,资源和进程分布于不同节点上。由于通信延迟无法预测,确定事件的发生顺序非常困难。假设要求任务在进出临界区时广播一条消息以确保互斥。如果第一个任务广播了一条退出消息,第二个任务收到后广播了一条进入消息,而第三个任务先收到第二条消息,再收到第一条消息,则可能认为已经违反了互斥原则。此矛盾在于违背了事件的因果依赖(causally dependent)关系。

按 Lamport 理论,分布式系统中,因果序(causal ordering)由基于逻辑时钟的消息先发生关系(happen-before)实现。每个节点上的逻辑时钟用于测量事件发生的顺序,而不是事件发生的物理时间。逻辑时钟为发生的每个事件确定其时间戳(序号)。对于同一进程中先后发生的两个事件,存在自然的先后顺序。如果两个进程进行通信,则消息发送事件先于接收事件。各节点的逻辑时钟基于消息收发事件进行递增演进。当进程接收消息时,将其当前逻辑时钟值与此消息携带的时间戳进行比较,以较晚者重置其逻辑时钟。逻辑时钟模型确保了因果关系,可用于设计分布式系统的互斥算法。

例如,假设进程驻留于不同的节点,进程间通信是可靠的,且进程运行不会失败。互斥算法可要求进程首先向系统中的其他进程发送一条请求消息,待收到所有其他进程的应答消息后,才能进入其临界区。当一个进程收到一条请求消息时,如果尚未发送自己的请求,则回送应答消息。如果已经发出自己的请求,则比较两个请求的时间戳:如果自己的请求较晚,则回送应答消息;如果自己的请求较早,则推迟应答;如果两者相同,则进一步比较进程号,较大则发送应答,较小则推迟应答。

6.3.2 分布式死锁

分布式系统中的死锁有资源死锁、通信死锁和假死锁(phantom deadlock)三种。资源死锁与单处理器系统中的模式类似。通信死锁指不同节点中的进程相互等待其他进程的应答信号。假死锁指由于通信延迟而造成死锁检查算法误判。

1. 分布式死锁预防

分布式系统中死锁预防技术与单处理器系统中的预防死锁技术类似。分布式算法的前提要求进程按启动时间排序。

wait-die 策略用于预防"请求和保持"条件。假设进程 P1 先于进程 P2 启动。如果 P1 请求 P2 持有的某个资源,则等待 P2 释放该资源。如果 P2 请求 P1 的资源,P2 将被"杀死"以释放其所占有的资源,之后某个时刻再重启。在 P1 释放资源之前,P2 可能多次重启和被"杀死"。

Wound-wait 策略用于预防"不可抢占"条件。假设进程 P1 先于进程 P2 启动。如果 P1 请求 P2 持有的某个资源,即 P1 伤害(Wound)P2,则 P2 将重启(或回滚),释放其所有资源。反之,如果 P2 请求 P1 所持有的某个资源,P2 将等待 P1 释放该资源。注意,此时 P2 只是等待,而不是多次重启和被"杀死"。

2. 分布式死锁检测

分布式死锁检测包括三种策略,即集中式、分级式和分布式。集中式系统中,一个单独节点(协调者)监视整个系统的运行情况,持续检查系统中是否存在循环。任何资源请求或释放都通知监测节点。对于通信可靠且高性能的系统,则集中模式高效,但需要考虑中心节点容错问题。协调者可以通过 Bully 算法或其他算法选举产生。

分级式系统中,按树状结构组织系统中的节点。所有非叶子节点都需要收集其下级节点的资源分配信息,分级进行死锁检测。

分布式算法要求每个进程自主判断是否存在死锁。每个节点都需要查询所有节点的资源分配情况,跟踪资源的使用者,通信代价非常高。

6.4 时钟同步

分布式系统中时钟的作用有二:活动超时和事件时间戳。对实时系统而言,超时可以用于决定任务是否因错过截止期而失效。对通信的收发双方,超时可以指示传输错误或延迟,甚至判断对方是否失效。在消息传递的通信中,时间戳的作用非常突出。发送方在发送消息时附加上时间戳,接收方可以据此确定消息的生成时间(age),还可以用于消息排序。时间戳依赖于精准的时钟服务。

分布式系统中每个节点都有一个时钟。由于各个时钟的速率不同,它们之间存在偏差,造成超时和时间戳不再有意义,因而必须进行时钟同步。时钟校正可以采用状态校正和速率校正两种方法。状态校正直接使用校正值修改时钟的时间值,但可能导致时基不连续;

速率校正调整时钟运行速率,可以调整时钟节拍或晶振频率。为了避免各时钟的共模漂移(即都增大或减小,导致全局时间精度颠簸),所有时钟速率校正值的平均值应接近于 0。

时钟同步有内同步和外同步两种方式。外时钟同步时,系统通过时间网关访问外部的时间服务器,将系统的全局时间与一个外部的标准时间建立同步关系。时间服务器周期性广播时间报文。全球定位系统(GPS)是常用的外部时间源,GPS 信号接收器的时间精度高于 100 ns。

内同步有集中式和分布式两种方式。集中式主控同步算法通常在分布式系统启动阶段使用。

6.4.1 集中式时钟同步

在集中式同步方式中,一个时钟作为主时钟,也称时钟服务器,其他时钟作为从时钟,与主时钟同步。主时钟广播其时间,其他时钟每隔一定的时间与主时钟同步。

典型的集中式时间同步协议有网络时间协议(network time protocol,NTP)和精确时间协议(precision time protocol,PTP)。PTP 是"网络测量和控制系统时钟同步协议标准(IEEE 1588)"的简称。NTP 与 PTP 的差异在于两者获取时间戳的层次不同,NTP 在应用层,而 PTP 在物理层。因此,PTP 可以有效地去除操作系统和 TCP/IP 协议栈的运行时间抖动对时钟同步的影响,达到亚微秒级(100 ns)同步时钟精度,而 NTP 只能达到毫秒级精度。

成立的条件是报文在主从时钟节点间传输延时的时间是相等的,同一局域网或者子网中该假设是成立的。为解决同步过程中链路非对称性问题,同时降低协议实现复杂度和进一步提高时钟同步精度,2008 年颁布了 IEEE 1588 V2.0 版本。相比于 2002 年的 V1.0 版本,V2.0 版本主要在同步机制方面进行了改进,增加了点延迟测量机制,提高了时间戳分辨率,引入了透明时钟模型,增加了单步报文交换流程。

IEEE 1588 V2.0 的基本同步原理如图 6.9 所示。主时钟在 t_0 时刻发送报文(sync)同步给从时钟,该报文携带时戳 t_0,从时钟在 t_1 时刻接收到该报文;从时钟在 t_2 时刻发送延迟请求(Delay_Req)报文给主时钟,该报文携带时戳 t_1、t_2,主时钟在 t_3 时刻接收到该报文;

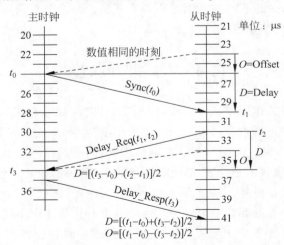

图 6.9　IEEE 1588 V2.0 单步报文交换流程

主时钟发送延迟应答(Delay_Resp)报文给从时钟,该报文携带时戳 t_3。图 6.9 中 Offset 表示主从时钟相位偏移,Delay 表示链路延迟。

假设链路对称,也即报文从主时钟到从时钟的链路延迟等于报文从时钟到主时钟的链路延迟,则有:

$$t_1 = t_0 + O + D \tag{6.2}$$

$$t_3 = t_2 + O - D \tag{6.3}$$

由式(6.2)和式(6.3)可计算出 Offset 和 Delay 的值为

$$D = \frac{[(t_1 - t_0) + (t_3 - t_2)]}{2} \tag{6.4}$$

$$O = \frac{[(t_1 - t_0) - (t_3 - t_2)]}{2} \tag{6.5}$$

从时钟根据式(6.4)和式(6.5)的计算结果调整本地时钟,便完成了一次时钟同步。但由于传输链路的不一致以及交换机处理延迟的抖动,链路对称的假设一般不成立。在精度要求极高的应用场景下,链路不对称将带来不可接受的误差,因此需要使用透明时钟进行补偿。

IEEE 1588 协议规定在一个 PTP 同步系统中只能存在一个主时钟,最佳主时钟算法在多个潜在的主时钟中决定哪一个会成为 PTP 同步系统的主时钟节点。最佳主时钟算法首先比较两个时钟节点的优先级,如果优先级相同则比较两个时钟节点的时钟类型,如果时钟类型相同则继续比较两个时钟节点的时钟精度,如果两个时钟的精度还相同,继续比较两个时钟节点的时钟稳定性,如果时钟稳定性也相同,就比较两个时钟节点的时钟 ID,选择两个时钟的 ID 数字较小者为最优主时钟。这样可以从两个潜在主时钟中选出一个最优的主时钟,而且系统内所有时钟的最佳主时钟算法相同,同一个时钟同步系统中每个时钟计算得到的最佳主时钟相同。最佳主时钟算法的流程图如图 6.10 所示。

同步的时间间隔需要仔细设定。如果间隔较小,虽然同步精准,但通信开销大。如果间隔较大,则时钟漂移也较大。集中式同步方式的最大问题在于对单点故障非常敏感,而分布式同步方式解决了这个问题。

6.4.2 分布式时钟同步

分布式方式中,没有主时钟服务器,如图 6.11 所示。所有时钟周期性相互交换它们的时间信息。各时钟基于所接收到的时间信息计算系统的同步时间,并设置自己的时间,亦称内时钟同步。典型的分布式时钟同步过程包含如下三个步骤。

(1)各节点交换本地时钟值。

(2)各节点计算时钟校正值。校正值应满足系统规定的精度要求。

(3)各节点根据校正值进行时钟调整。

收敛函数用于计算各个节点时间的校正值。问题在于系统中某些时钟可能失效或发生故障。失效的时钟可能有很大的偏差,也可能停止计时。当然,如果设定一个偏差值范围,可以检测发现出错的时钟,并剔除其干扰。但更隐蔽的问题在于拜占庭时钟(Byzantine clock)。

拜占庭时钟是一个双面时钟,它同时向不同的时钟发送不同的值。如图 6.11 所示,某

174

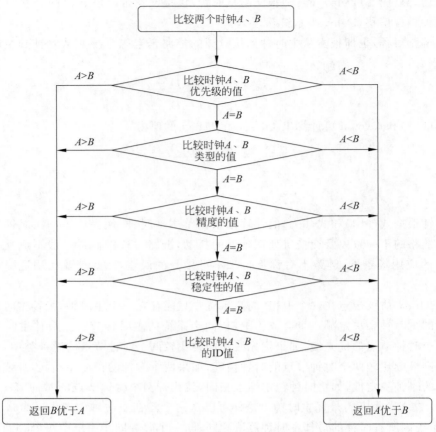

图 6.10　最佳主时钟算法的流程图

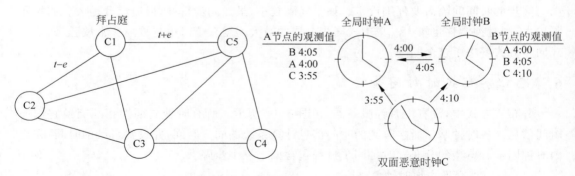

图 6.11　分布式时钟同步与拜占庭时钟

时刻拜占庭时钟 C1 向 C5 发送 $t+e$，向 C2 发送 $t-e$。Lamport 已经证明，如果仅仅只有少于三分之一的时钟出错或为拜占庭时钟，就可以得到接近于同步的时钟。

　　容错平均算法（FTA）是构造收敛函数的单轮算法，可在信息不一致条件下将全局时间误差限定在一定范围内。当时钟节点个数大于或等于 $3k+1$ 时，FTA 能够容忍 k 个拜占庭故障节点。设系统由 N 个节点构成，存在 k 个拜占庭故障节点，且故障节点所发送的时钟值一定比正常波动的时钟值更大或更小。FTA 要求每个节点都计算本地时钟与 N 个节点时钟值之差,并将差值按大小排序,再剔除其中 k 个最大值和 k 个最小值,将剩余 $N-2k$ 个差值的平均值作为该节点的校正值。注意, $N-2k$ 个差值都满足精度要求,且节点自身的时间差为 0。由此可见,实现拜占庭容错最少需要 4 个时钟。

时钟的准确性影响由其驱动的 I/O 操作的准确性。时钟信号错误或明显的性能降级将导致系统容错操作。动态阿伦方差(dynamic Allan variance,DAVAR)等时钟错误检测方法依赖于时钟的准确性。时钟的参数包括绝对时间、相对时间、漂移、稳定性,以及最大时间间隔误差等。绝对时间为本地时钟相对于参考时钟的准确度,相对时间为本地时钟与其他时钟的偏差。稳定性由阿伦方差表示,指示特定时间间隔内晶振频率的不稳定性。最大时间间隔误差(maximum time interval error,MTIE)为在特定的时间间隔内一个时钟信号的最大峰-峰时间误差的变化,是测量时钟峰值时间偏差的方法。

6.5 分布式实时系统整体调度

在分布式实时系统中,一个应用可以划分为若干较小的功能单元,每个功能单元由按顺序串行执行的多个任务组成,称为一个任务序列。同一任务序列中的各个任务可能在不同的网络节点的处理器上运行。在相同处理器上运行的任务之间通过操作系统提供的本地进程通信机制交互,在不同处理器上运行的任务则通过处理器之间的互联网络进行消息通信。

分布式系统的可调度性分析算法主要采用基于最大响应时间分析,即首先分析各任务序列的最大响应时间,然后将该响应时间与该任务序列的截止期进行比较。如果系统中所有任务序列的最大响应时间小于或等于其自身的截止期,则判断系统是可调度的。为了使分析尽可能精确,应整体综合考虑系统各节点采用的任务调度机制、节点间通信机制、任务序列中任务的同步控制机制和释放抖动等问题的影响。另外,分布式实时系统中任务和消息可以采用事件触发、时间触发甚至时间和事件混合触发,触发方式的影响分析也是一个重要问题。

整体可调度性(holistic schedulability)分析称为 Holistic 算法,通过分析任务序列的端到端最大响应时间和消息的端到端最大响应时间,进行分布式实时系统的可调度性判定。Holistic 调度算法已经应用于基于各种协议的分布式硬实时系统,但是该方法的调度结果往往是保守的,需要根据相应的网络协议的特点,对整体调度和可调度分析算法进行调整。

6.5.1 端到端资源、任务与消息

分布式系统资源可分为本地资源和远程资源,相应地存在两种资源模型,即多处理器优先级天花板协议(multiprocessor priority-ceiling protocol,MPCP)模型和端到端模型。

MPCP 模型中,一个作业可能既需要本地资源,也需要远程资源。作业的临界区在资源所驻留的处理器上执行。MPCP 模型还允许临界区嵌套,即作业拥有某资源后,还可以请求其他资源。

端到端模型不允许作业嵌套地请求驻留在不同处理器上的资源。如果不允许对位于不同节点上的资源进行嵌套请求,则请求多个节点上资源的每个周期任务都可以被认为是一个端到端任务。一个端到端任务(end-to-end task)或者称为一个事务(transaction),由一系列串行执行的子任务组成,构成任务序列。每个子任务可以是执行在某处理机上的任务,也

可以是网络子系统上的消息传递。任务序列的每次执行称为该任务序列的一个实例,该实例由组成该任务序列的所有任务的实例(亦称"作业")构成。任务的每个作业都包含一系列按顺序在不同节点上执行的子作业。每个子作业仅请求执行作业的节点的本地资源。

任务序列是一个有序序列,各子任务在任务序列中的排列顺序决定了任务的执行顺序约束关系。任务序列的运行请求是周期性的,称为该任务序列的周期。一个任务序列实例从到达至执行完成之间的时间间隔称为该任务序列实例的响应时间。任务序列的最大响应时间是从序列中第一个任务到达时起至序列中最后一个任务运行完成为止的最大时间间隔,即任务序列所有实例响应时间的最大值,也称为端到端最大响应时间。该时间中包括了序列中各任务的执行时间、各消息的发送时间和传递时间、各任务和消息在处理过程中被抢占和阻塞的时间,以及系统硬件或采用的各种任务及消息触发方式带来的时间开销。

任务序列具有截止期,称为端到端截止期,即从任务序列中第一个任务到达时刻开始至该任务序列中最后一个任务执行完成所允许经历的最大时间间隔。

在分布式实时系统中,应用的设计约束为任务序列的截止期和任务间的相关关系。任务序列定义了任务间的执行顺序约束关系,因此,分布式实时系统任务间的相关关系通常情况下指任务间对共享资源的互斥访问。在任务间的相关关系(即执行顺序和访问同步)得到满足的情况下,如果任务序列的最大响应时间不大于任务序列的端到端截止期,则称该任务序列为可调度的。

端到端调度方案包括任务调度算法和任务同步协议两个组成部分。调度算法用于编排各节点上子任务的执行顺序。通常假设系统中包含有限个节点,所有任务都被静态划分到这些节点上,并不得在节点间迁移。任务的调度策略为固定优先级抢占式调度,调度器采用Tick调度(Tick scheduling)方式实现。同步协议用以维护不同节点上同胞子任务之间的优先顺序约束,控制不同处理器上调度程序何时释放同胞子任务的作业。"同胞子任务"指同一任务序列中的各个任务。

各节点上任务的调度采用即时抢占式调度方式,即一旦有优先级高于当前运行任务实例优先级的任务实例被释放时,该任务实例立刻抢占正在运行的低优先级任务实例在处理器上运行。但在通信子系统中,消息报文的发送具有特殊性,消息实例中的一个报文一旦开始发送就不能被任何其他报文中断,包括所有高优先级报文。在报文发送过程中释放的高优先级消息必须等到当前报文发送完成后才能开始发送,这种特性称为消息的延迟抢占特性。在消息的最大发送时间分析过程中,如果不考虑消息的延迟抢占特性,而是认为低优先级报文在发送过程中可以被其间释放的任何高优先级报文抢占,将导致对低优先级消息的最大发送时间的分析结果往往会高于实际情况。

因此,进行任务序列的可调度性分析时,需考虑任务间同步控制机制的影响以及不同通信模型和协议对消息通信时间开销的影响。

6.5.2 任务同步控制机制

任务序列由一系列任务组成,前趋任务可以向后继任务发送消息以传递需进一步处理的数据。由于任务序列指明了任务间的执行顺序约束关系,因此必须提供一种任务同步控制机制(亦称处理器间的同步协议)以保证任务严格按照指定的顺序约束关系执行。不同的同步控制方式对系统的任务模型以及可调度性分析算法都有较大的影响。

每个端到端的周期性任务 T_i 中,第一个子任务的作业的释放时间间隔不会超过 p_i 个时间单位,问题在于后续同胞子任务中的作业何时释放。同胞子任务的作业的释放方式严重影响可调度性、完成时间抖动和端到端任务的平均响应时间。管理不同节点上调度器何时释放同胞子任务的协议为同步协议,分为贪心和非贪心两类。对于贪心协议,一旦前趋作业完成,立即释放其后继作业;对于非贪心协议,调度程序可能延迟释放后继作业。

常见的同步协议包括直接同步(direct synchronization,DS)协议(属贪心协议类)、相位调整(phase-modification,PM)协议、改进相位调整(modified phase-modification,MPM)协议和释放监护(release-guard)协议等。应用对同步协议的要求是最小化最大端到端响应时间、最大端到端完成时间抖动和平均端到端响应时间等参数。

1. DS 协议

DS 协议为事件触发方式。在 DS 同步控制方式下,当任务序列中的一个任务运行完成或主要部分运行完成后,通过消息或信号的方式通知系统释放该任务的直接后继任务开始运行。任务的主要部分指任务实例发送消息之前的执行部分。对于所有任务序列,同一任务序列中所有相邻任务间都存在一条消息。该消息既可以是节点内消息,也可以是节点间消息。消息既是前趋任务向后继任务传送数据的方式,也是前趋任务触发后继任务开始执行的触发信号。

当采用 DS 任务同步控制方式时,一个任务序列中除了第一个任务以外,所有后继任务的释放抖动时间都是根据任务序列最大响应时间分析算法计算得到的。

DS 协议方式的主要优点是实现简单,前趋任务实例既可以通过定制的消息通信,也可以通过系统提供的信号或信号量等机制触发后续任务实例的运行,只需采用系统提供的系统调用即可,不需要全局时钟同步。

DS 协议主要缺点有两个:首先,由于任务实例的响应时间和消息实例的端到端响应时间都存在抖动,因此后续任务实例也存在释放抖动,抖动的不确定性导致在系统设计时必须预留处理器计算资源和网络带宽资源;其次,在一个任务序列中,由于任务实例的响应时间和消息实例的端到端响应时间都存在抖动,因此后续任务实例也存在释放抖动,且释放抖动具有不减性。"不减性"指由于受前趋任务和消息释放抖动的影响,执行顺序越靠后的任务和消息的释放抖动越大,当任务序列执行完成时,结果产生时刻的抖动值达到最大。而大多数实时应用对结果产生时刻的抖动性都有严格的要求,因此 DS 协议不适用于此类系统。

2. PM 协议

PM 协议为时间触发方式。采用 PM 协议的系统为任务序列中的每个任务赋予一个相位(phase)属性。调度器根据任务的相位值在适当的时刻释放其作业。相位指任务序列实例的到达时刻与该序列中某任务作业的到达时刻之间的时间间隔。任务序列中第一个任务的相位为 0。考虑任务的相位属性时不再考虑任务的释放偏移(释放抖动)。

PM 协议要求分布式系统中各节点的本地时钟全局同步。PM 协议中消息仅用于前趋任务向后继任务传送数据,不再作为触发后继任务执行的触发信号。因此,同一任务序列中某两个相邻任务间可以不存在消息通信。与 DS 协议相比,PM 协议是一种时间确定性比较强的任务同步方式。

PM 协议的主要优点是确定性比较强,各任务不存在释放抖动或释放抖动很小,因此结果产生时刻的抖动可以满足应用提出的要求。其主要缺点是调度器需要根据任务的相位在

多处理器与分布式实时系统

适当的时刻释放任务实例,因此系统必须提供一种全局时钟同步机制。

6.5.3 释放抖动

如前所述,释放抖动(release jitter)指相对于任务的实际释放时间,其可以开始执行的最早时间和最晚时间的间隔时长。通常周期任务不会有抖动,但当系统定时器的粒度受到限制或者存在优先约束的情况下,周期任务也可能有抖动。

分布式系统中处理抖动的方式有以下三种。

(1) 资源全周期法。每个资源(处理器和网络)的整个周期被事务的一部分预约。这种方法通过简单的延迟响应解决抖动积累。数据到达一个资源时必须被缓冲,然后在下一个周期开始处理。这样做允许资源调度器可以独立分析,其代价是延长了端到端的响应时间。资源全周期法可以减少事务的完成时间变化,因为事务的抖动只在最后一个资源上被引入。

(2) 任务偏移量法。为除了第一个任务以外的其他任务引入时间偏移量,确定每个处理器上具有优先约束的任务的执行顺序。任务 τ_i 的第 n 个实例在 nT_i+O_i 到达,其中,O_i 是任务的时间偏移量。这样避免了抖动从一个资源到另一个资源的积累。使用偏移量提高了资源的利用率,可以安排任务的到达时间以减少干扰。任务偏移量法分析复杂,周期互质(co-prime)的任务不能从这种方法中受益。此方法同资源全周期法一样,需要内核支持和全局时钟实现偏移量。

(3) 抖动继承法。在任务或消息结束时立即调度下一个任务或者消息。这种方法在执行一个事务的过程中,抖动从一个资源到另一个资源持续积累,事务的最终完成时间可能具有不可容忍的抖动。然而,由于任务没有被延迟,抖动继承法保证可能的最短事务时间,并且是最简单的实现方式,不需要内核支持和全局时钟。

在抖动继承模式下,事务中的任务(或消息)由于受到高优先级任务抢占,都有一个变化的响应时间。每个阶段的响应时间变化是事务完成时间抖动的组成部分。必须区分任务的本地响应和全局响应。任务 τ_i 的本地响应时间 r_i 从其本地到达时刻开始计算,全局响应时间 R_i 从事务开始时刻开始计算。因此全局最坏情况响应时间可以表述为 $R_i=R_{i-1}+r_i$,其中 R_{i-1} 是 τ_i 的前驱任务的响应时间,并且 $R_0=0$。

在分布式响应分析中通常定义任务或消息的释放抖动为该任务或消息的前驱的最坏情况响应时间,可以表示为

$$J_i=R_{I-1} \quad 或者 \quad J_i=\sum_{j\in\{1,\cdots,i-1\}} r_j \tag{6.6}$$

在计算各节点子任务最大响应时间时,Holistic 算法采用忙区间分析法,但必须考虑释放抖动的影响,因为任务序列除了第一个作业外,其他作业的释放时间依赖于其直接前趋的完成时间,为非严格周期性的。算法假设任务的最小执行时间可能为 0,所以释放抖动应该等于其直接前趋的最大响应时间。这一假设使释放抖动估计过高,显著增加了后继子任务和低优先级任务的最大响应时间。

6.5.4 整体可调度性分析算法

综合单处理器调度分析和通信调度分析,可以建立分布式系统整体可调度分析模型。

假设任务是周期性的。对偶发任务,假设以最小到达时间间隔为其周期,则可以将它们

并入速率单调 RM 分析模型中。任务 τ_i 的属性参数包括：任务周期 T_i，即任务到达的最小间隔；计算时间 C_i，即任务完成执行需要的时间；释放抖动 J_i，即任务受到的最坏延迟；截止时间 D_i，为相对于外部事件到达，必须被响应并且处理完毕的最晚时间；任务优先级 P_i。

当一个消息 m 被完全接收以后，消息的目标任务 $d(m)$ 被释放启动，如同消息从发送任务继承抖动一样，目标任务从消息继承一个释放抖动 r_m。r_m 不包括任务已经具有的其他本地抖动，例如，如果到达的任务被调度器轮询，任务将有一个释放抖动 T_{tick}。

对于消息 m 的目标任务 $d(m)$ 有：

$$J_{d(m)} = r_m + T_{tick} \tag{6.7}$$

任务 $d(m)$ 的抖动依赖于消息的到达时间 r_m，r_m 依赖于高优先级消息的响应时间和发送任务的时间特性。分布式系统中端到端任务在各个节点上的子任务的响应时间不能单独求得，可以通过一个递归过程联合求解。在每一步中计算各个子系统（处理器和网络）中所有子任务的最坏情况响应时间，所有释放抖动的值在下一步计算前更新。初始化所有启动抖动为 0，第 n 次迭代的继承释放抖动可以根据第 $n-1$ 次迭代的结果设置。当递归过程稳定时，计算停止，所有响应时间和释放抖动不再变化，或者发现一个子系统不可调度。

该方法的计算过程可以总结为以下几个步骤。

(1) 首先获得任务组和消息组的周期、计算时间、启动抖动、优先级、阻塞时间等属性，将所有的计算响应时间继承抖动设置为 0。

(2) 利用一般固定优先级调度理论，计算本地节点的响应时间、网络消息的响应时间。

(3) 设置节点和网络上的计算值，设置消息和任务的抖动。

(4) 重复第(2)步和第(3)步直到所有的响应时间都稳定。

(5) 计算事务的响应时间，并与端到端截止期比较。

可以看出，Holistic 算法的求解过程为一联合迭代过程。例如，接收节点上子任务的释放抖动依赖于消息到达时刻，消息的响应时间依赖于高优先级消息的响应时间，高优先级消息的响应时间依赖于发送节点上子任务的释放抖动。所以每个节点上子任务的最大响应时间不可能从单节点的算法中直接求出。算法的主要依据是任务和消息的释放抖动和最大响应时间具有不减性，即所有其他任务和消息的释放抖动以及最大响应时间的增大不会使该任务或消息的释放抖动以及最大响应时间减小，排位越后的消息和任务的释放抖动越大。因此，可以采用迭代的方式对所有任务和消息的最大响应时间进行计算。释放抖动的初值可设置为 0。迭代求解的每一步计算各个子系统（包括处理器和网络）中所有子任务的最大响应时间。所有释放抖动值在下一步计算前更新。直至各任务和消息的释放抖动和最大响应时间都不再变化，或某个任务序列的端到端最大响应时间已经超出其最后期限。如果情况是前者，则系统是可调度的，否则系统是不可调度的。

Holistic 算法在线调度简单，开销低，充分考虑了分布式实时系统中任务与消息之间的相互依赖关系，但分析过程复杂，计算的最大响应时间抖动大。研究者提出了 d-忙周期的概念，给出了对采用 EDF 调度的具有任意释放偏移的任务最大响应时间的计算方法，指出采用 EDF 调度的任务的临界时刻不是发生在所有任务都同时释放的时刻。

6.6 现 场 总 线

现场总线是指部署于生产现场,实现各种传感器、操作终端和控制器之间数字式、串行、多点通信的传输总线。典型者包括 CAN、TTCAN、WirelessHART、6TiSCH 等协议。现场总线是顺应智能现场仪表而发展起来的一种开放型的数字通信技术,其发展的初衷是用数字通信代替一对一的 I/O 连接方式,把数字通信网络延伸到工业过程现场。主要应用于石油、化工、电力、医药、冶金、加工制造、交通运输、国防、航天、农业和楼宇等领域。

现场总线一般只定义 OSI 协议栈中的第一层(物理层)、第二层(链路层)和第七层(应用层)。因为通常只有一个网段,现场总线无须定义第三层(网络层)和第四层(传输层),也无须定义第五层(会话层)和第六层(表示层)。

6.6.1 CAN 总线

控制局域网 CAN 主要用于连接嵌入式控制器的不同组件,是一种小规模的网络。CAN 网络长度小于 50 m,因此其传输时间非常小,其行为与计算机中局部总线类似。CAN 只定义了 ISO/OSI 七层模型的物理层和数据链路层,实现时这两层完全由硬件实现,上层交由用户实现。

CAN 为 ISO 标准,应用非常广泛,主要应用于汽车领域。当代汽车电子系统已经非常复杂,包括自动引擎管理系统、供油、主动悬挂、刹车、灯光、空调、安全和中控锁等。这些系统间需要交换大量信息。传统的点对点连接方式已经不能满足成本、可靠性和噪声等要求。同时,CAN 采用 12V 供电,与汽车电源一致。

CAN 数据链路层规定了超时时间,在一定时间内若得不到回答,总线将进行后面的作业,多次询问无果,总线会对错误节点进行屏蔽处理。

6.6.2 CANopen 总线

CAN 只定义了 ISO/OSI 七层模型的物理层和数据链路层,没有规定应用层,并不完整。在基于 CAN 的工业自动化应用中,需要一种针对开发的标准协议,以支持不同 CAN 厂商的设备互连,提供统一的设备功能描述方式和通信模式,并支持网络管理。CANopen 由非营利组织 CiA(CAN in Automation)进行标准的起草及审核工作,是一种架构在 CAN 总线和 CAL(CAN Application Layer)协议之上的高层通信协议。

CAL 由 Philip 制定(现在也由 CiA 负责维护),提供了所有网络管理服务和报文传输协议,但并没有定义怎样实现设备访问。CANopen 基于 CAL 开发,使用了 CAL 的通信和服务子集。

CANopen 包括通信子协议及设备子协议,实现了 OSI 模型中的网络层以上(包括网络层)协议,包括寻址方案、数个通信子协定及由设备子协定所定义的应用层,支持网络管理、设备监控及节点间的通信,其中包括一个简易的传输层,可处理数据的分段传送及组合,如图 6.12 所示。

CAN 每次传送的数据量不大,其中包括 11 位 ID、远端传输请求(RTR)及大小不超过 8 字节的数据,如图 6.13 所示。CANopen 将 CAN 数据帧的 ID 称为通信对象 ID(COB-ID),

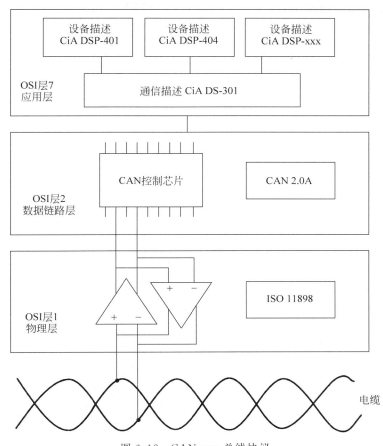

图 6.12　CANopen 总线协议

划分为 4 位功能码及 7 位节点 ID。7 位 ID 共有 128 种组合，其中 ID 为 0 者不使用，因此一个 CANopen 网络最多允许 127 台设备。当传输数据发生冲突时，CAN 的仲裁机制会使 COB-ID 最小的消息继续传送，不用等待或重传。COB-ID 的前 4 位是 CANopen 的功能码，因此数值小的功能码表示对应的功能重要，允许的延迟时间较短。

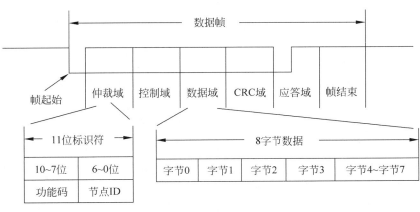

图 6.13　CANopen 总线数据帧

多处理器与分布式实时系统

1. 设备描述（device profile）

CANopen 的核心概念是设备对象字典（object dictionary，OD）。CANopen 通信通过对象字典能够访问驱动器的所有参数。

CANopen 网络中每个节点都有一个对象字典，如表 6.2 所示，其中包含了描述此设备和它的网络行为的所有参数。所谓的"对象字典"，就是一个有序的对象组，每个对象采用一个16 位的索引值来寻址。为了访问数据结构中的单个元素，同时定义了一个 8 位的子索引。

表 6.2　CANopen 对象字典

索　引	对　　象
0000	Not used
0001～001F	静态数据类型（标准数据类型，如 Boolean、Integer 16）
0020～003F	复杂数据类型（预定义由简单类型组合成的结构，如 PDOCommPar、SDOParameter）
0040～005F	制造商规定的复杂数据类型
0060～007F	设备子协议规定的静态数据类型
0080～009F	设备子协议规定的复杂数据类型
00A0～0FFF	Reserved
1000～1FFF	通信子协议区域（如设备类型、错误寄存器、支持的 PDO 数量）
2000～5FFF	制造商特定子协议区域
6000～9FFF	标准的设备子协议区域（如"DSP-401I/O 模块设备子协议"：ReadState 8 InputLines 等）
A000-FFFF	Reserved

CANopen 对象字典中的项由一系列子协议来描述。子协议描述对象字典中每个对象的功能、名字、索引、子索引、数据类型、读/写属性，以及这个对象是否必须等，从而保证不同厂商的同类型设备兼容。

在 CANopen 协议中主要定义网络管理对象（NMT）、服务数据对象（SDO）、过程数据对象（PDO）、预定义报文或特殊功能对象 4 种。NMT 对象负责层管理、网络管理和 ID 分配服务，例如，初始化、配置和网络管理。SDO 主要用于主节点对从节点进行参数配置。PDO用来传输实时数据，其传输模型为生产者-消费者模型，数据长度被限制为 1～8 字节。预定义报文或特殊功能对象为 CANopen 设备提供特定的功能，以方便主节点对从节点的管理。

CANopen 设备间的通信可分为以下三种模型。

（1）主从（master/slave）模型。一个 CANopen 设备为主设备，负责传送或接收其他设备（称为从设备）的数据。NMT 协议就使用了主从模型。

（2）客户机/服务器（client/server）模型。在 SDO 协议中定义，SDO 客户机将对象字典的索引及子索引传送给 SDO 服务器，因此会产生一个或数个需求数据包（对象字典中索引及子索引对应的内容）。

（3）生产者/消费者（producer/consumer）模型。用于心跳（heartbeat）协议和节点保护（node guarding）协议。由一个生产者送出数据给消息者，同一个生产者的数据可能给一个以上的消息者。又可分为推模型（push-model）和拉模型（pull-model）两种。推模型中，生产者会自动将数据推送给消费者；拉模型需要消费者发送请求消息，生产者才会送出数据。

在 CANopen 的术语中，PDO 和 SDO 的发送或接收是由从节点方观察的，如"上传"指从 SDO 服务器中读取数据，"下载"指设置 SDO 服务器的数据。

2. 通信描述（communication profile）

网络管理（network management，NMT）协议定义（设备内部）状态机的状态变更命令（如启动设备或停止设备）、侦测远端设备 bootup 及故障场景。网络管理中，同一个网络中只允许有一个主节点、一个或多个从节点，并遵循主/从模式。主设备可使用模组控制协议变更设备的状态，此时其 COB-ID 为 0（功能码及节点 ID 均为 0），因此网络上的所有节点均会处理这个消息。该消息的数据部分包含此消息实际针对的节点 ID（此 ID 也可置为 0，表示所有节点都要变更为指定的状态）。

NMT 错误控制包括节点保护协议、心跳协议和启动（boot up）协议。

节点保护协议是一种拉模式的 NMT 协议，可以进行从设备监控。

心跳协议用于监控网络中的节点及确认其正常工作。CANopen 设备需要在启动时自动从 initializing 状态切换至 Pre-operational 状态，设备会在切换完成后送出一个心跳信息。心跳消息的生产者（一般是从设备）周期性地送出功能码 1110、ID 为本节点 ID 的消息。消息的数据部分包含表示节点状态的数据位，心跳消息的消费者负责接收上述数据。若在指定时间（于设备的对象字典中定义）内，消费者均未收到信息，可采取相应动作（如显示错误或重置该设备）。

SDO 协议可用于访问远端节点的对象字典，读取或设定其中的数据。服务确认是 SDO 最大的特点，为每个消息都生成一个应答，以确保数据传输的准确性。提供对象字典的节点（从节点）称为 SDO 服务器，访问对象字典的节点（主节点）称为 SDO 客户端。SDO 通信一定由 SDO 客户端发起，并提供初始化相关的参数。客户端通过索引和子索引能够访问数据服务器上的对象字典，所以 CANopen 主节点可以访问从节点的任意对象字典项的参数。由于对象字典中的数据长度可能超过 8 字节，无法只用一个 CAN 数据包传输，因此 SDO 也支持长数据包的分割（segmentation）和合并（desegmentation）操作。

PDO 协议可用于在多个节点之间交换实时数据。可通过 PDO 向另一设备一次传送最多 8 字节数据。一个 PDO 可以由对象字典中几个不同索引的数据组成，构成方式是进行对象字典中对应 PDO 映射，以及建立 PDO 通信参数索引。

PDO 分为传送用 TPDO 及接收用 RPDO 两种。一个节点的 TPDO 是将数据由此节点传输到其他节点；而 RPDO 则是接收由其他节点传输的数据。一个节点分别有 4 个 TPDO 及 4 个 RPDO。

PDO 可以用同步或异步的方式传送。同步 PDO 由 SYNC 信号触发，异步 PDO 是由节点内部的条件或其他外部条件触发。例如，若一个节点规划为允许接受其他节点产生的 TPDO 请求，则可以由其他节点送出一个没有数据但有设置 RTR 位的 TPDO 请求，使该节点送出需求的数据。

PDO 通信对象具有如下特点。

（1）PDO 通信没有协议规定，PDO 数据内容由它的 COB-ID 定义。

（2）每个 PDO 在对象字典中用两个对象描述，分别是 PDO 通信参数和映射参数。

• PDO 通信参数。定义该设备所使用的 COB-ID、传输类型、定时周期。

• PDO 映射参数。包含一个对象字典中的对象列表，这些对象映射到相应的 PDO，其中包括数据的长度。对于生产者和消费者，只有知道这个映射参数，才能够正确地解释 PDO 的内容。PDO 内容是预定义的，如果 PDO 支持可变 PDO 映射，那么可以通过 SDO 进行配置。

（3）PDO 具有两种传输方式：同步传输和异步传输。

- 同步传输。通过接收同步对象实现同步。按触发方式又可分为非周期传输和周期传输。非周期传输由远程帧预触发，或者由设备子协议中规定的对象特定事件预触发。周期传输则通过接收同步对象来实现，可以设置 1～240 个同步对象触发。
- 异步传输。由特定事件触发。按触发方式又可分为两种：一种是通过发送与 PDO 的 COB-ID 相同的远程帧来触发；另一种是由设备子协议中规定的对象特定事件来触发（如定时传输、数据变化传输等）。

3. 预定义连接集

为了减小简单网络的组态工作量，CANopen 定义了强制性的默认标识符（CAN-ID）分配表。预定义连接集定义了 4 个接收 PDO、4 个发送 PDO、1 个 SDO（占用 2 个 CAN-ID）、1 个紧急对象和 1 个节点错误控制。支持无须确认的 NMT 模块控制服务、同步和时间标识对象报文。

CANopen 协议中已经为特殊的功能预定义了 COB-ID，如表 6.3 所示，主要有以下几种特殊报文。

表 6.3 CANopen 预定义主/从连接集的广播对象

对　象	功能码 （bit10～bit7）	COB-ID （bit6～bit0）	通信对象在对象字典中的索引
NMT Module Control	0000	000H	—
SYNC	0001	080H	1005H，1006H，1007H
TIME STAMP	0010	100H	1012H，1013H
紧急	0001	081H～0FFH	1024H，2015H
PDO1（发送）	0011	181H～1FFH	1800H
PDO1（接收）	0100	201H～27FH	1400H
PDO2（发送）	0101	281H～2FFH	1801H
PDO2（接收）	0110	301H～37FH	1401H
PDO3（发送）	0111	381H～3FFH	1802H
PDO3（接收）	1000	401H～47FH	1402H
PDO4（发送）	1001	481H～4FFH	1803H
PDO4（接收）	1010	501H～57FH	1403H
SDO（发送/服务器）	1011	581H～5FFH	1200H
SDO（接收/客户）	1100	601H～67FH	1200H
NMT Error Control	1110	701H～77FH	1016H～1017H

（1）同步（sync）报文。主要实现整个网络的同步传输，每个节点都以该同步报文作为 PDO 触发参数，因此该同步报文的 COB-ID 具有比较高的优先级以及最短的传输时间。

（2）时间戳（time stamp）报文。为每个节点提供公共的时间参考。

（3）紧急（emergency）报文。当设备内部发生错误时触发该对象，即发送设备内部错误码。

（4）节点/寿命保护（node/life guarding）报文。主节点可通过节点保护方式获取从节点的状态，从节点可通过寿命保护方式获取主节点的状态。

（5）启动（boot up）报文。从节点初始化完成后向网络中发送该对象，并进入预操作状态。

6.7　通　信　网　络

考虑到不同的网络规模和通信技术,实时通信一般有 CAN 和 LAN(local area network)两类。本节讨论实时 LAN 技术。

6.7.1　基本模型

1. 实时通信指标

(1) 延迟。端到端数据传输延迟。实时应用的包交换是否成功不仅取决于是否接收到数据包,而且需要保证接收时间,否则可能导致系统失效。

(2) 延迟抖动。单次会话中消息延迟的最大变化为最大和最小端到端延迟之差。不同节点中队列长度、不同包交换路径都可能造成抖动。

(3) 带宽。网络数据交换的速率。

(4) 丢包率。传输过程中数据包丢失的百分比。违反延迟和延迟抖动约束、缓冲溢出、网络冲突等都可能造成丢包。过程控制需要保证 0 丢包率。

(5) 拥塞概率。新连接被网络控制机制拒绝的可能性。

不同应用对上述指标的要求各有不同。硬实时应用对延迟和延迟抖动非常敏感。线控飞机接收传感器信号的延迟在亚 ms 级。接收端缓冲是控制抖动的一种方法。缓冲可以保证最迟的包到达后,按正确的顺序发送给应用程序。为了消除抖动,接收端缓冲区大小可以按 peak rate×delay jitter 计算。

网络延迟可能造成不同的观察者所观测的事件顺序不同,导致系统状态不一致,如图 6.14 所示。对异步通信网络而言,如果出现丢包或某个站点失效,则难以在有限时间内达成一致。

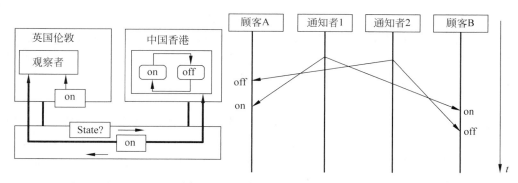

图 6.14　网络延迟造成的问题

2. 流量类型

流量类型可以根据源端数据发送率对网络流量类型进行分类。

(1) 常数位率(constant bit rate,CBR)流量。实时应用通常按 CBR 生成数据,如传感器周期性生成数据。

(2) 可变位率(variable bit rate,VBR)流量。VBR 流量的数据生成速率不同,传输时间也不同。

（3）偶发（sporadic）流量。突发传输可变大小的数据包。生成这一类流量的场景较少，如告警信息。

VBR 有不同的模式。一种 VBR 是数据源在两种时段间交替，其中一个时段按确定速率生成固定大小的数据包，另一个时段空闲；另一种 VBR 中数据源周期性发送不同大小的数据包。音频信号压缩中为了减少语音流量，静音时不生成数据。这种模式降低了带宽需求，但需要在接收端重构原始流量。对视频信号压缩而言，数据中的冗余量非常高，传输前需要用 MPEG 算法进行压缩。

为了为非实时消息提供合理的带宽，非实时流量生成率应允许自适应网络负载的条件，自适应流量平滑（adaptive traffic smoothing）按照总线当前负责高低进行调整。单位时间内碰撞的数量可以作为网络利用率的指标。

3. 基于 LAN 的硬实时通信

硬实时应用通常为 CBR 流量，对网络延迟的确定性或可预测性要求优先于网络利用率的要求。此外，为了提升利用率，可以利用硬实时传输间隔进行软实时或非实时传输。LAN 可以采用以下三类协议进行硬实时通信。

（1）全局优先级协议（global priority protocol，GPP）。GPP 协议为每个消息分配一个优先级。这一 MAC 层协议保证任何时刻都可以传输高优先级消息。RMA 或 EDF 算法可以应用于 GPP 消息调度。然而，与任务可以抢占 CPU 不同，消息传输时信道不能被抢占。同时，也不能立即确定某消息为最高优先级，应用中需要利用一些过去的信息。这两个因素与 RMA 原则有一些冲突，因此，如果 GPP 协议采用 RMA，信道利用率非常低。此类协议包括 countdown 协议、virtual time 协议、令牌环协议、window-based 协议等。

（2）有界访问调度（bounded access scheduling，BAS）协议。BAS 限制每个节点访问信道的时间以保证消息的实时性。因此，数据包等待时间是有界的。节点的本地调度算法决定包传输顺序。此类协议包括 RETHER（real-time ethernet）协议。

（3）时间表调度（calendar-based scheduling，CB）协议。每个节点复制一份指示其可用广播时间的时间表。如果表中没有为某节点预留的时间段，该节点需要在时间表中找到可用的时间槽，并将预订信息（该消息称为"控制消息"）发给所有节点，其他节点需根据此控制消息更新本地的时间表。CB 协议简单高效，适合所有消息均为周期性可预测的系统。动态预留技术属于此类协议。

countdown 协议：属于 GPP 类协议。该协议中，时间被划分为固定的间隔。在间隔的开始处进行消息优先级仲裁，一旦仲裁完成，最高优先级消息的节点允许进行传输。优先级仲裁时间（Δ）被划分为定长的时间槽。时间槽宽度一般等于介质端到端延迟。如果时间槽大于该值，信道空闲时间过长；但如果小于该值，则可能发生碰撞。在此时间槽中，各节点发送其被挂起消息的最高优先级，按位线或仲裁（如果节点发送 0 而收到 1，说明有比自己优先级高者），避免信道竞争。如图 6.15 所示，其中方框表示仲裁活动，间隔时间固定。

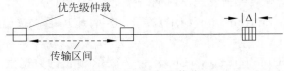

图 6.15　优先级仲裁

virtual time 协议：属于 GPP 类协议。该协议中,节点使用信道状态分析其他节点中被挂起的数据包。每个等待传输节点等待与其消息最高优先级成反比的时间(节点消息优先级越低,其等待时间越长)。等待时间结束,节点检测信道状态。如果空闲则进行消息发送;如果被占用,则等待下一帧。由于网络传输延迟,仲裁期间节点不可能立即发现另一节点在发送数据,因此,如果等待时间小于最大传输延迟,两个优先级只差一级的消息可能出现碰撞。

RETHER 协议的网络传输在 CDMA/CD 模式和 RETHER 模式之间透明转换。节点默认为 CDMA/CD 模式。当需要传输实时数据时,发送 RETHER 消息,接收此消息的节点切换为 RETHER 模式。初始节点发送数据并等待接收确认消息指示传输完成,等待超时指示传输错误或有节点失效。RETHER 模式使用时间令牌(timed token)传递技术保证通信带宽。按每个节点需传输的数据量计算 MTRT(maximum token rotation time),为其预留令牌保持时间。

4. 性能比较

网络通信设计需要分析数据流量类型、选择合适的通信协议、计算预留带宽以满足实时系统要求。其关键在于估算各节点的带宽利用率。有如下两个关键指标。

(1) ABU(absolute breakdown utilization)。该指标指示消息未错失截止期的预期利用率,如式(6.8),其中:S 为消息集;C_i 为消息大小,T_i 为消息时长。

$$U = \sum_{i \in S} \frac{C_i}{T_i} \qquad (6.8)$$

(2) GP(U)(guarantee probability at utilization)。该指标指示在信道利用率为 U 时,消息集不错失其截止期的概率。当 ABU 很低时,GP(U)接近于 1;反之,接近于 0。

ABU 是有效的实时网络平均性能指标。低带宽时,基于优先级协议性能较优;高带宽时,有界访问协议较优。随着带宽增加,优先级驱动协议性能增加,但存在拐点,与"协议性能随带宽增加性能而增加"的直觉不一致。时间令牌协议中,节点在其时间槽内连续发送数据,因而不存在上述异常。

5. 流量整形和监管

整形和监管(traffic shaping and policing)是基于令牌桶(token bucket)的网络拥塞控制和流量控制的技术。整形对超速的包进行缓存,等待速率降下来再发送。整形用于数据发送,能够减少 TCP 重传,但不能标记包。监管对复杂流量进行分类标记监控,某些包发送,某些包丢弃。发送方或接收方都可以使用监管技术。整形与监管技术比较见表 6.4。

表 6.4　整形与监管的比较

比 较 项	整 形	监 管
目标	对超速包进行缓存或排队	丢弃超速包
突发处理	用桶溢出延迟传输,平滑流量	传播突发,不平滑
优点	避免丢包重传	避免排队延迟
缺点	引入排队延迟	降低受影响数据流的吞吐率

常用的技术是带溢出率控制的令牌桶技术(如图 6.16 所示)。令牌桶中可以存放预定数量 b 的令牌,如果桶满,则丢弃令牌,新令牌按速率 r 加入桶中。每发送一个数据包,则减少一个令牌。因此,最大突发传输 b 个数据包。另外,t 时间内进入网络的数据包最大数量

为 $rt+b$。按溢出率控制,桶中至少有一个令牌时才能发送数据包。如果桶中令牌不够,采用整形器时包需要等待,采用保险器时包被丢弃或者被标记。

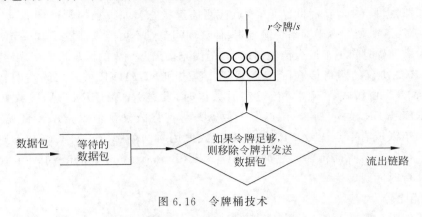

图 6.16　令牌桶技术

6. 触发方式

网络通信可以采用多种触发方式。事件触发方式下,事件到达的时间是不可预知的。如果多个事件一次性发生,在过载情况下可能会导致通信失效。时间触发可以满足确定性通信需求,支持在系统中至关重要的故障操作或容错通信需求。时间触发方式下,消息传输时间是静态定义的,通信系统具有预定义的负载,消息突发产生的负载峰值不会发生。新消息会覆盖旧消息,永远不会由于快速连续事件的出现而过载。SEA 将时间触发协议分为三类:A 类通常用于车身控制的低速网络;B 类适用于高速网络,无安全关键要求;C 类支持确定性、具有小的和有界的延迟。C 类必须考虑发生故障时安全的替代操作,支持分布式时钟同步,防止总线失效节点的干扰。

典型的时间触发协议包括 AFDX 协议、FlexRay 协议、TTP 协议和 TT-CAN 协议。AFDX 协议主要应用于航空电子系统。FlexRay 协议得到主要汽车厂商的支持,成为车载通信系统的事实标准。

6.7.2　AFDX 协议

航空电子全双工交换以太网(AFDX)是基于 10/100Mb/s 交换以太网的确定性数据网络标准。该协议由 Airbus 公司在设计和制造 A380 飞机时发起。AFDX 的前身 ARINC429 是一个支持一对一或一对多的总线系统。AFDX 网络支持速率约束流的传输,且提供延迟和确定性的上界。与 ARINC429 相比,AFDX 连线更少,减少了连线的重量。

AFDX 网络中的几个重要构件包括终端系统、交换机和虚链路。终端系统是子系统(如飞行控制计算机)与网络之间的接口;交换机是一种全双工开关,将以太网帧转发给目的终端;虚链路则是一对一或一对多的单向虚拟连接。

AFDX 对以太网进行了以下修改:①带宽分区,限制最大数据包大小和数据包调度以保证带宽;②确定的数据包顺序,表示数据包的接收顺序与其发送顺序相同;③双重冗余,表示终端系统两个端口传输相同的数据包。该通信协议源自 IEEE 802.3 的 MAC 寻址,用户数据报协议(user datagram protocol,UDP)和互联网协议(internet protocol,IP)。

虚链路将交换网络划分为多个预定义了带宽和调度时间的通信信道。虚链路是单向的,其使用的 16 位标识符是 MAC 层目标地址的一部分。网络中的交换机根据虚链路 ID 对数据包进行路由。一个虚链路会连接到一个或多个接收终端系统,却只能有一个发送终端系统。该协议的所有 MAC 地址都是本地管理,且数据包以多播形式发送。虚链路有两个重要的参数:带宽分配间隙(bandwidth allocation gap,BAG)和可以传输的最大帧大小(F_{max})。其中 BAG 值限制了虚链路的调度频率,即在虚链路上发送消息的频率。AFDX 网络中有保证的服务表示保证每条虚链路的带宽和端到端延迟。虚链路的调度由终端系统中的调度器负责。

应用将消息发送到通信端口,然后消息被封装成 UDP、IP 和以太网帧,过程中协议保证虚链路带宽满足 BAG 和 F_{max} 的限制,并多路复用所有虚链路。如果多条虚链路在同一时隙内传输,复用则会引入抖动。AFDX 交换机根据静态 MAC 表传输数据包,表中的每个 MAC 地址对应于一个虚链路标识符。AFDX 由于对带宽分配间隙和最大帧大小做了约束,使得协议具有一定的实时特性,解决交换机中无限制缓存冲突,保证延迟上界。

AFDX 网络是双余度网络,该网络中有三种类型的端口:队列端口、采样端口和服务访问点(service accessing point,SAP)端口。队列端口是面向消息的 FIFO 端口,其大小预先定义。在队列满之前,消息都会缓存在队列端口内;当对应的虚链路被调度传输时,消息则从端口中移除,队列中没有消息时将停止传输。新消息不会覆盖队列端口中的旧消息,且当应用处理消息时,相应消息从队列端口中移除。采样端口可实现为只能容纳一个消息的队列端口,新消息覆盖旧消息。此类端口支持多次读操作,因为其中的消息不会在读操作时删除。每个采样端口都有一个新鲜度标记,用于指示最新消息的接收时间,该标记可以帮助应用判断发送节点是否停止发送,或周期性发送同一消息。SAP 端口用于 AFDX 组件与非 AFDX 组件之间的通信。SAP 应用通过动态地指定 IP 目标地址和 UDP 端口来建立连接。在设计阶段,分配给虚链路的通信端口与传输的消息流类型有关。

6.7.3 FlexRay 协议

FlexRay 协议是由 FlexRay 联盟制定的用于汽车电子应用的通信协议,是时间触发和事件触发的混合体,如图 6.17 所示。FlexRay 所使用的时间触发机制带有容错的时间同步,而其事件触发协议与时间槽对齐协议(ARINC 629)类似,但是不支持等待区。使用者

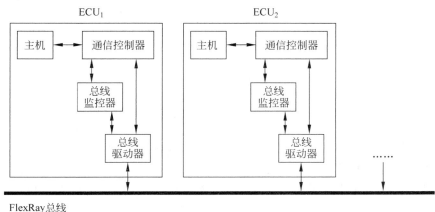

图 6.17 FlexRay 协议

需要将系统时间划分为两个相邻的区间,一个用于时间触发,另一个用于事件触发,并相应地设置系统的运行参数。

FlexRay的时间触发模型不仅具有更好(更紧致)的时间确定性,同时也是一种很好的可组合可扩展范式。每个节点只需参考驻留在本地的调度表获知各自的收发时间槽。各个本地调度表构成虚拟的全局调度表,其中空闲的时间槽可用于未来扩展。保留时间槽保证了时序出错时的时间保护和隔离。

FlexRay采用双通道总线。为了增加可靠性,消息被复制到两个通道上同时传输,为安全关键应用提供了冗余容错机制。两个通道的时间槽也可独立分配,相当于提供了两倍带宽。虽然FlexRay有很好的错误检测机制,与CAN总线不同,FlexRay提供对确认(Ack)的支持。如果应用需要可靠的通信机制,需要自己在应用层实现确认。

由于通信周期结构固定(TT)和缺乏确认机制等因素,虽然FlexRay的潜在带宽(10Mb/s)为CAN总线(500 Kb/s)的20倍,但实际应用时未必如此。

FlexRay采用FTM(fault-tolerant midpoint,容错中点)算法——一种平均算法,进行时钟同步。时钟同步和信道通信时间的确定性允许实现时态对齐的端到端计算,避免了采样延迟。系统级时间触发调度允许实现分布式控制模型的语义保持,包括常用的同步反应式语义。为了实现这个目标,需要计算层与通信层协同调度,使调度成为全局的。不幸的是,现有的标准很少强调通信和RTOS层的同步。

1. FlexRay 帧格式

FlexRay数据帧包含起始段(5字节)、净荷段、结束段三部分,如图6.18所示。数据帧在总线上传输时,将控制器内部传输队列中的消息依次进行传输。

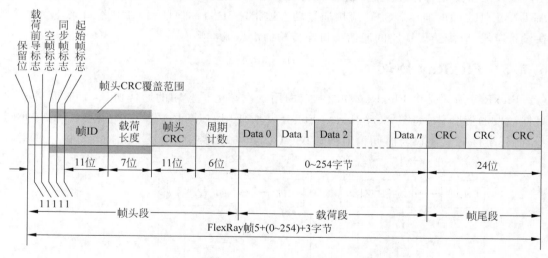

图 6.18 FlexRay 帧格式

保留位R(1位),有效负载预先指示位P(1位),空帧(无效帧)指示位N(1位),同步帧指示位S(1位),启动帧指示位S(1位)。帧ID(11位,1~2047)即时隙号,确定了传输该数据帧的时隙,在一个通信周期中同一个帧ID只能出现一次。负载段长度(7位,取值范围是0~127)指示有效负载数据大小。在任一个通信周期内,所传输的如果是静态帧,则有效负载数据长度都固定且一样;如果是动态帧,则有效负载数据长度根据实际需求而定可以不相同。帧头 CRC(11 位)对同步帧指示位、帧 ID、有效负载数据长度等进行校验。周期计数（6 位)标注发送该数据帧的通信周期(0～63)。发送节点将节点周期计数写入帧周期计数，选择需要发送的信息；接收节点根据帧周期计数进行选择性接收。有效负载数据段(0～254 字节)存储需要传输的数据信息。结束段为 24 位帧 CRC,校验起始段和有效负载数据段两部分的数据是否正确。

2. FlexRay 通信

FlexRay 以周期循环方式通信，一个完整的通信周期包含静态段、动态段、符号窗和网络空闲时间四部分,如图 6.19 所示,其中动态段和符号窗可选。静态段由连续的静态时隙(static slot)组成。静态时隙大小相同,从 1 开始递增编号。动态段由连续的动态时隙构成。动态时隙长度可变,由一个或多个定长的微时隙(minislot)组成。

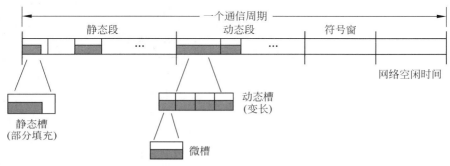

图 6.19　通信周期结构

在系统初始化时需定义波特率、时隙数目、时隙长度,以及静态段和动态段的报文分配情况等系统参数,如图 6.20 所示。静态时隙和微时隙均由 macrotick 组成。microtick 是最小的时间单位,组成 macrotick。除了通信控制器处于唤醒状态外,一个通信周期的持续时间是固定的。周期的计数值为 0～63。

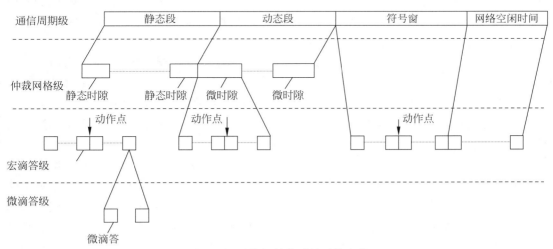

图 6.20　系统初始化时的系统参数

静态段基于 TDMA 方式进行传输,为每个节点分配其专用的静态时隙(一个或多个)。节点根据各自的时隙计数器判断其时隙到达时刻并收发报文。静态段适于时间关键应用。

动态段采取的是基于柔性时分多址（FTDMA）技术，可以基于事件触发方式对时间不确定的帧按优先级进行传输。如果帧 ID 与时隙号对应，等待发消息的节点就进行传输。

符号窗用于传输信号，主要包括三类：冲突避免检测信号（CAS）、媒质访问检测信号（MTS）和唤醒信号（WUS）。符号窗的长度在系统初始化阶段配置为固定的值。

空闲段（nit）不进行任何数据或者信号的传输，只用于时钟同步，使时钟同步无须额外开销。nit 长度为一个通信周期中除了静态段、动态段和符号窗后剩余的时间。

【例 6.6】 FlexRay 传输周期如图 6.21 所示，其中 N1、N3 节点为安全关键应用，采用冗余传输模式。N2、N4 节点按两倍带宽通信。动态段基于固定优先级调度，采用与 CAN 类似的仲裁机制。■

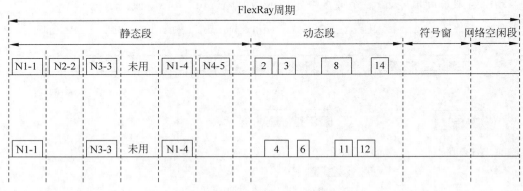

图 6.21　FlexRay 传输周期

6.7.4　TTP

TTP（时间触发协议）总线是一种基于全局同步的时间、按照预先配置的消息描述表（message descriptor list，MEDL）进行静态通信调度的高安全、强实时总线。基于 TDMA（时分多路访问）通信协议，TTP 采用总线型或星形拓扑架构，物理层采用 RS-485 总线，需要专门的总线控制器，所有节点平等地连接到总线上。

在 TTP 架构中，节点间通过广播式 TDMA 通道互连，所有数据包在两个通道中并行发送。TDMA 通信协议以固定大小的帧组织，每个帧包含 n 个时隙，每个时隙被分配给一个处理机。当一个处理器的时隙到来时，可进行发包。一帧中每个处理机所分配的时隙个数固定，因此各处理机带宽固定。TDMA 方法避免了处理机间冲突，保证了通信延迟的有界性。

通信协议处理丢包问题的一般方法是超时重传。发送者每发送一个数据包，同时启动一个定时器。如果接收确认消息超时，则重新发送该数据包。但这一模式的传输延迟无法预测。一个简单的方案是多副本传输，即同时发送一个数据包的两个以上副本。假设单信道丢包率为十万分之一，则两副本传输时，一个数据包的两个副本同时丢失的概率为百亿分之一。若一个数据包的传输时间为 1ms，则每四个月才会丢失一个数据包。两副本传输损失了至少一半带宽，但保证了传输延迟的有界性。

TTP 节点间通过两个独立的通道互连，一个数据包的两个副本同时在两个通道中传输，预期的丢包率为每三千万年丢失一个包。因此可以假定 TTP 架构中不存在丢包问题。

节点按 TDMA 时间槽(亦称时隙)进行数据收发(如图 6.22 所示),任何一个节点都预知其他节点的发包时刻。如果某时刻预期数据包没有出现,则可以确定发送节点已经失效。

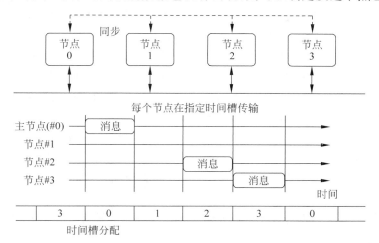

图 6.22　TTP 数据收发

每个节点都保留了系统的全局状态,包括当前模式、全局时间和当前系统成员位图等。模式指应用系统的当前工作模式。不同模式下,节点列表、各节点运行的任务、TDMA 时间槽分配和消息等不同。这一机制使接收者而不是发送者能够判断数据包是否丢失。

与 OSI 和 Internet 协议栈不同,TTP 采用一个单独的层次处理端到端数据传输、时钟同步和成员组织管理。TTP 包结构如图 6.23 所示。

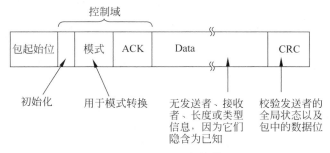

图 6.23　TTP 包结构

控制域包括初始化域、模式域(模式切换)、确认域、数据域和 CRC 域。确认域根据当前成员列表,确认前一节点的数据包,并表示本节点正常。如果没有发送预期的确认,其他节点应标记此节点无效。CRC 域为数据包和全局状态的校验和,可以同时指示所发送数据和该节点全局状态是否正确。

初始化包包含当前全局状态。成员管理要求各节点周期性广播初始化包,以表明各节点的活动与否。

如前所述,TTP 假设通信子系统工作可靠。由于每个节点都知道其他节点发送消息的时刻,可以基于"紧约束和瞬时一致性"进行故障检测,即如果在某时刻未收到应该出现的消息,则意味着发送节点发生故障。同时,TTP 网络通过记录其他节点消息发送时间偏移的平均值,使本地时钟与其他节点同步,时钟同步精度可达几十微秒(μs)量级,时间分辨率为

1 μs。如果一个消息提前或延后出现,则意味着发送者时钟出现偏移。

TTP总线采用一种分布式高精度时钟同步算法(FTA),通过多个授时节点发出的帧的相对时刻对网络进行同步,避免了传统的集中式时钟同步技术中的授时中断节点故障问题,并且无须专门的授时帧,因而不增加额外的通信带宽。

由于每个节点知道各自的TDMA时间槽位置,因此可以准确地预知数据发送时刻,避免了通信冲突。如果一个数据包的发送时刻出现几十微秒的偏移,其他节点可以检测此偏移。各节点通过计算数据包偏移平均值进行时钟同步,无须特殊的时钟管理协议。TTP的容错平均时钟同步算法要点如下。

(1)每个节点测量正确消息的预期到达时间和实际到达时间之差,以观测发送器时钟与接收器时钟的偏差。

(2)各节点根据该偏差周期性地计算本地时钟的校正项,以使本地时钟与集群的所有时钟保持同步。

(3)由于每个节点预知TDMA帧何时启动以及各自时隙在帧中的位置,因此节点可准确知道何时发送报文,避免了冲突。

(4)一旦某一节点在其预定时隙之前或之后发送消息,则其他节点将监测到该延迟,并应根据此偏移调整各自的时钟,以到达时间同步。

TTP/A针对软实时系统,主要应用于智能传感器互连的低成本现场总线协议。

TTP/C为容错时间触发协议,每个节点为Host、CNI和TTP/C控制器三层架构,一个数据包的两个副本同时在两个通道中传输,如图6.24所示。Host层为应用程序层。CNI层存储消息描述符表,并负责依据MEDL表发送消息,实现网络与主机分离,并提供数据共享接口。TTP/C控制器负责将节点连接到网络,提供有保证的传输时间和最小延迟抖动,支持容错时钟同步和快速错误校验,支持副本确定性及备用通道。

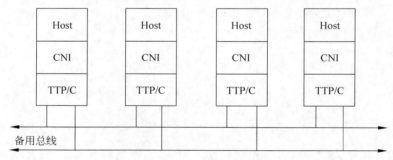

图6.24 TTP/C网络结构

6.7.5 时间触发体系结构

基于公共时钟的同步通信架构是高可靠分布式实时系统平台,但多个分布式节点之间的高精度同步通信的实现却非常复杂。由维也纳工业大学提出的时间触发体系结构(time-triggered architecture,TTA)是一种典型的分布式实时系统架构,其设计原则与复杂性管理、递归组件概念以及基于单一机制的一致通信等问题相关,关注可依赖性(dependability)和鲁棒性。可依赖性由可靠性、安全性、可维护性、可用性和保密性等要素构成。

TTA 中，各个自主独立的节点由实时通信网络互连，基于容错时钟同步。每个自主节点包含通信控制器和嵌入式计算机，基于复制广播信道通信。单个节点失效可被其他节点检测到，并且理论上可以恢复失效节点的响应性。节点可基于 FTA，通过比较消息时间戳，达到充分的时钟同步精度。由于各节点时钟不可能完全同步，存在残差，因此 TTA 采用稀疏时序格（spare timing lattice）时基，保证可以根据事件时间戳，重建所有事件的全局时态顺序。TTA 实例如图 6.25 所示，包括三个节点和两个冗余广播信道。

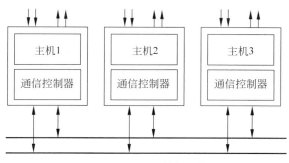

图 6.25　TTA 结构示例

每个 TDMA 时间槽可以视为由通信和计算两个时间段构成的，如图 6.26 所示。通信阶段亦称接收窗，发送节点向总线发送消息，其他节点侦听总线，等待接收消息。计算阶段亦称帧间时隙（inter-frame gap），每个节点改变其内部状态，此时总线处于静默状态。

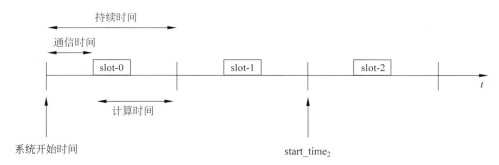

图 6.26　TTA 通信时间槽

按照第 1 章所述，RTE 系统构件化设计应遵循的 7 个设计原则，TTA 为系统中的每个节点提供一个容错的稀疏全局时基，用于建立事件的一致性时序，解决同时性问题，构造确定性行为，提供时间触发消息通信，支持容错机制。组件是 TTA 的基础构件，是一个自包含的软硬件单元。TTA 组件采用基于消息的链接接口（LIF），支持组件组合（递归）。组件通信基于基本消息传输服务（BMTS）。BMTS 支持事件触发消息、速率受限消息（rate-constrained）和时间触发消息。如果 TTA 中各个子系统都采用 TTP 等基于 TDMA 的时间触发通信系统，则 BMTS 保证传输延迟为常数，且抖动最小化为一个全局时间单位，即抖动取决于全局时间精度。

TTA 是一种完全基于计算和通信模型（MoCC）的体系结构，其关键特性为强同步性。由于采用全局离散时间概念进行接口、调度和容错，TTA 同步开销大，TDMA 调度要求严格，导致增加了为了适应不同应用需求或系统升级而进行重新设计的成本。

如果无法采用 TTA 基础设施(如无线网)却仍然需要提供一致性逻辑同步时基以实现完美可控的时序行为,则需要放宽 TTA 语义。LTTA 架构(loosely time-triggered architecture,松弛 TTA)基于时间触发异步计算和通信模型,参考类周期(quasi-periodic)体系结构,各个计算和通信部件由自主非同步的本地时钟触发。通信介质的行为类似共享内存,采用非阻塞通信。这种模式可能存在过采样或欠采样,导致多副本或数据丢失,需要补偿协议。因此,LTTA 提供 BP-LTTA(back-pressure,反压)和 TB-LTTA(time-based)两种协议,保证同步执行同步应用。LTTA 实现为软件中间件,提供 TTA 所要求的容错、调度和接口等服务。LTTA 以安全部署同步应用为目标,可用于连续反馈控制系统,如空客公司的全电子飞机(all-electric aircraft),其马达控制为 μs 级,飞行管理为 ms 级。

6.7.6　时间触发以太网

时间触发以太网(TTEthernet)是一种应用于安全相关系统的容错实时通信协议,将时间触发、速率受限和标准以太网三类数据流集成在一个物理基础设施中。TTEthernet 交换机提供了在三种流量之间进行可靠划分的方法。

TTEthernet 是对交换式以太网标准 IEEE 802.3 的扩展,既支持标准的以太网流量控制,又支持确定性的消息传输。TTEthernet 的端系统可以使用标准的以太网控制器。交换机区分 ET 消息(标准的事件触发以太网消息)和 TT 消息(确定性的时间触发消息)两类。ET 和 TT 消息格式与以太网标准完全兼容,两者的区别在于消息中的类型域或其他信息(如地址域)。对于 TT 消息,交换机按照固定的小延迟进行传输,不使用缓冲。ET 消息在没有 TT 消息传输的时间间隔内进行传输。如果 ET 消息和 TT 消息传输冲突,可以使用不同的消除冲突策略。

入门级 TTEthernet 可以支持 100M 带宽,以消息报文中的类型域标识 TT 消息,并采用可抢占的时间控制电路交换(P-TCCS)策略消除 TT 和 ET 消息冲突,即中断 ET 消息传输,以小的延迟和最小化抖动传输 TT 消息。当 TT 消息传输结束,交换机自动重传被抢占的 ET 消息。

常规 TTEthernet 支持 TT 消息的周期、相位和字长配置。由于交换机预知 TT 消息的循环周期(cycle,或"轮"),因此可以使用冲突避免的时间控制电路交换(CA-TCCS)策略,即调整 ET 消息的发送时间,避开 TT 消息发送时间,实现无冲突的消息调度。例如,对于到达时间接近 TT 消息发送时间的 ET 消息,可先将其缓冲,待 TT 消息传输结束后再发送。

6.7.7　无线传感器网络

传感器节点由传感器、微控制器和无线通信控制器构成。节点资源有限、计算能力弱、内存小、通信能力弱,采用电池或利用环境电磁辐射供电。传感器节点可以接收各种物理、化学或生物信号。通常通过在观测区域内部署几十到数百万传感器节点,构成自组织无线传感器网络(WSN),监测其所属环境的特征属性。

WSN 通过多跳信道将采样数据传送到与互联网连接的基站,如图 6.27 所示。WSN 中的传感器节点需要检测其相邻节点并建立通信关系,构建网络拓扑结构,规划连接基站的路由信道。一旦路径上某个活动节点失效,必须重新生成相应的网络。只要有不低于最小数量的节点处于活动状态,且保持与基站的连通性,WSN 就可以正常工作。在基于电池供电的网络中,网络的生命期取决于电池容量和节点能耗。传感器节点、通信协议和应用软件的低功耗设计与优化是 WSN 应用与研究中的重要问题。

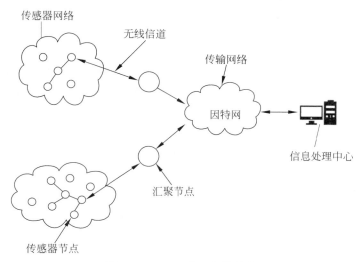

图 6.27　WSN 典型拓扑结构

6.8　本章小结

单处理器调度技术经过 30 多年的发展,已经相当成熟。多处理器实时调度理论是实时系统研究的重要分支。与单处理器实时调度问题不同,多处理器实时调度需要考虑任务划分问题。对于多核处理器任务调度,其目标是按照某种策略将每个任务合理分配到各个处理器内核上并行有序地执行,需要最小化任务间的通信开销和等待时间,使任务的执行时间最短。对于具有相关依赖的任务集,通常使用有向无环图描述相关任务之间的关系。针对多核处理器有向无环图任务的调度技术主要包括表调度、聚类调度以及基于复制的调度等。CPOP(critical path on a processor)和 HEFT(heterogeneous earliest finish time)是两个典型的表调度算法,都是参考有向无环图关键路径的特征为各个任务指定优先级和分配计算节点。异构多核环境下的任务调度问题属于 NP 难问题,即只能得到近似最优解。

分布式实时系统与多处理器实时系统的差别在于各个节点的时钟同步问题和同步与通信机制。分布式实时系统既是实时嵌入式系统应用的一种必然形态,也是保证安全关键系统高可靠性要求的一种重要手段。分布式实时系统整体调度分析是实现时间安全性保证的关键问题,任务链响应延迟和数据新鲜度是两个重要指标。在汽车电子等领域的实际应用中往往采用端到端任务或消息模型,并采用显式或隐式两种通信语义,结合时间触发网络进行分析。近年来,由于 LET 模型具有可预测和可组合等特点,基于 LET 语义的通信模型逐渐受到工业界重视。

对硬实时分布式系统,设计与分析的难点在于不同节点间的异步交互。航空电子网络通常使用全局异步本地同步(globally-asynchronous locally-synchronous,GALS)模型。GALS 系统设计中,任务由本地时钟驱动。但由于网络中各个节点的时钟难以完全同步,节点间的交互为异步的。为了验证系统的属性,设计者必须理解所有节点的交错执行状态。

为了纠正某个竞态可能导致出现更多的错误,具有很大的挑战性。

与 GALS 方法相反,全局同步方法假设各个节点的时钟完全同步,系统中不存在不确定的异步交互,易于应用,但其实现仍然基于异步平台,因此需要提供系统化方法,关联同步设计模型和异步执行模型。基于时间触发的体系结构采用全局同步方法,避免了资源竞争和时间不确定性等问题,对安全关键系统尤为重要。

分布式实时系统中的通信网络(包括现场总线)为小型局域网,执行机制分事件触发和时间触发两类,传输介质可为有线和无线。本书未讨论 WirelessHART 和 6TiSCH 等无线网络。

思 考 题

1. 设 n 个处理器,k 个独立可抢占周期任务,周期为 p。令 $T = \mathrm{GCD}(p_1, p_2, \cdots, p_k)$,

$$t = \mathrm{GCD}\left(T, T\left(\frac{c_1}{p_1}\right), \cdots, T\left(\frac{c_k}{p_k}\right)\right)$$

证明该任务集具有可行调度的充分条件是 t 为整数。如果 t 不是整数,那么它还是可调度的吗?

2. 设任务集属性如表 6.5 所示,且系统中有两个处理器用于执行该任务集。判断该任务集的可调度性,并给出任务执行时序图。

表 6.5　任务属性

任务 ID	周　　期	WCET
1	40	32
2	10	3
3	20	4
4	10	7

3. 请分析 PFair 算法中判决规则的作用。

4. 哪些情况会出现调度异常?

5. 比较单处理器系统、多处理器系统和分布式系统中资源同步策略的异同。

6. 试分析释放抖动对 Holistic 调度算法的影响。

7. 分析 CAN 总线的实时性。

8. 请分析 TTP 所采用的 FTA 时钟同步协议的同步精度和通信开销。

9. 分析拜占庭错误对 FTA 的同步质量的影响。

第7章　实时嵌入式软件设计

据报道,1996 年 6 月 4 日,耗资 80 亿美元的欧洲宇航局阿丽亚娜 501 火箭(Ariane 5 Flight 501)发射升空仅 37 s 后爆炸。经检查,爆炸原因是惯性制导系统软件的规约和设计错误,64 位浮点数转换为 16 位有符号整数时触发异常中断,导致主发动机点火 37 s 后制导和姿态信息完全丢失。

基于结构化的设计思想,软件设计是通过对软件系统进行足够详细的决策,使之有可能在物理上得以实现的过程。软件设计需要将需求分析的结果(需求分析模型和规格说明)转换为软件设计模型(软件体系结构、数据、过程和接口等),其设计结果为描述软件设计模型的设计规约。软件设计是一个迭代的过程。

需求分析模型包含数据对象描述、处理规格说明和控制规格说明。将需求分析模型翻译为软件设计模型的过程包括数据设计、体系结构设计、过程设计和接口设计等,主要分为概要设计和详细设计两个设计阶段。概要设计将软件需求转换为数据结构和软件体系结构;详细设计即过程设计,通过细化体系结构,设计详细的数据结构和算法。

软件需求规格说明定义了应用需求。应用需求确定后,开始进入系统设计阶段。嵌入式实时软件设计需要完成多项任务,其中,明确各种设计要素非常关键,包括系统需求、输入输出、实时截止期、事件响应时间、事件到达模式和频率、系统构件、并发任务、调度算法及任务间通信的同步协议等。如果不考虑设计方法和建模工具的差异对设计步骤的影响,如何将应用划分为多个并发执行的任务是设计者必须解决的问题。这一过程可以采用面向结构或面向对象的方法。

实时软件设计的实际挑战在于并发处理。传统上,计算机程序是顺序的和确定的,相同的输入产生相同的输出,与处理器速度无关,具有非时间敏感性。然而,物理环境是并发的,实时软件必须对环境中的并发事件进行响应,而计算机并发执行引入不确定性,并发活动可能按任意交错的顺序发生,同一输入序列在每次执行时可能产生不同的输出序列。如前面章节所述,并发控制包括如何描述并发(语言和 API)、如何使用并发(同步)和如何控制并发(调度),以及保证时序和资源等。

定义实时约束需要对编程语言进行注释或逻辑扩展,可以使用时态逻辑或具有时态结构的形式化语言。可以采用与设计或实现无关的声明式语言定义抽象规约,也可采用实现语言定义集成规约,使用语言变量描述实际的时间和资源状况。

不同语言指定时序约束的方法、粒度和类型各不相同。典型的时序约束可以针对语句、活动、任务或事件。实时语言通常在其语法中增加表达计算的时序约束的语句,支持异步范式和同步范式。异步范式采用进程模型的语言,基于传统的运行时模型假设,即进程按优先级抢占执行,竞争资源。这种模型限制了执行行为的可预测性。同步范式采用同步语言,基于同步假设定义计算的逻辑顺序,具有很好的逻辑行为确定性。

本章讨论与实时嵌入式软件设计相关的任务划分、程序结构、时序约束、编程模型和编程语言等问题。

7.1　任务定义与划分

任务是软件设计中的核心概念,多任务范式是系统模块化设计的有效方法。但任务的含义比较模糊,不同层次抽象不同。从应用层模型角度,FSM 中的迁移转换、DFG 中的操作、OOD 中的类、UML 中的用例、Event-Action 中的 action、DARTS 中的转换等都可以映射为任务。在执行层,任务为 OS 的基本调度实体或对象,如进程、线程。应用层的任务映射到 OS 层执行。如何根据系统需求而定义或抽取任务,需要仔细考虑,甚至需要融合多种方法。

面向过程的结构化设计方法以过程化编程语言为中心,涉及自顶向下和自底向上的设计过程,要求按信息隐藏原则将软件分解为多个软件组件,实现"低耦合,高内聚"。信息隐藏屏蔽了组件的内部实现细节,仅将其功能暴露给其他组件,因此对组件具体实现的修改不会扩散至其他组件。

7.1.1　DARTS 方法

结构化方法(structured methodology)层次化地自顶向下分析和设计系统,是计算学科的一种经典的系统开发方法。结构化方法的基本思想就是将待解决的问题看作一个系统,从而用系统科学的思想方法分析和解决问题。结构化方法遵循抽象、分解和模块化等基本原则。分解即分治,抽象通过分解体现。在自顶向下的分解过程中,上一层是下一层的抽象,下一层是对上一层的精化或实现。模块化通过封装实现软件组件的复用。

结构化方法包括结构化分析(structured analysis,SA)、结构化设计(structured design,SD)和结构化程序设计(structured program design,SPD)三部分内容。Gane/Sersor 结构化分析、Demarco 结构化分析、Yourdon 结构化设计等方法是面向过程(面向数据流)方法的代表,Jackson 方法和 Warnier-Orr 方法是面向数据结构方法的代表。

模型问题是结构化方法的核心问题。建模通常从系统的需求分析开始,在结构化方法中,就是使用 SA 方法构建系统的环境模型;然后使用 SD 方法,确定系统的行为和功能模型;最后用 SPD 方法进行系统的设计。SD 的主要任务就是在系统环境模型的基础上建立系统的行为和功能模型,完成系统内部行为的描述。实现系统行为和功能模型的主要建模工具包括数据字典、数据流图、状态变迁图和 ER 图(实体-关系模型)等。1966 年提出的 Bohm-Jacopini 程序结构理论指出,任何程序的逻辑结构都可以用顺序结构、选择结构和循环结构三种结构进行构造,于是 SPD 逐渐形成,并相继出现 Modula-2、C 和 Ada 等结构化程序设计语言。

实时结构化分析与设计(RTSAD)是对结构化分析与结构化设计(SASD)方法的扩展,用于定义实时系统软件需求规约和程序设计。该过程主要使用状态转换图和控制流图(描述控制转换),并将状态转换图与数据流图相结合(输入事件流触发状态转换,输出事件流触发数据转换)。"扩展"指使用状态转换图描述实时系统的激励响应行为。

在 RTSAD 过程的结构分析(RTSA)阶段,系统被分解为多个功能,称为变换或过程,并且以数据流或控制流的形式定义功能之间的接口。变换包括数据变换或控制变换。RTSA 需要建立一个包含环境模型和行为模型的基本模型,亦称需求模型。环境模型描述系统运行时的所处环境,即外部实体、输入和输出。行为模型描述系统的功能,也就是对激励的响应。在实时系统中,系统响应依赖系统状态。多种 CASE 工具支持 RTSA。

结构化设计是一种基于模块化/构件化设计的程序设计方法。按照 RTSA 所定义的需求规格,结构设计阶段(RTSD)使用结构图定义设计方案,将功能映射为模块(进程或函数),并描述模块之间的连接(控制流图)与接口。

RTSAD 方法在分析阶段要定义响应时间规范,包括用户输入响应时间、外部事件响应时间、输入采样时间、输出频度等。在设计阶段要确定每个任务的时间需求,即根据 RTSA 的时间规范将时间预算分配到各个任务,如给出每个任务响应时间的比例。

RTSAD 方法的主要问题是不支持并发,其设计结果为一单独的程序。实时系统设计方法(DARTS)在 RTSAD 方法的基础上,提供了任务结构化标准和任务接口定义准则,支持并发任务设计。任务结构化规则指导设计者如何考虑系统内部功能的并发特性,以便将系统分解为并发的任务。任务接口可采用消息通信、事件同步或信息隐藏(共享数据访问)等技术。

DARTS 使用任务架构图表示系统分解为并发任务的过程和任务接口,用结构图表示任务中的多个模块(过程或函数),用事件序列图表示响应外部事件的过程中所执行的任务序列。

任务划分时需要识别出并行性的功能。DARTS 通过分析数据流图中的变换,确定哪些变换可以并行,哪些变换本质上是顺序的。任务定义为顺序的执行过程。一个任务可对应一个变换,也可对应多个变换。具体应用时可以参考自外而内方法(outside-in approach),首先识别系统的输入输出设备和数据流,从 I/O 交互的角度定义应用软件中的各个任务。当然,这些任务并不是所有最终的任务,但是有效的任务定义入手点。

根据任务的计算要求和执行周期,DARTS 方法基于任务功能的 I/O 依赖性和时间关键性特征,按照功能内聚和时间内聚的原则进行任务划分。

1. 确定设备依赖

非同步的设备需要由独立的任务处理。主动 I/O 设备为发出中断与应用进行通信的设备。这类设备可以周期性产生中断,或与其他主动设备同步或异步(非周期)地产生中断。当设备接收新的数据或完成数据输出后都可能发出中断请求,提醒应用进行新数据处理或进行新的数据输出。中断响应可以在 ISR 中进行,也可以激活对应的任务而在任务中完成。被动 I/O 设备不产生中断,而是由应用主动与之交互。这类交互同样可为周期性(轮询)或非周期性的,实现周期性轮询的方法很多。由于程序循环的执行时间受中断等因素的影响,在循环中使用时间延迟实现周期控制的方法并不可靠,恰当的方法是基于定时器中断。

可供参考的任务设置规则如下。

(1) 对于不同的主动同步 I/O 设备,由于它们的速率不同,应指定单独任务进行管理。

(2) 对于中断不频繁且截止期较长的设备,可以组合为一个任务。

(3) 对于输入速率与输出速率不同的设备,应指定单独任务进行处理,利于 RM 优先级分配。

（4）对于多任务共享的设备,应设置一个资源访问控制任务(监视器)进行互斥同步管理。

（5）如果某个设备的事件通知需要发给多个任务,应设置一个事件分发任务。

2. 确定事件依赖

实时系统中的事件包括外部事件(设备中断)和内部事件(任务间通信)。可以为不同事件设置相应的任务,或设置一个任务处理多个事件。

3. 确定时间依赖

实时应用中不同功能的关键度或紧急程度不同,截止期也各不相同。关键任务执行失败可能造成灾难性后果,必须满足它们的截止期。紧急任务的截止期相对较短。可以按截止期要求设置不同的任务,并分配任务的优先级。另外,对于周期不同的活动,可以将相同周期的活动组合为同一个任务。对于需要在同一时间执行的多个活动,即使它们各不相关,也可以组合为同一个任务,以降低系统调度开销。

4. 确定计算密集型活动

数据处理等计算密集型活动往往截止期较长。这类任务可以分配较低优先级,或按相同优先级以时间片轮转方式执行,或在没有关键任务的空闲时间片中执行。

5. 确定功能一致性

对于功能相关或存在数据依赖的活动,应组合为一个任务,可以避免同步或通信开销。

6. 确定特殊功能的任务

确定特殊功能的任务,如安全功能,包括故障监测、设置报警、通知用户等。

7. 确定顺序一致性

具有顺序依赖关系的一系列活动,应组合为一个任务。

【**例 7.1**】 机器人控制器的任务划分。如图 7.1 所示为基于数据流图的任务划分,图中的虚线框为识别出的任务。■

7.1.2 COMET 方法

COMET(concurrent object modeling and architectural design method)方法是 DARTS 方法的延伸,综合了面向对象和并发处理概念,基于 UML 语言开发并发应用软件。该方法涵盖需求建模、分析建模和设计建模等软件生命期。

OOD 方法用例图描述应用场景中的用例(功能)之间的关系。用例被映射为线程(任务)。类图中的各个类(对象),按顺序图交互(消息通信和收发顺序),按协作图协同,完成一个用例。OOD 并不考虑并发问题,隐含着按"对象结构化规则"确定任务。但如果所有对象都映射为任务,系统开销过高。对象是类的实例,类是对象的类型。OOD 基于抽象和信息隐藏概念,通过判断问题域中的实体确定对象。

在需求建模阶段,采用用例模型,其中,系统使用者、外部系统、I/O 设备甚至定时器都可以被抽象为角色。

分析建模阶段建立系统的静态模型、对象结构和动态模型。静态模型采用系统上下文(system context)描述系统与外部环境的接口。由于 UML 不支持系统上下文图,可以采用协作模型进行描述。

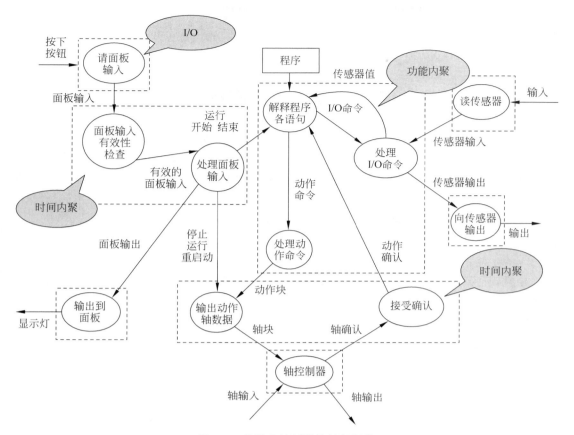

图 7.1　机器人控制器的任务划分

在设计建模阶段,建立系统的体系结构设计模型。

7.1.3　任务时间预算

在任务结构化过程完成后,需要根据需求分析得到的系统对外部事件的响应时间要求,为各个并发任务分配时间预算。这一步骤可以采用事件序列分析法,通过事件序列图描述内部事件和外部事件所激活的任务序列。所有事件响应任务的执行时间(WCET)、附加任务和系统开销(同步、通信、上下文切换等)之和必须小于整体的响应时间要求。

事件序列分析法也可用于可调度性分析。分析 CPU 利用率时,应分别考虑周期任务和非周期任务的激活频率。对非周期任务,可以考虑平均激活率和最大激活率。

时态逻辑适用于定义实时嵌入式系统的规格说明。PLTL(parametric liner temporal logic)对 LTL 操作符进行了量化和参数化上下界扩展,使用非负整数表示事件发生时间,适合定义系统中的重要事件之间的量化和符号化时态关系,可用于在设计流程的早期抽象描述系统需求,建立时间预算分配方法。

基于组件的时间预算方法中,首先按系统设计需求将系统分解为多个组件及其功能和参数化时间需求;其次,组件进一步层次化地分解其功能。分解过程中添加约束和优化准则。此方法的输出为参数化组件时间预算,组件实现时必须同时满足其功能和时间预算约束。组件层次化过程可以采用有向无环图(DAG)表示,根节点代表功能,其他节点代表组件。功能需求分解基于所谓需求分解对(requirement decomposition pairs,RDP)。RDP 表示为$(f,\{g_1,g_2,\cdots,g_n\})$,其中 f 为待分解的需求,g_i 为 f 分解后的子需求。

7.2 嵌入式程序结构

嵌入式系统由控制(信号处理器)、计算和通信等方面或组件构成,需要管理多个任务。一方面,这些任务往往具有硬实时截止时间约束,与各种片上或板级传感器和执行器外设交互;另一方面,这些任务通过多个网络与其他处理器通信,构成分布式系统。通信信道可以为有线或无线。嵌入式控制系统的性能需求决定其计算平台、输入输出和软件体系结构。软件质量由相互通信的任务、设备以及网络的接口性能决定。

7.2.1 多任务协作

通常,任务间往往采用共享数据方式进行交互。任务的执行速率可能不同,因此采用共享数据协作方式时需要注意数据的完整性问题。

【例 7.2】 ISR 负责模数转换器(ADC)的 I/O。主循环使用采样数据的伪代码如下。

```
int ADC_channel[3]
ISR_ReadData(void) {
    Read ADC_channel[0]
    Read ADC_channel[1]
    Read ADC_channel[2]
}

int delta, offset
void main(void) {
    while(TRUE) {
        ...
        delta = ADC_channel[0] - ADC_channel[1];
        offset = delta * ADC_channel[2];
        ...
    }
}
```

中断服务程序可以挂起主循环,可以在任意时间执行。如果在 delta 和 offset 两条语句之间发生了一次中断,当中断返回时,可能导致 ADC_channel[0-2]改变,使 offset 赋值为非预想的数值。甚至 delta 的计算也受影响,因为中断可能发生在一条语句执行的过程中。一条高级语言语句可以编译为多条汇编指令,而一条汇编指令具有非中断原子性。

需要原子执行的代码段称临界区(critical section)。保证临界代码的数据一致性是程序员的责任。所有处理器都提供开关中断的指令。

【例 7.3】 使用中断开关 API 函数 enable()和 disable(),临界代码区的编程模式如下。

```
void main(void) {
    while(TRUE) {
        ...
```

```
        disable();
        delta = ADC_channel[0] - ADC_channel[1];
        offset = delta * ADC_channel[2];
        enable();
        ...
    }
}
```

由于 ISR 具有高优先级,为了保证实时性,只能在绝对需要时才能关中断,而不能频繁关中断。

7.2.2　主循环结构

按 ANSI/IEEE 1471—2000 标准,软件体系结构定义为"系统的基本组成,蕴含于其组件、组件之间的关系、环境以及控制系统设计和进化的原理之中"。嵌入式软件需要反映嵌入式系统的基本特征。通常嵌入式软件可以采用简单的组织结构。如果系统需要快速响应各种具有硬实时截止时间的事件,如飞行控制、引擎控制等,则需要采用复杂的软件结构。按照响应性或实时性要求,嵌入式系统中的各种任务具有不同的优先级。

典型的嵌入式系统软件架构包括如下五种。

(1) 轮询结构。

(2) 轮询与中断结构。

(3) 函数队列调度结构。

(4) 状态机结构。

(5) 实时操作系统(参见第 3 章的有关内容,在此不再赘述)。

1. 轮询结构

轮询结构的软件组织为一个主循环,程序按顺序轮询每个设备,并为它们提供所需的服务,轮询软件结构如图 7.2 所示。当完成所有设备的服务后,从头开始新一轮的轮询。轮询软件伪代码如下。

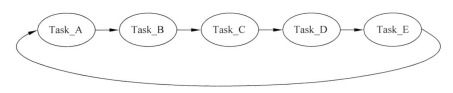

图 7.2　轮询结构

```
void main(void) {
    while(TRUE) {
        if (device_A requires service)
            service device_A
        if (device_B requires service)
            service device_B
        if (device_C requires service)
            service device_C
        ... and so on until all devices have been serviced, then start over again
```

```
        }
    }
```

采用轮询结构时,最坏情况响应时间是所有代码的执行时间之和。此结构十分脆弱,增加设备或在一个几乎达到时间极限的循环中增加一些额外的处理,则可能导致系统失效。此外,如果某些任务具有严格的截止时间(具有最高优先级),只需简单地增加检查次数,如以下代码中的 device_A。

```
void main(void) {
    while(TRUE) {
        if (device_A requires service)
            service device_A
        if (device_B requires service)
            service device_B
        if (device_A requires service)
            service device_A
        if (device_C requires service)
            service device_C
        if (device_A requires service)
            service device_A
        ... and so on, making sure high - priority device_A is always serviced on time
    }
}
```

2. 轮询与中断结构

提升轮询结构性能的方法是使用中断。紧急任务由 ISR 实现,在主循环中设置后续处理的标志。如果没有紧急情况发生,则处理器继续循环操作,按照主循环中的顺序处理更多的普通任务。这种方式简单,同时还可以提升高优先级任务的响应时间。低优先级任务的WCRT 为主循环中所有代码的执行时间与所有 ISR 的执行时间之和。

伪代码如下。

```
BOOL flag_A = FALSE; / * Flag for device_A follow - up processing * /

/ * Interrupt Service Routine for high priority device_A * /
ISR_A(void) {
    ... handle urgent requirements for device_A in the ISR,
    then set flag for follow - up processing in the main loop ...
    flag_A = TRUE;
}

void main(void) {
    while(TRUE) {
        if (flag_A)
            flag_A = FALSE
            ... do follow - up processing with data from device_A
        if (device_B requires service)
            service device_B
        if (device_C requires service)
          service device_C
            ... and so on until all high and low priority devices have been serviced
    }
}
```

由于利用中断机制,因此需要注意共享数据一致性问题。如果低优先级任务进行数据计算时被中断,而所使用的数据由高优先级的 ISR 提供,则需要注意中断返回后低优先级任务中的数据有效性。

3. 函数队列调度结构

函数队列调度是一种分配中断优先级的方法。这种结构中,ISR 负责响应紧急的设备请求,将后续处理函数的指针置于函数队列中。主循环仅仅检查函数队列,如果队列不为空,则调用队列中的第一个函数。这种方法类似于 RTOS 中基于优先级的任务调度机制。代码如下。

```
// 函数指针队列
void interrupt vHandleDeviceA (void) {
    // 处理 I/O 设备 A
    // 将 function_A 放入函数指针队列
}

void interrupt vHandlerDeviceB (void) {
    // 处理 I/O 设备 B
    // 将 function_B 放入函数指针队列
}

void main (void) {
    while (TRUE) {
        while ( /* 函数指针队列为空 */ );
        // 调用队列中的第一个函数
    }
}

void function_A (void) {
    // 处理设备 A 所需的动作
}

void function_B (void) {
    // 处理设备 B 所需的动作
}
```

函数的优先级按排队顺序指定,不一定按照中断发生的顺序入队。简单的入队方法是按优先级,高优先级任务在队首,低优先级任务在队尾。最高优先级任务的最坏情况时序是队列中最长任务的执行时间。这种最坏情况为中断向队列前端插入高优先级函数指针时,处理器刚刚开始执行最长的任务。最低优先级任务的最坏情况时序是无穷,即高优先级任务被不断地插入队列前端,低优先级任务永远得不到执行机会。

函数队列的优势在于可以为任务分配优先级,弱势在于比上述几种结构复杂(除了RTOS),并且存在共享数据一致性问题。

4. 状态机结构

多任务和多线程是编程语言和操作系统支持并发的两种主要方法,它们由调度器指派交错执行。线程调度和上下文切换开销通常小于 1ms。然而,如果只是希望某些活动交错执行,则无须指令级线程切换。活动是独立的指令序列,也称为程序块。程序由多个独立的活动组成,每个活动负责响应输入事件或超时事件。

程序块可以定义为基于 FSM 的函数过程,代码如下:

```
int cs = STATE0; // {STATE0, STATE1, ..., STATEn}
block p(void) {
    switch( cs ) {
        case STATE0: ···
            // STATE0 的代码
            break;
        case STATE1: ···
            // STATE1 的代码
            break;
        ···
        case STATEn: ···
            // STATEn 的代码
            break;
    }
}
```

其中 STATE0, ···, STATEn 为状态常量, 状态变量 cs 的值为当前状态。初始时, 每个程序块从 STATE0 开始。活动执行时, 执行与当前状态对应的语句。因此, 每一次活动激活时, 如果 cs 未发生改变, 则执行相同的语句。如果 cs 发生了变化, 则转换至与之相应的状态。

一个程序中可以包含多个 FSM, 每个 FSM 彼此独立。每次转换(调用一个程序块)为一个原子操作, 即一旦执行必须执行直至完成。转换不允许重叠执行, 但不同 FSM 可以交错执行, 即一个块进行一次转换, 跟着另一个块进行一个独立的转换, 等等, 以此实现并发行为。虽然这种方法不像多线程模式普遍, 但这种模式非常简单, 对简单系统非常高效。

如果需要三个 FSM 协同, 每个 FSM 具有 WORKING 和 WAITING 两个状态, 且它们的初态都为 WORKING, 则:

```
int cs1 = WORKING;          // {WORKING, WAITING}
int cs2 = WORKING;
int cs3 = WORKING;
block t1(void) {
    switch( cs1 ) {
        case WORKING:
            // 执行某些动作
            cs1 = WAITING;
            break;
        case WAITING:
            if (input1 is ready) cs1 = WORKING;
            break;
    }
}
block t2(void) { ··· }      //与 t1 类似
block t3(void) { ··· }      //与 t1 类似
```

一旦某个 FSM 完成其工作, 则进入 WAITING 状态。如果没有可用的输入, 则保持在 WAITING 态, 否则进入 WORKING 态。下一次程序块被调用时, 将恢复其工作并再次进入 WAITING 态。

为了每次指派这些程序块, 需要分派器(block dispatcher), 负责每次执行时顺序调用每一个程序块, 例如:

```
void dispatcher() {
```

```
        for(;;) {
            t1();
            t2();
            t3();
        }
    }
```

注意,程序块的执行顺序总是相同的。此时,处理器利用率为 100%。

如果程序块执行需要延迟固定的 50ms,且时钟嘀嗒的分辨率为 10ms,可以引入 TICKING 状态等待满足延迟时间。假设所有程序块的执行时间小于 10ms,有:

```
int clock;                    // 按 10ms 嘀嗒
int cs1 = WORKING;            // {WORKING, TICKING}
int cs2 = WORKING;
int cs3 = WORKING;
int ticks1, ticks2, ticks3;
block t1(void) {
    switch( cs1 ) {
        case WORKING:
            // 执行某些动作
            cs1 = TICKING; ticks1 = clock + 5;
            break;
        case TICKING:
            if (ticks1 > = clock) cs1 = WORKING;
            break;
    }
}

block t2(void) { … }    // 按 10ms 嘀嗒
block t3(void) { … }    // 按 10ms 嘀嗒

void dispatcher() {
    int end;
    end = current time + 10 milliseconds;
    for(;;) {
        t1();
        t2();
        t3();
        if (end > = current time) {
            ++clock;        // 一次嘀嗒
            end = current time + 10 milliseconds;
        }
    }
}
```

7.3　时序约束与编程模型

实时约束为对系统中各个事件时序的限制。对实时应用中的动作施加时序约束(temporal constraint),规范了应用的时序行为(timing behavior)。这些约束通常表现为动作执行时间值的可能范围,或事件发生时间的上界。

实时系统具有内在的并发和时序特征。主要的时序要求包括截止时间、周期以及访问时钟,主要的并发要求包括任务/线程、优先级以及调度策略。为了正确地实现实时系统,需要清楚地定义软件系统中计算的时序和及时性,并保证其在执行平台上正确地运行。然而,当前用于实现这些时间敏感应用的编程语言却缺乏显式的表达时序属性的语义结构,导致验证时态属性或系统处理时序冲突非常困难。

实时编程与时序相关,实时语言的语法和语义中集成了时序信息。不同语言的抽象层次不同,其时序表达形式亦不相同。

7.3.1 时序约束与时钟

离散时间模型使用整数变量建立时间模型。模型中预先定义一个最小的可测量时间单位,称为时钟嘀嗒。每次嘀嗒按预订量使时间递增。虚拟时钟(fictitious clock)方法基于嘀嗒显式地将时间转换为一个全局状态变量。发生在第 i 次和第 $i+1$ 次嘀嗒之间的事件的发生时间不确定,被截断为时间 i。因此,两个事件之间的准确时间间隔也无法度量。

铁路和飞行控制等自动化系统高度依赖事件的反应时间,其时序约束要求更为精确和复杂,需要采用稠密时间模型。稠密时钟的时间按实时量(有理数)增加。对时序正确性而言,稠密时间模型的表达力更强,过程的组合处理更直接。

实时系统由多个功能部件构成,需要选择适合的方法描述各个部件之间的交互。一种方法是使用一个全局物理时钟(也称主时钟)指示系统中反应发生的时间。这种系统可视为单时钟系统,由各个组件的时钟(本地时钟)初始化的反应动作是由全局时钟初始化的动作集的子集。各个组件的时钟之间以及它们与全局时钟之间紧密关联。因此,修改某个本地时钟的属性时需要考虑对整个系统的影响,可能引起全体时钟再同步。

另一种方法是不采用全局时钟,仅基于各个组件的本地时钟,称多时钟系统。这种方法有利于基于组件的设计,可以增量式开发复杂系统。当多时钟系统中的各个组件之间没有交互时,无须进行精确的时钟同步,只需维持事件发生顺序及其可能的并发一致性。

时序约束可定义为时钟变量值的布尔条件。时钟变量(简称时钟)的值随时间增加。时钟可为全局的或本地的,全局时钟对系统中的所有进程可见,本地时钟仅对其所属进程可见;时钟可为绝对的或相对的,绝对时钟按全局定时器取值,系统初始化后不重置,相对时钟按某个定时器取值,可以为其他两个时钟之差;时钟可为离散的或稠密的,对于一个实时系统,所有时钟只能采用离散时钟或稠密时钟之一,但可以同时存在相对时钟、绝对时钟,或全局时钟、本地时钟。

不同模型的实时规约语法不同,即不同系统模型的时钟变量的布尔条件语法各不相同。通常,按系统状态评估条件的真假。例如,在时间自动机模型中,如果时钟 x 和 y 的布尔条件为"$x<3 \wedge y \geqslant 8$",则只有在两个时钟都满足谓词的系统状态下,该条件才为真。

图 7.3 展示了系统执行时与物理环境的交互过程。其中,Φ 为环境中的物理过程,Δ 为实时系统中的逻辑进程。Δ 在 τ_1 时刻接收 Φ 的输入,经过延迟时间 $\Delta\tau=(\tau_2-\tau_1) \leqslant r$ 后,在 τ_2 时刻向 Φ 输出计算结果。Δ 在处理器 p_1 上执行一段时间后,请求信号量以访问某个临界资源。这一等待延迟是无界的,导致逻辑时间不连续(以虚线表示)。当获得信号量后,Δ 在 p_1 上恢复执行,并通过网络向处理器 p_2 发送计算结果。通信延迟再次使逻辑时间不连续。最终,Δ 在 p_2 上执行完成,向 Φ 输出计算结果。

r 由 Φ 决定,为进程 Δ 的一个实时约束,即 $\Delta\tau$ 不能超过 r 为该实时系统必须满足的正确性需求。r 的取值范围代表了系统的关键度级别。

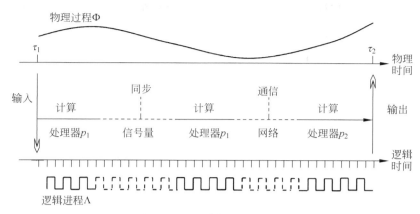

图 7.3　系统执行的交互过程

进程 Λ 按离散的逻辑时间执行。对 Φ 而言,逻辑时间仅在 τ_1 和 τ_2 时刻与物理时间一致,在 $[\tau_1,\tau_2]$ 区间内,逻辑时间与物理时间不同。

可见,物理时间和逻辑时间的关系受执行平台的性能和负载、调度算法、同步协议、通信协议以及代码和编译优化等因素的影响。

时序约束可以在设计或运行时进行验证,也可以混合进行。设计时验证的约束与实现无关,运行时可以验证优先级分配方案,对于需要准确的执行时间的离线可调度分析可以采用混合验证。严格的时序约束使系统设计和验证过程更为复杂。时间模型可以是稠密的或离散的,相应的系统综合和验证方法也不同。

7.3.2　实时语言的时间语义

很多实时语言的时间实现机制基于不同类型的定时器。定时器基于无界延迟语义,存在平台依赖和无界延迟问题。无界延迟指定时器过期时刻与模型对此失效的反应时刻之间的延迟是无界的。无界延迟问题由多种因素造成,例如,在插入进程的输入消息队列之前,定时器过期消息的等待时间;定时器消息之前的所有消息的处理时间;以及进程与其输出消息队列之间的交互时间。当定时器被设定为 t 时,对其解释实际上处于一个任意的时段,即 $[t,\infty)$,无法满足表达实时系统时序行为的可预测性要求,难以调试和分析。

ROOM 通过定时器提供的各种计时(timing)服务来表示不同的时序约束,例如,延迟定时器、周期定时器和 informIn 定时器。然而,它依赖于定时器的时间语义并没有对模型中的时间表达式给出明确的解释,使得设计人员无法分析和预测模型的时序行为。

CSDL 和 TAU2 等语言仅支持时间延迟语义。CSDL 依赖于异步定时器机制,该机制能够访问引用物理时钟的全局时钟。TAU2 采用两阶段执行模型:第一阶段中,异步执行某些原子动作,如通信或计算,但时间不前进;第二阶段中,时间同步前进,但不执行动作。两个阶段中都可以发生系统状态变化。TAU2 采用虚拟时间模型,与物理时间无关。从虚拟时间角度,它们的时间行为是确定的,不存在无界延迟问题,可以通过仿真或验证判定设计模型是否满足需求规约。但当自动化地进行 TAU2 转换时,却将其时序描述简单地翻译为无界的物理时间,导致动作激活时间与模型行为存在较大偏差,甚至事件顺序都不相同。

Esterel 语言是一种命令式编程(imperative programming)风格的同步编程语言。Esterel

使用"信号"进行并行执行程序之间的通信。一个 Esterel 程序在同一时刻可执行多个动作。同步语言基于同步模型简化了系统行为分析,但亦导致程序行为存在逻辑矛盾。为了解决这一问题,Esterel 语言提出程序行为的"逻辑一致性"概念,为程序定义了一种称为"构造性语义(constructive semantic)"的程序语义,以此确保程序行为的逻辑一致性。Esterel 采用虚拟时间模型,与物理时间无关,不存在无界延迟问题。Esterel 不支持显式的时序描述,而是通过对系统中的活动进行计数,以此表示时间的流逝。通过对固定的时间间隔中的活动计数进行物理时间建模。进行模型到实现的转换时,将完全的同步假设替换为数字电路的同步假设,即将零执行时间替换为一个时钟周期。这种替换方法的正确性基于完全同步假设与数字电路同步假设偏差很小这一事实。由于同步假设的确定性,Esterel 实时机制足以描述和分析时序约束,且支持正确性保持变换(correctness-preserving transformation)和具有平台无关语义(platform-independent semantic)。

POOSL 包含两部分,其进程部分是基于 CCS 的时序(MITL)和概率扩展,数据部分基于传统的面向对象语言。使用单一执行模型,设计者可以使用 POOSL 所提供的丰富的并发、不确定性选择、延迟和通信等程序结构实现语言所不直接支持的机制,描述分布式实时系统中的复杂功能。基于虚拟时间域,进程执行树(process execution tree,PET)提供 POOSL 与 C++ 之间的平滑转换。与其他一些支持可预测性的语言类似,POOSL 的语义基于两阶段执行模型,确保了在系统建模阶段就支持可预测性。

并且,系统实现需要与外部系统按物理时间域进行交互。虚拟时间域与物理时间域(在此为机器时间)一样,都是单调递增,因此两者所观测到的事件顺序是一致的,故而 PET 调度器确保了实现与模型两者间事件的顺序相同,即实现保证满足模型的定性时序性质(安全性和活性)。为了使物理时间域与虚拟时间域的量化时序行为近似(ε 接近),PET 调度器在执行时使两个时间域同步,确保在定时状态序列(timed state sequence)之间的距离上,实现的执行总是尽可能接近模型的踪迹。时间状态序列是系统的一次执行,每个状态附加一时间区间。如果两个时间状态序列为 ε 接近,则它们具有相同的状态序列,且相应区间左端点的绝对差值的最小上界小于或等于 ε。由于平台的物理限制,调度器可能难以保证实现与模型 ε 接近。使用 Rotalumis 的 POOSL 程序员可以从调度器得到动作错失截止期的信息,并据此调整模型时序或更换高性能物理平台。

7.3.3　实时编程模型

按时间抽象表示方法,实时编程模型可以分为异步(asynchronous)模型、定时(timed)模型和同步(synchronous)模型三种。

异步模型的程序由多个任务组成。系统采用 Ada、C 和 Java 等语言编程实现,在 RTOS 等调度机制的控制下并发执行。调度机制基于中断或物理时钟。从逻辑时间的角度,系统行为依赖于执行平台。进程的执行时间受任务的调度策略、处理器性能和利用率等因素影响,因此逻辑执行时间无法预知,系统的可预测性分析复杂。实际应用中,通过定义基于物理时间的截止期使系统的逻辑时序行为有界,即要求逻辑执行时间≤截止时间。

定时模型中,物理过程与逻辑进程在 τ_1 和 τ_2 之间没有交互,其逻辑执行时间 $\Delta\tau = (\tau_2 - \tau_1)$ 为常数,精确等于进程 Λ 所花费的计算和通信时间。因此,与异步模型类似,定时模型同样具有平台依赖性。两者的差别在于定时模型的时序信息预知,因此该模型也被称为预估时间(preestimated time)模型,可以进行系统时序行为推理。时间自动机(timed automata)属定时模型,其状态标注了驻留时间。Giotto 也采用定时模型。逻辑执行时间信息需要设计者进行标注,该值通常接近于理想的物理执行时间。定时模型的优势在于提供了在设计早期进行系统逻辑时态行为属性验证的可能性,如编译时的调度事件检查。异步模型假设逻辑执行时间未知,定时模型假设已知,因此,定时模型适合于实时嵌入式系统设计的可预测性分析,如设计时就进行是否会出现违反响应时间约束或错失截止期异常的判断。

同步模型仅关注系统的功能属性。对同步模型而言,系统对事件发生的一系列响应完全确定了系统的逻辑时态行为。与定时模型类似,物理过程与逻辑进程在 τ_1 和 τ_2 之间没有通信。同步模型基于同步假设,因此区间 $[\tau_1, \tau_2]$ 被视为单一的逻辑时刻,是平台无关模型。虽然同步模型抽离了系统的量化时序属性,但对系统的功能验证而言却是有效的和可信的,程序对环境响应的本质功能属性不随物理执行时间变化而变化,也不受处理器主频的影响。

同步语言将时间抽象为逻辑嘀嗒,将平台相关属性和平台无关的行为相分离。这些方法的核心在于分离逻辑时间和实时。编程模型是确定的,如果操作系统和执行平台可以保证存在不违反时序约束的可行调度,则所实现的实时系统满足编程模型的要求。因此,要求在进行可调度分析之前必须得到程序的可靠有界的 WCET。

同步假设将对时序行为控制的焦点从任务内转移至任务间。由于任务瞬时完成,因此任务只有完成和运行两种状态。当任务从完成态进入运行态,其将瞬间执行完成并返回完成态,因此无须控制任务内的时序行为。任务中的计算被抽象为事件。因为任务瞬间完成,各个任务互不干扰。编程时只需关心各个任务的释放事件何时发生,是在当前嘀嗒还是在下一个嘀嗒。相对其他方法,语义上基于嘀嗒的时序控制更精确。

7.3.4 程序语句级时序控制

实时编程的困难在于实时软件开发对时间和环境敏感。如前所述,对于只有一个输入传感器和一个输出执行器的简单控制系统,采用轮询控制循环就足够了。但复杂的系统包含众多传感器和执行器,需要同时处理具有不同特性的众多事件。对于单处理器系统,只能交错地响应这些并发事件。并发引入不确定性,导致组合多个控制循环并保持时序正确性非常困难。过快或过晚产生响应都将导致系统不稳定。响应时间由环境决定,而不是由处理器性能决定。

实时控制系统是典型的 I/O 密集型(I/O-intensive)应用,需要精确控制 I/O 操作的带宽、延迟、抖动和端到端时延等时序参数。简单控制循环可以采用"sense-and-control-then-delay"循环程序结构,如:

```
for(;;) {
    // 采样和控制动作
    delay … ;
}
```

或采用多阶段循环模式:

```
for(;;) {
    // 采样
```

```
        delay … ;
        // 控制动作 1
        delay … ;
        // 采样
        delay … ;
        // 控制动作 2
        delay … ;
    }
```

单个控制循环容易实现,但组合多个控制循环并保证时序正确非常困难。

多数编程语言采用基于状态的计算模型,通过执行一系列计算步,改变程序的全局状态。这种顺序计算模型不适合异步时序控制和执行。例如,对于如下语句序列,假设语句 s0 在 t0 时刻执行,s1 在 t1 时刻执行,等等,则 s5 的实际执行时刻难以预测,且依赖于处理器主频。

```
s0; s1; for(…){ s2; s3; s4; } s5; s6; …
t0   t1  t2              t?        (real time)
```

如果需要 s5 总是在正确的时间执行,则需要引入 at 语句,指定 s5 的开始执行时刻 t10,如:

```
s0; s1; for(…){ s2; s3; s4; } at t10 do s5; s6; …
t0   t1  t2                  t10      (real time)
```

注意,这种模式在程序执行时可能发生时序冲突,如果 for 循环时间过长,或 t10 过早,则这种模式在程序执行时可能发生时序冲突。反之,处理器执行完 for 循环后,必须等待或执行其他任务,直至 t10 才开始执行 s5。

at 为时间点语义。如果 t10 为墙钟时间(如 2020 年 1 月 1 日 8：00),且系统提供相应的日历服务,则 at 语句容易实现。但如果 t10 为相对 t0 的时长(如 10ms),则难以使用 at 语句实现。此时通常采用 delay 语句:

```
s0; s1; for(…){ s2; s3; s4; } delay 5ms; s5; s6; …
t0   t1  t2                  t10  (real time)
```

delay 语义为"delay 语句开始执行后,等待指定时间"。对于上述语句序列,由于 for 循环执行时间不确定,因此难以保证精确时序"t10 相对 t0 后 10ms"。

如果需要周期性执行 s1,可采用循环结构的 at 语句,如:

```
for(i = 0; i < 100; ++i ) at 5 * i do s1;
```

或 every 语句,如:

```
every 5 do s1;
```

7.4　实时编程语言

与通用程序设计语言不同,实时编程语言要求提供并发编程和时序约束描述能力。不同语言支持不同的编程模型,可分为异步范式和同步范式两大类。

7.4.1 异步范式

异步范式基于传统的多进程/多任务模型,典型的实时语言为 Ada 和 RTEuclid。

Ada 和 CSP 等异步语言适合分布式计算,每个进程按自己的步调执行,进程间通信采用消息传递等机制。异步模型中进程松耦合,通信完成时间不确定。

此外,某些编程语言可以处理时序违例。Ada 显式地支持描述绝对延迟和超时。RTSJ 支持实时线程和事件处理。这些语言支持进行基于实时间的推理。

1. Ada 语言

Ada 语言为实时嵌入式系统设计而定制,当前标准为 2005 版。虽然其语言标准先后更新了多次,但 Ada 的主要应用局限于国防和航天领域。Ada95 被认为是第一个国际标准的面向对象编程语言,也被认为是第一个实时语言。Ada95 引入三个语言构造高效的支持调度、资源竞争和同步,包括如下。

(1)控制任务分派的 pragma。

(2)控制任务调度交互的 pragma。

(3)控制任务队列和资源队列排队策略的 pragma。

另外,通过引入标签类型、包和保护单元,Ada95 成为完全的面向对象语言。通过使用这些构造,可以使所定义的对象具备面向对象语言的四个特征:抽象数据类型、继承、多态和消息传递。

Ada 具有许多直接支持时序和并发编程的原语,其中 delay 和 delay until 分别用于相对的和绝对的延迟任务的执行时间。delay until 约束延迟下界,不限制上界。Ada 没有支持非周期和偶发任务的原语,只能使用其为支持中断机制而提供的低级原语。Ada 使用 task 结构支持并发,分别使用 task-dispatching-policy 和 priority 标识符指定调度策略和优先级。

2. RTEuclid 语言

Real-Time Euclid 是 Euclid 语言的实时扩展,是最早出现的实时语言之一,主要针对可调度性分析,允许合理精确地估计 WCET。该语言对系统和进程的行为进行了一系列假设,包括限制使用递归和动态存储分配等语言结构。RTEuclid 强制所有语言结构都实现时间和空间有界,因此总是可以进行程序中的进程(任务)可调度性分析。RTEuclid 使用 signal 和 wait 表达并发行为,引入异常处理和输入输出表实现错误检测、隔离和恢复,非常适合实时软件的高可靠性要求。但 RTEuclid 的互斥采用 FCFS 策略,没有考虑时序信息,且不允许并发,因此其运行时系统无法满足时序约束(可以采用其他技术实现)。

7.4.2 同步范式

ESTEREL 和 SyncChart 等同步语言使用控制结构和显式的语句顺序命令式编程,LUSTRE 和 SIGNAL 则使用数学公式表达功能和关系依赖。SIGNAL 的优势在于其描述具有多时钟关系的电路和系统的能力,并支持设计精化。在基于同步语言的开发工具中,最著名的是 SCADE,其代码生成器 KCG 将基于 LUSTRE 的建模语言翻译成 C 语言。KCG 是获得民用航空软件生产许可(DO-178B/C)的第一个商用代码生成器。目前,SCADE 已应用于我国航空航天、轨道交通及核电等安全关键领域。

同步语言基于同步假设,即系统对输入事件的响应足够快,完全可以在下一次输入事件到达前产生对应的输出事件。无须考虑持续时间是同步方法与传统异步方法的最大差别。系统执行被划分为连续、非重叠和同步(瞬间)执行的动作,因此,执行的时序是确定的,设计者可以安全地专注于系统行为的功能属性。虽然使用同步模型保证了系统设计的正确性,但需要专门确认实际执行平台满足同步假设的实现步骤,即证明执行平台的性能足以确保反应动作的延迟界满足实时约束。同步假设对系统进行了恰当的抽象,避免了异步模型内在的时序不确定性。

如果系统的输出依赖于当前和过去的输入,则为因果关系(causal)系统;如果输出只依赖于过去的输入,则为严格因果系统。同步抽象有两种语义,分别对应因果和严格因果两种控制场景。

(1) zero-time 同步。在本周期开始时完成(输入、计算、输出),无延迟。

(2) 一步延迟同步。在本周期开始时完成输入,本周期中完成计算,下一周期开始时再进行输出。打破反馈回路通常需要包含严格因果部件。

同步语言可以基于事件驱动和时钟驱动两种实现模型。事件驱动模型的每一次响应动作由输入事件初始化,时钟驱动则由抽象的时钟嘀嗒初始化。可以将时钟嘀嗒视为一个纯输入事件,即不携带数据的事件。两种模型都假设所有响应动作所需的内存容量和执行时间有界。

同步语言支持程序属性分析。同步模型虽然没有考虑量化的时序,但描述了与事件的时序密切相关的顺序和同步属性。逻辑瞬间可以看作事件发生的时间戳,其集合为部分序,可以用于事件发生时刻的先后比较和确定系统执行时事件的发生频度。逻辑时间基于逻辑或抽象时钟,由编译器对一系列抽象时钟约束进行一致性分析以验证无死锁等行为属性。

学术界进一步研究了同步方法和异步方法相结合问题,代表性工作包括 CRP (communicating reactive processes)语言。CRP 程序由独立的反应式 Esterel 节点组成(称 Esterel 节点网络)。各节点基于同步语义响应外部事件,节点之间的通信为异步语义,基于 CSP 的会合/握手机制。CRP 范式对 Esterel 和 CSP 进行扩展,使其进行会合(阻塞)通信时可以使用本地看门狗。

1. Esterel 语言

Esterel 的基本语言对象为 signal(信号)和 module(模块)。signal 可以携带值或无值(无值者称为"纯信号"),由环境产生或由 emit 指令发给其他程序。Esterel 语言的反应式语义基于逻辑时刻,此时系统对外部事件进行响应。每个逻辑时刻,signal 出现或不出现。tick 是预定义的一种无值 signal,对应于控制系统活动的全局抽象时钟。假设该时钟快于系统中的其他时钟。信号发生时刻的集合构成逻辑时钟。Esterel 程序中所有语句按全局抽象时钟(tick 信号)执行。也有研究者提出了多时钟版 Esterel。

module 用于定义 Esterel 程序的结构,由接口(输入输出信号)和定义模块行为的模块体构成。激活时,模块瞬间执行完成。一个 Esterel 程序可以视为由嵌套的并发线程构成。Esterel 语言主要包括如下特征。

(1) 通信与同步。由构成模块的实体间瞬时广播的信号实现。

(2) 抢占与延迟机制。抢占通过 suspend、pause 等语句实现。

(3) 组合。支持顺序组合(I1;I2)和并行组合(I1 ∥ I2)。只有当语句 I1 和 I2 都终止时,并行组合语句才终止。

基本 Esterel 语句见表 7.1。

表 7.1　Esterel 基本语句

语　　　句	说　　　明
emit s	立即发送信号 s
present s then P else Q end	如果信号 s 有效,执行 P,否则 Q
pause	停止当前控制线程,直至下一次响应
P ; Q	执行 P,然后执行 Q
loop P end	无限重复 P
loop P each s	P 再次执行 P,如果 P 执行时 s 发生,则终止 P 并立即重启;如果 P 在 s 发生前终止,则需要等待 s,再重启 P
await s	等待 s 发生
P ∥ Q	同时开始 P 和 Q,当两者都终止时终止
abort P when s	执行 P 直到 P 完成或 s 发生
suspend P when s	执行 P,除非 s 发生
sustain s	循环发送 s
run M	为模块 M 扩展代码

几乎所有实际的 Esterel 程序都有一个无限循环,描述了非终止控制循环,是大多数嵌入式设备的工作方式。

Esterel 程序由逻辑 tick 驱动执行。每个 tick,程序对环境进行采样,并根据环境输入信号完成某种响应。注意,对输入事件的所有响应在同一个 tick 内发生,即在逻辑时间上,输入与对应的输出之间的延迟为 0(zero-delay)。

符号 ∥ 划分并行的线程,await tick 为线程的开始。await 指令为延迟结构,即延迟程序执行直至指定的信号发生。同时,await tick 还表示当前 tick 结束,pause 指令是 await tick 的简写。

抢占是 Esterel 的重要特性之一。abort 和 when 之间的语句为 abort 块(abort body),可以由语句和线程构成。当 when 的信号出现时,abort 块终止。abort 可以嵌套,最外层优先级最高,最内层优先级最低。

【例 7.4】　抢占式 ABRO 程序。当接收到输入信号 A 和 B 后,程序发送输出信号 O。A 和 B 可以按任意顺序或同时到达。当接收到输入信号 R,程序立即重新初始化。[…]用于消除句法优先级冲突。Esterel 代码如下:

```
module ABRO:
    input A, B, R;
    output O;
    loop
        [ await A || await B ];
        emit O;
    each R
end module
```

■

Esterel 将耗时的计算建模为任务,任务的执行时间(从激活到执行完成)为非 0,即至少需要一个 tick。task 语句结构用于任务定义。

```
task task_id (f_par_lst) return signal_nm (type);
```

其中,task_id 为任务名;f_par_lst 为形参列表(引用或值);signal_nm 为任务返回信号名,可以返回多个信号。

exec 结构用于初始化和激活任务执行。

exec task_id (a_par_lst);

其中,a_par_lst 为实参列表。

Esterel 程序可以采用基于变迁系统或基于时态逻辑的方法进行验证。基于变迁系统的验证方法分别建立程序和设计规格的变迁系统模型,再使用互模拟(bisimulation)等技术比较两个模型的关系。逻辑验证方法使用某种逻辑语言规定所需的程序属性,再使用推理或模型检查技术来验证程序可以满足这些属性。

基于变迁系统的验证方法适于纯 Esterel 程序验证。程序规格由一系列刻画程序某方面属性的属性集构成。通过对程序自动机的行为进行分析,判断其是否满足设计规范。但是即使是一个中等规模的程序,其自动机可能规模巨大,存在大量的信号、信号组合以及内部状态。为此提出相应的精简技术,包括观察判据和化简判据。观察判据指明哪些信号是可观的。化简时,其他不可观迁移用空标记和特殊的状态代替。化简判据将自动机中的顺序迁移边用一条边代替,以隐藏某些状态,达到化简的目的。

时态逻辑验证方法使用时态逻辑公式描述设计规范,并将程序转换为自动机,然后采用全自动或半自动模型检查方法验证自动机是否满足逻辑表达式。对于纯 Esterel 程序,全自动验证意味着对于给定的程序和规范,可以使用成熟的工具进行检查。对于违例者,工具可以给出反例,用于指导程序调试。对于包含无界类型数据变量的程序,其正确性由某种公理系统保证。此类程序不能自动验证,需要采用理论证明技术。

2. Giotto 语言

实验性时序描述语言 Giotto 首次引入逻辑执行时间(LET)的概念。在 Giotto 语言中,任务为代码片断。Giotto 为每个任务指定 LET,后续任务按等于 LET 的间隔(周期)激活执行。任务与任务之间以及任务与环境之间通过端口进行通信。仅在任务的 LET 开始处读输入端口或传感器,在 LET 的结束处写输出端口或执行器。LET 模型使得不同并发活动之间的交互具有良构和确定性,即某值何时产生,某时使用何值都是可预知的。系统可观察的行为就是其逻辑行为,与物理执行无关,如图 7.4 所示。

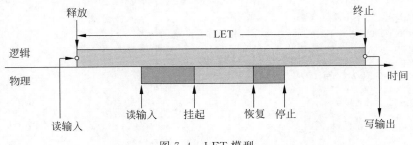

图 7.4　LET 模型

LET 程序可以分布于多个机器中,其时序确定性的关键在于程序执行时间和通信时间都是确定的。因此,分布式 LET 程序易于在 TTA(time-triggered architecture)等支持时间同步的系统中实现。对时间安全行为而言,分布式与非分布式 LET 程序的时序行为是等价的。

Giotto 程序中,多个并发任务组成一个模式(mode),在环境或系统的特定状态下执行。不同模式的周期可以不同。任何时刻 Giotto 程序只能处于一个模式。任务在模式内按预定频率激活。模式切换时,可以加入或移除某些任务。

Giotto 采用时间触发执行模式。时间触发语言清晰地将应用的功能与其时序定义相分离。应用由使用时间触发语言描述的时间定义与使用任何编程语言编写的任务功能代码构成。功能代码不涉及时间控制,时间定义指定精确的通信和处理活动的开始时间。系统状态及其操作模式只能在预先定义的时刻发生变化。专用编译器基于这两种描述生成执行控制代码,交由目标平台上的时间触发执行系统进行解释执行。清晰划分功能和时序定义可以减少应用开发过程的平台相关性,允许开发者更加专注于系统的逻辑行为,而不是任务调度或时间管理等实际执行机制。任务调度和时间管理可以交由编译器完成。

7.5 本 章 小 结

实时软件设计需要充分的先验知识。

- 并发性。到底有多少同时发生的激励和响应需要处理。
- 可预测性。有哪些激励和响应,发生模式是什么。
- 可用性。系统需要处理哪些可能的错误或失效场景。

任务既是应用层概念,又是运行时概念,可以从多个角度进行任务划分和定义。程序结构选择影响系统设计的复杂性和可靠性。在满足响应需求的前提下,应尽量选择最简单的程序架构。

异步模型易于理解,但存在行为不确定性,难以分析验证。为了满足安全关键嵌入式系统的可信设计要求,20 世纪 80 年代初开始研究同步语言。同步语言采用数学模型作为语义基础,可以无二义地定义系统规约,描述系统行为,有效地分析和验证系统属性,以及通过程序变换自动地构建满足功能需求的系统实现。同步语言程序具有确定性和可预测性,支持并发和层次化。同步语言方法支持平台无关设计,并提供统一的设计框架。

Esterel 等同步语言专用于反应式系统,其进程紧耦合,通信为瞬间广播式,具有行为确定性,即接收者在消息发送的同时收到此消息,输出与对应的输入同时发生,没有可观测的延时。同步语言使用多种形式的时间概念而不是时钟时间。

同步方法和异步方法为互补的两种设计方法。同步方法保证系统功能行为正确,异步方法保证执行时间等非功能属性正确。复杂的应用需要结合异步和同步两种模型,如采用逻辑执行时间模型 LET。

思 考 题

1. 比较实时编程语言 Real-time Euclid 和 Real-time Concurrent C 的特征,并分析它们是如何支持静态系统和动态系统的。

2. 为了支持实时性分析,实时编程语言引入了哪些编程限制?

3. Ada 语言提供了哪些支持实时系统软件设计的语言结构?

4. 解释 Esterel 语言中"同步"的含义,并描述其反应式编程模型。

5. 比较异步编程语言与同步编程语言的特征。

6. 如果需要将 C 语言扩展为实时编程语言,请给出一些建议。

第8章　形式化方法

通用系统设计强调确保其计算功能的正确性，反应式系统设计的重点在于确保系统与外界交互行为的正确性。按 ABC 范式，系统设计时，结构涉及将系统分解为子系统，功能涉及系统的数据变换，行为涉及系统对外部激励和内部事件的响应。行为是反应式实时系统的关键特征。

形式化方法是一系列以进程代数、逻辑、自动机和图论等数学理论为基础，用于准确无歧义地描述和分析系统属性的符号化表示方法和技术。形式化分析技术用于验证系统是否满足设计规约，要求软件设计从形式化规约开始，按照逐步精化的方式最终得到实际程序代码。这一过程的每个精化阶段都经过演绎验证（deductive verification），以保持设计的正确性。演绎验证使用不变式作为正确性断言。不变式定义程序中变量之间的某种联系，可用于检查代码在不同开发阶段的一致性，如 Event-B 方法。执行过程中，不变式必须在某些特定的控制点成立。程序员向程序代码中添加不变式可以增强其对程序运行方式的直观理解，并进行运行时代码检查。

形式化方法可以在系统开发的不同阶段为设计者提供一个统一的形式化的系统描述，可以发现、定位并分析设计错误，甚至自动或半自动地将设计转换成初步实现。例如构造可靠软件的净室方法（cleanroom method），在整个开发过程中都使用形式化方法进行代码精化，试图使软件在各个设计阶段都能够保持相对于前一阶段的正确性。理想情况下，能够从系统规约开始，反复地进行设计精化并验证每个设计阶段的正确性，直至获得满足系统规约的程序代码，实现软件代码自动生成。

当前典型的形式化方法使用状态机和逻辑语言对系统行为和属性进行抽象。时态逻辑表达的实时系统的时序行为和约束可分为定性（事件顺序）和量化两类：定性时态逻辑可以描述事件的优先顺序和因果等关系；量化时序逻辑可以精确表达事件的持续时间和超时。事件顺序（ordering）分为线性和分支两类。对于顺序关系，时态域可以是稠密的（dense）或离散的（discrete）；时序逻辑的时间可以是隐式的或显式的；时间引用可以是相对的或绝对的。隐式方式隐含逻辑公式的取值时刻为当前时刻，显式方式使用时间变量表达时间。绝对时间参考理想时钟，使用 s 或 ms 等表达持续时间或截止时间。相对时间使用时间单位（time unit）表达时间，需要在系统实现阶段确定相对时间与绝对时间的映射关系。时间模型有点时间模型和区间时间模型两类。区间时间模型的表达能力强于点时间模型，可以在更高层次抽象建模，易于理解。

必须注意，形式化方法的目的不是保证绝对正确性，而是在于提高设计可信度。形式化方法需要先对系统进行建模，因此，其局限性在于只能针对具体实现的抽象模型进行验证。系统模型与实际系统可能不一致，模型正确不能代表实际代码正确。另外，正确性证明过程也可能存在缺陷。由于系统的复杂性,证明过程通常只覆盖了系统功能和非功能属性的有限部分。

8.1　系统级设计方法

系统被定义为属于同一整体的各个部件的组合。系统规范(specification)提供了所设计系统的模型。模型是实例的一种抽象,可以以实物、数学表达式或可视化语言等形式进行表达,应准确描述实例的特定特征和属性。

系统的外部模型刻画系统运行上下文和环境。上下文显示系统之外的情况,表示系统被置于由其他系统和过程所构成的环境之中。系统边界体现了系统的使用者或其他系统对此系统的依赖。明确系统边界是系统需求规约的重要内容。交互模型刻画系统与环境之间以及系统的各个组件之间的交互;结构模型刻画系统的组成结构或所处理的数据结构;行为模型刻画系统执行过程中的动态行为及其对各种事件的响应。系统需响应的环境激励包括数据到达或触发系统执行的外部事件。事件可以关联数据,但多数情况下并不携带数据。

例如,UML 采用活动图描述进程或数据处理过程中涉及的各个活动,每个活动代表处理的一个步骤。用例图描述系统与环境的交互。顺序图表示角色(活动对象)与系统之间以及系统的各个组件之间的交互。类图描述系统中的对象以及对象之间的关联。状态图显示系统对其内部和外部事件的反应。

模型驱动工程(model-driven engineering,MDE)是一种软件开发方法,尚处在逐步完善的过程中。MDE 用一系列模型表示系统,并自动将这些模型综合转换为可执行代码。MDE 的优势在于自系统的高层抽象开始系统设计,且代码自动生成,有利于平台移植。但 MDE 的弱点在于模型的抽象性不利于实现,为新平台开发翻译器的成本可能超过生成代码的成本。

8.1.1　离散事件系统

离散系统理论应用广泛。离散时间系统将离散时间输入信号变换为离散时间输出信号。在时间的离散时刻上取值的变量称为离散信号,通常是时间间隔相等的数字序列,如按一定间隔采样的数据序列。离散系统的全部或关键组成部分的变量具有离散信号形式,系统的状态在时间的离散点突变。对离散系统需用差分方程描述。

离散事件系统(离散事件动态系统)是由事件触发驱动系统状态演化的离散系统。这种系统的状态通常只取有限个离散值,对应于系统部件的好坏、忙闲等可能出现的状况。系统的行为可用其状态序列或产生的事件序列来描述。系统状态变量往往是离散变化的,由某些环境条件的出现或消失、某些运算、操作的启动或结束等随机事件引起。

对离散事件系统进行建模与分析,可从以下三方面进行。

(1) 逻辑方法。采用形式语言、自动机或 Petri 网等方法,描述和分析系统状态和事件的相互作用和顺序关系。

(2) 代数方法。采用极大极小代数分析系统在物理时间上的代数特性和运动过程。

(3) 统计方法。采用排队论和马尔科夫过程研究随机情况下系统的各种平均性能。

离散事件系统一般由以下六个基本要素组成。

（1）实体。是系统的组成成分，是系统边界内的对象。系统中活动的元素都可以称为实体。

（2）属性（attribute）。是实体的特征，如到达时间、优先级等。

（3）状态。实体状态是某一时刻实体的属性值，系统状态由所有实体状态合成。

（4）事件。是引起系统状态发生变化的行为。事件通常发生在活动的开始或结束时刻。

（5）活动。用来表示两个可以区分的事件之间的过程，标志着系统状态的转移。

（6）进程。实体的进程由若干有序的事件及活动组成。一个进程描述了它所包括的事件及活动之间的逻辑关系及时序关系，如任务到达、排队、执行、完成。

由于离散事件系统的状态空间缺乏可运算的结构，难以用传统的基于微分或差分方程的方法，因而计算机仿真成为主要的研究方法。进行离散事件系统仿真时，仿真时钟表示仿真时间的变化。物理时间是连续的，仿真时钟是离散的。由于仿真实质上是对系统状态在一定时间序列下的动态描述，因此，仿真时钟一般是仿真的主要自变量。仿真时计算机产生随机事件，大量进行仿真实验，再进行统计计数和分析。

8.1.2 事件-动作模型

事件-动作（event-action，EA）模型用于刻画实时应用程序中的数据依赖和计算动作的时态顺序，包括事件、动作、状态谓词和时间约束等基本概念。

事件是一个时态标识，指示描述系统行为的重要时间点。事件类型包括由系统之外的动作所导致的外部事件，标识动作的开始和结束的开始事件和结束事件，以及标识系统状态的某种属性发生变化的迁移事件等。

响应事件时必须执行相应的动作。动作是一个可调度的工作单元，包括基本动作和复合动作。基本动作具有原子性，不能或无须分解成子动作。动作执行所需时间有界。复合（composite）动作是基本动作或其他复合动作的组合。在一个复合动作中，同一个动作可能多次出现，但不允许动作递归或构成环链。

状态谓词是系统状态的声明（assertion），即状态变量。动作执行或发生外部事件时可能改变状态谓词的值。该值通常是时间的函数。

时序约束是关于系统事件的绝对时序的声明或断言，典型的时序约束包括周期性和非周期性约束。一般而言，时序约束可以基于时间点语义或时间区间语义。违反时间约束的典型情况包括：

（1）事件延迟发生，错失了截止时间，包括延迟发生或一直未发生。

（2）事件提前发生，在允许发生的最早时刻之前发生。

（3）事件在指定时间范围之外发生。

（4）事件未能准时发生。

（5）事件发生速率超出规定范围。发生速率指确定时间段内事件的发生次数。

（6）周期性事件的时序异常，包括未能在开始时刻触发，未能在结束时刻终止，事件发生间隔不等于规定周期等。

采用事件-动作模型可以描述实时系统的时间行为（事件发生的绝对时序和相对顺序），尤其是时序行为，以便建立系统规约。需要进一步推理系统的时序行为是否满足安全性断言(时序约束)。事件概念直观,是计算机系统设计中普遍使用的行为抽象,但 EA 模型描述不易于自动化推理。可以将 EA 模型转换为具有时间概念的逻辑语言,如下文将介绍的 RTL 逻辑语言,再使用相应的自动化推理工具进行分析。

8.1.3 时间约束满足问题

时间约束可以分为最小约束、最大约束、绝对约束和相对约束等类型。以全局时钟为基准进行度量者称为绝对时间约束(如 2020 年 1 月 1 日 8 时 0 分 0 秒);以本地时钟为基准进行度量则称为相对时间约束(如 1ms)。

时间约束一致性问题是约束满足问题(constraint satisfaction problem,CSP)的一个子类,称时序约束满足问题(temporal CSP,TCSP),可以基于点代数(point algebra,PA)、区间代数(interval algebra,IA)和时序网络(temporal network)等理论框架,以基本点代数(basic point algebra,BPA)和简单时态问题(simple temporal problem,STP)两种典型的时间约束模型为基础,进行形式化建模和一致性求解。

点代数定义点之间的约束关系,包括先于、同时和后于 3 种关系。BPA 模型描述时间点之间的先后顺序,无法处理时间间隔量化问题。区间代数定义了 5 种区间运算,即联合(union)、相交(intersection)、复合(composition)、取反(inverse)和求补(complement),以及区间之间可能存在的 13 种基本区间关系,包括 6 对互逆关系和一个自身互逆的相等关系,具体如下(如图 8.1 所示)。

关系	操作符	逆操作符	示例
X before Y	b	bi	
X equal Y	eq	eq	
X meets Y	m	mi	
X overlaps Y	o	oi	
X during Y	d	di	
X starts Y	s	si	
X finishes Y	f	fi	

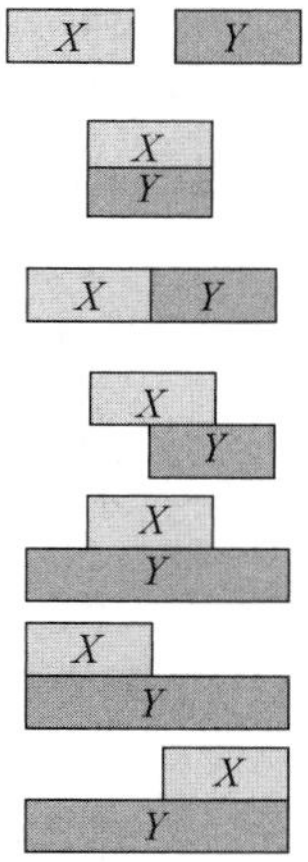

图 8.1　基本区间关系

(1) 先于:X before Y,有时间间隔。

(2) 相等:X equal Y。

(3) 前后:X meets Y,先后,无交叉。

(4) 交叠:X overlaps Y,有交叉。

(5) 涵盖:X during Y,X 在 Y 的范围内。

(6) 开始:X starts Y,X 与 Y 同时开始,且 X 在 Y 的范围内。

(7) 结束:X finishes Y,X 与 Y 同时结束,且 X 在 Y 的范围内。

上述 13 种基本时态关系互不相交且联合完备,对于任何两个区间,有且仅有一个特定的关系成立,区间代数定义为这些二元关系任意可能的析取。其中 7 种关系{eq, s, si, d, di, f, fi}隐含了对应的时间段(区间长度,duration)之间的关系,即对 $a\{eq\}b$,有 $d_a = d_b$;对 $a\{s\}b$、$a\{d\}b$、$a\{f\}b$,有 $d_a < d_b$;对 $a\{si\}b$、$a\{fi\}b$、$a\{di\}b$,有 $d_a > d_b$。其中 d_a、d_b 分别表示区间 a、b 的时长。

点代数和区间代数可用于表达事件发生的时间点、时间区间和持续时间等约束。量化网络(quantitative network)是一种有向图,称为约束图,其顶点表示变量,边表示变量之间的距离约束。量化网络也称区间量化网络(IA quantitative network)。量化时序网络(quantitative temporal network,QTN)基于量化网络,可以表示事件的持续时间和时序等信息。QTN 中,顶点表示事件发生的时间点,边表示时间点之间的时间区间约束。变量间为一元关系,如 $x < y$。时间区间为二元关系,如 $a_1 \leqslant x_j - x_i \leqslant b_1$。设 x_0 表示系统初始时刻,则一元关系可以表示为相对于 x_0 的二元关系。从某顶点经过若干条不同的有向边回到该顶点的回路称为环。如果环上所有边的权值之和(以时间单元数表示的间隔时长)为负值则称为负环,权值之和为 0 则称为零环。研究者提出了相应的网络构建和判定算法。

量化时序网络也称时序约束网络(temporal constraint network),可以用于时态推理(temporal reasoning),分析网络中时态声明是否一致、命题何时成立、某时刻某命题是否成立,以及两个命题之间的时态关系等问题。实际应用时可以将系统时间需求建模为基本时间约束的组合关系,建立时序网络,并进行一致性验证。可以通过判定约束图中是否存在负环或包含虚边的零环进行路径一致性(path consistency)验证,存在两者之一则表示存在不一致情况。TCSP 问题为 NP 难问题,但 STP 问题可在多项式时间内求解。

STP 为所有约束都是由单一区间定义的 TCSP,可表示为距离图(distance graph)。STP 中,每条边 $i \rightarrow j$ 上标注单个区间 $[a_{ij}, b_{ij}]$,表示约束 $a_{ij} \leqslant x_j - x_i \leqslant b_{ij}$。与约束图不同,距离图将此约束拆分为两个不等式,$x_j - x_i \leqslant b_{ij}$ 和 $x_i - x_j \leqslant -a_{ij}$。可以将 TCSP 分解为多个 STP 逐一进行分析,再将结果进行组合。

【例 8.1】 John 可以驾车或乘公交车上班,驾车需要 $30 \sim 40$min,乘公交车需要至少 60min。Fred 可以驾车或拼车上班,驾车需要 $20 \sim 30$min,拼车需要 $40 \sim 50$min。某天 John 早上 7:10—7:20 离开家,在 Fred 离开家 $10 \sim 20$min 后 John 就到办公室了,而 Fred 到办公室的时间为早上 8:00—8:10。请问:(1)此例中的时序信息是否一致?(2)Fred 的离家时间?

设相应事件为"离家"和"到达办公室",命题 P1 为"John 上班需要时间为 $[x_1, x_2]$",命题 P2 为"Fred 上班需要时间为 $[x_3, x_4]$"。则有 $30 \leqslant x_2 - x_1 \leqslant 40$ 或 $x_2 - x_1 \geqslant 60$,$20 \leqslant x_4 - x_3 \leqslant 30$ 或 $40 \leqslant x_4 - x_3 \leqslant 50$。

设 $x_0 = 7{:}00$,"John 早上 7:10—7:20 离开家"有 $10 \leqslant x_1 - x_0 \leqslant 20$,"Fred 到办公室的时间为 8:00—8:10"有 $60 \leqslant x_4 - x_0 \leqslant 70$,"John 在 Fred 离开家 $10 \sim 20$min 后就到办公室了"有 $10 \leqslant x_2 - x_3 \leqslant 20$。由此可以构建此例的 TCSP 约束图,如图 8.2(a)所示,其中的区间约束关系为区间析取式。如果指定 John 驾车和 Fred 拼车,则消除图 8.2(a)中的析取关系,得到此条件下的 STP 距离图,如图 8.2(b)所示,其中不考虑 John 乘公交车和 Fred 驾车的情况。如果图 8.2(b)中存在负环,则时序约束不一致。■

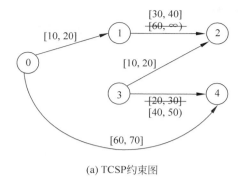

(a) TCSP约束图

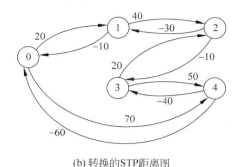

(b) 转换的STP距离图

图 8.2 TCSP 约束图及其转换的 STP 距离图

8.1.4 抽象建模

CPS 系统行为包括物理系统的时间连续动态行为和信息系统的离散状态变迁行为,以及两者的组合(hybrid,混成系统),建模时应该基于各自的理论,采用不同的模型语言进行刻画。

连续动态系统的变化是平缓的,具有因果关系、无记忆、线性和时不变性以及稳定性等特征,通常可以利用常微分方程或积分方程进行建模。混成系统可采用模态模型(modal model)进行建模,具有有限个模式(mode)。连续系统和混成系统一般在控制工程中讨论,本书不过多涉及。

离散系统指只在有限的时间点或可数的时间点上由随机事件驱动状态迁移的系统,其行为用演化过程的状态序列和事件序列来刻画,称为踪迹(trace)。状态是对环境或系统在特定时刻的行为特征和属性的一种刻画,是对过去的总结,通常只取有限个离散值。状态迁移在一个时间点上瞬间完成一系列预定义动作。事件是不携带数据的离散信号,包括外部事件和内部事件,具有异步和突发的特征。状态机是离散系统建模的有效工具。上文所介绍的事件-动作模型也是以状态机模型为基础的,在软件设计中经常采用。

如果系统的每个状态和输入,都有唯一的输出和确定的下一状态,则此系统具有确定性。事件确定指对于触发该事件的输入,系统的下一个状态和输出预知。因此,确定性系统具有事件确定性。

值得注意的是,虽然设计一个完全具有事件确定性的系统是一项重大挑战,如前所述,可能会在不经意间导致系统不确定,但设计不确定的系统也是很困难的,因为完全随机数发生器难以设计。

如果在一个确定性系统中,每组输出的响应时间是已知的,则系统也具有时态确定性。设计确定性系统的一个附带好处是可以保证系统能够在任何时间做出响应,并且,对于时态确定性系统,其响应时刻也是预知的。

对实时嵌入式系统而言,保持控制非常关键。对任何物理系统来说,都可能存在不受控制的状态,控制这种系统的软件需要避免这种状态。例如,在某些飞机制导系统中,180°俯仰角快速旋转可能导致陀螺控制失效,软件必须能够预测和避免出现这类场景。

模型可以使用某种语言进行描述。适合嵌入式系统离散行为建模的语言应包含如下关键特征。

（1）模块化（component-based）。模块是系统的基本构件。如果组成系统的各个模块具有可组合性，则系统的行为是可预测的。

（2）层次化（hierarchy）。由众多构件组成的复杂系统难以理解，层次化抽象是解决这一问题的有效方法。

（3）并发性（concurrency）。如前所述，多模块（任务）并发组合是 RTE 系统的基本行为特征。描述并发性要求模型能表达并发任务之间的互斥、同步与通信。

（4）时序行为（timing-behavior）。包括操作顺序和定时，可以在不同的抽象层次或粒度下进行定义，如任务级或语句级。

（5）状态行为（state-oriented behavior）。一般用状态变量进行描述。状态迁移具有确定性（deterministic）和非确定性两种类型。

（6）事件处理（event-handling）。反应式系统是激励响应系统，它根据外部事件执行相应的动作。

（7）行为完成（behavior complete）。通用计算理论要求算法能最终结束，而实时系统要求在预定的时间结束。

（8）异常行为（exception-oriented behavior）。安全关键系统要求对异常行为进行描述和形式化验证。

（9）可执行性（executability）。所建立的模型应能够通过执行进行确认（validation）或验证（verification）。

并发理论中，对并发（concurrency）一词有两种不同的理解。一种观点认为，并发即无因果关系。若一个系统内部发生的两个事件之间没有因果关系，则称这两个事件是并发的。因果关系不等于事件先后关系，有因果关系者必有先后关系，反之不一定。因此两个并发事件在时间上可能重叠。在此类并发系统中不含统一的时钟。持此观点的代表人物是 C. A. Petri，描述此类并发性的一个典型的并发模型就是 Petri 网。R. Milner 则持第二种观点，即若一个系统内部的两个事件可以按任意次序发生，则称这两个事件是并发的。前一种并发称为真并发（truly concurrency），后一种并发称为交错式并发（interleaving concurrency）。虽然前一种并发概念的描述能力强于后者，但后一种并发概念在一般情况下已经够用，且易于数学处理。在进程代数中采用的就是后一种观点。

在并发理论中，进程（process）是最基本的概念。它是相对独立的实体，由不可分割的原子动作构成，以特定方式计算（称为行为）或与环境（泛指其他进程）进行交互作用，从而改变自身状态。

交互作用是并发进程最本质的特征，进程之间的交互作用可以通过两类方式实现：一类使用共享存储单元实现并发进程间的协同；一类使用消息传递。共享存储不能实现分布在不同计算机上进程间的协同，消息传递却能实现同一计算机进程间的共享存储。为此目的，只需将存储器也描述为进程，负责数据的写入、读出即可。消息传递（通信）的实现方式也分为两类：同步式（阻塞式）和异步式（非阻塞式）。同步一般指各进程所执行的动作次序存在某种相互制约的关系，如互斥同步等。本文所称同步通信指发送与接收动作同时发生，如一方先到达，则需等到另一方出现才可执行。同步通信又称握手通信，异步通信又称邮箱式通信。异步通信可通过在接收方设置消息队列实现。

并发行为建模有三类模型,即同步模型、异步模型和时间模型(timed model)。同步模型基于同步假设,所有组件以锁步方式执行,且一个组件的当前计算结果输出必须与其当前输入同步。异步模型以进程为建模对象,所有进程以各自独立的速率执行,其输入与输出之间的时延不确定,与平台及机器的当前状态相关。时间模型用于建模时间并发系统(timed concurrent system),对系统的动作和状态施加时间属性和约束。典型的时间模型包括时间进程(timed processes)和时间自动机(timed automata)。时间进程是异步模型的变形,基于全局物理时间(实时钟)描述建模异步进程的时间行为及其同步组合。时间自动机基于逻辑时钟(非负整数值)描述建模组件的时间行为。由于使用时钟变量,所以时间进程通常不是有限状态机,而时间自动机对时间进程的时钟变量使用进行严格限制。因此,时间自动机为时间进程的变形。

模型的标记规则(notation)称为语法,标记的意义称为语义。相同的语法可以有不同的语义变化,应用时需要仔细甄别。不同模型具有各自的特征,如同构模型或异构模型,设计模型或分析模型,状态模型、数据流模型或面向对象模型,需要根据系统设计的阶段或系统的抽象层次,选择合适的建模语言。

8.1.5 形式验证

形式验证涉及两类活动,其一是确认(validation)一个系统实现是否符合给定的系统规约,确保设计实现了符合用户需求的系统;其二是验证(verification)不同层次的系统形式化描述之间的一致性(conformance),保证系统行为的正确性,即符合系统规范要求。虽然确认与验证的目的不同,但方法类似,都可以采用测试、模拟或形式化证明等技术。对自顶向下的层次化迭代设计过程而言,每一阶段的实现都是基于前一阶段所定义的规范进行精化,因此,设计的每个阶段都需要执行验证。

形式验证使用数学语言推理和验证系统的正确性。首先,定义系统规约和建立系统的精确数学模型;其次,利用自动化的方法,证明模型满足规约。

模型检查(model checking)技术采用双语言方法,可以验证一个有限状态并发系统相对于给定时态规约的正确性。模型检查使用自动机对反应式系统建模,描述系统行为;使用时态逻辑定义形式规约,定义系统属性;再由模型检查器进行状态空间搜索,检查状态迁移时属性是否保持,完成设计正确性验证。如果某个属性被违反,检查器将给出反例。

模型检测器通常采用状态空间搜索的方法检查一个给定的计算模型(程序或规约的自动机抽象)是否满足某个用时序逻辑公式表示的特定性质。当前的模型检测技术主要包括符号模型检测(如 UPPAAL)和枚举模型检测(如 SPIN)。符号模型检测通过布尔公式表示系统状态空间及迁移关系,使得系统状态空间的表达更加简单,在一定程度上减少状态数量。布尔公式可以用于布尔运算和笛卡儿运算。枚举模型检测通过遍历状态空间,判断规约公式所描述的状态是否包含在系统模型所表示的状态空间中,如果包含,则说明系统属性满足;否则说明系统存在设计缺陷,状态不可达。但枚举方法以独立状态为属性规约对象,在系统交互复杂的情况下,状态和迁移关系增加,容易产生状态空间爆炸。

为了将待验证系统表示为验证工具可以处理的形式,需要进行建模和抽象处理以降低待验证模型的复杂度。由于模型检查过程中会产生组合复杂度,所以工具使用者通常需要设定估算的状态数、搜索栈大小、允许的存储器大小和模型变量间的顺序等验证参数,且一且发现反例,需要手工确认其真实性,即确认反例不是由于原系统与其抽象模型之间的不一致而产生的误报,因此对使用者的专门知识要求很高。

自动形式化验证工具很多。从所采用的缓解状态空间爆炸问题的策略角度,基于 BDD (binary decision diagram,二分决策图)的工具更适于硬件电路验证,基于自动机理论和偏序约简(partial order reduction)技术的工具适于软件建模验证。NuSMV 和 UPPAAL 是著名的时态逻辑模型检验工具,分别基于状态机和时间自动机。注意,模型检查方法只能检查所指定的属性是否满足。另外,由于模型与对象实体不一定完全一致,需要使用者判断违反某个属性的原因,是模型错误还是物理系统错误,甚至是 SPEC 错误。

实时系统需要满足复杂的时间约束(temporal constraint)关系,且多个约束之间可能存在相互冲突和矛盾等不一致问题。从作用对象角度,时间约束可以分为性能约束和行为约束。性能约束限制系统的反应时间,行为约束限制系统与环境的交互行为。时间约束建模与分析的理论和技术包括定性和定量两个方面。

为了描述实时系统的性质和行为,研究者相继提出多种时序逻辑语言,如时间计算树逻辑(timed computation tree logic)、度量区间时序逻辑(metric interval temporal logic)、时间命题时态逻辑(timed propositional temporal logic)和实时时态逻辑(real-time temporal logic)等。作为实时系统的规范语言(specification language),逻辑语言适用于表示系统的性质,如活性、安全性、可达性和公平性等,但不适合表示实时系统的实现模型。实时系统的实现模型通常使用时间转换系统(timed transition system)、时钟转换系统(clocked transition system)、时间自动机(timed automata)等系统描述语言(system description language)建模,却无法有效表示上述系统性质。

8.2 离散行为建模与验证

CPS 设计过程是层次化"建模-设计-分析"的循环迭代过程,根据 ABC 范式,每一层都需要定义系统的结构、行为和约束。结构通常采用方框图(block diagram)或原理图(schematic)描述。行为建模可以采用面向模型的方法或面向属性的方法。

面向模型的方法通过构造一个数学模型说明系统的行为。抽象模型可以用形式化建模语言或可视化建模语言进行描述。图灵机计算模型的行为语义可以描述为一系列"执行操作,改变状态"步骤,因而面向模型的行为建模语言可以归为面向状态(state)或面向活动(activity)等类型。面向状态模型从变迁系统出发,将系统的时态行为表示为状态及其转换,衍生出各种状态机模型(FSM、FSMD、HCFSM)。面向活动模型刻画对数据加工操作,包括流程图、实体关系图(entity relationship)和各种数据流模型(DFG、KPN、SDF)。

图灵机模型和 FSM 都是单线程顺序操作模型,不具备并发语义。描述并发行为需要状态机并发组合,实现多个状态机同时或者独立的响应激励。状态机的组合操作基于笛卡儿积,同时响应者为同步组合,独立响应者为异步组合。并发组合时需要考虑状态机间通信语义的差别。描述并发行为也可以使用扩展的 FSM(如 HCFSM)、数据流模型或 PetriNet 模型等建模语言,其中 PetriNet 模型为真并发语义。状态机模型常用于反应式系统,数据流模型常用于传输系统(其输出是通过对输入的一组运算而产生)。

面向属性的行为建模方法通过描述目标系统的各种属性间接地定义系统行为,通常用逻辑语言(时态逻辑、时间时态逻辑)描述系统预期行为,用于底层规约和时序分析验证。

需要注意,状态机模型的通信模型为共享内存,数据流模型的通信方式为消息传递,故数据流模型可以用于分布式系统建模。面向系统设计的模型与面向系统性能分析的模型之间存在语义差异,结构化分析设计方法需要对它们进行进一步整合。多数模型或逻辑语言都不具备物理时间语义,实时系统建模语言需要进一步扩展。另外,不同文献对各个模型的定义存在微妙的差异,必须仔细分析。

8.2.1 状态机模型

状态机模型源自自动机(automata)理论,是一种抽象机器,其行为以状态变迁系统进行刻画。一个状态机具有包括初态和终态在内的多个状态,根据转移函数(transition function)进行状态转换。其中,状态转换函数基于当前输入计算下一个状态,输出函数基于当前状态和输入计算当前输出。状态机到达终态后不再接受输入。状态机也可以没有输出。

如果状态机只允许一个状态处于活动态,或只有一个初态,或对于每个状态每个输入事件最多可激活一个迁移,则此状态机具有确定性(determinacy),意味着相同的输入产生相同的输出。非确定状态机可用于系统环境建模,或定义 SPEC 时说明方案的多种选择。

如果对于每个状态,每个输入事件都有至少一个可能的迁移,则称此状态机具有相容性(receptiveness)。相容性确保状态机随时准备响应输入事件。针对特定系统,可以构建一个接受所有许可事件的自动机,据此决定某个事件序列或动作序列是否被这个特定系统所接受。

将系统描述为状态机的建模步骤如下。

(1) 列出所有可能的状态,并为每个状态命名。

(2) 声明所有变量。

(3) 列出每个状态到其他状态的所有可能的转换及其发生条件。

(4) 列出每个状态或转移的相关操作。

(5) 确保每个状态的转移条件满足互斥性和完整性。互斥性指任意两个条件不可能同时成立,完整性指任意时间总有一个条件成立。

1. 有限状态机

有限状态机(finite-state machine,FSM)状态数有限,在某个特定时刻只能处于一个状态,是一种确定性状态机。状态迁移由输入事件引发(fire)而转换到下一个状态,同时,可以有选择地生成输出事件。迁移可携带 guard/action 标记(label)。其中判定式(guard,卫式)表示迁移发生的条件,可由谓词(predicate,如外部事件、布尔表达式、谓词逻辑公式等)表达,表示输入事件或迁移条件;动作(action)完成对输出的赋值(可以为空)。FSM 是非活动的,它停留在特定状态下,等待新的输入而进行下一步活动。

FSM 缺乏如下时间语义:

(1) FSM 没有约定在某个状态中停留的时间(持续时间),可以任意时长。

(2) 在 FSM 语义中,状态迁移过程(动作)瞬间完成,代表系统对外部事件激励的响应。实现时,与在某个状态中停留的时间相比,状态转换的时间应该是可以忽略不计的(否则可能无法及时响应激励事件)。

（3）FSM 语义中没有定义响应时刻，即没有指定迁移何时发生。实现时，可以是事件触发（event-triggered），也可以是时间触发（time-triggered）。时钟驱动的 FSM 称为同步FSM（synchronous FSM），只有在时钟跳变时状态才能发生改变。

FSM 可以用状态转换图、状态转换表或状态矩阵进行表示，如图 8.3 所示。

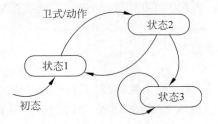

输入事件	当前状态	下一状态	输出
e1	S1	S2	x1
e1	S2	S2	x2
e2	S1	S1	x3
e2	S2	S1	x4

图 8.3　FSM 的状态转换图和状态转换表

根据输出函数的定义，FSM 可分为 Mealy 型（George Mealy）和 Moore 型（Edward Moore）两类，可将其展开进行属性分析，如图 8.4 所示。

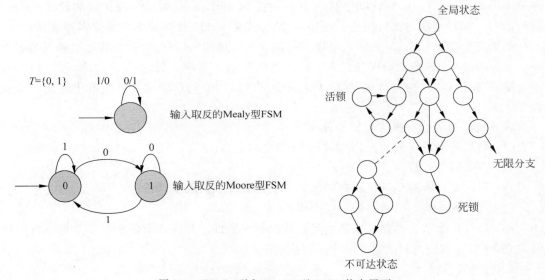

图 8.4　Mealy 型和 Moore 型 FSM，状态展开

定义：Mealy 型 FSM 基于迁移，输出与状态和迁移有关，其定义为一个六元组$<S, I, O, f: S \times I \to S, h: S \times I \to O, q_0>$，其中：

- S——状态集。
- I——输入集。
- O——输出集。
- f——状态函数。
- h——输出函数。
- q_0——初态。

定义：Moore 型 FSM 基于状态，输出只与状态有关，不同的输出值要有各自的状态，其定义为一个六元组$<S, I, O, f: S \times I \to S, h: S \to O, q_0>$，其中：

- S——状态集。
- I——输入集。
- O——输出集。
- f——状态函数。
- h——输出函数。
- q_0——初态。

理论上,两者的计算能力相同。对于给定的时序逻辑功能,可以用 Mealy 型 FSM 实现,也可以用 Moore 型 FSM 实现,但 Mealy 型 FSM 的组合性较差。Moore 型 FSM 可以转换为等效的 Mealy 型 FSM。但由于 Moore 型 FSM 的输出落后一个周期(称为 one-step delay),Mealy 型 FSM 只能转换为近似等效的 Moore 型 FSM。同样,由于 Moore 型 FSM 比 Mealy 型 FSM 的输出落后一个周期,Mealy 型 FSM 的反应性比 Moore 型 FSM 好。

如果一个系统的输出只依赖于当前和过去的输入,则此系统为因果关系(causal)系统。如果相同的输入产生相同的输出,则为严格因果关系系统。严格因果关系系统中,某时刻的输出不依赖于此时的输入,只依赖于过去的输入。因此,Moore 型 FSM 为严格因果关系。

使用可达性分析技术,可以对系统的死锁、活锁、无限分支、不可达状态等动态特性进行分析。

2. 带数据通路的有限状态机

带数据通路的有限状态机(FSMD)的状态为抽象状态,采用存储变量表示,可以有赋值和比较,有利于减小状态空间。图 8.5 所示为一 FSMD 状态图示例。

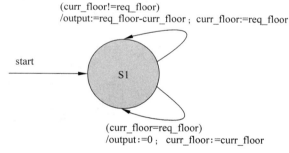

图 8.5　FSMD 状态图示例

定义:FSMD 定义为一个五元组$< S, I \cup \text{STAT}, O \cup A, f, h >$,其中:
- 存储变量 VAR
- 表达式 $\text{EXP} = \{ f(x, y, z, \cdots) \mid x, y, z, \cdots \in \text{VAR} \}$
- 存储赋值语句 $A = \{ X := e \mid X \in \text{VAR}, e \in \text{EXP} \}$
- 状态表达式 $\text{STAT} = \{ \text{Rel}(a, b) \mid a, b \in \text{EXP} \}$,表示 EXP 中两个表达式之间的逻辑关系
- I 可以包含状态表达式
- O 可以包含赋值语句
- $f : S \times (I \cup \text{STAT}) \rightarrow S$
- $h : S \times (I \cup \text{STAT}) \rightarrow (O \cup A)$

FSMD 既适合以控制为主的系统,又适合以计算为主的系统,被广泛用于由数据通路

和控制器构成的 RTL 级处理器建模。此时,每个状态迁移在一个时钟周期内执行,变量、表达式和条件可以描述数据通路在一个周期内完成的操作。

FSMD 也可用于描述命令式编程模型的状态视图。转换和状态描述了程序的控制流,每个状态计算一组与程序语句相对应的表达式。此时,FSMD 不是周期精确的,因为需要执行几个时钟周期的阻塞过程可以用多个状态进行表示。实际上,CDFG 可以更好地表示命令式模型。CDFG 可以描述阻塞与阻塞之间,或在阻塞过程内发生的控制依赖和数据依赖。

3. 层次化并发有限状态机

FSM 无法显式支持并发性和层次性。不支持并发可能造成状态爆炸问题,不支持层次化可能造成弧爆炸问题。

层次化并发有限状态机(HCFSM)亦称状态图(statecharts)。HCFSM 基于状态精化(state refinement)思想,从状态和迁移两个方面对 FSM 进行了扩展。通过定义状态的一组子状态机支持层次化。通过多个子状态机同时活动(正交性 orthogonality),并以全局变量进行通信(广播式 broadcast)而表达并发语义。HCFSM 相应地定义了结构化迁移(只能发生于同一层次的两个状态之间)和非结构化迁移(可以发生于不同层次的状态之间)两种迁移。

HCFSM 模型使用可视化语言 StateCharts 描述。StateCharts 基于同步假设(synchrony hypothesis),即"响应与激励同步",动作和反应的执行时间为 0。

【例 8.2】 如图 8.6 所示,Y 状态包含两个并发的子状态 A 和 D,B 和 F 分别为两个状态的初始状态。条件 P 成立时,状态 B 中 a 事件发生,造成 A 转移到 C 状态。同时,与该迁移有关的活动 c 将被执行。根据同步假设,事件 a 与活动 c 同时发生,瞬间完成(执行时间为 0)。实现时,迁移在一个时钟周期内完成。

图 8.6 中,状态 Y 包含两个状态 A 和 D。迁移 e1、e2 和 e3 为结构化迁移,e4 为非结构化迁移。■

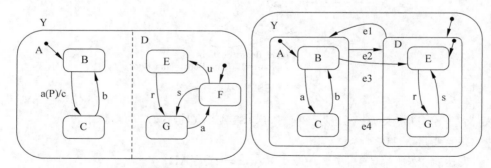

图 8.6　HCFSM 模型 StateCharts

4. 时间自动机

如前所述,传统的 FSM 不提供与时间相关的信息。为了在模型中包含时间参数,时间自动机(timed automata,TA)在传统的自动机基础上,进行了相应的功能扩展,增加了逻辑时钟和对应的时间变量。时间自动机采用超时语义,时钟值为实数,在系统初始化时为 0,然后按相同的速率增长。当时钟值与迁移弧上所标明的时间变量值相等时,在一个时间单位内触发状态迁移,并可能将某些时钟复位为 0。

假设 C 是表示时间的非负实数集合，Σ 是有限输入集合。时间约束 $B(C)$ 是由原子约束组合（conjunction，合取）而成的表达式。表达式的形式为"x op n"或"$(x-y)$ op n"，其中 $x,y \in C$，为时钟变量；op $\in \{\leqslant,<,=,>,\geqslant\}$，为比较运算符；$n \in \text{IN}$，为非负实数，是时钟常量。

一个时钟集合的时钟解释（clock interpretation）是为每个时钟赋予一个正实数值，即时钟赋值。一个时钟约束可能包含多个时钟。时钟集合 C 的时钟解释 v 满足 C 上的时钟约束，当且仅当在 v 中对这些时钟的赋值使 $B(C)$ 成立（即布尔值为真）。给定一个正实数 t，表达式 $v+t$ 是一个时钟解释，它对每个时钟 c 赋值为 $v(c)+t$。

定义：时间自动机是一个四元组 (S,s_0,E,I)，其中：

- S——有限状态集合。
- s_0——初始状态。
- $E \subseteq S \times B(C) \times \Sigma \times 2^C \times S$——边集，$B(C)$ 是需要满足的时间约束表达式，Σ 是迁移发生需要的输入条件，2^C 是当迁移发生时被重置的时间变量。
- $I:S \rightarrow B(C)$——每个状态的常量集合，$B(C)$ 是对某个特定状态 S 必须保持的时间常量表达式。

时间自动机的语义为迁移系统。迁移关系包括延迟迁移和离散迁移。直观上解释，延迟迁移表示时间在某个节点中的推移，而离散迁移表示在约束条件满足时节点之间的转换。

【例8.3】 如图 8.7 所示为电话呼入服务的时间自动机模型，使用了 x 和 y 两个时钟变量。■

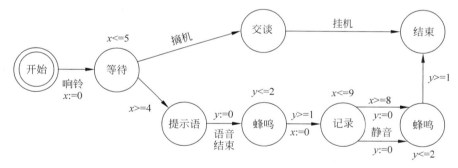

图 8.7 电话呼入服务的时间自动机模型

实时系统的行为可以采用 TA 网络进行建模，系统属性（约束）可以采用 8.2.3 节所讨论的 CTL 及其时间扩展等时态逻辑语言进行定义，因此，可以通过可达性分析或模型检验方法进行系统验证。运用仅包含离散迁移的离散语义下的时间自动机（discrete timed automata）进行模型检测虽然效率较高，却不适合对异步系统进行检测。包括延迟迁移和离散迁移的连续语义下的时间自动机既可以描述同步系统，也可以描述异步系统，但一般情况下进行模型检测的复杂度很高。UPPAAL 支持时间自动机建模和模型检测验证。

8.2.2 数据流模型

由于数据流模型的可分析性和自然的并行表达能力，它们都是结构化系统分析与设计的方法。为了平衡可预测性和表达能力,数据流 MoCC 有多种形式。最一般的数据流模型为 DFG,而 KPN 和 SDF 属于数据流进程网络(dataflow process network)模型。

数据流模型可视化为有向图,其中节点表示进程,边表示通信信道,表示进程间的数据依赖关系。各进程由数据驱动(令牌,token)执行(firing),独占信道进行数据通信,支持分布式系统分析和设计。语义上,数据流模型可以一直执行(无界执行,unbounded execution)。

可能很难判定一个数据流模型是否死锁,以及信道缓冲区有界时是否能够无界执行。

1. DFG

DFG(dataflow graph)由表示数据流的有向边集所连接的表示操作(变换)的节点集构成。节点包括如下几类。

(1) 输入输出节点。包括输入节点、源节点和输出节点等几种。

(2) 活动节点。表示变换或操作数据的活动,也称操作节点或进程节点。活动代表一段程序代码、一个过程、一个函数、一个指令或一个算术运算等。

(3) 存储节点。表示数据存储的不同形式,如数据库记录、文件、内存、变量等。

DFG 中边可以直观地表示数据依赖关系,但不表示操作顺序,因而对"控制结构"的表达能力有限。每个活动节点都可以表示为子 DFG,因此 DFG 支持层次化。同时,DFG 隐含并行语义,即一旦输入数据准备好,活动就可以执行。

【**例 8.4**】 图 8.8 所示为表达式 $g=(a*b+c*d)/(e-f)$ 的 DFG 模型。■

2. KPN

KPN(Kahn process network)由进程节点和表示信道的有向边构成,以消息传递方式基于 FIFO 通道进行数据交换,如图 8.9 所示。每个 FIFO 仅由一对收发节点独占,避免了多进程共享一个全局存储器造成的竞争。KPN 假设 FIFO 容量无界。

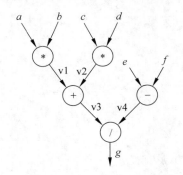

图 8.8　DFG 模型

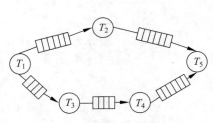

图 8.9　KPN 模型

进程间的通信与同步通过阻塞读操作完成。当通道为空时,读操作将会被阻塞(进程停留在 waiting 队列),直到有数据被写入通道为止。由于 FIFO 容量无限,因此写操作为非阻塞型,永远不会被阻止。这是一个非常简单的异步消息传递通信协议。进程可以通过阻塞读自主地(异步)运行和同步。由于控制完全由各个进程自主实现,故不存在全局的调度器。

KPN 模型是确定的。一方面,通道在不可预测但有界的时间内完成数据传输;另一方面,模型中进程个数和进程间的输入输出关系是静态确定的。

KPN 是图灵完备的,其计算能力与图灵机等价。但基于 KPN 进行系统性能分析比较困难,如很难确定其所需最大 FIFO 容量。

3. 同步数据流图

同步数据流图(synchronous DF,SDF)为一有向图,其中节点代表各个功能模块,边代表功能模块生产和消耗的 token(数据)通过缓存传输的过程,边上的点标记初始化 token 的数量。功能模块每一次执行(firing)所生产和消耗的数据都是固定的。一条边的前趋和后继节点生产和消耗的数据量不等时,需要缓冲。条件满足的节点可以执行,或节点没有入边时可以执行,因此,SDF 隐含并行语义。

SDF 的拓扑矩阵 TM(topology matrix)以行表示边,列表示节点。其中项的值为数据量,生产者为正,消费者为负,无边项值为 0。TM 的物理意义是节点对于边的数据率。

每个节点 α 执行 $q(\alpha)$ 次后,SDF 回到初态,称为**一次迭代**。如图 8.10 所示,若 a 执行三次,b 执行两次,c 执行一次,则完成一次迭代(称为一个周期调度),产生执行序列(a,a,a,b,b,c)。$q()$ 为迭代向量(repetition vector),其物理意义是一个周期调度中每个功能模块执行的次数。

【**例 8.5**】 图 8.10(a)所示为 SDF,图 8.10(b)所示为其 TM,图 8.10(c)所示为 $q()$。其中边 e_1 的前趋节点 $\mathrm{prd}(e_1)$ 每一次执行生产的 token 数为 2,后继节点 $\mathrm{cns}(e_1)$ 每一次执行消耗的 token 数为 3。初始 token 个数 $d(e_1)$ 为 1,$d(e_2)$ 为 0。■

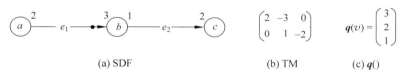

(a) SDF　　　　　　　　　(b) TM　　　　　(c) $q()$

图 8.10　SDF 模型

存在平衡等式 $\mathrm{TM}\cdot q=0$,迭代向量 q 是平衡等式的最小正解。若平衡等式有非 0 正解,那么可以保证该 SDF 存在一个周期调度,此时称 SDF 满足一致性(consistent),是相容的。如果唯一解为 0,则不存在有限缓冲区内的无界执行。

同构同步数据流图(homogeneous SDF,HSDF)中每条边的 $\mathrm{prd}(e)$ 和 $\mathrm{cns}(e)$ 均为 1。任意一个满足数据一致性的 SDF,都可转换为 HSDF,但 HSDF 的规模可能是原 SDF 的指数级。例 8.5 的 HSDF 如图 8.11 所示。

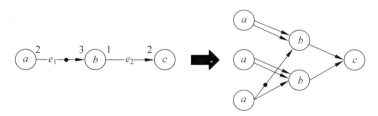

图 8.11　SDF 及其对应的 HSDF

SDF 可用于分析、预测和优化流应用程序的性能。SDF 支持多速率通信,任务的执行速率(firing rate)依赖于 token 的数量。可以在编译时确定任务的执行顺序(调度)。只要 SDF 中的节点满足了执行条件,它便可以以任意顺序执行。因此,也可以尝试多种调度方案,以寻找理想的执行顺序,例如,使所需缓冲内存较小。SDF 中"同步"二字的含义,一种说法指使用全局时钟控制节点的同步执行。

与 KPN 相比,SDF 具有可分析性,可在编译时静态计算 FIFO 容量、吞吐量(throughput)、延时(latency)、响应时间(response time),甚至能耗(energy consumption)等性能指标。如图 8.12 所示,节点 A_i、A_j、A_k 分别表示一个嵌入式系统的不同模块。Lat 表示每个节点的执行时间(延时)。T 表示两个相邻数据块的平均到达时间间隔,此到达间隔由系统输入数据周期所决定。抖

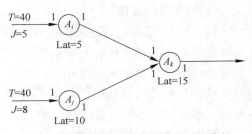

图 8.12　基于 SDF 的系统执行时间分析

动 J 表示实际数据到达时间与其理论到达时间的最大时间间隔。如果两个节点的数据抖动期重叠,则假设它们会按照正确的执行顺序执行。

8.2.3　时态逻辑

符号逻辑亦称数理逻辑,用于描述事实和属性。时态逻辑是符号逻辑的子类,是一种用于表示和推理与时间相关的系统属性的逻辑系统。时态逻辑基于事件模型,采用逻辑公式来描述系统的行为、状态或属性,而非功能或结构。逻辑公式表达事件、时态约束以及两者之间的关系。

时态逻辑基于逻辑时间,可以表达事件或动作的相对顺序,但不能表达实际响应时间。其并发语义为交错模型,可能有多种执行顺序,且资源和事件基于公平调度假设,对实时系统不适合。最基本的时态逻辑为命题时态逻辑(propositional temporal logic,PTL)。

计算树逻辑 CTL* (computation tree logic)包括两类:线性时态逻辑(linear-time temporal logic,LTL)和分支时态逻辑(branching-time logic),分支时态逻辑亦称 CTL。LTL 与 CTL 的主要差别在于如何处理展开 Kripke 结构所对应的计算树分支。Kripke 结构是变迁系统的一个变种,由一个 4 元组定义,包括一个有限状态集合、初始状态集合、迁移和标记(或解释)作用。线性时态结构中,顺序关系为时刻的全序关系,系统状态与每个时刻相关联。在 CTL 中,时态运算符限定于描述从一个给定的状态开始的所有可能路径上的事件;而在 LTL 中,时态运算符仅限定于描述从一个给定的状态开始的某条路径上的事件。

图 8.13(a)所示为 LTL 的计算树结构,图 8.13(b)所示为 CTL 计算树结构。

1. 命题逻辑

命题逻辑(propositional logic)中,命题指能判断真假的陈述句。命题可为真(记为 T)或者为假(记为 F),但不能同时既为真又为假。

例如,"所有/有的水生动物是用肺呼吸的"为一命题,其中包含:

- 个体词。指可独立存在的客体(如"水生动物")或对象,可以是具体事物或抽象的概念。
- 谓词。指用于刻画个体词的性质(如"是用肺呼吸的")或事物之间的关系(如"大于")的词。
- 量词。是命题中表示数量的词,分为全称量词("所有",all)和存在量词("有的",exist)。

原子命题指不能分解的命题(没有与或非组合),被称为项(terms)。如"此花是红的"为一原子命题。原子命题通常采用大写字母或字符串表示。

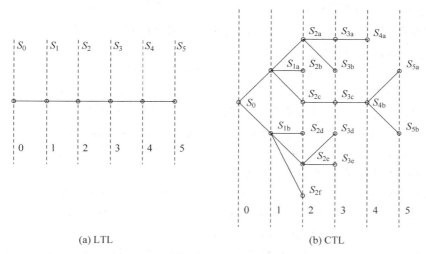

(a) LTL   (b) CTL

图 8.13　LTL 与 CTL 的计算树示例

复杂命题由原子命题加逻辑连接词构成。逻辑连接词包括经典布尔操作,如与运算符"∧";或运算符"∨";"－＞"表示"if-then"或"imply 蕴含";"＜－＞"表示"当且仅当"等。

2. 谓词逻辑

谓词逻辑(predicate logic)是命题逻辑的形式化符号系统,即把命题分解成个体词、谓词和量词等非命题成分,分别以符号表示,形成逻辑表达式(logic formula)。个体词包括个体常项(terms,用 a,b,c,…表示)和个体变项(用 x,y,z,…表示)。谓词包括谓词常项(表示具体性质和关系)和谓词变项(表示抽象的或泛指的谓词),用大写字母表示。

一阶逻辑只包含一元谓词和个体量词(∃,exist),表示个体的性质。如"有的水生动物是用肺呼吸的"的一阶谓词逻辑表示:

$$(\exists x)(F(x) \wedge G(x))$$

其中:x 是变元,$F(x)$ 表示 x 有肺;$G(x)$ 表示 x 呼吸。

高阶逻辑包含高阶谓词和高阶量词(个体的个数,如 ∀,All)。如"是用肺呼吸的"是一元谓词,"大于"是二元谓词,"在……之间"是三元谓词。在一谓词公式中,一个谓词变项后面跟的个体变项的个数,就表示这个谓词变项的元数。例如,$F(x)$ 中 F 是一元的,$G(x,y)$ 中 G 是二元的,$H(x_1,x_2,\cdots,x_n)$ 中 H 是 n 元的。

谓词逻辑没有时间的概念。

3. 线性时态逻辑

线性时态逻辑(LTL)将时间建模成状态的序列,无限延伸到未来。该状态序列称为计算路径(或简称"路径")。LTL 隐含了整个系统是按着一个路径向前发展演化的,因此,隐含对路径使用全称量词,不使用存在量词。

LTL 公式由谓词逻辑公式加上时态操作算子构成。基本时态操作(Basic temporal operator)包括□(G,always),◇(F,eventually),○(X,next),∪(strong until)。

对性质 p 和 q,有:

- Gp:在未来所有时刻 p 都成立。
- Fp:在未来某个时刻 p 成立。

237

- Xp：在下一时刻 p 成立。
- pUq：路径上存在某个状态满足性质 q，在它之前的每个状态都满足性质 p。

可用 LTL 表达如下属性。

- 可达性：某个事件的发生及其属性。如事件 A 在每次系统运行过程中必须发生一次，$<>p$。
- 响应性：事件之间的因果关系。如事件 A 发生，则事件 B 也必然发生，$[](p \Rightarrow <>q)$。
- 事件的顺序：如每次 A 事件发生时，前面总有一个与之匹配的 B 事件发生，$<>p \bigcup q$。
- （弱）公平性：$<>[]p \Rightarrow []<>q$。$<>[]p$ 表示从某个时刻起 p 一直为真，表明经一段时间后，系统才达到稳定状态。
- （强）公平性：$[]<>p \Rightarrow []<>q$。$[]<>p$ 表示 p 无限多次为真。
- 安全性（safety）：某种不良性质 φ 永不出现，如在任何时候只有一个进程处于临界区（多进程共处该区的情况不会发生），$G \neg \varphi$。
- 活性（liveness）：某种良好的性质一直保持，或总会出现。如只要进程请求进入临界区，则最终会被允许进入（但不知何时发生），$GF\psi$ 或者 $G(\varphi \rightarrow F\psi)$。

当且仅当系统存在有限长前缀的执行，且不能扩展为满足 p 的无限执行时，若系统运行不满足属性 p，则 p 为安全性属性。

如果每个有限长的执行轨迹可以被扩展为满足 p 的无限执行时，p 为活性属性。不可能只经过有限的执行就能够确定系统不满足活性。活性可以是有界或者无界的。有界指事件在一定时间范围内发生（它保证了安全性）。LTL 的 X 算子可以在一定程度上表示有界活性，但没有时间量化机制。

LTL 公式应用于有限状态机的单条轨迹上。可以断言，如果 LTL 对于 FSM 的所有可能轨迹都成立，则对此 FSM 成立。但 LTL 逻辑不能表达针对多条路径的判断或选择，例如：

- 从任何状态出发，都可能到达重启状态（即存在一条路径）。
- 电梯可以在第 3 层保持关门闲置（即存在一条从该层到该层的路径，沿该路径电梯停留在原地）。

表达此类命题需要对路径使用存在量词，应采用 CTL 逻辑。

4. 分支时态逻辑

CTL 公式由路径量词（path quantifier）和时态操作构成。时态操作与 LTL 相同，路径量词包括：

- A（对所有计算路径，全称量词）。
- E（存在某条计算路径，存在量词）。

设 M 是一个（迁移）系统，f 是一个 CTL 公式。若 M 的每一个计算序列都满足 f，则称系统 M 满足性质 f，记作 $M \vDash f$。

- $M, s \vDash f$：表示 f 在状态 s 成立。
- $M, \pi \vDash f$：表示 f 在路径 π 上成立。

一个 FSM 如果存在任意轨迹满足某个属性，而不是要求所有轨迹都满足该属性时，可以用 CTL 表达。之所以称 CTL 为分支时间逻辑，在于当 FSM 的一个响应是一个不确定的选择时，它将考虑所有选择，而 LTL 每个时刻只能考虑一个轨迹。

8.2.4 实时逻辑

实时系统中,事件或动作具有响应时间的时间界约束。时态逻辑能够表达事件或动作的相对顺序(ordering),但不能表达绝对时序(timing),因此需要对时态逻辑进行扩展,定义带时间语义的实时逻辑(real time logic,RTL)语言。

例如,CTL 可以指定有限状态系统中事件或动作的相对顺序,但不能直接表达它们何时发生。为了描述带有时间量化约束的属性,研究者对 CTL 进行了众多扩展,典型者如RT-CTL(real-time CTL)和 TCTL(timed CTL)。

此外,RTL 适于规约时间关键系统中包括事件的截止时间和延迟在内的多种时序约束。时间区间时序逻辑(timed interval temporal logic,TITL),采用离散时间域,可用于混成系统建模与验证。

1. RT-CTL

RT-CTL 逻辑为 CTL 的时态运算符增加了时间区间,并引入有界直到(existentially bounded until)运算符 $U[x,y]$。表达式 $E[f_1 U[x,y] f_2]$ 表示从给定状态 s_0 开始存在一条路径,通向表达式 f_2 成立的某个未来状态 s_i。同时,在此路径上的每个状态中,表达式 f_1 都成立,且 s_0 和 s_i 的间隔位于区间 $[x,y]$ 之内,即 $x \leqslant i \leqslant y$。基于 RT-CTL,可以计算两个事件之间的最小和最大延迟。

2. TCTL

可以对时态逻辑进行多种定时扩展。例如,可以对 Until 操作增加表达时序约束的下标。时间约束的形式为 $\bowtie c$,其中比较运算符 $\bowtie \in \{=, <, \leqslant, >, \geqslant\}$,且 $c \in \mathbf{N}$。例如公式 "$E\varphi \cup_{<c} \psi$" 在状态 s 中成立,当且仅当直到状态 s' 存在执行 ρ,使得 s 满足 ψ,同时沿着 ρ 位于 s 与 s' 之间的所有状态都满足 ψ,且 ρ 的持续时间小于 c。

TCTL 逻辑是在 CTL 基础上通过在时态算子上增加时间约束而实现对实时系统的时间属性刻画,其定义采用了上述方式。TCTL 公式包含原子命题、布尔运算符和时间约束,表达式形如 $E\_U_{\bowtie c}$ 和 $A\_U_{\bowtie c}$。例如,属性表达式 $AG(problem \Rightarrow AF_{\leqslant 10} alarm)$ 中,$AF_{\leqslant 10}\varphi$ 是 $A true\ U_{\leqslant 10}\varphi$ 的简写,该属性的含义为所有路径上,在某个位置之前 10 个时间单位,φ 成立。

模型检验工具 Kronos 支持基于 TCTL 和时间自动机的设计验证。

3. RTL

基于事件-动作模型的系统规约不易于使用计算机进行自动化推理。RTL 是一种具有特殊性质的一阶逻辑,用于刻画系统的时序需求,易于机械地处理。时态逻辑虽然能够表达事件或动作的相对顺序(ordering),但难以表达绝对时序(timing)特征。另外,时态逻辑使用交错计算模型描述计算机系统中的并发,无法表达真正的并行。例如,时态逻辑将 A 和 B 两个并行动作建模为 A 先 B 后顺序执行,或相反顺序 B 先 A 后执行,因此从初态 s_0 到状态 s_1 有两条路径,分别对应于两种动作顺序。

调度器通常是实时系统的组成部分,实时系统的正确性依赖于其调度器的正确性。时态逻辑通常假设对系统的资源和事件公平调度,这种假设适合于非时间关键系统,但不适合实时系统分析。

RTL 基于事件-动作模型,增加了一些特性,如使用发生函数@对事件发生时间赋值。

RTL 常量有三种,分别为动作、事件和整数。动作常量用大写字母表示,区别于小写字母表示的变量,复合动作 A 中的子动作 Bi 表示为 A.Bi。开始事件标识动作的开始,表示为在动作常量前加"↑";结束事件标识动作的完成,表示为在动作常量前加"↓";外部事件用 Ω 表示。由于相同类型的事件可能重复发生,为了区别它们,RTL 使用发生索引(或发生函数)进行标识。

RTL 可用于描述系统规约(SP)和安全断言(SA)。需要证明安全断言是从系统规约中导出的一个定理。对于 RTL 公式的全集,确定 SP 蕴含 SA 的问题一般是不可判定的。受限制的 RTL 类允许使用图论方法进行系统分析。

【例 8.6】 定义铁路道口闸控制器的系统规约和安全断言。设该道口只有单个列车轨道,当列车通过道口时,闸控制器应确保闸门关闭,没有汽车能进入道口,如图 8.14 所示。道口安装了检测列车接近的列车传感器和控制闸门开关的闸控制器。在列车传感器检测到列车接近道口的 30s 内,必须关闭闸门。闸门关闭从启动到完成至少需要 15s。列车能在被传感器检测到的 60s 内通过道口。

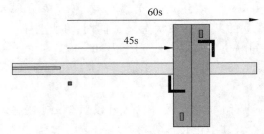

图 8.14　铁路道口控制

自然语言描述如下。

- SP:在列车传感器检测到列车接近道口的 30s 内,必须向闸控制器发送检测信号,由闸控制器启动闸门关闭。闸门关闭从启动到完成至少需要 15s。列车能在被传感器检测到的 60s 内通过道口。
- SA:在列车开始进入道口时,闸门已经关闭,且关闭后的 45s 内,列车离开道口。

据此,RTL 定义如下。

SP 的表达式为:

$$\forall x @(\text{TrainApproach}, x) \leqslant @(\uparrow \text{Downgate}, x) \wedge @(\downarrow \text{Downgate}, x) \leqslant @(\text{TrainApproach}, x) + 30$$

$$\forall y @(\uparrow \text{Downgate}, y) + 15 \leqslant @(\downarrow \text{Downgate}, y) \wedge @(\downarrow \text{Downgate}, x) \leqslant @(\text{TrainApproach}, x) + 30$$

SA 的表达式为:

$$\forall t \forall u @(\text{TrainApproach}, t) + 45 \leqslant @(\text{Crossing}, u) \wedge @(\text{Crossing}, u) < @(\text{TrainApproch}, t) + 60 \rightarrow @(\downarrow \text{Downgate}, t) \leqslant @(\text{Crossing}, u) \wedge @(\text{Crossing}, u) \leqslant @(\downarrow \text{Downgate}, t) + 45 ∎$$

层次化图形规范语言模式图(modechart)为 RTL 公式的图形化表示。模式是使操作结构化的控制信息。模式图将计算看作一偏序集合序列,各集合元素为带发生时间戳的事件,同一集合中所有事件同时发生。

模式图规范将实时系统表示为模式(方框)和迁移(边)的集合。模式的集合表示特定系统的状态,迁移表示系统的控制流。模式图工具集(modechart toolset,MT)用于实时嵌入式系统的定义、建模和分析。XSVT 是 MT 的一部分。定理证明器 Proofpower HOL 支持 RTL 公理推理。

4. TITL

区间时态逻辑(interval temporal logic,ITL,也称区间逻辑)是命题逻辑和一阶逻辑的一种时间区间表示,支持顺序和并行组合,支持有限状态序列。ITL 应用于计算机科学、人工智能和编程语言等研究领域。一阶 ITL 最初于 20 世纪 80 年代应用于硬件协议的规约和验证。ITL 是时态逻辑的特殊形式,其区间由状态序列构成,不支持时间度量。组合性是 ITL 设计时的重要问题。

稠密时间域(非负有理数域)上定义的所有实时逻辑均不可模型检测,离散时间域(正整数域)上的实时逻辑则可较好地满足多数情况下实时系统自动验证的需要。普通的实时逻辑建立在点语义基础上,逻辑表达式仅在孤立的点上满足。基于区间的实时逻辑可描述区间之间的关系,因而区间演算(duration calculus,DC)被广泛研究和使用。但是区间演算仍不可判定,即使在离散时间域,因而不可模型检测。因此,提出了时间区间时序逻辑(timed interval temporal logic,TITL),采用离散时间域,用于混成系统建模与验证。

8.2.5 模型检测验证示例

NuSMV 是一款由 ITC-IRST 和 CMU 等单位合作开发的符号模型检测器。NuSMV 采用 SMV 语言描述系统的有限状态机模型和由 CTL 逻辑定义的 SPEC。

【例 8.7】 水泵控制器验证。设系统由两个水槽和一个水泵构成,如图 8.15 所示。SPEC 定义如下。

- 只要水槽 A 不为空且水槽 B 不为满,泵将持续工作。
- 一旦水槽 A 为空或水槽 B 为满,泵将停止工作。
- 水槽 B 总是可能为 ok(正常水位)或满。

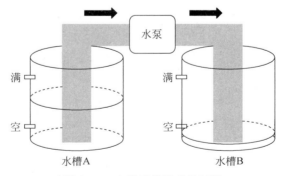

图 8.15 水泵系统及其控制器

SMV 描述含三个状态机和 SPEC。三个状态机级联组合(cascade composition,也称串行组合),并发工作,代码如下:

```
MODULE main
VAR
```

```
level_a : {Empty, ok, Full}; -- lower tank
level_b : {Empty, ok, Full}; -- upper tank
pump : {on, off};
ASSIGN
next(level_a) : = case
level_a = Empty : {Empty, ok}; -- 当前状态 : 下一状态
level_a = ok & pump = off : {ok, Full};
level_a = ok & pump = on : {ok, Empty, Full};
level_a = Full & pump = off : Full;
level_a = Full & pump = on : {ok, Full};
1 : {ok, Empty, Full};
esac;
next(level_b) : = case
level_b = Empty & pump = off : Empty;
level_b = Empty & pump = on : {Empty, ok};
level_b = ok & pump = off : {ok, Empty};
level_b = ok & pump = on : {ok, Empty, Full};
level_b = Full & pump = off : {ok, Full};
level_b = Full & pump = on : {ok, Full};
1 : {ok, Empty, Full};
esac;
next(pump) : = case
pump = off & (level_a = ok | level_a = Full) &
(level_b = Empty | level_b = ok) : on;
Pump = on & (level_a = Empty | level_b = Full) : off;
1 : pump; -- keep pump status as it is
esac;
INIT
(pump = off)
SPEC
-- pump if always off if ground tank is Empty or up tank is Full
AG AF (pump = off ->(level_a = Empty | level_b = Full))
-- it is always possible to reach a state when the up tank is ok or Full
AG (EF (level_b = ok | level_b = Full))
```

如果在 SPEC 中定义：AF(pump＝on)，则 SMV 给出反例如下，状态树如图 8.16 所示。

```
-- sepecification AF pump = on is false
-- as demonstrated by the following execution sequence
```

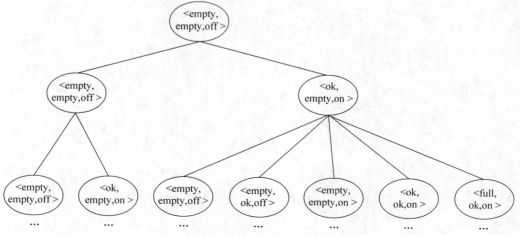

图 8.16　水槽控制器状态树

```
-- loop starts here
state 1.1:
level_a = Full
level_b = Full
pump = off
state 1.2:
```

■

8.2.6 混成系统建模与验证

汽车和飞机中的控制器是混成系统(hybrid system)。混成系统是一种复杂的动态系统,由离散组件和连续组件两部分构成。离散组件的主要功能是进行信息处理,如控制程序的集合;连续组件的主要功能是生成离散组件的输入并且对离散组件的输出做出响应,如嵌入式系统的外部环境或被控对象。离散组件与连续组件之间的交互是混成系统的主要动态行为。

混成自动机(hybrid automata)是一种刻画混成系统的离散和连续动态行为的建模语言,也称模态模型(modal model)。混成自动机的图形表示与传统的有限自动机相似,由有限个顶点和顶点之间的有向边组成。顶点表示控制模式,其中包含着一簇状态;边表示模式的切换。模式与模式之间的切换刻画了系统的离散动态行为,而控制模式中的不变量和微分方程刻画了系统的连续动态行为。

【例8.8】 恒温器动态行为建模。自动机由 on 和 off 两个模式构成,如图 8.17 所示。x 为温度变量,加热模式下温度的上升率和停机模式下温度的下降率由微分方程表示。■

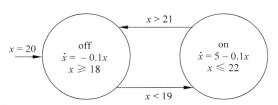

图 8.17 恒温器的混成自动机模型

按照微分方程的形式特点,混成自动机可分为线性混成自动机和非线性混成自动机。按照是否引入随机性因素,混成自动机可分为经典混成自动机和随机混成自动机。时间自动机是一种最简单的混成自动机,其时间变量可用一阶微分方程建模。

混成自动机是基于时间的模型和基于状态机模型之间的桥梁,使两类模型相结合,提供了描述实际系统的有效框架。其中包含两个关键思想:第一,将离散事件(状态机中的状态变化)嵌入时基中;第二,采用分层描述刻画系统在不同操作模式之间的离散转移。与每个操作模式相关的基于时间的系统称为模式精化。当指定输入与连续状态组合的判定式成立,则发生模式转移,且由与转移相关的动作设定目标模式的连续状态。

混成系统的行为可以从两个方面(层次)进行分析:第一,采用状态机分析工具对模式转换进行分析;第二,采用时间系统分析工具对精化系统(状态精化/模式精化)进行分析。同样,混成系统设计也可在这两个层次上进行。

混成自动机的状态空间是无限的,很难用基于传统自动机的技术对其进行验证和分析(如可靠性分析、可达性分析等)。即使是相对简单的线性混成自动机,其可达性问题也已被证明是不可验证的。目前为止,针对混成系统验证方法的研究主要有模型检测和逻辑分析。其中,基于模型检测的验证技术已经被应用于工程实践,如 HyTech、PHAVer 和 HybridSAL 等模型检验工具,而针对逻辑分析方法的工具仍然有待开发。

8.3　构件组合模型

现代嵌入式系统由众多计算组件和通信组件构成,并通过其接口与环境进行交互。系统组件由不同的厂商提供,由系统制造商组装和集成。制造商需要选择合适的组件,并对最终系统进行分析,例如,验证各组件的缓冲是否溢出、分析端到端延迟、确保在组件之间最坏情况数据传输时间不会超出截止时间等。此类分析需要对组件的计算资源、通信资源、与其他组件以及环境的交互等要素进行建模,并将这些模型组合成系统模型,再进行系统属性分析。

可组合构件模型具有可组合性,提供了组合操作和设计约束定义等语言结构和语义,适用于嵌入式软件的构件化设计和组合构造过程,是嵌入式软件组合理论研究的基础。可组合构件模型可分为行为模型和框架模型。

行为模型通过构件接口描述构件的可组合特性,支持构件间的组合构造。形式化描述组件接口和组件组合问题的方法包括自动机、进程代数、时态逻辑和 Petri 网等。输入输出自动机(IOA)和接口自动机(IA)以及它们的时间语义扩展时间输入输出自动机(timed IOA,TIOA)和时间接口自动机(timed IA,TIA)模型均为轻量级的描述构件接口行为的状态机模型。此类模型基于接口行为的状态迁移序列对构件的外部行为特性进行建模,并依据构件模型的可组合性和组合运算定义,执行构件间的可组合性判断与组合构造过程。传统的类型系统中,通过约束接口的交互数据的值域而形式化表达输入假设和输出保证。IA 和 TIA 的输入假设和输出保证不再是交互数据的取值范围,而是 I/O 活动的先后顺序和时间约束。

框架模型则是一个元模型集合,针对构件功能需求、构件间交互关系、软件运行调度策略、系统动态配置方案等软件构成要素,选取适用的元模型进行建模,并利用预定义的组合方式将其集成在一起,以构建完整的软件系统框架模型。第 9 章中所讨论的 BIP 模型为软件设计框架模型,包含构件行为、资源管理、接口与调度模型等一系列元模型,通过各类元模型的配合使用与正确组装,完整地刻画软件系统的外部行为特性。BIP 模型的可组合性定义也是一种乐观定义,与 IA 模型的可组合性定义类似。

嵌入式构件可组合性是判断不同构件在特定组合关系下是否可进行组合构造的准则。具有可组合性的构件才能进行组合构造。组合关系描述构件间协同运行的方式,分为并发组合和分层组合两大类,存在很多不同的语义。分层组合的关键思想是状态精化,其代表为8.2.1 节所提到的 HCFSM(statecharts)模型。

并发组合系统中,多个构件同时或独立工作。如果响应是同时的,称同步组合;如果响应是独立的,称为异步组合,如交错语义(interleaving)。考虑到构件之间的通信和协作机制,可进一步细分为顺序(cascade/serial)组合、并列(side-by-side)组合、并行(parallel)组合等组合关系。

- 顺序组合。不同构件运行时存在前驱和后继关系。在软件运行过程中,前驱构件为后继构件提供数据信息,预置控制条件。不同构件按照系统控制流和数据流的设计方案嵌入系统工作流程,组合构建系统功能。

- 并列组合。不同构件之间相互隔离,无直接交互关系,构件在系统中保持独立运行。
- 并行组合。不同构件之间存在持续、交叉的信息交互和数据通信过程。各构件在软件系统的调度与控制下并发运行,通过接口事件和接口行为进行实时交互,组合构建系统功能。

这些组合关系都需要考虑同步和异步两种组合结构。

嵌入式构件可组合性包含语法可组合、语义可组合、服务可组合三个层次的可组合特性要求。语法可组合性表示不同构件的接口行为描述之间的相容性,包括行为名称、行为参数、触发事件、返回信息等的一致性。语义可组合性表示接口行为语义之间的相容性,包括参数的取值范围、取值约束、数据结构等数据特性要求,以及接口行为的执行顺序等时序特性要求。服务可组合性则强调构件接口的标准化程度、构件的重用性等,包括接口协议、服务访问协议、构件间交互过程的时间约束、构件间协同运行的环境条件等。具有服务可组合性的嵌入式系统具有开放性、动态性等特点,可针对业务需求的变化情况动态选取或绑定适用的嵌入式构件,更新软件系统的组成与配置。

构件可组合性可分为乐观定义与悲观定义。在乐观定义中,如果组合构造结果的状态空间不为空,则认为相应构件之间具有可组合性。而在悲观定义中,如果组合构造结果的状态空间中存在非法状态,则认为相应构件之间是不可组合的。悲观定义对构件可组合特性的要求更强,要求在任意运行环境条件下,均能保证系统构建的正确性,因此更适用于体系结构稳定的封闭系统的组合构建。乐观定义则更适用于可伸缩的开放系统的组合构建、动态演化过程,但需针对组合构造结果,裁剪其不可达状态与非法状态,确定合法状态空间,以保证各构件在特定运行环境条件下的协同运行。

在基于模型的组合设计过程中,通常采用构件模型描述语言定义构件间的可组合性。对于系统内具有特定组合关系的构件接口模型,其对应的接口行为应满足可组合特性的语法和语义要求,以支持软件系统的组合构建。

嵌入式构件组合机制是指导构件间组合构造的理论与方法,是组合理论研究的核心内容,具体包括组合操作、约束条件、组合契约等部分。组合操作是对系统内具有特定组合关系的构件进行组装的方法。构件接口模型之间的组合操作通过接口交互行为执行,同样包含语法、语义、服务三个层面上的组合过程。通过构件模型间的组合构造,建立上层构件、子系统模型,对其运行状态空间、外部行为特性进行统一描述。当组合构造结果存在非法状态或可能存在数据特性、时序特性冲突时,应对可能引发冲突的模型元素进行精化处理,并建立必要的设计约束,以保证组合构造结果的正确性。各类模型的组合操作定义类似,通常以笛卡儿积运算为基础,对不同构件模型的状态集合、初始状态、行为集合、迁移关系集合等执行积运算,并依据特定规则对运算结果进行处理。

设计约束描述嵌入式构件和系统在具体实现过程中需要满足的特定条件。在嵌入式软件的组合设计过程中,设计约束由研发人员根据业务需求、领域知识、环境条件等因素综合制定,或在组合构造过程中通过分析与推导得出。设计约束作为可组合模型的构成部分,共同参与上层构件和子系统的创建,约束相应模型元素的匹配与融合过程。

将契约理论引入基于构件的设计过程,提出了组合契约的概念,包括构件契约和契约间

形式化方法

的组合规则等内容。在嵌入式软件的组合设计过程中,通过构件契约描述构件的外部行为特性,通过组合规则指导不同构件契约间的组合构造,辅助推导组合构造结果的外部行为特性,为构件间集成测试提供设计信息。

嵌入式系统信息流接口分为基本接口和组合接口,可以利用事件触发接口、时间触发接口和服务接口组合构建嵌入式系统。基本接口上数据信息和控制信息均单向流动,组合接口上数据信息为单向流动,而控制信息为双向流动。时态防火墙接口(temporal firewall)以时间逻辑描述构件间的实时交互关系,发送者和接收者均有独立缓存,数据从发送缓存到接收缓存的传递过程以时间触发方式启动。时态防火墙接口可以对不同构件行为的时间特性进行组合。

IOA 与 IA 模型的语法非常相似,但 IOA 基于悲观方法,具有接受的或输入使能特性,即在所有状态上所有输入行为均可被激活。因此,在描述构件的反应式运行过程时,IOA 模型的形式更复杂。IOA 仅能限制输出行为和内部行为的执行时机。IA 比 IOA 少了许多不必要的迁移,应用更加灵活方便。有研究者给出了将 IA 自动转换为 IOA 的方法。IA 框架中,接口表示为 IOA。IA 的语义由双人博弈表示,输入代表环境,输出代表组件自身。TIA 是 IA 的扩展,主要关注时序组合。

某种意义上,接口是组件的规格说明。模态自动机(modal automata)及其时间扩展模型用于研究系统规约方法。模态自动机为确定自动机,包含 may 和 must 两种迁移。实现接口的组件为简单的 LTS。必须具备 must 迁移,但不要求一定具备 may 迁移。概念上,模态(modalities)与输入和输出是正交的。一般认为,相对于博弈语义方法,模态方法不能区分构件和环境中的行为。

8.3.1　IOA 与 TIOA

IOA 用于对并发和分布式离散事件系统构件化建模。此类系统中,组件乃至整个系统持续地与环境进行交互,而不是接受输入、进行计算、停机。虽然 IOA 可建模同步系统,但最适于描述组件异步运行的系统。

每个系统组件被建模为一个 IOA。IOA 可以为无限状态集合。动作分为输入动作、输出动作和内部动作,由动作签名标识。系统行为由动作序列描述。自动机自动生成输出动作和内部动作,并立即向环境发送输出动作。但输入动作由环境产生,并立即发送给自动机。根据决定动作何时执行而区分输入动作与其他动作是 IOA 的基础。自动机可以限制何时执行输出和内部动作,但无法阻止执行输入动作,即 IOA 是输入使能的。与之不同,通信顺序进程(CSP)使用输入阻塞剔除不希望的输入,或阻止环境的活动。但 IOA 可以检测错误输入并给出错误提示,而无须建立输入阻塞机制,简化了输入约束的描述方法。

定义：构件 P 的 IOA 为一个五元组(sig(IOA), states(IOA), start(IOA), steps(IOA), part(IOA)),其中：

- sig(IOA)表示 IOA 行为的一个划分,包括 3 个互不相交的集合,分别为输入行为集合 in(IOA)、输出行为集合 out(IOA)及内部行为集合 int(IOA)。
- states(IOA)是一个有限状态集合。
- start(IOA)⊆states(IOA)表示初始状态集合。
- steps(IOA)是一组状态间映射,steps(IOA)⊆states(IOA)×acts(IOA)×states(IOA)表示

IOA 状态间的迁移关系集合,其中,acts(IOA)＝in(IOA)∪out(IOA)∪int(IOA)。

- part(IOA)是等价关系,将 local(IOA)分解为可数等价类,其中,local(IOA)＝out(IOA)∪int(IOA)。

定义:IOA 可组合性。构件 P 和 Q 所对应的 IOA 分别为 A_P 和 A_Q,A_P 和 A_Q 是可组合的,当且仅当 out(A_P)∩out(A_Q)＝∅,int(A_P)∩acts(A_Q)＝∅,int(A_Q)∩acts(A_P)＝∅。

即 A_P 与 A_Q 是可组合的,当且仅当除互为输入、输出的共享行为以及共同的输入行为之外,A_P 与 A_Q 的其他行为都是正交的。IOA 可组合性定义在形式上与 IA 可组合性定义类似,不同之处在于由于 IOA 是输入使能的,因此在组合前后的任意运行环境中均应能正常响应环境的所有输入,并保证其行为特性符合设计要求,而不允许进入非法状态。因此 IOA 的可组合性定义是一种悲观定义。

IOA 是用于表示非定时异步系统的标记转移系统,其迁移分输入类型和输出类型。IOA 可以是不确定的,这是此模型的重要能力。

TIOA 是带有时间上限和下限信息扩展的 IOA。TIOA 具有唯一的有限多分区等级,下限不能为无限,上限不能为 0。

8.3.2 IA 和 TIA

常规的构件化设计方法首先进行系统设计和实现,其后再进行系统性能分析。IBD (interface-based design)方法将此两阶段方法合并为一步,通过组件的接口信息确定组件能否相互兼容和协同,避免了对每个组件的内部行为建模。构件接口是嵌入式构件与组合功能建模的重要依据。

IBD 方法对组件接口建模,输入假设(input assumption,也称环境假设)描述组件对其他组件和环境的要求,输出保证(output guarantee)告知其他组件和环境该组件将提供的服务。

可以将由组件构成的系统抽象为组件网络,再通过接口信息,对其进行性能分析,确定系统的缓冲、延迟和吞吐率等属性是否满足设计规格要求。IA 被认为是一种接口模型 (interface model),而传统形式的模型则被称作组件模型(component model)。

IA 基于传统的自动机理论,是描述基于组件系统中组件与其他组件以及环境的交互行为的形式化模型。IA 模型是一种 Mealy 型有限自动机,嵌入式软件的 IA 模型具有可达性、确定性、可组合性等属性。

定义:接口自动机 P 是一个六元组 $P=(\mathbf{V_P}, \mathbf{V_P^{Init}}, \mathbf{A_P^I}, \mathbf{A_P^O}, \mathbf{A_P^H}, \Delta_P)$。其中:

- $\mathbf{V_P}$ 是状态的有穷集合。
- $\mathbf{V_P^{Init}} \subseteq \mathbf{V_P}$ 是初始状态集合,且不为空。
- $\mathbf{A_P^I}$、$\mathbf{A_P^O}$、$\mathbf{A_P^H}$ 分别为 P 的输入、输出和内部动作集合,$\mathbf{A_P^I} \cap \mathbf{A_P^O} = \mathbf{A_P^I} \cap \mathbf{A_P^H} = \mathbf{A_P^O} \cap \mathbf{A_P^H} = \emptyset$。
- $\mathbf{A_P} = \mathbf{A_P^I} \cup \mathbf{A_P^O} \cup \mathbf{A_P^H}$ 为全部动作集合。
- $\Delta_P \subseteq \mathbf{V_P} \times \mathbf{A_P} \times \mathbf{V_P}$ 是迁移的集合。

输入动作用于建模可被调用的过程和方法,通信通道的接收端,或调用的返回位置。输出动作用于建模过程和方法的调用者,消息传输过程,调用的返回动作或方法结束,或方法执行产生的异常。如果自动机 P 只有内部动作,则该自动机为封闭的。

P 的一个执行片段是其状态和动作交替排列的有限序列:$v_0 a_0 v_1 a_1 \cdots v_n a_n$。任意两个

状态 v 和 u，若存在一个执行片段，其第一个状态为 v，最后一个状态为 u，则称 u 从 v 可达。若 u 从 P 的某个初态可达，则 u 在 P 中是可达的。

IA 组合执行笛卡儿积运算（$\otimes$）。组合状态机的输入动作集合、输出动作集合应分别包括构件与环境之间的所有输入动作和输出动作，但不包括构件间的共享动作。互为共享动作的输入动作与输出动作在组合状态机中共同完成系统内构件间交互，因此合并为一个内部动作，在对应构件中引起的状态迁移也被合并。两个 IA 组合时，相互匹配的 I/O 动作同步，而各自的内部动作为交错异步。

P 和 Q 为两个构件的 IA，P 和 Q 是可组合的，当且仅当除互为输入、输出行为的接口动作之外，$\mathbf{A_P}$ 与 $\mathbf{A_Q}$ 的其他动作之间都是正交的，即

$$\mathbf{A_P^I} \bigcap \mathbf{A_Q^I} = \varnothing, \quad \mathbf{A_P^O} \bigcap \mathbf{A_Q^O} = \varnothing, \quad \mathbf{A_P^H} \bigcap \mathbf{A_Q} = \varnothing, \quad \mathbf{A_P} \bigcap \mathbf{A_Q^H} = \varnothing$$

因此，两个 IA 是可组合的需要满足两个条件，其一，它们的输入或输出动作不能相同；其二，一方的内部动作不能与另一方的任何动作相同。

设 P 和 Q 的组合记为 P∥Q。由于 P 或 Q 为对方提供的输入假设或输出保证可能不相匹配，因此 P∥Q 中可能存在可达的非法状态（称不相容状态）。若将 P∥Q 的执行环境建模为接口自动机 E，则 P∥Q 在 E 中执行表示为（P∥Q）∥E。若存在一个环境可以保证 P∥Q 能正常运行，且非法状态永远不可达，则称 P 和 Q 是相容的，且此环境为合法环境。

1. 组合与相容性判定

IA 将接口的输入假设和输出保证整合为一体，描述了组件接口的时序属性，即接口交互动作的先后顺序关系。输入假设描述了本接口请求的各个外部服务间的先后顺序关系，相当于对环境的假设。输出保证描述了本接口对外提供的各个服务的先后顺序关系，刻画了自身的行为。

在处理组件的组合问题时，IA 采用乐观方法（optimistic approach）和博弈论（game theory）思想，用于定义开放式系统中的接口相容性（compatibility）问题并描述其语义。

传统的悲观方法（pessimistic approach）中，如果 P∥Q 存在可达的非法状态，就认为 P 和 Q 是不相容的，即只有组合后的接口在任何环境中都能正确运行才认为它们是相容的。乐观方法认为只要存在一个可保证组合后的接口能在其中正确运行的环境，则接口就是相容的。采用乐观方法处理接口的组合问题，大幅减少了接口组合状态规模。悲观方法适用于封闭系统，即只有内部活动而无输入输出活动。乐观方法适用于开放系统。研究证明，对于封闭系统，乐观方法退化为悲观方法。

IA 方法使用博弈思想解释乐观方法的组合问题语义，处理接口与环境的关系。博弈问题可描述为：在一个有限有向图上，博弈双方将一个标记（token）沿着边的方向从一个节点移动到另一个节点。每一方只有当标记落在属于自己的节点上时才能移动标记。博弈双方的目标是使自己获胜。当某个条件满足时，则认为一方获胜。

在 IA 理论中，将接口和环境作为博弈的对立双方。接口可能产生的输出以及能够接受的输入均依赖于接口的内部状态。环境的获胜条件是在博弈中始终满足输入假设。若存在一个环境的获胜策略，则称该接口是良构的，即存在某个可以满足接口所有输入假设的环境。环境的目标是找到满足接口的所有输入假设的策略，即环境不会在接口不能接受某个输入的内部状态上为其提供输入。接口的相容性通过求解环境方获胜的策略进行判别，策略存在即相容，否则不相容。通过计算 P⊗Q 的相容状态进行相容性检查，即求解笛卡儿积

自动机与其环境的一个博弈。笛卡儿积自动机尝试进入非法状态,而其环境试图阻止它这样做。

输入假设能够描述环境可以产生某个输入,但不能描述环境必须产生某个输入,导致存在某环境使得任何组件或组合都可在其中正确运行。该环境接受组件产生的所有输出,提供组件所需的所有输入,但永远不产生这些输入活动。因为这个问题,很难为已知的两个接口构造使其组合能够正确运行的环境。

利用接口自动机的可达图可以实现检测接口自动机良构性的算法。通过深度优先遍历算法遍历可达图获取一条覆盖所有迁移的简单有序集,然后依次寻找有序集中每个方法活动到其对应返回活动间的最简运行并检测其自治无异常可达性,从而实现接口自动机良构性检测。当接口自动机中每个方法活动到其对应返回活动都是自治无异常可达的,则可得出该接口自动机是良构的。若接口自动机 P 和 Q 是良构的,则其组合 P ‖ Q 是良构的。

结构组合(parallel composition)由如下三步产生。

(1) 计算笛卡儿积,组件基于共享输入输出同步。

(2) 识别乘积状态机中的非法状态,即两个构件不能一起工作的状态。

(3) 找到一个可避免出现上述非法状态的环境。

【例 8.9】 消息发送服务构件 Comp。此构件的方法为 msg,用于发送消息。方法 msg 被调用时,构件返回 ok 或 fail。为了实现此服务,Comp 构件依赖于与通信通道的接口,提供 send 方法以发送消息,成功则返回值为 ack,失败则返回 nack。当方法 msg 被激活时,构件发送消息。如果第一次发送失败,则重新发送。如果两次发送都失败,则报告失败,否则报告成功。图 8.18 为 Comp 构件的 IA,其中,方框表示 IA,端口表示 I/O 动作,动作的后缀(?、!、;)分别表示输入、输出和内部动作。

图 8.18(b)中 Comp 为此构件的 IA 模型。自动机 Comp 是非接受的(non-receptive),它的非法输入集用于定义对环境的假设。例如,仅在状态 0 接受 msg 输入,表示假设"一旦调用方法 msg,环境在再次调用 msg 前将等待 ok 或 fail 响应"。

User 构件(图 8.18(a))有两个输入动作 ok 和 fail,一个输出动作 msg,无内部动作。User 包含两个状态,状态 state0 为初态,并包含(0,msg,1)和(1,ok,0)两个迁移步(step)。

User 使用 Comp 进行消息发送,且期望发送成功,而无须处理发送失败,即调用方法 msg 后将接受 ok 而不接受 fail。期望返回值为 ok 是组件 Comp 对其环境的一个假设,也就是说,组件 Comp 被设计为仅用于不会失败的消息传输服务。

图 8.18(c)为 User⊗Comp,包含了 User 状态与 Comp 状态的笛卡儿积。积的生成步骤如下。

(1) msg 并运算步,表示 User 调用 msg 方法。

(2) ok 步,表示 msg 方法结束并返回 ok。

(3) Comp 调用 Channel 的 send 方法步。

(4) Comp 接受 Channel 的 ack 或 nack 返回值步。

例如,User 调用 msg 方法,然后 Comp 两次调用 send 方法,两次从通道收到返回值 nack,指示传输失败。这一过程导致进入状态 state6,对应于 User 的 state1 和 Comp 的 state6。在状态 state6,Comp 尝试通过返回 fail 报告发送失败,但没有预期失败,User 在

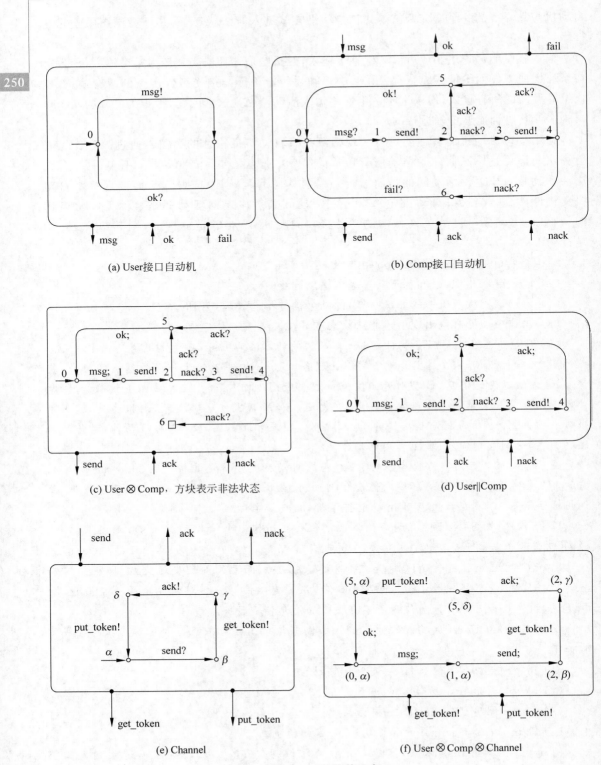

(a) User接口自动机

(b) Comp接口自动机

(c) User ⊗ Comp，方块表示非法状态

(d) User‖Comp

(e) Channel

(f) User ⊗ Comp ⊗ Channel

图 8.18　IA 及其组合

state1 不接受返回值 fail。User⊗Comp 的非预期状态 state6 称非法状态,因为 Comp 的输出步(6,fail,0)没有相应的 User 输入步。如果 Comp 的环境假设被其环境满足,则此状态不应发生。

有两种处理非法状态的方法。标准的悲观方法认为,如果积的非法状态可达,则两个接口不相容。因此,User 和 Comp 不相容,因为仅靠 Comp 自身无法满足 User 的环境假设,即每次调用 msg 返回 fail。

悲观方法适合封闭系统,但 User⊗Comp 为开放系统,存在提供 ack 和 nack 的环境——通道。判定 User 与 Comp 不相容,禁止了通道协助两者共同工作的可能性。实际上,悲观方法拒绝了使开放系统运行出现不正确行为的某些环境。特别是悲观方法无法向 User 与 Comp 的组合传达 User 的环境假设。

反之,按照乐观方法,如果两个构件在某些环境中工作正确,则它们是相容的,因此 User 和 Comp 是相容的。其实,环境在状态 state4 提供 ack 输入,保证不会进入非法状态 state6。阻止进入非法状态的环境称为合法环境。■

2. IA 设计精化

在软件的设计和验证过程中,通常要在不同的抽象级为系统进行建模。为了保证不同抽象级别模型之间的一致性,需要验证它们之间具有某种精化关系。具有精化关系的两个模型 P′ 和 P 一般表示为类似于 P′<P 的形式,其中 P′ 为抽象级别较低的模型,称为实现模型,P 为抽象级别较高的模型,称为规范模型。精化方法使设计者将注意力集中在保证构件精化的正确性上,而不必在每一层(即每次精化后)都验证整个系统的正确性。

IA 面向的构件化组合设计,采用逐级精化设计方法,支持自上而下的软件系统设计。两个 IA 满足精化关系的直观含义指在任何被精化的 IA(称为规范自动机)可以正常工作的环境中,精化的 IA(称为实现自动机)也可以正常工作。

对输入使能模型(input-enable setting),精化通常定义为踪迹包容(trace containment)或模拟,即保证实现自动机的输出行为是规范自动机所允许的行为。这种定义对非输入使能模型不合适。如果还要求实现的合法输入集是规范允许的输入的子集,那么实现只能在很少的接口规范允许的环境中使用。

IA 为非输入使能模型。IA 模型借用了 ATS(alternating transition system)中的交替精化概念,即对接口自动机 P 和 Q,若 Q 可以模拟 P 的所有输入动作(input step),P 可以模拟 Q 的所有输出活动,且 P 和 Q 的内部动作相互独立,则称 Q 是 P 的精化。交替模拟(alternating simulation)通过放松 P 的输入假设并对其输出保证进行限制而精化得到 Q,与传统模拟关系的主要区别在于其对输入动作和输出动作的处理。对输入动作,交替模拟要求实现模型可以模拟规范模型;对输出动作,交替模拟要求规范模型可以模拟实现模型。

精化关系的验证称为精化检验(refinement checking)。一种直接的组合精化检验策略是基于简单组合规则(compositional principle)。为了验证系统的整体实现与整体规范之间具有精化关系,只需验证系统实现的各个模块与系统规范的各个模块之间分别具有精化关系即可。例如,为了验证 P′‖Q′<P‖Q,只需分别验证 P′<P 和 Q′<Q。

使用组合规则的前提是系统规范的各个模块与系统实现的各个模块之间具备直接的一一对应关系,从而允许实现任务分解。但是在实际应用中,对应模块之间往往并不具有直接的精化关系,只有在其他相关模块组成的特定环境下才满足精化关系。假设保证规则(assume-guarantee principle)是对简单组合规则的强化,可以应用于此类场景。此时,可以将环境模块引入子任务的验证。例如,为了验证 P′‖Q′≺P‖Q,只需分别验证 P′‖Q′≺P 和 P‖Q′≺Q。

假设保证规则要求模型为非阻塞(nonblocking)且只能包含有限的不确定性(finite nondeterminism)。IA 不要求是非阻塞的,阻塞可用于建模进程终止,此时假设保证规则不适用。同时,当子任务涉及的相关模块比较多时,在子任务中就要计算多个模块的并发组合,增加了状态爆炸的风险。

3. TIA

TIA 为 IA 的输入输出活动增加了时间约束,用于描述实时系统中接口的交互和组合特性。

定义:时间接口自动机(TIA)定义为一个八元组(Q, q^{init}, X, $Acts^I$, $Acts^O$, Inv^I, Inv^O, ρ)。其中:

- Q——一个有限状态集合;
- q^{init}——初始状态;
- X——一个有限时钟变量集合;
- $Acts^I$ 和 $Acts^O$——有限输入行为集合和输出行为集合,且两个集合相互独立;
- Inv^I 和 Inv^O——两个映射关系集合,分别将 Q 中的每个状态 s 与其输入行为的时间约束和输出行为的时间约束联系起来;
- $\rho \subseteq Q \times [X] \times Acts \times 2X \times Q$——一个迁移关系集合,代表状态间的迁移关系,$[X]$ 表示时钟变量取值约束集合。$\langle q, g, a, r, q' \rangle$ 表示一个迁移,其中,q 和 q' 表示源状态和目标状态,a 表示引起迁移的行为,$r \in X$ 表示需要置零的时钟,$g \in [X]$ 表示时钟变量值的监视条件,由一组时钟变量上的时间约束组成,当约束条件满足时执行相应行为,进行状态迁移。

与时间自动机相同,TIA 在 IA 中增加了时钟变量,每个状态均有一组由时钟变量构成的谓词,称为时钟条件。时钟条件对状态上触发 I/O 活动的时间进行约束,分别称为输入不变式和输出不变式。同时,为每个 I/O 动作增加一个卫式条件,规定该 I/O 动作发生所必须满足的时间约束。

所谓 Zeno 行为指"自动机阻止时间步进",可能因为被完全阻塞,或在有限时间内调度了无限多的离散动作,因而无法区分动作的先后顺序,只能将它们视为"同时发生"。由于 I/O 动作的执行时间为 0,因此自动机状态迁移时间为 0,导致存在 Zeno 行为。为此,TIA 的良构判据要求在任一可达状态上,必须保证约束 I/O 动作的时间变量不会停止变化。

状态迁移只有在动作被触发且满足时间约束时才发生。将接口交互行为分为两类动作:一类是代表输入和输出立即被处理的立即动作(immediate moves,IM),状态迁移只有在动作被触发且满足时间约束时才发生;另一类是使构件状态迁移发生的时间约束(视为一个动作),称为时间动作(timed moves,TM)。

单个 TIA 用于整个系统中一个构件行为的基于时间的状态建模,而对于实际系统需要对构件进行组合,用以描述复杂的状态。TIA 求积可以描述构件的组合,但是求积后会产生许多状态,其中某些状态仅由于求积运算而产生,没有实际意义,因而需要对其进行约减。

约减后的模型保持了构件组合原有的性质。

若 P 和 Q 两个 TIA 之间没有相同的输出活动和时钟变量,则这两个 TIA 是可组合的,记为 P ‖ Q。P ‖ Q 可能存在如下两种非法状态。

- 立即非法状态:P 和 Q 的输入假设和输出保证不相互匹配,包括 I/O 卫式条件不满足。
- 时间非法状态:某状态不满足良构判据。

对于立即非法状态,若一个接口状态上产生的输出不能被另外一个接口状态所接收,则对应的两个接口没有关联关系,它们的组合就没有意义。时间非法状态依赖于立即非法状态而存在,显然是需要约减的。

8.3.3 语义扩展

由于 IA、IOA 模型行为语义表达能力的局限性,在工程中的应用受到限制。近年来,通过对接口模型的数据特性、行为执行约束等方面进行扩展,增强行为语义表达能力,使其更好地服务于嵌入式软件的组合设计、构件、集成测试等工作。

语义接口自动机(semantic interface automata,SIA)定义了局部变量,描述构件在运行过程中维护的内部变量;定义了共享变量,对不同构件间以及构件与运行环境间共享的数据资源进行统一描述,但共享变量的存在对构件的封装性造成了不利影响。SIA 模型定义了行为参数、行为的前置和后置条件,并定义了行为的执行效果,但未考虑触发行为执行的接口事件以及允许为激活的候选状态。

Z 标记接口自动机(interface automaton with Z notation,ZIA)利用 Z 语言可精确描述数据结构的能力,对 IA 模型的数据特性进行扩展。ZIA 定义了模型数据元素的一阶逻辑表达式,对行为执行之前以及完成之后应满足的数据特征进行描述,建立起行为执行的数据约束。

扩展接口自动机(extended interface automata,EIA)定义了输入、输出以及内部变量,分别作为构件输入、输出以及内部行为的参数,并通过更新函数描述变量取值的变化过程。但 EIA 未考虑构件在运行过程中维护的中间变量及其取值的变化过程。通过裁剪 UML 模型约束语言 OCL 的子集,定义了 EIA 模型约束语言及语义,制定了各类数据约束的逻辑表达式。

8.3.4 模块化性能分析

所谓模块化性能分析(modular performance analysis)方法基于实时演算(real time calculus,RTC)理论,刻画负载流通过资源网络的行为,并对系统的性能上下界进行分析。与基于状态机(如时间自动机)的形式化验证方法相比,RTC 方法能够有效避免状态空间爆炸问题。

RTC 是网络演算(NC)在实时应用领域的扩展,两者共同的数学基础是最小加/最大加代数(min-plus/max-plus algebra)理论。RTC 采用特征曲线为实时系统中的负载和资源进行建模,计算和通信资源相互连接构成资源网络。

对实时系统,RTC 建立离散事件流模型刻画实时任务到达处理器的行为,并应用特征曲线描述事件流和可用处理器资源的时间性质。

定义：到达曲线。给定时间段 $[s,t)$，$R[s,t)$ 表示在 $[s,t)$ 内到达处理器的任务数。α^u 和 α^l 分别定义时段 $[s,t)$ 关联的到达曲线的上界和下界，其满足不等式：$\forall s<t,\alpha^l(t-s)\leqslant R[s,t)\leqslant\alpha^u(t-s)$。特殊地，$\alpha^u(0)=\alpha^l(0)=0$。

定义：资源曲线。给定时间段 $[s,t)$，$C[s,t)$ 表示单位处理器资源在时段 $[s,t)$ 内能够处理完成的任务数。β^u 和 β^l 分别定义时段 $[s,t)$ 关联的资源曲线的上界和下界，其满足不等式：$\forall s<t,\beta^l(t-s)\leqslant R[s,t)\leqslant\beta^u(t-s)$。特殊地，$\beta^u(0)=\beta^l(0)=0$。

由以上定义可知，对于任意正数 Δ，$\alpha^u(\Delta)$ 和 $\alpha^l(\Delta)$ 分别表示所有长度为 Δ 的时段内到达的最多和最少任务数。同理，$\beta^u(\Delta)$ 和 $\beta^l(\Delta)$ 分别表示所有长度为 Δ 的时段内单位处理器资源能够处理完成的最多和最少任务数。

【**例 8.10**】 到达曲线的示例如图 8.19(a) 所示，横轴为时间，纵轴为任务数，其中，E 表示到达处理器的任务序列，α 是序列 E 对应的到达曲线。图中用空心圆标注了 $\Delta=\varepsilon,1,2$（其中，ε 为大于 0 的小常数）时，到达曲线 α 的取值。当 $\Delta=\varepsilon$ 时，观察序列 E 易知，时间段 Δ 内至多包含 1 个任务或者不包含任务，因此，对应到达曲线 α 满足 $\alpha^u(\varepsilon)=1$ 和 $\alpha^l(\varepsilon)=0$。当 $\Delta=1$ 时，时间段 Δ 内包含的最多和最少的任务数分别为 2 和 0，故有 $\alpha^u(1)=2$ 和 $\alpha^l(1)=0$。同理，通过观察 E 序列易知，$\alpha^u(2)=3$ 和 $\alpha^l(1)=1$。

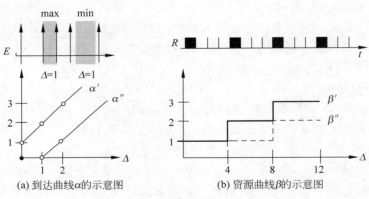

(a) 到达曲线 α 的示意图   (b) 资源曲线 β 的示意图

图 8.19 到达曲线和资源曲线

图 8.19(b) 给出了资源曲线的示例，其中，R 表示处理资源在时间维上的分配，实心块表示可用的资源，β 是 R 对应的资源曲线。注意到，可用资源每隔 4 个时间单位出现一次，即周期为 4，故 β 每隔 4 个时间单位递增 1，是时间段 Δ 的阶梯函数。另外，通过观察 R 可知：对于每个时间段 Δ 内，最好情况下，在每个周期起始位置即分配一个可用资源，此时，Δ 内可用资源数为 $\beta^u(\Delta)=1+\lfloor\Delta/4\rfloor$；最坏情况下，每个周期内总是在最后一个时间单元分配可用资源，此时，Δ 内可用资源数为 $\beta^l(\Delta)=1+\lfloor\Delta/4\rfloor$。显然，$\Delta$ 相同时，$\beta^u(\Delta)$ 和 $\beta^l(\Delta)$ 相差 1。■

在实时系统中，任务流通常加载到处理模块上，由处理模块根据不同处理模式和调度策略实现资源到任务的分配。RTC 将这些处理模块抽象为某种曲线转换函数 $f()$，其定义域和值域均由到达曲线和资源曲线构成，据此计算输出（事件）曲线 α' 和（剩余）资源曲线 β'，即

$$\alpha'=f_\alpha(\alpha,\beta)$$
$$\beta'=f_\beta(\alpha,\beta)$$

由此,可以通过应用最小加/最大加代数方法,分析某时段内系统的负载状况,包括对到达曲线和资源曲线进行卷积运算判断任务积压情况,或进行去卷积运算预测未来任务最大积压量等。

因此,建立处理模块的曲线转换函数 $f()$ 是 RTC 方法的关键。RTC 提供两类基本的处理模块,贪心处理模块(greedy processing component,GPC)和最早截止期优先(earliest deadline first,EDF)调度模块。如图 8.20 所示,GPC 模块将到达的实时任务(由曲线 α 表示)按照先进先出(first in first out,FIFO)次序排列,并在可用资源(由曲线 β 表示)的约束下,以贪心策略对任务流进行服务,此时可以计算任务的 WCRT。

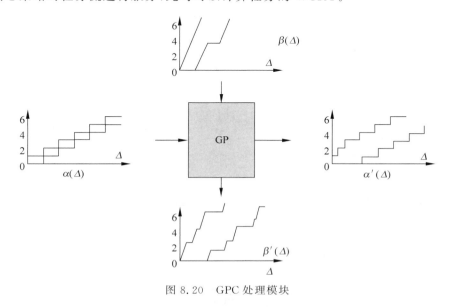

图 8.20　GPC 处理模块

EDF 调度模块可并行处理两条以上的任务流。考虑一个 EDF 模块调度 n 个任务流,其中,第 i 个任务流中每个作业的相对截止期为 d_i。这 n 个任务流均能满足截止期的充分条件是:对于任意长度的时间段,所有任务流的总处理时间 Ω 小于时段内的最小资源数 β^l。$\Omega(\Delta)$ 被称为需求界限函数(demand bound function,DBF)。

【例 8.11】　图 8.21(a)为系统结构示意图,图 8.21(b)为性能网络图。该系统由两个计算资源 CPU_1、CPU_2 和一个通信资源 BUS 构成。两个输入流(负载流/事件流)S_1 和 S_2 分别由一系列任务(T_i 和 C_i)进行处理。此处假设每个任务执行消耗和生成一个事件,复杂应用建模可以描述消耗和生成事件的速率。

构建性能网络时,需要映射输入流、任务和执行平台,并指定资源共享策略。本例中,T_1 和 T_4 采用抢占式 EDF 调度,e_i 和 d_i 为任务的执行时间和截止期。T_8 使用后台调度(background scheduling,BS),利用资源的剩余时间执行。BUS 使用层次化 TDMA/FP 调度,类似于 FlexRay 协议。C_2 按固定周期执行,C_5 和 C_7 按固定优先级在 C_2 剩余的时间执行,C_5 优先级高。CPU_2 按固定优先级抢占调度,T_3 优先级高。

因此该系统的性能网络中,CPU_1 包含 EDF 模块,BUS 和 CPU_2 使用 GPC 模块。输入流 S_1 和 S_2 分别由到达曲线 a_{11} 和 a_{21} 描述,任务 T_1 和 T_4 共享 EDF 服务曲线(资源曲线)b_{11},T_8 在剩余的时间 b_{12} 执行。BUS 帧由两个 TDMA 槽构成,分别为 b_{21} 和 b_{22}。C_5 和 C_7

形式化方法

共享 b_{22}。

分析时,首先初始化到达曲线和资源曲线。例如,设 S_1 和 S_2 的周期分别为 10 和 3。初始时,CPU_1 和 CPU_2 都可用,每个时间单位提供一个资源单位的服务。BUS 调度周期为 10,第一个时间槽为 2,第二个时间槽为 8。总线的归一化带宽为 1,即每个时间单位提供一个通信单位的服务。按性能网络的拓扑结构顺序,代入每个任务的计算时间和截止期需求,分别调用 RTC 工具箱中的 EDF 和 GPC 函数,即可计算出相应的输出曲线、任务延迟和缓冲大小。可根据各个输出曲线的上下界曲线之间的距离,判断系统的负载情况,确定任务是否满足截止期。亦可根据网络拓扑顺序,代入任务延迟计算事件流的端到端延迟等。

注意:在依赖循环的情况下(本例中不存在),需要迭代地求解方程直到得到一个不动点。∎

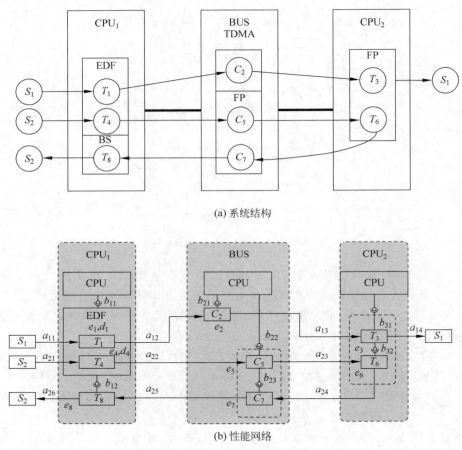

(a) 系统结构

(b) 性能网络

图 8.21　基于 RTC 的系统性能分析

8.4　精化与 Event-B 方法

针对软件需求规约与软件实现代码之间的语义断层问题,精化演算指导软件形式化开发。

（1）将规范也作为语句的程序称为抽象程序。精化是抽象程序之间的二元关系，保持抽象程序的部分正确性（partial correctness）。精化演算提供了一组规则指导抽象程序的逐步精化，形式化规约通过迭代精化变换为可执行程序。

（2）保证精化规则可靠性的条件称为证明义务（proof obligation）。为了保证精化规则应用的可靠性，精化过程使用验证工具检查证明义务的有效性。

（3）应用精化规则并证明义务有效性以及精化关系具有的传递性，将保证迭代精化构造的可执行程序一定满足其形式化规约。

Event-B方法基于精化思想，支持并发系统、分布式系统等复杂离散系统的描述、形式化设计、推理直至生成实现代码。Event-B方法以集合论、谓词逻辑和广义代换语言作为建模语言，以上下文（context）和抽象机（machine）为基本构件，描述离散系统模型。

上下文包含了集合常数（carrier set）、数值常数、定理、公理等基本构件，用于描述模型的静态性质。上下文之间具有扩展（extend）关系。扩展上下文可以引用被扩展上下文中定义的集合常数、数值常数。抽象机包含了变量、不变式、定理、事件等基本构件，主要描述模型的动态行为。其中，变量、不变式刻画系统的状态，事件由卫式条件和动作组成，刻画系统的状态迁移。抽象机中所有事件都必须保持不变式。

抽象机之间具有精化关系。一个抽象机最多只能精化一个抽象机。精化关系由具体抽象机中的具体事件和被精化的抽象机中的抽象事件之间的精化关系刻画：具体事件的卫式条件增强抽象事件的卫式条件，具体事件的动作模拟抽象事件的动作。精化抽象机与被精化抽象机之间通过黏结不变式（gluing invariant）关联，所有黏结不变式可以表明模型如何满足需求规范。

抽象机与上下文之间具有看见（sees）关系。抽象机可以引用它看见的上下文中定义的集合常数、数值常数。通过引入新的变量、新的不变式和新的事件精化抽象机中的状态或状态迁移，使抽象机之间形成层次关系。

Event-B方法支持自动生成证明义务。生成的证明义务主要有四类：不变式保持证明义务、可行证明义务、模拟证明义务和卫式加强证明义务、变式证明义务。其中，不变式证明义务保证模型具有一致性，可行证明义务保证非确定性赋值的可行性，模拟证明义务和卫式加强证明义务保证模型精化的正确性，变式证明义务保证事件的停机性。所有证明义务的有效性证明将保证精化模型的一致性和精化关系的正确性。

基于Event-B方法进行复杂离散系统建模，首先构造出与系统需求规范等价的抽象机和上下文，然后迭代地应用分解（decomposition）、精化（refinement）和一般实例化（instantiation）的建模方法，构造出系统需求规范不同精化层次的形式化模型。从系统需求规范到生成系统实现代码的每一步精化都有严格的数学推演和证明义务的正确性证明。

Event-B方法的开放工具集Rodin基于Eclipse开发，Eclipse的Plug-in机制使得Rodin能够不断扩展功能。关于Rodin的介绍见10.3.3节。

如何在Event-B方法的精化设计过程中考虑时间语义，是需要进一步探讨的问题，如RT-EventB。

形式化方法

8.5　本　章　小　结

控制理论采用真值函数或参数化连续函数(微积分方程)建立系统模型。复杂离散事件系统的逻辑行为可由离散事件表述。逻辑属性定义了离散事件的因果关系。

带输入输出的 Mealy 机或 Moore 机等状态机是描述交互式或反应式系统的建模语言。输入触发状态机的状态迁移,产生新状态和输出。I/O 状态机定义计算,并无限次执行迁移。给定初态和无限输入流,I/O 状态机产生无限的状态流和输出流。接口自动机忽略状态计算链,仅保留输入流和输出流的关系,并使用接口断言描述输入流与输出流的关系,定义接口属性。接口抽象规定了 I/O 状态机的接口行为。

LTL 等传统的时态逻辑只能定性表示事件时序,例如"对于请求 p,一定存在响应 q",表示为"$\square(\ p->\lozenge q\ )$",但无法表示响应发生的时间上下界,因此出现实时或量化(quantitative)的时态逻辑。例如,度量时态逻辑(metric temporal logic,MTL)允许使用自然数(步数)和方向("之前$\leqslant$""之后$>$")限定时态运算符的作用范围。如 MTL 公式"$\square(\ p->\lozenge_{\leqslant 5} q\ )$"意为"每个 p 都在(距当前时间)5 步内有 q 跟随"。更进一步,参数化时态逻辑(parametric temporal logic,PTL/PLTL)基于 LTL 和 MTL,使用变量限定时态运算符的作用范围,如"$\square_{\leqslant x} q$",意为"至少 x 步后,q 成立"。本章介绍的时间时态逻辑采用了类似构造原理,但语义更丰富,表现力更强。

组合与精化设计是指导系统形式化设计的重要思想,建立支持时间行为和语义的设计框架仍然是一个开放性问题。

思　考　题

1. 比较状态机、流程图、SDF、时序图等可视化建模语言的语义特征和适用性。

2. 层次化状态机(HCFSM)与 Mealy 机或 Moore 机有什么差别?

3. 比较面向对象模型、面向数据模型和面向活动模型之间的区别。

4. 用 Statecharts 描述交通灯控制器。

5. 汽车自动巡航系统功能的自然语言描述为:如果 auto-cruise on 按钮上的指示灯是亮的,则自动巡航系统被打开;否则被关闭。按下 auto-cruise on 按钮一次,其灯打开;按下 auto-cruise off 按钮一次,auto-cruise on 按钮指示灯关闭。如果汽车与其前方障碍物距离小于安全距离 d,则自动巡航系统使用刹车快速减速,并打开 unsafe distance 指示灯;如果汽车与其前方障碍物距离大于等于安全距离 d,则自动巡航系统处于监视模式,什么都不做,否则它处于监视和控制模式。请分别采用命题逻辑、LTL 或 CTL 定义汽车自动巡航系统的功能规格说明书。

6. 试使用时间自动机建模铁路道口问题。

7. 请归纳 RTC 方法的基本思想和应用时必须解决的关键问题。

第9章 体系结构建模语言与设计框架

如绪论中所言,实时嵌入式系统的复杂性一方面源于系统自身的属性,另一方面源于缺乏合适的设计方法和工具。传统上,实时系统不属于软件工程等领域的主流研究范畴,软件需求分析时与时间行为相关的需求和约束仅仅被视为系统的非功能性属性,处于次要地位。近年来,人们的认识逐渐发生变化,对实时系统设计方法和环境的研究与应用日益受到重视。基于模型的方法和构件化方法可以在系统设计时预测系统运行时的关键特征,不仅提升了设计的可靠性,而且极大地降低了工程风险和开发时间,得到工业界和学术界充分关注,发展出 MARTE、CCSL、AADL、BIP 和 AUTOSAR 等多种实时系统领域专用建模语言(domain specific modeling language)和设计框架。从系统工程角度,领域专用建模语言分为规约语言(specification language)、体系结构描述语言和时间约束定义语言等多种类型。

9.1 体系结构建模方法

模型驱动开发方法(model driven development,MDD)能够在系统设计的早期对系统进行分析与验证,有助于保证系统的品质属性,并有效控制开发时间与成本。此外,系统体系结构决定其品质,体系结构驱动的基于模型(model-based architecture-driven)设计方法成为复杂嵌入式系统领域的重要研究内容。系统设计时,以体系结构为中心的设计方法在多个抽象层次上针对应用的不同目标体系结构,进行异构系统体系结构设计空间搜索。

常用的体系结构描述语言主要有 UML(unified modeling language)和各种 ADL(architecture description language)。UML 侧重描述通用系统的软件体系结构。ADL 往往是通用领域的软件体系结构描述语言,难以满足软硬件协同设计、实时响应、资源受限等特定需求。MetaH 是面向航空电子系统的 ADL,可以用于嵌入式实时系统体系结构描述与分析。但 MetaH 在支持运行时体系结构描述、可扩展性、与其他 ADL 的兼容性以及复杂系统设计等方面有所欠缺。

SysML 为 UML2.0 的子集与扩充,是系统工程领域中的一种通用(图形)建模语言,用于硬件、软件、过程、信息和操作者等复杂系统的规约、分析、设计、验证和确认,帮助设计软硬件接口,如图 9.1 所示。SysML 模型由表示系统组件及其交互的各种图构成,为了满足系统工程中需求、结构和行为描述的要求,增加了需求图和参数图(parametric diagram,也称"约束块")。

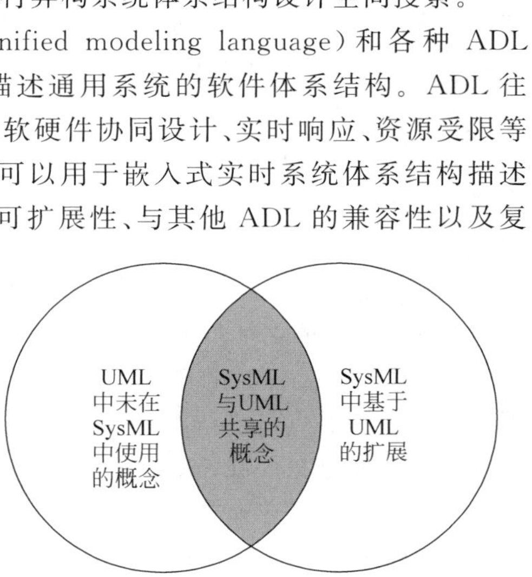

图 9.1 SysML 与 UML 的关系

（图中文字：UML 中未在 SysML 中使用的概念；SysML 与 UML 共享的概念；SysML 中基于 UML 的扩展）

参数图描述系统的动态特性,支持基于公式的参数化系统仿真。

然而,SysML 不支持嵌入式实时系统的非功能属性分析,如时序约束、延迟和吞吐率等。为此,OMG(Object Management Group)先后提出了 UML Profile for SPT(schedulability,performance and time)、UML Profile for Qos/FT(quality of service and fault tolerance),以及 UML Profile MARTE(modeling and analysis of real-time and embedded system)等专用建模语言,它们继承了 UML 的多模型多分析方法特征,因此模型之间可能存在不一致性。

对基于模型的实时嵌入式软件设计而言,需要建立软件模型与系统模型之间的联系。这些模型之间的关联既有精化关系,也有对等(peer)关系。对于精化关系,SysML 可用于描述高层系统架构,MARTE 可用于描述细化的软件实现和支撑硬件的特征。对于对等关系,SysML 和 MARTE 可用于同一抽象层次建模,既可表示不同但相关联的模型,也可在一个模型中同时应用两种描述技术。例如,SysML 用于定义一般性的系统需求,例如,直接与软件交互的机械、电子或液压等物理组件,而 MARTE 用于定义实时软件的特性。SysML 与 MARTE 两者既有互补,也有重叠。

SysML 直接采用 UML 的基本时间模型,以唯一的集中式时间源隐式表达时间推进,难以支持具有多个独立时间源的分布式时间模型。MARTE 的时间建模方法非常灵活丰富。采用 VSL(value specification language),MARTE 可以描述时间的值、约束和依赖关系。

AADL(architecture analysis & design language)是一种软件体系结构建模语言,描述软件系统的体系结构及其与环境的交互。AADL 由 SEI@CMU 的 Peter Feiler 教授等提出,借鉴了 Meta-H 和 UML 的某些概念。AADL 的目的是提供一种标准而又足够精确的方式,设计与分析嵌入式实时系统的软硬件体系结构以及功能与非功能性质。2004 年,美国汽车工程师协会(SAE)将 AADL 发布为 SAE AS5506 标准。2009 年 1 月发布了 AADL V2.0 版,2017 年发布了 AADL V2.2 版。AADL 最初针对航空电子系统而设计,但很快在医疗设备、航天和汽车电子等其他领域得到普及。AADL 已成功应用于俄罗斯研究院、欧洲航天局和美国国防部的多个项目。UML 适于建立文档和进行交流,可以定义一个框架而指导项目开发,但 UML 不适于形式化定义系统架构并进行分析和代码生成,AADL 是其重要补充,如图 9.2 所示。

SysML 将系统作为一个整体放在其操作环境的上下文中,计算平台作为一个组件,软件实现系统功能。AADL 关注物理系统架构、嵌入式软件的运行时架构以及计算平台之间的交互。它深入刻画在软件中实现的系统功能、应用程序的运行时架构、运行时基础设施(如操作系统和通信)中的决策协议,以及在分布式计算平台上的部署。这些特征对嵌入式软件的时序、可靠性和失效时的安全性非常关键。

SysML 是 AADL 的竞争者,主要针对 UML 定义系统架构能力的问题。但 SysML 继承了 UML 的弱点,包括语义模糊、无标准化行为和缺乏操作工具等。除了将需求与架构相关联的需求标注(requirement notation),AADL 完全可以替代 SysML。需求标注技术支持在软件架构中跟踪需求并自动进行需求确认,据悉,AADL 第 3 版中将支持需求标注。

法国 Verimag 提出的 BIP(behavior,interaction,priority)框架围绕一种组件语言 BIP 而建立,提供了描述原子组件的方法和实现组合组件的组合运算符,支持构建层次化组合式

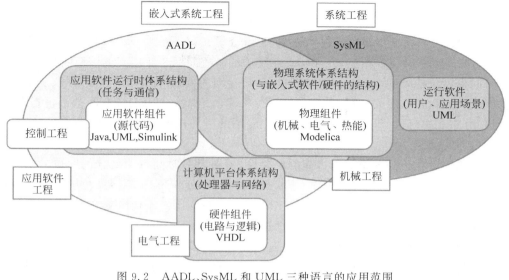

图 9.2　AADL、SysML 和 UML 三种语言的应用范围

异构系统,包含一套支持建模、模型转换、仿真、验证和代码生成的工具集,形成一个通用的系统级形式化建模框架。使用 BIP 语言对系统建模后,既可以对模型的行为进行仿真执行,也可以通过模型检查验证模型的属性。

9.2　时间行为建模方法

实时系统应用关注适时性或实时性,如响应时间和抖动。时间行为、属性和约束是系统设计与分析的重要特征。系统属性是设计者赋予系统的性质,约束是设计时所遵从的设计指标。属性是遵守约束的结果。

时间概念是人为的概念,用以度量物理世界的状态变化,对事件发生进行排序,进行动作同步。时钟是时间的测量装置,分连续时钟和离散时钟两种,可以是物理的或逻辑的。连续时钟与物理时间相关,可以基于合适的假设被离散化为精密时间(chronometric)。离散时钟将连续的时钟值离散化为时刻(instant,time point),其时基是由时刻组成的全序集。逻辑时钟的嘀嗒可以基于多种信号源定义,如定时器超时、处理器执行频率(可能根据功耗管理而变化)或连续发生的外部事件(如发动机转速)的触发速率等。

实时系统的时间域可以为离散的(整数)或稠密的(实数)。离散时间域中,任务可以一个接一个地执行,使分析和实现过程简单化,可以在整数域中进行时间建模。时间单位预先确定。虚拟时钟(fictitious clock)方法使用显式的嘀嗒抽象,使时间成为全局变量。每一次嘀嗒按预先定义的步长进行时间推进。发生在 i 次和 $i+1$ 次时钟嘀嗒之间的事件被假设为它们的时间差不确定,因此无法确定两次事件的准确间隔或延迟。这种模型可以解释为近似实时,时刻 i 和 $i+1$ 之间的事件可归为在时刻 i 发生。

因采用准确的时间线,所以稠密时间域的分析比较复杂。某些系统(如铁路自动化控制系统和航班控制系统)极度依赖由实时间约束的响应时间,其分析和实现必须采用稠密时间。使用稠密时间有如下四个重要理由。

体系结构建模语言与设计框架

（1）行为正确性要求使用稠密时间；

（2）稠密时间的表达力强于其他时间类型；

（3）稠密时间模型中，可以直接表达进程组合语义；

（4）使用稠密时间模型时，有限状态系统中的某些问题与使用其他模型同样复杂。

时间模型包括时间概念（时间点、时间区间，绝对时间、相对时间，物理时间、逻辑时间）、时基（稀疏时间、致密时间、时钟类型、时间值、时间单位、参考时间）和时间推进机制（单一全局时钟、分布式多时钟）等要素。系统设计中使用的时间概念有逻辑时间和物理时间、模型时间和机器时间等。

虽然研究者意识到系统时间行为的重要性，但缺乏对时间行为概念的明确的定义。作者认为，实时系统的时间行为（temporal behavior，timing behavior）指系统中具有显式的时序（timing）属性或满足时序约束的定时（timed）操作行为。对反应式系统而言，操作行为一般包括输入、计算和输出，它们的时序属性包括顺序与并发、同步与异步，时序约束包括 I/O 响应时间与抖动、计算的完成时间和截止时间等。系统的时间行为可以基于时间模型，使用绝对时间（时刻）和相对时间（时段或区间）两种时间语义进行描述。两种语义可以基于时间模型的时基（timebase）进行相互转换。

9.2.1　时间行为描述

时间行为可以采用不同的语言和模型，从事件级、动作级、任务级和指令级等多个抽象层次进行描述。不同设计层次（编程模型、运行时、体系结构、RTL 级）的时间行为特征不同，建模、设计、分析的数理形式化理论工具和方法也不同。显式区分事件级时间行为和任务级时间行为两个概念尤为重要，有利于程序员明确理解系统的行为特征和进行系统时间行为建模。

系统的操作行为导致其状态发生变化，状态变化可能与时间约束有关。计算模型中，事件（event）表示可识别状态变化的所有形式，如状态迁移或数据改变。事件发生在某个时刻，具有瞬时性。对具有持续时间的事件，可拆分表示为开始事件和结束事件。事件分为周期性、偶发性和非周期性等类型。从观察者角度，系统行为可以由输入事件和输出事件组成的事件链（event chain）表示。事件及事件链之间存在优先（precedence）、同步（synchronization）、重合（coincidence）、互斥（exclusion）、因果（causality）和子事件（sub-occurrence）等时序关系。

事件链模型的基本元素包括事件、事件链、时间表达式（time expression）和时间约束（timing constraint）。时间表达式包括时基（timebase）、维度（dimension）和时间单位（unit）。时间约束基于事件及其时序关系定义，如延迟约束（delay constraint）表示从源事件发生到目标事件发生所要求的时间区间；同步约束（synchronization constraint）表示多个事件同时发生所要求的最短区间，即最快事件发生与最慢事件发生之间的时间间隔；重复约束（repeat constraint）表示某一单独事件的发生满足非严格的周期性，即周期可以在某一范围内波动等。常用的时间约束包括截止时间、延迟和超时三种类型。

任务的执行行为可以由开始事件、中断事件和结束事件等事件进行标识。多个任务之间存在同步、重合、互斥、优先等时序关系。因此，任务级时间约束包括针对单个任务的时间约束和针对多个任务之间的时间关系约束。

单个任务的绝对时间约束包括任务的就绪时刻和完成时刻(绝对截止时间),相对时间约束包括任务周期、执行时间和相对截止时间等。多个任务之间的时间约束可以基于任务之间的开始事件和结束事件,根据上述任务间时序关系进行定义,如按优先关系,可以定义不同任务的开始时间的最小延迟时间等。任务基于并发多线程执行模型时,时间累计误差和动作执行时间的不确定性等因素将导致事件顺序变化,违反硬实时系统的时序可预测性要求。

9.2.2　时间行为精化

在设计早期,系统往往采用逻辑时间建模,并且具有多种形态。将异构应用程序编译或综合到特定体系结构平台时,很大程度上相当于将应用的逻辑时间需求调整到机器的物理时间上。许多分布式调度技术都属于这种"时间精化"方法,即从具有一定自由度的时间语义设计模型出发,通过对各个操作、函数和动作进行空间分布和时态调度,直至实现完全调度的周期精确设计。当时间关系被化简为周期性的或规则的约束关系时,所有的时序关系都可以被解决,调度成为显式的模型元素,可以被设计者跟踪。反之,在复杂情况下,约束成为调度策略的一部分,可以采用可调度性分析技术进行分析。

通常每个任务(即异步并发执行的顺序程序)都被认为是由其本地逻辑时钟控制,并且与合适的事件相关联。物理时间和逻辑时间的绑定(allocation)过程包括将这些不同的时钟线程适配到一个或者是至少更相关的同步时钟上,并受到从物理时间属性和需求中抽象出的各种规约限制。转换和分析步骤包括对相关对象进行调度,这些对象之间存在由与各种过程相关的逻辑或物理时钟所决定的关系。

9.3　MARTE

UML 剖析语言(profile)是基于通用 UML 的一种领域专用语言,定义了与特定领域相关的 UML 概念,与标准 UML 保持一致,可以复用已有的 UML 工具和方法。

UML 主要支持应用软件建模,其视角以软件逻辑为中心,对承载软件运行的平台和环境关注较少,缺乏描述实时嵌入式系统的能力。MARTE(modeling and analysis of real-time and embedded system)语言支持基于模型的实时嵌入式软件设计与分析,其前身是一种支持可调度性、性能和时间概念的实时 UML 剖析语言 SPT。MARTE 的核心概念在两个包中定义,基础包(foundation package)提供结构模型的概念和表示,因果包(causality package)提供行为模型和实时模型的概念和表示。

MARTE 具有如下特点。

(1) 准确定义和规约 UML 模型及其要素的各种定性和量化特征,以及它们之间的功能关系,如代码段的 WCET 或通信链路的带宽。

(2) 提供时间的准确、完备和灵活模型。

(3) 支持硬件资源建模,如处理器、内存、输入输出设备和网络等。

(4) 支持实时嵌入式软件建模,包括线程、进程和互斥量。

(5) 支持描述应用软件与硬件平台之间的关系,包括针对分布式应用的进程分配与部署。

应用、平台和部署是 MARTE 用于系统建模的三个基本概念。平台既是对物理机器的抽象，包括其结构和物理属性，如容量、速度和可靠性等，也是对支撑上层应用运行的下层运行时系统的抽象，如 RTOS。MARTE 使用资源定义平台的计算能力。部署采用 client-server 模型描述软件与平台的对应关系。

9.3.1 MARTE 时间模型

MARTE 提供了实时系统中多任务可调度性和端到端延迟、平均响应时间、等待时间等特征的分析框架。

时间和定时行为是实时系统的核心特征，时钟是度量和记录时间推进的设备。标准 UML 的时间模型仅仅引入一个理想的物理时钟概念，虽然定义了可观测的时刻和时间区间，但未提供为它们赋值的手段，也未定义时钟的精度和分辨率等关键属性，因此只能由时钟节拍隐式地对软件行为建模。这种理想模型不适于具有严格实时性要求的实时系统。MARTE 支持表述时间、时间概念模型（如逻辑时间与物理时间、离散时间与连续时间、相对时间与绝对时间）、时间源和设备（时钟和定时器）、时间推移与测量等相关属性，并支持显式地将时间及时间推移与建模元素相关联，表达操作激活、消息、状态迁移、动作和活动等动态行为。

MARTE 中时间被简单地表示为一有序且无限延伸的时间点。时间推进可以离散或连续（或称致密时间）。系统建模时，MARTE 支持如下三种时间概念。

（1）逻辑时间模型（因果，时态）。非量化，仅表示事件的相对顺序及其因果关系，不考虑事件之间的间隔时间。可用于死锁等定性分析。

（2）同步时间模型（时钟化 clocked，离散）。非量化，假设系统按规则的时间间隔（由参考时钟的嘀嗒决定）对输入进行计算响应，且相对于响应间隔，计算时间可以忽略，因此输出与输入同步，即满足同步假设。由于将邻近发生的事件压缩到同一时刻，同步模型可以显著减少系统模型的不确定性，进而极大简化状态空间搜索。

（3）物理时间模型（实时）。由单调推进的时间瞬间构成，与物理现实接近，不假设行为同时发生。

MARTE 模型中，系统行为由一系列动作构成。动作是系统行为的基本单元，由触发器激活，在给定的实时间内将输入转换为输出。离散时间通过时钟将连续时间分割为一组连续有序的时间单元，动作只能在一个时间单元中执行。

定时元素（timed element）是 MARTE 的显式时钟引用方法中的关键抽象，体现了一个模型元素与参考时钟持久关联的概念。MARTE 允许一个定时元素与多个时钟关联。标准的 MARTE 模型库提供了一个表示"理想"时钟及其实例化时钟的实用元素。理想时钟是一个没有抖动且准确完美的致密时钟。

9.3.2 时间行为建模

行为（状态机、活动）随时间发生，对实时软件而言，事件何时发生或何时应该发生、行为的持续时间或应该持续多久都需要准确确定。UML 将事件发生定义为系统状态的瞬间改变，从时间角度，仅确定了发生时刻，没有持续时长。事件包括信号发送事件、操作调用事件、消息接收事件、行为开始事件、行为完成事件等类型，可以用时序图建模。为了将时序信息与事件发生相关联，需要创建一个观察元素，并将其与相应的事件发生绑定。

MARTE 支持定义持续时间,包括行为执行的持续时间(WCET)和事件发生的间隔时间。截止时间和响应时间等定时约束可以采用多种方式通过显式或隐式时钟引用方法进行定义。

定时器用于检测到达特定时刻。可以通过显式的时钟引用,使用定时元素实现。可以具有 every 和 repetition 两种属性。其中,every 用时间表达式表示两个连续事件的间隔时间,repetition 表示事件的发生次数。

显式的方法适于具有多个独立时间的分布式系统建模。隐式方法基于一个隐式的时钟,其偏斜、抖动和准确等方面的缺陷被忽略,应用简单,适于多数实时软件设计。

很多实时应用中,并发任务往往按固定周期循环执行。循环行为可以通过如下三种设计模式进行建模。

(1) 每个任务实现为一个由时钟中断触发的应用级例程,然后按预定顺序显式地激活这些例程。

(2) 按多线程模型,每个任务实现为一个线程,由周期循环定时器唤醒执行。

(3) 采用循环并发任务模型,由系统调度器控制这些任务执行。

异步事件普遍存在于实时软件的执行环境和与之交互的外部环境中,如软件或硬件产生的中断,软件检测到异常时的告警信号,并发任务间的异步消息传递,超时信号等。异步事件的发生时间不可预知,往往采用基于优先级的处理模式,可能造成正在运行的任务中断、临时挂起甚至终止。在高层抽象中,异步事件可以显式地用 UML 状态机按事件驱动行为建模。MARTE 提供了更加丰富的描述实时系统中各种异步行为的手段,显式支持建模中断源,包括硬件中断、CPU 运算异常(除零和溢出等)、软件中断(断点)等类型。

9.3.3 资源建模与模型分析

MARTE 使用如下一系列资源构型(tereotype)进行通用资源建模。

- 处理资源:处理器、计算机等。
- 存储资源:各类存储器。
- 通信资源:网络、总线等。
- 并发资源:OS 进程、线程。
- 互斥资源:信号量、互斥量。
- 设备资源:传感器、执行器。
- 时序资源:时钟、定时器。

这些构型可以直接用于系统级设计的高层建模,MARTE 也将它们精化为特定的资源。资源的属性包括数量、是否活跃、是否受保护,以及资源利用率等,与资源相关的服务包括获取和释放。

建模的目的在于设计时对系统运行时的行为和特征进行分析预测。设计模型与分析模型两者语法、语义和语用都存在差异。MARTE 基于通用量化分析建模框架 GQAM (generic quantitative analysis modeling)支持基于模型的分析。量化分析的基本模式是需求-供给分析。供给基于软件和硬件资源,需求由资源的负载表示。对实时系统,需求表现为各种 QoS 约束,包括响应时间、利用率、可靠性、安全性、成本和能耗等。

MARTE 的分析过程如图 9.3 所示,由一个使用分析数据进行模型标注的可扩展

GQAM 框架和两个基于该框架的专用分析剖析语言组成,即可调度性分析建模语言 SAM (schedulability analysis modeling subprofile) 和性能分析建模语言 PAM (performance analysis modeling subprofile)。语言可以实现分析过程自动化,加速了分析效率,提升了分析结构的可靠性。

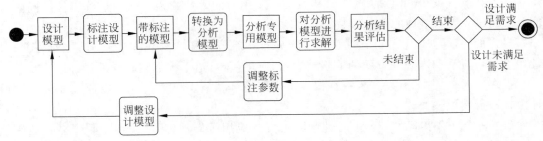

图 9.3　MARTE 的分析过程

典型的分析过程如下。

(1) 使用合适的 MARTE 构型对设计模型进行标注。标注可以移除,对原设计模型不会有任何影响。

(2) 将标注的模型转换为合适的分析专用模型。转换可以自动进行。

(3) 使用仿真或形式化工具对分析模型进行求解。

(4) 对分析结果进行评估。

(5) 调整配置参数,重新标注,重复上述步骤,直至满足设计需求。

MARTE 的各种构型及其属性支持实时系统的标准设计和分析模式。例如,GaScenario 构型的 hostDemand 属性可以定义处理器的 CPU 时间,支持时序约束定义。SAM 可调度性分析支持 RMA 方法。进行可调度性分析时需要建立针对分析的平台模型(包括基于设计模型抽取分析模型,指定所用的固定优先级调度策略和资源访问控制协议等),使用 SAM 构型描述端到端系统负载,并使用分析上下文构型进行分析上下文定义。PAM 性能分析使用 PAM 构型,基于统计方法,通过统计系统的负载、行为和资源需求,对延迟、吞吐率和资源利用率等非功能指标进行分析。

MARTE 中还定义了一个丰富的时钟模型来描述实时系统组件间的时钟关系,并在其附件中给出了一个基于此时钟模型的规范语言 CCSL (clock constraint specification language)。相较于 MARTE 模型,CCSL 语义更加精确和形式化。CCSL 与 MARTE 行为模型和时间模型具有相同的元模型,采用 CCSL 分析 MARTE 模型在语义上更加合理。

9.4　CCSL

在 MARTE 的规范说明书中,时间建模是其重要部分之一,其中包括元模型的建立,与其他模型之间的关联等。MARTE 的时间(离散或连续)可以是物理的和逻辑的。时钟 (clock) 是时间模型中的核心元素,由用户定义的时钟确定,如可以定义一个离散逻辑时钟。同时,MARTE 的时间模型是多态的(multiform),即有多个并行的时间线(multiclock),它们的时间推进速率可以不同。这种模式与并行或分布式系统中事件的因果序只有偏序相对应。在使用 MARTE 时间模型时,某些独立的时钟又一般定义为单独的模型,CCSL 时钟约束规约语言是描述 MARTE 时钟模型的形式化规约语言。

CCSL 用于表达形式规约的时序语义(timing semantics),包括表达和标注事件和动作的时序及其因果性,用于对各种系统模型,特别是同步系统模型的时间约束进行规约和验证。虽然 CCSL 为一种独立的语言,但应该作为其他系统建模语言(如 MARTE)的伴生语言(companion language)使用。CCSL 受 LSV 标记信号模型(LSV tagged-signal model)影响,但采用了多种方法表达不同的 MoCC,而不是仅使用一种预定义集。

9.4.1 时钟约束

CCSL 规范基于时钟和时钟约束(clock constraint,CC)。CCSL 对 MARTE 的时间概念进一步抽象,其时钟模型定义了连续时钟和离散时钟两类时钟。连续时钟与物理时间相关,逻辑时钟描述各个瞬间(instant)发生的先后次序,用于抽象地表示系统事件的发生情况,即一次时钟嘀嗒代表其对应的事件发生一次。在同步系统中,时钟表示一个信号在每个离散时间点的触发状态。

时钟约束刻画了信号之间的逻辑关系。CCSL 约束可以描述系统中不同事件之间的关系,用于限制系统的行为。所有的系统行为都应当满足预定义的约束条件,同时还要保证这些约束条件能够保证系统不产生死锁(即在某一时刻所有时钟对应的事件都由于当前的时钟约束条件而无法发生)。

在 CCSL 中,时钟约束由两种表达式定义:时钟关系(clock relation,CR)和时钟定义(clock definition,CD)。一个 CCSL 规约由多个时钟关系和时钟定义组成,一个系统配置满足 CCSL 规约意味着该配置必须同时满足规约中所有时钟定义和时钟关系。

CCSL 语法包括时钟约束、时钟关系、时钟表达式(clock expression,CE)、时钟规格(clock specification,CS)和关系运算符(relation operators,Rop)。

时钟关系刻画了信号之间的二元关系,如时钟 c1 快于 c2,表示为 c1≺c2。时钟关系包括:

(1)⊆(subclock)表示在任意时刻,若时钟 c1 触发,则时钟 c2 必触发。

(2)♯(exclusion)表示时钟 c1、c2 不能在同一时刻触发。

(3)≺(precedence)表示时钟 c1 的触发快于时钟 c2 的触发。

(4)≼(causality)表示时钟 c1 的触发不慢于时钟 c2 的触发。

图 9.4 所示为时钟关系的一种可能的调度。其中时钟 b 称为"基础时钟",表示离散时间模型中最小时间间隔,即每时刻该时钟都处于触发状态。对于所有时钟 c,都有 c⊆b。

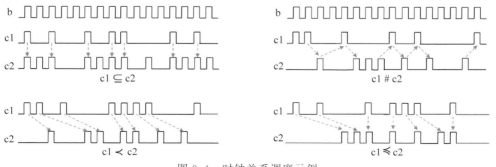

图 9.4　时钟关系调度示例

体系结构建模语言与设计框架

时钟定义则是根据已存在的时钟定义新的时钟。CCSL 中时钟分为两种：精密计时时钟（chronometrical clock）和逻辑时钟（logical clock）。精密计时时钟亦称为基础时钟，其周期与具体的物理时间相关，例如"时钟 c 每 10ms 触发一次"。逻辑时钟则由其他时钟所定义，例如"时钟 c 触发当且仅当时钟 c1 或 c2 触发"，用时钟定义表达式表示为 $c \triangleq c1 + c2$。

逻辑时钟定义操作包括并（union）、交（intersection）、取样（sampled on）、中断（interruption）、周期（periodicity）、延迟（delay）、下确界（infimum）和上确界（supremum）等操作，操作符如下。

- 并（＋）：定义一个时钟，当且仅当时钟 c1 或时钟 c2 触发时才能触发。
- 交（＊）：定义一个时钟，当且仅当时钟 c1 和时钟 c2 都触发时才能触发。
- 采样（▷）/严格采样（▶）：定义一个时钟，它的触发（严格地）根据时钟 c2 对时钟 c1 进行采样。
- 中断（⌢）：定义一个时钟，它的触发与时钟 c1 一致，直至时钟 c2 将其中断为止。
- 周期（∝）：定义一个时钟，它以时钟 c' 的 n 次触发为周期进行触发。
- 延迟（＄）：定义一个时钟，它的触发比时钟 c' 触发要延迟 n 个时钟。
- 下确界（∧）：定义一个时钟，其历史是 c1 与 c2 历史中的最大值，且不会慢于 c1 和 c2。
- 上确界（∨）：定义一个时钟，其历史是 c1 与 c2 历史中的最小值，且不会快于 c1 和 c2。

CCSL 的一个调度（schedule）反映了所有时钟在离散时间模型中各个时刻的触发状态。图 9.5 显示了上述各个时钟定义操作的一个可能的调度，其中时钟 b 为上文中定义的基础时钟。时钟定义周期和延迟以 $n=2$ 为例。

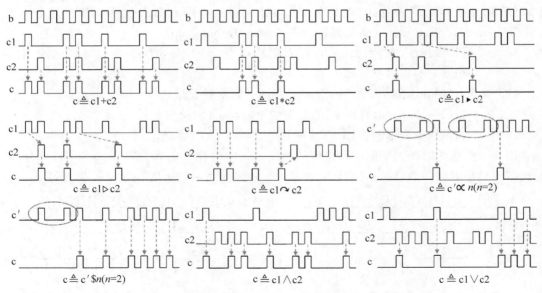

图 9.5 CCSL 的一个可能的调度

9.4.2　时间约束分析

CCSL 定义的时钟用于抽象地表示系统事件的发生情况,即一次时钟嘀嗒代表其对应的事件发生一次。时钟关系刻画了系统事件链中各个事件发生的时序关系或任务的时序约束,进而刻画了系统的时间行为特征。

基于 CCSL 规约的分析方法包括利用状态迁移系统、Promela 语言、Büchi 自动机、时间自动机或重写逻辑等模型语言对 CCSL 约束进行转化。基于状态迁移系统或自动机的方法只能应用于对无状态的约束关系的建模。所谓无状态约束关系是指其时钟的当前行为与其之前的行为无关。而 CCSL 约束关系中的有些关系是有状态的,如优先关系和因果关系,因而无法利用状态迁移系统进行建模。基于重写逻辑的方法通过定义 CCSL 的操作语义,仿真执行 CCSL 约束条件,观测分析所有满足这些条件的行为。

CCSL 验证主要依赖 SPIN 和 UPPAAL 等的验证工具,其思想是通过将有限状态的 CCSL 规约(即其对应有限迁移系统的状态是有限的,亦称为"安全的"的 CCSL 规约)与系统模型作"并行组合",并对组合后的系统进行可达性分析(reachability analysis)。

CCSL 形式化分析技术还包括模拟和调度分析。模拟技术将 CCSL 规约与系统模型进行并行组合,配合 TimeSquare 等工具实现。可调度性分析基于 BDD 检测、SMT 检测和重写逻辑等技术。调度反映了所有时钟在离散时间模型中各个时刻的触发状态。一个 CCSL 规约的调度是指满足该规约的一组时钟的解。调度分析可判断系统行为的 CCSL 规约是否合理(即是否存在一组时钟解)。

9.5　AADL

AADL 以混合自动机为建模理论基础,具有定义明确、无二义性的语义。描述一个系统只需一个模型,即"同样的事物无须定义两次",避免了 UML 等语言中的模糊和多重定义这一严重问题。AADL 支持由 XML/XMI 标准定义的模型交换和工具链接。AADL 具有标准元模型(meta-model)、图形定义和文本语言属性。开源 AADL 工具集环境 OSATE 基于 Eclipse 框架,包含文本、XML 和图形编辑器以及众多分析工具,用于 AADL 模型编辑、编译和前端分析。这些工具都是开源 Eclipse 插件,可以进行扩展。

9.5.1　系统体系结构

类似于 UML,AADL 基于面向对象的思想进行系统建模,通过定义构件及其连接关系建立系统的体系结构。其组件类型(component type)和组件实现(component implementation)分别与面向对象方法中的类和对象概念相近。

一个 AADL 描述包含一系列构件的描述,分软件构件和硬件(平台)构件两类。

软件构件包括如下几种。

- 进程:代表一个受保护的地址空间。
- 线程:代表一个按源码顺序执行的单元。
- 线程组:多个线程的逻辑组。
- 数据:表示静态数据和数据类型。

- 子程序：可调用的连续可执行代码。

硬件构件包括如下几种。

- 处理器：负责执行线程的硬件设备。
- 设备：与外部环境交互的硬件设备。
- 总线：用于访问其他执行平台组件的硬件介质。
- 存储器：存储数据的硬件设备。

软件构件与平台构件通过连接(流)进行绑定，如图 9.6 所示。连接有如下三类。

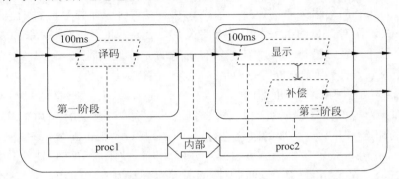

图 9.6　软件构件与平台构件的绑定

- 通信(communication)：由实心箭头表示端口和端口组连接，用于描述并发执行构件之间的数据与控制交互。
- 资源访问(resource access)：由空心箭头表示访问请求和响应。访问连接又分为数据访问连接、总线访问连接以及子程序访问连接，分别描述数据共享、总线共享以及子程序共享。
- 控制(control)：由实线箭头表示子程序特征和参数连接，描述一个线程构件访问的所有子程序的参数所形成的数据流。

AADL 通过构件、连接等概念描述系统的软、硬件体系结构，通过特征、属性描述系统功能与非功能性质，通过模式变换描述运行时体系结构演化，通过用户定义属性和附件支持可扩展性，通过包进行复杂系统建模。

时间正确性是实时系统重要的特征，不仅与 AADL 属性中定义的时间约束(截止时间、WCET 等)有关，而且与调度算法、调度属性有关。AADL 支持描述周期、非周期、偶发等任务类型，支持抢占与非抢占式调度策略，支持在处理器构件的属性中定义多种固定优先级、动态优先级调度算法，如 RM、DM 和 EDF 等。

系统行为不仅依赖于 AADL 构件和连接所描述的静态体系结构，而且依赖于运行时环境。因此 AADL 采用执行模型的概念描述运行时环境，用于管理和支持构件的执行。执行模型分为同步和异步两种，包括构件分发(dispatch)、同步/异步通信、调度、模式变换等行为。

AADL 核心标准的默认模式为带同步通信的抢占式调度。在这种模式下，执行模型和系统体系结构相结合能够保证系统行为的可预测性。

AADL 描述有文本、图形和 XML 三种表示形式。文本易于工具处理，图形易于理解，其示例如图 9.7 所示。

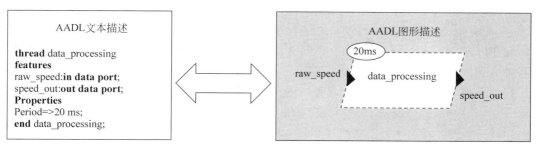

图 9.7　AADL 的文本和图形描述

9.5.2　软件和硬件构件定义

构件的定义由其类型和实现两部分构成。构件类型描述构件的外部接口功能,可以是端口、服务器子程序或通信范式确定的数据访问;构件实现则描述构件的内部结构,如子构件、连接、表示构件操作的模式、支持专业架构分析的属性。继承机制允许通过对一个已知类型进行扩展,定义一个新的类型。AADL 的建模元素及关系如图 9.8 所示。

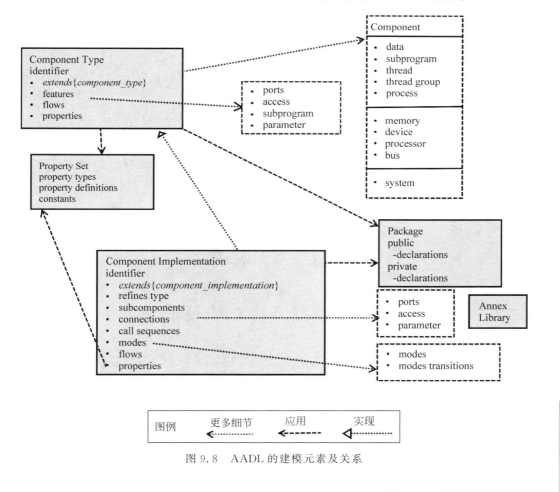

图 9.8　AADL 的建模元素及关系

体系结构建模语言与设计框架

第
9
章

特征(feature)是构件类型定义的一部分,在构件类型中声明,用于描述构件的对外接口,主要包括端口、子程序、参数以及子构件访问。端口用于定义构件之间的数据、事件交互接口,分为数据、事件、数据事件端口。子程序用于定义子程序共享访问接口,分为子程序访问者和子程序提供者,前者表示需要访问其他构件内部的子程序,后者表示提供子程序给其他构件来访问,可以支持远程子程序调用。

构件实现是构件类型的实现,需要描述其精化的构件类型,与构件类型的描述相对应,包含子构件(subcomponents)、连接(connections)、调用顺序(call sequences)和模式(modes)。模式可以细分为模式描述和模式转换。AADL通过附件(annex)进行扩展。

连接是构件类型中特征的精化,可以细分为端口(port)、访问(access)和参数(parameter)三种连接,但不包括特征中的子程序(subprogram)。端口连接用于描述并发执行构件之间的数据与控制交互;参数连接描述一个线程构件访问的所有子程序的参数所形成的数据流;访问连接分为数据访问连接、总线访问连接和子程序访问连接,分别描述数据共享、总线共享和子程序共享。

构件类型和构件实现可以引用属性集(property set)和包(package)。属性集是组织为具有独立名字空间的独立单元的组件声明集合,包则把具有相同属性的元素集合起来通过包名进行引用。属性不但能够描述AADL实体的不同的特性,而且能够描述对体系结构的约束条件,进而验证系统的可靠性。例如,属性可以规定子程序的执行时间、线程的周期、数据或事件端口的等待队列协议等。属性的声明有三种方式,即类型、常量和属性名。

周期线程周期性触发,同时到达的事件被排队。非周期事件由事件触发。预定义端口包括事件输入端口(dispatch)和事件输出端口(complete)。

【例9.1】 图9.9为生产者、消费者两个进程,通过共享的以太网总线进行数据通信。基于此模型,可以进行延迟分析,即考虑网络协议、拥塞和调度机制的情况下,数据的收发传输时间,也可以进行安全性分析(故障模式和影响分析FMEA,故障树分析FTA),如评估以太网总线出错时对消费者进程的影响。■

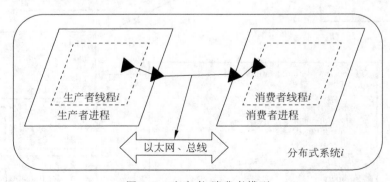

图9.9 生产者-消费者模型

9.5.3 特征分析

AADL以安全关键应用为对象,支持从需求定义到系统实现和验证的全生命期开发,支持需要仔细审查和分析的嵌入式实时系统的设计与分析。AADL的重要优势在于其精确和一致的语义。同一模型既可用于设计审查归档,也可用于设计验证(静态检查)、行为仿真(生成仿真代码)和系统实现(生成经验证的程序代码)。

从数学角度来看,AADL 是一种半形式化的建模语言,它只是对系统相应的属性进行了描述。特征分析包括流延迟分析(flow latency analysis)、资源使用分析(resource consumption analysis)和可调度性分析等。流延迟分析对端到端耗时进行分析。资源使用分析通过处理器、存储器和网络带宽分配,分析资源的可用性。可调度性分析检查软件构件与处理器的绑定情况和调度策略的可行性。其他还包括对通信的安全性分析等。

9.6 BIP

可组合构件模型具有可组合性、组合操作、设计约束定义,适用于嵌入式软件的构件化设计和组合构造过程,是嵌入式软件组合理论研究的基础。嵌入式软件组合理论的基本内涵是:针对嵌入式构件的特点,面向特定应用,依据系统设计要求,采用系统特性分解和组装技术构建嵌入式软件的概念、原理,支持嵌入式软件的构件化设计、组合构造,支持嵌入式构件、集成测试与验证。

可组合构件模型可分为行为模型与框架模型。行为模型通过构件接口描述构件的可组合特性,支持构件间的组合构造。IA、IOA 模型均为轻量级的描述构件接口行为的状态机模型,通过基于接口行为的状态迁移序列,对构件外部行为特性进行建模,依据构件模型的可组合性、组合运算定义,执行构件间的可组合性判断与组合构造过程。IOA 模型与 IA 模型的主要区别在于其为输入使能,在描述构件的反应式运行过程时,模型的形式更复杂。

框架模型则是一个元模型集合,针对构件功能需求、构件间交互关系、软件运行调度策略、系统动态配置方案等软件构成要素,选取适用的元模型进行建模,并利用预定义的组合方式将其集成在一起,以构建完整的软件系统框架模型。BIP 模型、MADES 模型均为软件设计框架模型,包含构件行为、资源管理、接口与调度模型等一系列元模型,通过各类元模型的配合使用与正确组装,完整刻画软件系统的外部行为特性。

BIP 建模的基本元素是描述系统中各个模块(子系统或组件)的行为(behavior)和接口的原子组件(atomic)。原子组件定义数据、端口(port)和行为。数据变量具有类型。端口是访问数据变量和构建组件的接口。行为由端口、卫式和函数构成。通过定义组件之间的交互(interaction)及其优先级(priority),可以构成复合组件(compound)。

通过组合的方式,可以在保持系统结构的前提下得到整个系统的 BIP 模型。系统建模时可以使用自顶向下分解和自底向上组合的方式,先根据结构和功能将系统分解成独立软硬件子模块,然后对这些子模块分别建立子模型,最后通过定义模型之间的交互和优先级,把子模型重新组合成一个完整的系统模型。子模型的组合是系统分解的逆过程。组合过程需要忠于各个模块之间的交互关系。必要时可以通过增加辅助子模块的方式来实现这个目标。系统建模的关键问题是保证模型和系统的一致性。

FSM 是很多复杂编程模型的操作语义。BIP 采用 FSM 描述组件行为。状态是组件在等待交互,是组件的控制点。迁移是从一个状态到另一个状态的执行步。迁移与执行条件(布尔条件)和动作(使用局部数据)相关联。动作由 C 语言定义。端口 port 是动作名,可以与数据关联,也可用于与其他组件交互。迁移由端口标识。迁移执行为一原子过程,含两个微步：执行涉及端口的交互，再执行与转换相关的动作。

9.6.1 系统行为建模

BIP 语言对系统软硬件的形式化描述主要由原子组件、连接子和优先级三部分组成。

原子组件由行为和接口组成。原子组件的行为包含迁移、交互和优先级，由增加了变量和端口的 Petri 网或者有限状态自动机模型描述。迁移是状态的跳转，包含端口、卫式和动作。端口是迁移的标签，用于定义与其他模块交互的接口。卫式是迁移的使能条件，由布尔表达式描述。动作是作用在变量上的运算。变量用于存储内部数据。BIP 使用 C 语言的语法定义变量和动作。接口隐藏了无关的内部行为，并为构件的组合和复用提供合适的抽象，如端口（动作名）和相应的变量。端口可以关联数据。行为触发的迁移包括端口，这些端口带有动作名称，可用于端口同步。

【例 9.2】 设恒温器行为如下：（1）在 Off 状态下，温度每单位时间增加 1。如果温度≥40，将触发 turnOn 动作，打开恒温器；（2）在 On 状态下，温度每单位时间降低 2。如果温度≤20，将触发 turnOff 动作，关闭恒温器。

图 9.10 是一个恒温器原子组件。自动机的初状为 Off{ temp = 30 }。组件中的端口（迁移）包括两个 tick 以及 turnOn 和 turnOff，优先级 tick<turnOn 保证了一旦温度≥40，turnOn 动作马上被执行。■

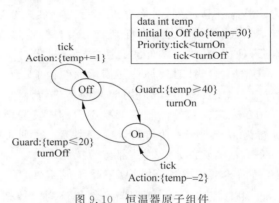

图 9.10 恒温器原子组件

"交互"表达组件之间的同步和数据交换，也称胶连操作（glue operator），通过连接子（connector）描述，包括端口、同步方式、约束和动作等要素。连接子包含端口集合和交互集合。端口包括完备（三角图标）和不完备（圆点图标）两种类型。完备端口是触发器，能够主动发起广播。同步有两种：强同步（rendezvous），所有端口都必须参与交互；广播（broadcast），交互存在一个发起端口和一系列接收端口。交互的语义是自动机的组合。

BIP 不支持组件间的数据共享。有两种方式能够实现数据共享的功能：一种是直接在原有模块内部保存数据，其他模块需要访问时通过连接子进行读取；另一种是增加一个单独的数据共享模块，用于存放共享数据。两种方式各有优劣，前者会对原有模型造成污染，后者增加额外的组件。数据共享模块将数据以内部变量的方式保存，针对每个变量，对外提供相应的读（get）写（set）端口，从而模仿对内存的读写操作。

图 9.11(a)上面的连接子（实心圆点）是强同步型，唯一允许的交互是{tick1，tick2，

tick3}，这里要求 tick1、tick2、tick3 必须同时参与交互。下面的连接子是广播型，out1 是触发器（三角图标），允许的交互包括{out1}、{out1,in2}、{out,in3}、{out,in2,in3}。

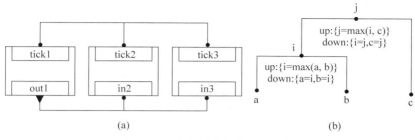

图 9.11 广播同步与层次连接子

交互集是一个四元组⟨pl,gp,up,dp⟩。其中 pl 是参与交互的端口集，gp 是交互的使能条件，up 和 dp 是两个执行的动作，分别记为上动作（up action）和下动作（down action）。交互中，上动作先于下动作执行。

对层次化的连接子而言，动作的执行顺序为"低层连接子的上动作→高层连接子的上动作→高层连接子的下动作→低层连接子的下动作"。若涉及数据计算，可以认为上动作将低层数据向上传送，在高层连接子计算，之后通过下动作将结果返回给低层。图 9.11(b)是一个求最大值并将结果返回给交互方的连接子。在低层，上动作求出 a 和 b 的最大值并将其向上传送。顶层的上动作继续求最大值，下动作将新的最大值向下传送。最后在底层的下动作更新。交互完成后，变量 a、b、c 被更新为它们中的最大值。

优先级是定义在两个交互上的偏序关系。BIP 基于固定优先级抢占调度（FPPS），即当有多个迁移或交互能够执行时，优先级最高者将被执行。优先级描述系统的调度策略，通过优先级可以实现复杂的逻辑关系。优先级可以通过设置执行迁移约束条件来减少系统的非确定性。这些条件是一套规则，每条规则都由和条件交互有关的命令对组成。条件是一个与构件交互变量有关的布尔表达式。当条件满足，所有交互都可执行，则优先级高的先执行。对于静态优先级，条件可以忽略。规则也可以扩展为交互组合。

9.6.2 待验证属性的建模

检查模型是否满足给定的属性，可以采用仿真执行或模型检查两种方法。仿真执行方法通过在模型中加入打印语句，观察系统执行信息。BIP 模型可以通过 BIP 编译器编译成 C++代码，并与 BIP 引擎代码一起编译成可执行的仿真程序。通过仿真程序的输出信息，可以得到系统运行的轨迹，检查被测系统是否存在问题。

模型检查方法将待验证属性建模成带死锁的监视自动机，在原有模型之外观察系统的运行，形成带死锁的 BIP 模型。监视自动机是对属性的描述，并且应该包含一个错误状态，当属性不满足时进入错误状态。错误状态是一个死锁，可以借助时钟 tick 实现。时钟动作 tick 与系统同步，在正常状态下无条件使能。错误状态下监控自动机的 tick 只能执行一次，从而锁死系统时钟，使得属性一旦不能满足，整个系统都将被锁死。

监视自动机应该能够观察所有需要监视的事件，即监视系统运行时所感兴趣的迁移发生情况。为此，在必要的情况下，应该向外引出原有系统的端口。需要与待观察的事件进行交互。

为了保证不影响原有系统,交互的方式应该是广播式,待观测事件作为完备端口参与交互。

监视自动机的设计原则是在原有系统进入错误状态之前不能影响系统的执行。监视自动机不应该改变系统的内部状态,即对原有系统内部数据,自动机只能读取,不能更改。监视自动机不应该阻塞原有系统的执行,因此一般情况下应该通过接收广播的方式观察事件。对于那些需要同步的事件,则需要确保对应的端口在错误状态之外的所有状态都是无条件使能的。

9.6.3 BIP 工具集

BIP 工具集包含建模、代码生成、执行、分析(静态的和运行时的)和模型转换等工具。图 9.12 是工具集的一个概述,从图中可以看出,BIP 工具集不仅可以用于对软/硬件系统进行建模,也可以将其他语言的代码转换成 BIP 模型。有了 BIP 模型,可以使用工具进行仿真和验证,也可以使用代码生成工具生成可执行代码。生成的代码可以直接替换原有的程序,以获得更强的鲁棒性。

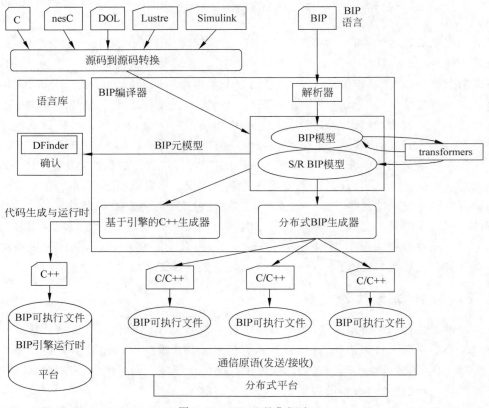

图 9.12　BIP 工具集概述

可以用验证工具 Aldebaran 进行死锁检测。这个工具主要对 BIP 模型的结构进行分析,它的原理是首先使用前端引擎来探索 BIP 模型的所有运行状态,并将这些状态转换成一个带标记的迁移系统(LTS),然后将这个 LTS 作为检测工具的后端输入,再对系统进行死锁检测。如果对具有并发执行或对执行时间严格的状态转换,可以通过设置状态转化的优先级或者在模型端口里加入时间变量,再通过其他的 BIP 模型检测器进行验证。

当前尚缺乏从应用软件模型和执行平台模型建立系统的全局模型的严格技术和流程。已有方法基于自有编程模型和与执行模型绑定的编译链。例如，同步方法采用同步编程模型，基于特定硬件或单处理器顺序执行。而实时编程基于周期任务的调度理论和专用的实时多任务平台。

BIP 可以看成一种 ADL，它基于单一语义模型描述系统软硬件，保证了精化过程的一致性；基于组件，提供了一组操作符（连接器）支持采用简单组件建立组合组件；BIP 模型可跟踪，通过构造保证正确性，从而尽可能避免整体的后期验证。

软件工程中的组件框架采用多线程编程和函数调用等点对点交互组件协同机制。但 BIP 并发执行原子组件，这些组件以协议或调度策略等高层机制进行协同。虽然 BIP 使用连接器表达组件之间的协同，但其连接器是无状态的。BIP 以系统建模为目标，直接包含时序和资源管理。其他系统模型框架或强调通用性而伤害了鲁棒性（SysML、AADL），或针对特定计算模型（Ptolemy）。

9.7　Ptolemy Ⅱ

复杂的嵌入式系统由多个子系统构成，不同子系统的行为和时序特征各不相同，不同子系统之间的交互方式也有差异，因而此类系统为异构系统。Ptolemy 是一种实时嵌入式系统建模与仿真环境，主要针对基于构件的异构系统设计。

Ptolemy Ⅱ 采用基于角色（actor）的设计方法进行系统级设计。角色是 Ptolemy 的基本组件，角色的接口由端口和参数构成。角色间使用令牌（token）作为通信机制。导演（director）基于各种计算模型（MoC），控制同层角色的活动和角色之间的令牌传输。这一机制允许在 Ptolemy Ⅱ 中使用不同 MoC 构建系统。

Ptolemy Ⅱ 将异构组件分解为多层次组件，使用层次组合处理异构性（如图 9.13 所示），每层都有一个导演负责组织本层的角色活动，并允许不同的交互机制在不同层次由不同的 MoC 控制实现。MoC 也是可组合的，即 MoC 不仅能控制同层组件的数据流和控制流，还可将同一层的组件转换为复合组件。角色间不存在映射概念，即 Ptolemy Ⅱ 设计时使用声明式规约。

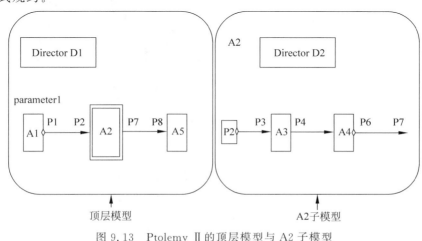

图 9.13　Ptolemy Ⅱ 的顶层模型与 A2 子模型

体系结构建模语言与设计框架

Ptolemy Ⅱ集成了多种针对特定领域的计算模型,可以描述模拟和数字电路、软件与硬件、机电设备等,支持软件代码生成。Ptolemy Ⅱ支持的 MoC 包括如下几种。

(1) 通信顺序进程(CSP)。

(2) 连续时间(CT)。

(3) 离散事件(DE)。

(4) 分布式离散事件(DDE):支持分布式仿真,提高 DE 效率。

(5) 有限状态机(FSM)。

(6) 进程网络(PN)。

(7) 同步数据流(SDF)。

(8) 同步响应(SR):使用离散时间,但无须每个时钟节拍都有对应值。

9.8 AUTOSAR

典型的汽车电子系统包含车控系统和车载系统两大类。车控系统完成汽车的基本行驶功能控制,包括动力总成、底盘控制、车身控制(灯光、气囊、车门、雨刮和座椅等)。车载系统为提升汽车舒适性和可用性的附加系统,包括导航和娱乐等。AUTOSAR 作为汽车电子行业的标准,以实现车控软件在不同硬件平台上的可移植性和可重用性为主要目标。AUTOSAR 采用自顶向下的层次化设计过程,提供标准的软件接口定义。

9.8.1 AUTOSAR 分层体系结构

为了提升软件模块的复用性和设计者之间的交流,改善汽车电子系统的复杂性管理,新版 AUTOSAR 提出两种软件平台:针对中小规模的微控制器的经典平台(classic)和针对Car-2-X 应用、IoT 应用和云服务的适应性平台(adaptive),如图 9.14 所示。

图 9.14 AUTOSAR 汽车电子层次化架构

传统上汽车电子系统的软件和硬件紧密地集成在一起,很难实现应用软件的可移植性和可复用性。AUTOSAR 通过提供标准的 ECU 接口定义,使设计人员能够指定每个 ECU 中都需要的可重复使用的标准化软件层和组件。

为了实现应用程序和硬件模块之间的分离,汽车电子软件架构被抽象成四层,自上而下依次为应用层(application layer)、运行时环境(run time environment,RTE)层、基础软件

（basic software，BSW）层以及微控制器（microcontroller）层，如图 9.15 所示。

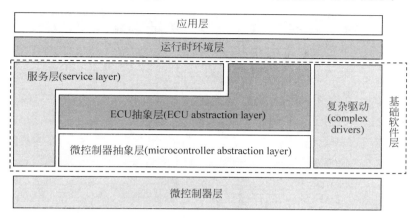

图 9.15　AUTOSAR 软件平台体系结构

基础软件是一种标准化软件，为运行时环境提供依赖于硬件或独立于硬件的服务、设备抽象和驱动程序，如图 9.16 所示。当应用层中定义的 AUTOSAR 软件组件请求服务时，运行时环境的任务是在真正的 ECU 上完成映射。

图 9.16　基础软件服务架构

图 9.17 展示了系统服务的具体内容，包括 AUTOSAR OS、存储器服务（NVRAM 管理器）、网络通信管理服务、时钟服务、诊断服务和 ECU 状态管理等。

内存服务只包括一个模块，即 NVRAM 管理器，负责非易失性数据（来自不同存储驱动器读/写）的管理，主要任务是以统一的方式为应用程序提供非易失性的数据，同时对存储位置和属性进行抽象，对非易失性数据的管理提供机制，如数据的保存、读取、校验保护和验证等。

通信服务是一组用于车辆网络通信（CAN/LIN/FlexRay 以及 Ethernet）的模块，通过通信硬件抽象与通信驱动程序进行交互，为车辆通信网络和车载网络的诊断通信提供一个统一的接口，为网络管理提供统一的服务，以及从应用程序中隐藏相关的协议和消息属性。

图 9.18 所示为微控制器及其抽象。各类驱动程序构成微控制器抽象层（MCAL）。MCU 驱动程序可以直接访问微控制器硬件，初始化、休眠、复位微控制器，并提供其他MCAL 软件模块所需的与微控制器相关的特殊功能。AUTOSAR 中有操作系统定时器和硬件定时器（含 CPU 时钟、外围器件时钟、预分频器等）两类定时器。通用定时器驱动（general purpose driver，GPT Driver）模块使用通用定时器单元的硬件定时器通道，为操作系统或者其他基础软件模块提供计时功能，包括硬件定时器启停、定时数值读写、控制时间触发中断和唤醒等。

图 9.17　系统服务框架

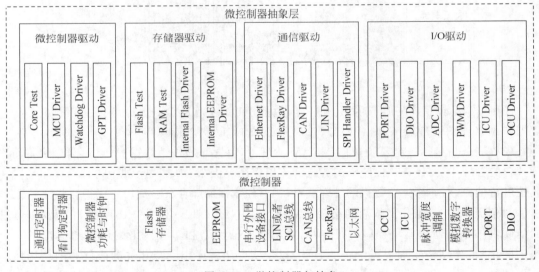

图 9.18　微控制器与抽象

　　内部 EEPROM 驱动提供初始化服务和对内部 EEPROM 的读写、写、擦除等操作。该驱动模块一次只能服务于一个任务。

9.8.2　AUTOSAR 软件架构接口

　　标准化的应用接口通过 RTE 实现 AUTOSAR 软件组件之间以及应用层与基础软件层之间的通信。AUTOSAR 规范把汽车电子领域内的一些典型的应用划分为若干个由一个或多个软件组件组成的模块,并详细定义了这些软件组件相关的参数,包括名称、范围、类型等。

AUTOSAR 定义了三种接口:标准化接口(standardized interface)、AUTOSAR 接口(AUTOSAR interface)和标准化 AUTOSAR 接口(standardized AUTOSAR interface)。

AUTOSAR 接口是一种与应用相关的接口,与 RTE 一并生成。基于 AUTOSAR 接口的端口可以用于软件组件(software component,SWC)之间或者软件组件与 ECU 固件之间(如图 9.16 中的复杂驱动)的通信。标准化 AUTOSAR 接口是一种特殊的 AUTOSAR 接口,在 AUTOSAR 规范中定义,被 SWC 用于访问 AUTOSAR BSW 模块提供的服务,如 ECU 管理模块或者诊断事件管理模块。标准化接口是 AUTOSAR 规范中用 C 语言定义的 API,用于 ECU 内部 BSW 模块之间、RTE 和操作系统之间或者 RTE 和 COM 模块之间的交互。

如图 9.19 所示,基础软件之间通过标准化接口进行数据通信和操作调用,故基础软件之间可以相互调用各自的 API 函数,但是微控制器抽象层只能被 ECU 抽象层调用,底层驱动信息通过 ECU 抽象层传递给服务层使用。

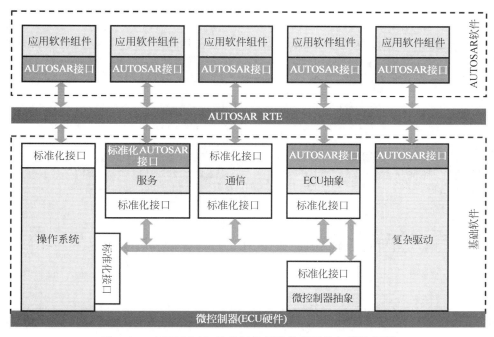

图 9.19　AUTOSAR 软件组件间的数据通信与模块调用

每个 ECU 都有定制的 RTE,通常可通过配套的设计工具自动创建。例如,真正的 ECU 之间的实际通信将作为 CAN 或 FlexRay 总线的一部分实现,而运行时环境通过生成工具进行配置,以便实现相连 AUTOSAR 组件所需的通信路径,如图 9.20 所示。

一些商业机构为 AUTOSAR 设计提供评估套件,这些套件涵盖从架构设计到单个 ECU 配置,以及支持 CAN、FlexRay、LIN 和以太网的 ECU 硬件开发板。大多数开发工具以 Eclipse 为基础,利用开源工具链进行从源代码到运行实现的一系列设计。

9.8.3　AUTOSAR 开发流程

AUTOSAR 为汽车电子软件系统开发过程定义了一套通用的技术方法,即所谓

体系结构建模语言与设计框架

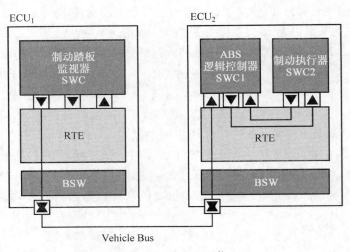

图 9.20　ECU 通信

AUTOSAR 方法,描述了从系统底层配置到 ECU 可执行代码产生过程的设计步骤,如图 9.21 所示。

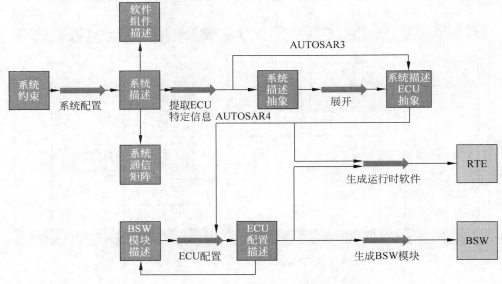

图 9.21　AUTOSAR 开发流程

AUTOSAR 设计和开发流程分为系统配置、ECU 设计与配置、代码生成三个阶段。

(1) 系统配置阶段。定义系统配置文件,包括选择硬件和软件组件,定义整个系统的约束条件。AUTOSAR 通过使用信息交换格式和模板描述文件来减少初始系统设计时的工作量。系统配置的输入是 XML 文件,输出是系统配置描述文件,系统配置的主要作用是把软件组件的需求映射到 ECU 上。

(2) ECU 设计与配置阶段。根据系统配置描述文件提取单个 ECU 资源相关的信息,用于生成 ECU 提取文件。根据 ECU 提取文件对 ECU 进行配置,如选择操作系统任务调度算法,进行必要的 BSW 模块及其配置,进行运行实体(runnables)到任务的分配等,从而生成 ECU 配置描述文件。

（3）代码生成阶段。基于 ECU 配置描述文件指定的配置产生代码、编译代码,并进行相关代码链接形成可执行文件。

9.8.4 AUTOSAR 需求工程 EAST-ADL2

AUTOSAR 标准并没有涵盖汽车电子系统开发的需求工程、特征建模等方面。体系结构描述语言 EAST-ADL2 是 AUTOSAR 方法的补充。EAST-ADL2 的目标是定义一种模型,以便标准化地涵盖所有相关的工程信息。它从不同的视角和架构粒度定义了几个抽象层次,将工程过程分为不同的阶段,如图 9.22 所示。在这一架构下,AUTOSAR 覆盖了底层的实现层和操作层两个层次。TIMMO 项目为 EAST-ADL2 架构提供了一个以 TADL (timing augmented description language)描述的形式化定时模型。EAST-ADL2、AUTOSAR 和 TADL 三者都以 UML 为基础,可以平滑地集成于一体。

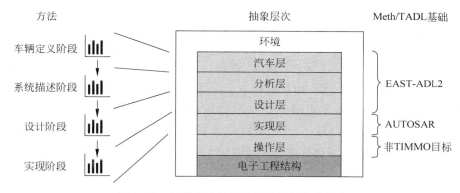

图 9.22 汽车电子软件设计过程与抽象层次

TADL2 语言(timing augmented description language V2)提供一种用于表达时间约束的时间模型,已在 AUTOSAR(V4)和 EAST-ADL(V2)的系统建模中采用。TADL2 事件链模型的基本元素包括事件(event)、事件链(event chain)、时间表达式(time expression)和时间约束(timing constraint)。

TADL2 的时间表达式包括时基(time base)和维度(dimension)。时基表示为离散时钟,是一个有序的时刻(instants)集合。时刻在离散时钟中被称作嘀嗒,可以被看作一次事件发生,用于表示系统中不断重复发生的事件。维度表示时间基的类型,如标准物理时间,由一个单位(unit)的集合组成,用以表示在当前的时间基下可以使用的度量单位。单位由因子(factor)、偏移量(offset)和参考(reference)组成,用来表示此度量单位的具体参考标准。

TADL2 的时间约束基于事件,表示事件之间的约束关系。事件链是具有优先关系的事件的集合,由触发事件、响应事件和子事件链组成,表达了事件之间的因果关系。触发事件表示事件链的开始,响应事件表示事件链的结束。时间约束包括如下三种。

（1）延迟约束(delay constraint)。延迟约束表示从源事件发生到目的事件发生所要求的间隔时间。

（2）同步约束（synchronization constraint）。同步约束表示多个事件同时发生时所要求的最短区间，即最快事件发生与最慢事件发生之间的间隔时间。

（3）重复约束（repeat constraint）。重复约束表示某一单独事件的发生满足非严格的周期性，即周期可以在某一范围内波动。

9.8.5 AUTOSAR 时间扩展 TIMEX

汽车电子软件具有突出的分布式特征。一方面，如前所述，某个功能由分布于多个 ECU 的软件组件共同实现，这些组件通过公共通信总线进行数据共享；另一方面，汽车工业采用分布式开发模式。不同供应商按照汽车集成商的总体系统规约为其提供所需功能和时序行为的子系统。系统开发过程中，只有集成商掌握系统的整体信息和时序约束，供应商往往只与集成商交流，供应商相互间沟通很少，其协作是间接性的。虽然各个供应商同时为同一个系统服务，但各个子系统的时序行为可能存在相互依赖或冲突。TIMEX 时序模型可以作为 OEM 厂商与各个子系统供应商之间的信息交换载体，并且其相关方法可以迭代地生成各个子系统的时序约束。

TIMEX 是一种与具体实现无关的时序约束形式化方法。应用时，TIMEX 将底层子系统的局部时序属性抽象为高层系统的全局时序需求。TIMEX 采用约束逻辑编程（constraint logic programming，CLP）技术，针对事件触发和时间触发两类系统，利用谓词逻辑定义时序约束的形式化推导和修改规则。对事件触发系统，采用位移（shifting）方法，将未用的时间预算迭代地沿子系统间的数据通路或在资源（ECU）与总线之间进行位移。对时间触发系统，采用时间窗移动方法，将时间预算建模为时间窗，迭代地移动或调整窗口大小，直至满足时序约束。当子系统的时间保证无法满足对其时间需求时，这两种方法精确有效。

9.9 本 章 小 结

本章讨论具有时间语义的语言和框架，主要针对模型驱动工程和领域专用体系结构设计，用于描述、分析和展示系统的时间行为和特性。以此为基础，在某些限制条件下可以完成软件和硬件综合，并可将体系结构级描述与行为的形式化描述（如时间自动机）相结合，通过模型检查验证时间行为、时间属性、时间约束等系统特性。

事件模型和状态机模型是在不同层次抽象系统行为的基本模型，隐含在不同语言和框架之中。系统行为影响系统状态，事件是状态变化的标识。事件发生在特定时刻，具有瞬时性。按事件发生顺序构成事件链。事件链中的事件之间具有优先、同步、互斥、重合和因果等多种时序关系。因此，系统行为可由事件链表示，系统的时间行为由事件的时间属性和时序关系进行刻画，应满足时间约束。时间行为和时间约束由语言的时间语义表达。时间语义基于特定时间模型定义，涉及连续时间和离散时间、逻辑时间和物理时间、绝对时间和相对时间等概念。

系统建模时需要定义物理量的值、类型、单位以及它们之间的关系，需要对时间、连续过程和离散数据流建模，需要建立需求模型、细化计算平台特征并进行平台绑定。不同方法既有互补，也有重叠。可以通过分层或分区建模等方法，充分发挥多种方法的优势。

思 考 题

1. 比较 MARTE 和 AADL 方法的异同。
2. 比较 CCSL 和时间自动机的时间语义。
3. 简述 Ptolemy Ⅱ 平台的功能、核心建模概念和系统分析过程。
4. 给出 EAST-ADL2 的应用示例。
5. 分析一个 TIMEX 方法的应用示例。

体系结构建模语言与设计框架

第 10 章　RTES 示例与辅助设计工具

本章介绍实时嵌入式系统的实际应用需求和工业界设计方法的特征。首先简要介绍基于 PID 方法的嵌入式控制系统设计，再给出一个用于科研和教学的基于 AUTOSAR 的汽车引擎管理系统（EMS）演示示例。另外，还给出一些开源或非商业实时嵌入式系统辅助建模、设计和分析工具。

10.1　嵌入式控制系统

控制系统基于控制理论（cybernetics）设法使被控系统（物理系统或设备）的输出跟随所需的参考输入而变化。典型的控制系统由被控对象（plant）、传感器（sensor）、执行器（actuator）和控制器（controller）构成。控制系统与被控对象的关系如图 10.1 所示，其中上半部分为控制器，下半部分为被控对象（管道节流阀）。

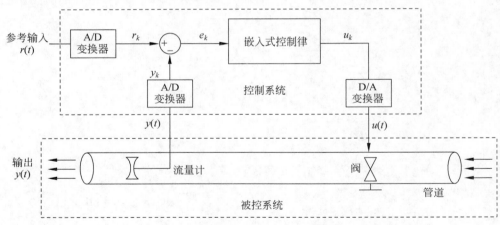

图 10.1　控制系统组成结构

图 10.2 所示为图 10.1 中控制器的行为和属性模型，其行为被抽象为观测事件、处理和响应事件。观测事件与响应事件之间的间隔时间需要满足由控制质量所要求的响应时间约束。最坏情况执行时间（WCET）是控制软件在特定平台上执行的属性，不能超出响应时间约束范围。

10.1.1　控制器设计步骤

控制器设计主要包括如下步骤。

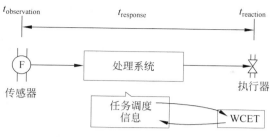

图 10.2　控制器的行为和属性

（1）设备建模（称模型设计）。对被控对象的行为进行建模。典型的建模语言是 FSM，设备输出的响应是设备输入和当前状态的函数，称为传递函数。设备输入等价于控制器输出。

（2）控制器建模。建立控制器的行为描述（传递函数）。传递函数基于控制理论建立。对开环控制，传递函数定义了参考输入与控制器输出的关系；闭环控制，传递函数定义了参考输入与被控对象输出的偏差与控制器输出的关系。常用的控制律为比例积分微分（PID，Proportion Integration Differentiation）控制方程。

（3）控制参数求解。综合被控对象行为模型和控制器行为模型，建立系统行为模型，进而根据设定的控制目标求解控制参数，如 PID 控制器的三个增益系数。注意，控制器的输出是被控对象的输入。

（4）控制器分析。仿真分析控制器性能，如参考输入改变时的暂态行为（响应速度、收敛速度、稳态误差）和干扰对系统的影响，并根据控制目标（如最小稳态误差）优化控制参数并实验验证。

（5）控制器实现。控制器代码生成。

物理系统往往是连续时间变化的，离散时间控制对此进行采样和运算。如果采样过程设计不当可能产生系统行为异常。例如，如果采样周期不满足奈奎斯特（Nyquist）采样定理，则可能产生混叠（aliasing）现象等。当难以准确设置采样频率时，可以在 A/D 通道增加抗混叠滤波器，屏蔽混叠效应，避免信号失真。

积分饱和指若系统存在单向偏差，导致 PID 控制器的输出由于积分作用而不断累积增加，最终达到极限位置。

10.1.2　PID 控制器设计

控制系统已得到广泛研究，相应的控制理论和设计方法十分丰富。其中，最为常用的是 PID 控制器，主要适用于基本为线性且动态特性不随时间变化的系统，即所谓线性时不变系统。即使不具备广泛的控制理论知识，工程师也可以使用 PID 控制器。

作为反馈回路部件，PID 控制器采集被控变量值，与参考值进行比较，然后将此偏差用于计算新的输入值，使变量达到或者保持在参考值，如图 10.3 所示。PID 控制器包括 P 控制器（开环）、PD 控制器、PI 控制器、I 控制器和 PID 控制器等类型或单元，设计目标是通过选择或整定 PID 的增益（K_p、K_i 和 K_d 三个系数），减小偏差（error），达到所需的稳态和暂态行为。

PID 控制方程为

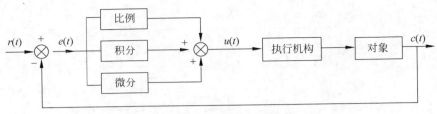

图 10.3　PID 控制器工作原理

$$u(t) = K_p \left[e(t) + \frac{1}{T_i} \int_0^1 e(t)\mathrm{d}t + T_d \frac{\mathrm{d}e(t)}{\mathrm{d}t} \right]$$

P 控制器将跟随误差乘以一个比例常量以减小偏差,保证系统的稳定。PD 控制器增加跟随误差的微分项,以预测系统未来行为,提升响应收敛速度。PD 控制器的假设在于控制系统未来的行为与过去类似。PI 控制器增加跟随误差的积分项,将随时间产生的所有误差相加,确保静差最终为 0,实现控制的准确性。但 I 项影响暂态特性,如果太大则可能出现振荡甚至不稳定。

1. PID 仿真工具与参数整定

对于难以建立设备模型的系统,无法通过定量分析求解控制参数,则可通过专门的 PID 整定方法选择 PID 增益参数。整定过程可利用 Simulink 等辅助设计工具实现,如图 10.4 所示。

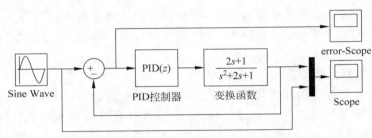

图 10.4　Simulink 工具

整定方法很多,典型整定步骤如下。

(1) 将 P 值设置为某个小值,D 和 I 设置为 0。

(2) 增加 D 值,例如从大于 P 的 100 倍开始,直至出现振荡,此时将 D 值减小 2~4 倍(降低响应时间)。

(3) 增加 P 值,直至出现振荡或超调,此时将 P 值减小 2~4 倍。

(4) 增加 I 值,从 0.0001~0.01 开始,直至出现振荡或超调,此时减小 I 值。

(5) 重复步骤(2)~(4),直至满足性能指标。

2. PID 控制质量

对汽车速度控制而言,控制器需要保证车速不能过于偏离驾驶员所设定的参考速度,且应避免过快加速或减速,也应避免忽快忽慢。因此,控制系统的设计目标是即使存在测量噪声、模型误差和干扰的条件下,也能使系统输出跟随参考输入变化。控制目标可以用稳定性(偏差是否收敛到 0)、抗干扰能力、健壮性(稳定性和性能不应受到模型误差的重大影响)以及控制性能等指标进行衡量。控制系统的动态响应性能指标包括如下几项(如图 10.5

所示）。

（1）响应时间 t_r：第一次从初值与终值之差的 10％ 变化到 90％ 所需的时间。

（2）峰值时间 t_p：达到响应的第一个峰值所需的时间。

（3）超调量 M_p：峰值超出终值的百分比。

（4）稳定时间 t_s：响应值达到终值的 1％ 之内所需的时间。

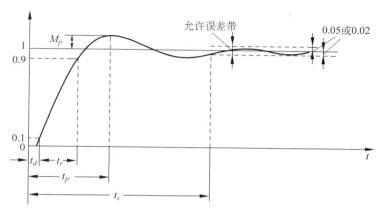

图 10.5　控制系统的动态响应曲线

10.2　引擎管理系统

10.2.1　汽车发动机工作原理

汽车发动机组成结构如图 10.6 所示，引擎管理系统（EMS）主要由电子控制单元、曲轴位置传感器（crankshaft position sensor，又称发动机转速和曲轴转角传感器）和凸轮轴位置

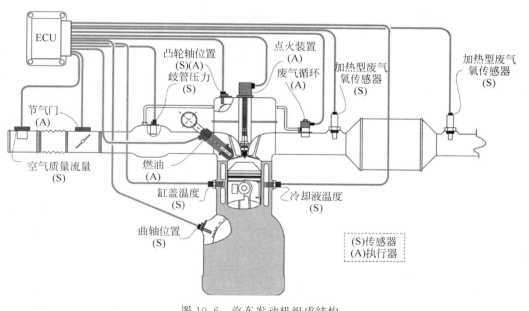

图 10.6　汽车发动机组成结构

传感器(camshaft position sensor,又称判缸传感器)等部分构成。四冲程发动机的工作过程包括进气、压缩、点火做功、排气等几个阶段。发动机为了实现精确的点火和喷油时刻控制,必须获取各缸的位置和工作状态,主要依赖于曲轴位置传感器和凸轮轴位置传感器。曲轴位置传感器用于采集发动机的转动角度,获取发动机转速和各缸位置。凸轮轴位置传感器结合曲轴位置传感器信号确定各缸的工作状态,即进气、压缩、做功和排气四个状态之一。两者结合最终实现顺序喷油点火控制、点火和喷油时刻控制及爆震控制等功能。

　　控制层根据引擎和车辆当前运行参数,将驾驶员的踏板信号转化为扭矩需求,并与巡航控制、空调控制、换挡控制等外部扭矩需求进行协调,再综合考虑驾驶性功能,得到最终引擎扭矩需求。最终引擎扭矩需求被转化为对节气门、点火角(点火时间)和喷油量(进气时间)的控制量,通过燃油的燃烧过程产生引擎的扭矩输出。当发动机上电启动时,必须实现发动机位置管理(EPM)的快速同步,才能释放喷油和点火信号,实现成功启动。

　　ECU为汽车专用微机控制器,也称汽车专用单片机。ECU与各种传感器和执行器的接口关系如图10.7所示。ECU由微处理器(CPU)、存储器(ROM、RAM)、输入/输出接口(I/O)、模数转换器(A/D)以及整形、驱动等大规模集成电路组成。ECU的功能是根据其内存中的程序和预置参数,对各种传感器输入的信息进行运算、处理、判断,输出控制指令,向喷油器提供一定脉宽的电脉冲信号以控制喷油量。

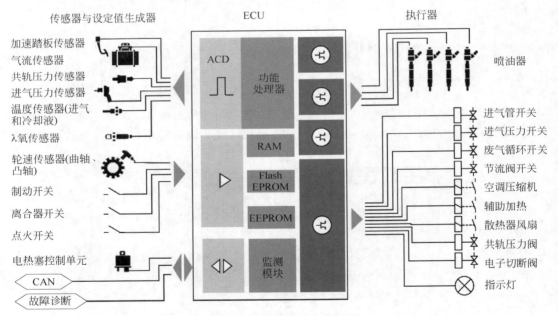

图 10.7　ECU 组成结构与 I/O 接口

　　磁电式曲轴位置传感器根据电磁感应定律,将转速变化引起的磁通量的相应变化转换成电信号来测量曲轴位置和转速。信号盘旋转时,当信号盘凸齿接近并对正电磁线圈时,磁场增强;当信号盘凸齿离开电磁线圈时,磁场减弱。由此在感性线圈中产生交变的感应电动势,其频率和幅值将随发动机转速的升高而线性增大。这种传感器无须ECU额外供电、结构简单且成本低,因此被广泛使用。传感器由永磁感应检测线圈和转子(正时转子和转速转子)组成,转子随分电器轴一起旋转。正时转子有1、2或4个齿等多种形式,转速转子为

24 个齿。永磁感应检测线圈固定在分电器体上。若已知转速传感器信号和曲轴位置传感器信号,以及各缸的工作顺序,就可计算各缸的曲轴位置。磁电感应式转速传感器和曲轴位置传感器的转子信号盘也可安装在曲轴或凸轮轴上。

信号盘主要有 12-1 齿、24-2 齿、36-1 齿和 60-2 齿四种。对 24-2 齿,每转一周,产生 24 个等间隔基本齿(primary teeth,转速转子)和 2 个等间隔第二齿(secondary teeth,正时转子)信号。缺齿后第二个齿的下降沿是一缸压缩上止点。EMS 将检测每齿信号的下降沿,并计算相邻两齿信号下降沿之间的间隔时间 T,然后记录并比较连续的三个时间间隔 T_1、T_2、T_3。如果这三个连续的间隔时间 T_1、T_2、T_3 满足如下关系:

$$T_2 > 1.5T_1 \text{ 且 } T_2 > 2T_3$$

则认为捕捉到了缺齿信号,且当前位置在第二个齿上。在理想情况下,如果从 T_1 到 T_3 期间,发动机保持转速不变,且 T_2 是缺齿时间,则 $T_2 = 3T_1 = 3T_3$。考虑到转速会有波动,尤其在引擎启动时,转速波动相对较大,所以在判断缺齿信号时,T_2 与 T_1、T_3 的比较都留有余量。除了在启动时要判断缺齿信号外,发动机正常运转时,EMS 也需要重新判断一次缺齿信号,以便重新进行同步,防止因转速激烈波动或累积误差导致齿计算混乱。

10.2.2　基于 AUTOSAR 的 EMS

汽车引擎管理系统(EMS)一般按 AUTOSAR 标准组织成软件部件。软件部件由被称为执行体(runnable)的可调度实体构成。执行体为最小的原子功能单元,通过共享变量(称为标签 label)进行交互。执行体按各自的激活特征(如周期)分组而构成任务。OSEK 和 AUTOSAR 操作系统支持两种任务:基本任务和扩展任务。基本任务一旦开始执行,将持续执行直至完成,期间只能被高优先级任务抢占。扩展任务允许因等待事件而被挂起,释放处理器给低优先级任务。EMS 仅使用基本任务。执行体之间的通信可以采用传感器-执行器通信或客户端-服务器方式,由 AUTOSAR 的运行时环境支持。

1. 任务执行时间

EMS 任务包括周期(1~1000ms)、间歇、单次执行(如初始化任务)等类型,具有多种触发语义,包括:

(1) 时间同步任务。对于周期性重复执行的任务,按各自固定周期由时间同步触发。

(2) 异步任务。由异步事件激活。

(3) 角同步任务。根据特定曲轴角度而激活,其周期由曲轴转速(rpm)决定,转速增加则任务频率上升,故亦称速率可变任务,是一类特殊的异步任务。

(4) 链式任务。由前驱任务激活。当前驱任务终止时,控制线程(处理器的执行流)交给新激活的任务。此类任务可以跨处理器核激活。

(5) 中断服务例程。

任务通常采用 RM 等 FPPS 调度算法,可为完全抢占或协作式抢占。协作式抢占发生在执行体的边界,保证了数据一致性的粒度。

用于执行体之间通信的标签称消息(massage)。消息访问有两种机制:显式访问和隐式访问。显式访问也称直接访问,使用较少,由执行体直接读取共享内存中的消息。隐式访问应用更普遍,通过创建任务的本地数据副本进行数据访问。数据复制在任务开始时进行,修改后的数据在任务结束时写回。这一机制保证在任务执行时消息值不被改变,从而保证所有执行体处理数据的一致性。显然,隐式访问将访问全局存储器变为访问本地存储器,对需要频繁访问全局存储器中的消息的任务,其访存时间将大大缩短。

基本的任务时序需求是满足截止期。时间同步任务周期固定,执行时不允许重叠和积压,意味着其截止期隐含等于周期。角同步任务需要在注入或点火前执行完成,其截止期为周期的一半。

其他约束包括因果链的端到端延迟。因果事件链是对系统中的数据流(信号流)的抽象。EMS 通常具有多个事件链,如传感器-控制器-执行器。每个事件链具有端到端延迟约束,如传感器-执行器延迟和错误响应延迟。端到端延迟有两种语义:有效期延迟(age latency)或响应延迟(reaction latency)。有效期延迟指产生响应的数据的新鲜度,即到执行器输出信号时传感器输入数据的最长有效时间,也就是新的输入数据到达前的时间。

一个因果链由多个段组成,每个段由共享同一个标签的两个执行体表示。前一个执行体称激励,第二个执行体称响应。两个执行体之间存在读写依赖关系。

多速率事件链中所涉及的多个任务的速率(周期)不同,造成欠采样(生产者快于消费者)或过采用(消费者快于生产者),导致端到端延迟计算复杂。此外,从传感器到执行器执行过程中的各种抖动以及系统中可能存在多个时钟域(曲轴角度、定时器、网络消息到达等),都影响延迟计算的确定性。

任务执行时间与平台和建模的粒度相关。对单核架构,执行体的执行时间包括访问标签在内的完整代码执行时间,但不包含抢占等调度影响。对多核架构,由于依赖于标签的存储位置,执行体的执行时间中不能再包含标签访问时间。因此,需要将执行时间划分为代码执行时间和标签访问时间。为了更紧致,还需进一步细化考虑代码访问时间(依赖于代码存放位置和存储器类型)、模式切换、cache 相关抢占延迟(当前架构中仅在访问闪存时使用cache),以及锁和同步方法等。

2. 典型 EMS 软件特征

1)标签(数量、大小、访问模式)

汽车软件中的标签分为三类:原子数据类型、数组和结构体。典型的原子数据为 1 字节、2 字节或 4 字节,占标签总数的 90% 以上。内燃机控制软件中标签总数 10 000～50 000 个。

标签访问模式可为如下几种。

- 只读:保存参数常数,存储于闪存等非易失存储器,如插值曲线或图。占比 40%。
- 只写:保存测量值,如内部状态数据。占比 10%。
- 读写:用于执行体通信。占比 50%。

2)执行体(数量、执行模式、通信)

典型应用中包含 1000～1500 个执行体,被映射到具有不同执行模式的任务中。多数为周期性(1ms～1000ms),且大多数周期小于 100ms。周期为 10ms 占 25%,20ms 占 25%,100ms 占 20%。角同步任务占 15%。少数事件触发任务,其执行模式可用到达曲线建模。

任务通信基于共享标签,发生于任务内部和任务之间。任务内通信指同一个任务中的两个执行体之间的通信。任务通信可分为如下三类,分别占比 25%、35% 和 40%。

- 任务内向前通信:写者先于读者,延迟较小。
- 任务内向后通信:当前生成的数据下一次任务执行时才使用,存在一个任务实例的延迟。

- 任务间通信：延迟依赖于任务调度、通信模式和内存映射等多种因素。相同周期或不同周期任务之间都存在任务间通信。

执行体的执行时间由最小（BCET）、平均（ACET）和最大（WCET）刻画，其分布接近于 Weibull 分布函数，如表 10.1 所示。此处考虑了代码存储位置的影响，未考虑多核架构中标签存储位置的影响。注意，中断使系统利用率负载增加约 30%。

表 10.1 执行体的典型时序参数

周　　　期	平均执行时间 /μs		
	最　　小	平　　均	最　　大
1ms	0.34	5.00	30.11
2ms	0.32	4.20	40.69
5ms	0.36	11.04	83.38
10ms	0.21	10.09	309.87
20ms	0.25	8.74	291.42
50ms	0.29	17.56	92.98
100ms	0.21	10.53	420.43
200ms	0.22	2.56	21.95
1000ms	0.37	0.43	0.46
Angle-synchronous	0.45	6.52	88.58
Interrupts	0.18	5.42	12.59

多数因果事件链由具有相同执行模式的执行体构成，也存在进行时间同步与角同步转换的跨多个执行模式的事件链，如将来自驾驶员的扭矩请求（同步采样）转换为发动机的喷射量和时间（角度同步）。EMS 中与关键功能行为相关的事件链约 30～60 条。

计算紧致的端到端延迟，无论是否考虑访存或仲裁，以及如何考虑多核架构下标签的存储位置（本地内存或全局内存），都是极具挑战性的问题。

10.2.3　测试套 EMSBench

反应式实时系统分析测试套可归纳为系统行为模拟分析和执行时间（WCET）分析两类。WCET 测试套由典型嵌入式应用中的信号处理等算法程序构成。根据实际场景抽取的行为测试套很少，典型者如 PapaBench 和 EMSBench。PapaBench 源自 Paparazzi 开源无人机软硬件项目，由 20 个静态调度的任务构成。由德国 Augsburg 大学开发的 EMSBench 可与不同硬件平台相结合构成实验床，用于 WCET 分析和可调度性分析实验，或比较不同硬件的行为和性能特征。

EMSBench 模拟汽车引擎管理系统，其任务（ISR）采用事件触发执行机制。EMSBench 可运行在 STM32F4-Discovery 开发板上，包含测试套代码 ems 和踪迹生成器 tg 两部分。ems 基于开源引擎管理系统 FreeEMS 而化简，主要计算进气时间和点火时间。tg 为 ems 生成输入信号。引擎工作时，曲轴（crankshaft）控制转速，凸轴（camshaft）控制进气阀和排气阀开闭。曲轴与凸轴相配合，确定气缸的点火时间。对四冲程引擎，曲轴转速是凸轴转速的 2 倍。通过化简，ems 仅需要以曲轴位置信号（转速编码器）为输入，据此计算进气时长和点火时间。

tg 参照"欧洲续航测试工况标准(new European driving cycle,NEDC)"建立城市和郊区等行驶场景(driving cycle),为对应场景中的起步、换挡、离合控制等操作产生响应的曲轴位置信号。

ems 程序采用前后台系统范式,由 main() 函数和多个 ISR 完成传感器输入、计算点火时间和执行等控制功能。进气时间为常数,点火时间随引擎转速而变化。程序结构如图 10.8 所示,其中,PrimaryRPMISR() 负责主控,接受传感器数据,计算并触发其他 ISR 完成执行动作。点火操作包括 IgnitonDwell 进行充电和 IgnitionFire 完成点火两步。main() 循环执行,方框中为临界区,采用关中断方式进行保护。输入和输出数据结构都被分配两次,以确保始终有一个具有一致数据的结构可用。

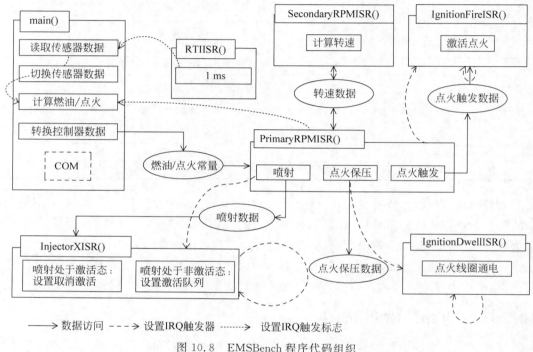

图 10.8　EMSBench 程序代码组织

表 10.2 为曲轴转角触发的 ISR 释放频率,CR 列为曲轴运转一周各 ISR 释放的次数(随转速变化)。

表 10.2　EMSBench 程序功能与特征

ISR	IRQ 源	CR	频率(s^{-1})	功　　能
PrimaryRPMISR()	ECT-IC	12	144~768	计算进气和点火时间
SecondaryRPMISR()	ECT-IC	1	12~64	监测引擎与 ems 同步
InjectionXISR()	ECT-OC	2(×6)	24~128(×6)	X 缸进气
IgnitionDwellISR()	PIT	6	60~384	火花塞线圈充电
IgnitionFireISR()	PIT	6	60~384	火花塞放电点火

10.3　辅助设计工具

实现工程化设计方法需要各类辅助设计工具支持,需要涵盖需求分析、系统设计、设计验证和系统实现等完整的设计流程,支持需求管理和分析、用例管理、模型检查、WCET 分析、可调度分析、可靠性分析和性能仿真等设计活动,如图 10.9 所示。

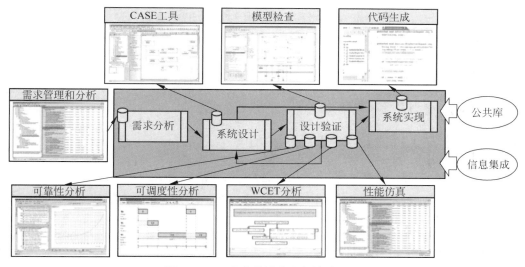

图 10.9　工程化设计流程与辅助工具

10.3.1　代码执行时间分析

硬实时应用需要基于 WCET 分析的绝对时序可预测性。工业界所采用的程序执行时间分析可分为静态分析法(static analysis)和测量法(measurement-based),两者具有互补性,集成使用可保证分析结果更加紧致。

静态分析方法基于硬件体系结构的时序模型,采用抽象解释技术(abstract interpretation)和数据流分析技术(dataflow analysis),产生程序中指定位置的执行时间计算参数。计算参数描述程序基本块的依赖关系,产生循环上界,标识平台状态,并据此计算基本块的执行时间。静态分析工具辅助设计者计算最坏情况下程序执行时间的保守上界,但这些工具具有平台依赖性。

基于测量的方法使用不同输入数据(测试向量)采集程序执行的量化参数,通过分析测试结果,估算程序执行时间等量化指标。测试向量可以利用静态分析法搜索程序执行路径而生成。测量法可用于平均情况和最坏情况分析。

表 10.3 罗列了一些常见的代码 WCET 分析工具。目前,学术界和工业界工具都不能分析基于多核的多线程并行应用,需要进一步研究基于单线程 WCET 的组合技术,通信时间和同步点的等待时间都需要更加精确。

表 10.3 常见的代码 WCET 分析工具

分　类	工　具	机构、网址
静态	aiT	AbsInt Angewandte Informatik GmbH http://www.absint.com/ait/
	Bound-T	Tidorum Ltd. http://www.bound-t.com/
	Heptane	IRISA Rennes http://www.irisa.fr/aces/work/heptane-demo/
	Chronos	National University of Singapore http://www.comp.nus.edu.sg/~rpembed/chronos/
	OTAWA	Institut de Recherche en Informatique de Toulouse http://www.otawa.fr/
	SWEET	Malardalen University http://www.mrtc.mdh.se/projects/wcet/
测量	GameTime	UC Berkeley
	RapiTime	Rapita Systems Ltd. http://www.rapitasystems.com/
	SymTA/P	Technical University Braunschweig http://www.ida.ing.tu-bs.de/research/projects/symtap/
	Vienna M./P.	Technical University of Vienna http://www.wcet.at/

10.3.2　可调度性分析与仿真

SimSo 是考虑调度开销(调度决策、上下文切换等)的实时多处理器架构的调度模拟器, 考虑了系统缓存对统计模型的影响。该工具基于离散事件(discrete-event)模拟器,可以使用 Python 进行快速模拟以及调度策略设计。目前该模拟器中集成了约 25 种调度算法。

Cheddar 支持构建实时调度器快速原型和进行可调度性分析,支持系统的调度属性仿真。同时还可以与 OSATE 组合,检查使用 AADL 描述的嵌入式系统时间约束。既可以作为一个独立的仿真引擎又可以作为 STOOD 的插件运行。Cheddar 由两个独立的部分组成:第一部分是用于分析实时系统并进行建模的编辑器,第二部分是执行分析的框架。编辑器可以描述整个系统的模型,包括处理器、核的数量、调度策略、任务时间属性、缓存、片上网络架构、任务间依赖关系等。

MAST 定义了描述系统时序行为的元模型,支持进行实时系统可调度性分析。MAST 还提供了一系列开源工具,包括支持设计者分配调度参数,进行设计空间搜索,以及通过离散事件仿真评估系统性能。MAST 可以与 Papyrus 组合使用。

TrueTime 是一款基于 Matlab/Simulink 的仿真器(可以调用 Simulink 方框图),用于测试实时分布式控制系统的行为。可以仿真实时内核的任务执行、网络传输和被控对象的连续动态行为,包括外部中断。支持包括以太网、CAN、TDMA、FDMA、Round Robin、交换以太网、FlexRay、WLAN(802.11b)和 ZigBee (802.15.4)等网络协议,以及基于 DVS 的能耗管理设备。

TimeWiz 是构建可预测嵌入式实时系统的集成设计环境,基于事件动作模型进行不同调度策略的可调度性评估。既支持最简单的微控制器系统，也支持包含上百个处理器的大型分布式系统。

SymTA/S 是一种调度分析工具套件，支持时间预算分配，调度验证，以及对处理器、ECU、总线、网络和整个系统的优化。支持端到端时序分析、可视化和分布式系统优化。SymTA/S 支持 OSEK、AUTOSAR-OS、CAN 和 FlexRay 等汽车电子行业标准。

chronVAL 是用于分析、优化和验证单处理器或分布式实时系统中最坏情况场景的实时分析工具。设计者可以分析软件、总线和多处理器系统的动态行为，包括实时行为的数学分析、应用截止时间验证、确认最大消息延迟，以及系统性能评估和可视化展示。

chronSIM 用于实时仿真、分析和预测嵌入式软件的动态性能。可以创建任务结构、ISR 框架和调度器，以最大化数据吞吐量和遵从所有响应时间要求。chronSIM 使用 UML 图形化工具展示隐藏的动态执行序列，并允许使用蒙特卡洛仿真和通过事件时间的随机变化进行压力测试。

10.3.3 系统建模、设计与分析

1. 模型检测

SPIN 枚举模型检测器，支持异步设计和验证。

NuXMV 符号模型检测器，以有限状态机为建模语言，计算树逻辑（CTL）为规约公式。

UPPAAL 符号模型检测器，使用时间自动机建模，使用 CTL 的子集 ACTL 和 ECTL 为规约公式，支持建模、仿真和验证。使用有限控制结构和实数时钟，UPPAAL 将实时系统建模为非确定进程集合。进程间通信使用通道或共享变量。

2. AADL

OSATE(open-source AADL tool environment)为 SEI 基于 Eclipse 插件开发的开源工具，是用于 AADL 模型编辑、编译和分析的集成开发环境，并提供 AADL 模型与 MetaH 模型的转换等相关功能。OSATE 可以与 Cheddar 组合使用。

STOOD 为欧洲 Ellidiss 公司开发的可视化建模工具，使用自顶向下的建模方法以缩小设计模型和运行代码之间的差距，可以从 AADL 代码生成 Ada 代码或 C++代码。

TASTE 是开源的中小规模（分布式）实时嵌入式系统（软件）开发环境，其目标是系统设计自动化，声称消息格式和编码、线程创建、实时操作系统（RTEMS，RT Linux（Xenomai））配置、同步和资源共享调试等都自动完成。TASTE 基于 ASN.1（用于异构环境通信）和 AADL 语言，支持 CBD 方法，支持基于消息顺序图（message sequence chart）的运行时场景回放，支持 VHDL 组件。TASTE 集成了 MAST 和 Cheddar 两个支持 AADL 建模的调度分析工具，并且可以对二进制代码进行堆栈使用分析，检查堆栈溢出。

3. MARTE

Papyrus 是一款可定制的开源 UML/MARTE 设计工具，基于 Eclipse 插件技术。目前，Papyrus 支持 UML 2.5，可以集成 SysML 1.1 和 SysML 1.4。Papyrus 可与 MAST 组合使用。

TimeSquare 是基于 Eclipse 插件技术的实时软件设计环境，提供了如下四个主要功能。

（1）在 UML 编辑器（Papyrus）中交互应用与时间相关的 MARTE 原型和时钟约束规范。

（2）检查 MARTE 和 CCSL 的一致性。

（3）根据各种仿真策略，约束求解（时钟演算）产生一致的时间演化。

（4）VCD 查看器将模拟轨迹显示为波形图，支持交互式时钟约束高亮显示。

4. TIMES

TIMES 是 Uppsala 大学开发的一个实时嵌入式系统建模、可调度性分析和代码生成工具，支持抢占或非抢占周期或偶发任务集。提供了编辑和仿真的图形化界面，以及可调度性分析引擎。TIMES 使用扩展的时间自动机进行任务到达模式建模。在 TIMES 的扩展时间自动机中，边的标记包括卫式、同步和赋值/更新；库所添加的任务注释，包括任务队列和调度。TIMES 支持描述任务参数、优先约束、资源约束和调度策略（支持 FPS、FCFS、EDF 和 LLF 等调度算法），可进行可调度性分析、WCRT 计算、逻辑和时态约束验证（基于 UPPAAL），并支持基于 LEGO brickOS 的可执行代码生成。

5. Rodin

Rodin 提供了 Event-B 框架的编辑器，为抽象机和上下文中变量、不变式、事件、定理、数值常数、公理等基本构件提供了构造模板（Wizard），以及 Event-B 语法检查器，支持自动检查并定位模型中的语法错误。Rodin 自动生成用于保证模型正确性的证明义务。同时，Rodin 中集成了 Z3、CVC3 等 SMT 求解器和 Isabella 定理证明器，用于自动或交互式验证生成的证明义务的有效性。Rodin 基于 Eclipse 开发，其 Plug-in 机制使得 Rodin 能够不断扩展新功能。

10.4 本章小结

本章主要介绍典型的实时嵌入式系统平台和应用软件特征。其中所介绍的一些辅助设计工具可用于教学和科研实验。

参 考 文 献

[1]　HUTH M，RYAN M. Logic in Computer Science：Modeling and Reasoning about Systems[M]. 2nd. Cambridge：Cambridge University Press，2004.

[2]　WIERINGA R J. Design Methods for Reactive Systems：Yourdon，Statemate and the UML[M]. San Francisco：Morgan Kaufmann Publishers，2003.

[3]　LIU J W S. Real-Time Systems[M]. New Jersey：Prentice-Hall，2000.

[4]　BUTTAZZO G. Hard Real-Time Computing Systems：Predictable Scheduling Algorithms and Applications[M]. 3rd. New York：Springer Press，2011.

[5]　BARUAH S，BERTOGNA M，BUTTAZZO G. Multiprocessor Scheduling for Real-Time Systems [M]. Cham：Springer Press，2015.

[6]　KOPETZ H. Real-Time Systems：Design Principles for Distributed Embedded Applications[M]. 2nd. New York：Springer Press，2011.

[7]　VERISSIMO P，RODRIGUES L. Distributed Systems for System Architects[M]. Dordrecht：Kluwer Academic Publishers，2001.

[8]　RAJEEV A. Principles of Cyber-Physical Systems[M]. Cambridge：MIT Press，2015.

[9]　LEE A E，SESHIA A S. Introduction to Embedded Systems：A Cyber-Physical Systems Approach [M]. 2nd. Cambridge：MIT Press，2017.

[10]　MARWEDEL P. Embedded System Design：Embedded Systems Foundations of Cyber-Physical Systems，and the Internet of Things[M]. 3rd. Cham：Springer Press，2018.

[11]　LAPLANTE A P，OVASKA J S. Real-Time Systems Design and Analysis：Tools for The Practitioner[M]. 4th. Hoboken：Wiley Press，2012.

[12]　GOMAA H. Real-Time Software Design for Embedded Systems[M]. Cambridge：Cambridge University Press，2016.

[13]　SELIC B，GERARD S. Modeling and Analysis of Real-Time and Embedded System with UML and MARTE：Developing Cyber-Physical Systems[M]. Waltham：Elsevier Press，2014.

[14]　GAJSKI D D，VAHID F，et al. Specification and Design of Embedded Systems[M]. Upper Saddle River：Prentice-Hall，1994.

[15]　VAHID F，GIVARGIS T. Embedded System Design：A Unified Hardware/Software Introduction [M]. Hoboken：WileyPress，2002.

[16]　VAHID F，GIVARGIS T. Programming Embedded Systems：An Introduction to Time-Oriented Programming[M]. Darine：UniWorld，2010.

[17]　PELED D A. Software Reliability Methods[M]. New York：Springer Press，2001.

[18]　LI Q，YAO C. Real-Time Concepts for Embedded Systems[M]. San Francisco：CRC Press，2003.

[19]　CHENG M K A. Real-Time Systems：Scheduling，Analysis，and Verification[M]. Hoboken：Wiley Press，2002.

[20]　ABRIAL J R. Modeling in Event-B：System and Software Engineering[M]. Cambridge：Cambridge University Press，2010.

[21]　FEILER P H，GLUCH P D. Model-Based Engineering with AADL：An Introduction to The SAE Architecture Analysis & Design Language[M]. Upper Saddle River：Pearson Education，2013.

[22]　Joseph Yiu. ARM Cortex-M3 与 Cortex-M4 权威指南[M]. 吴常玉，译. 3 版. 北京：清华大学出版社，2014.

[23]　STARON M. Automotive Software Architectures：An Introduction[M]. New York：Springer Press，2017.

[24] Konrad Reif. BOSCH 汽车电气与电子[M].孙泽昌,译.2 版.北京：北京理工大学出版社,2014.

[25] GAMATIE A. Designing Embedded Systems with the SIGNAL Programming Language：Synchronous，Reactive Specification[M]. New York：Springer，2010.

[26] SHYAMASUNDAR K R, RAMESH S. Real-Time Programming：Languages，Specification and Verification[M]. London：World Scientific Publishing，2010.

[27] DEITEL M H, DEITEL J P, CHOFFNES R D. Operating Systems[M]. 3rd. Upper Saddle River：Prentice Hall，2004.

[28] TANENBAUM S A, WOODHULL S A. Operating Systems：Design and Implementation[M]. 2nd. Upper Saddle River：Prentice Hall，1997.

[29] LABROSSE J J. MicroC/OS-Ⅱ：The Real-time Kernel[M]. 2nd. San Francisco：CMPBooks，2002.

[30] SIMON D E. An embedded software primer[M]. Upper Saddle River：Addison-Wesley，1999.

[31] BARR M, MASSA A. Programming Embedded Systems[M]. 2nd. Sebastopol：O'Reilly Media，Inc.，1999.

[32] GAMBIER A. Real-time control systems：a tutorial[C]// Control Conference. IEEE，2004.

[33] WANG Y, LAFORTUNE S, KELLY T, et al. The theory of deadlock avoidance via discrete control[C]// In Principles of Programming Languages (POPL)，ACM SIGPLAN Notices，Savannah：ACM，2009：252-263.

[34] BARUAH K S, COHEN K N, PLAXTON G C,et al. Proportionate progress：a notion of fairness in resource allocation[C]// In Proceedings of the Twenty-Fifth Annual ACM Symposium on Theory of Computing,San Diego：ACM，1993：345-354.

[35] SRINIVASAN A, ANDERSON J. Optimal rate-based scheduling on multiprocessors[C]// Proceedings of the 34th ACM Symposium on Theory of Computing，Montreal：ACM，2002：189-198.

[36] BARUAH S, GEHRKE J, PLAXTON C G, et al. Fast scheduling of periodic tasks on multiple resources[C]//The 9th International Parallel Processing Symposium，Santa Barbara：IEEE Computer Society，1995：280-288.

[37] STANKOVIC J A, RAMAMRITHAM K. What is predictability for real-time systems? [J]. Real-time Systems，1990，2(4)：247-254.

[38] TINDELL K, CLARK J A. Holistic schedulability analysis for distributed hard real-time systems [J]. Microprocessing and Microprogramming，1994，40(2)：117-134.

[39] POP T, ELES P, PENG Z. Holistic Scheduling and Analysis of Mixed Time/Event-Triggered Distributed Embedded Systems[C]//Tenth International Symposium on Hardware/Software Codesign. Estes Park：IEEE Computer Society，2002：187-192.

[40] 丁一鸣. 分布式实时系统整体调度的研究[D].天津：天津大学,2005.

[41] 窦强. 分布式强实时系统中可调度性分析算法的研究[D].长沙：国防科学技术大学，2001.

[42] GUAN N, STIGGE M, YI W, et al. New Response Time Bounds for Fixed Priority Multiprocessor Scheduling[C]//Proceedings of the 30th IEEE Real-Time Systems Symposium，Washington：IEEE Computer Society，2009：387-397.

[43] BENVENISTE A, BOUILLARD A, CASPI P, et al. A unifying view of loosely time-triggered architectures[C]//The ACMSIGBED International Conference on Embedded Software(EMSOFT)，Scottsdale：ACM，2010：189-198.

[44] STOIMENOV N, CHAKRABORTY S, THIELE L. Interface-Based Design of Real-Time Systems [J]. Advances in Real-Time Systems，2012.

[45] SANGIOVANNI V A, NATALE M D. Embedded System Design for Automotive Applications[J]. IEEE Computer，2007，40(10)：42-51.

[46] SCHAADT D. AFDX/ARINC 664 concept，design，implementation and beyond[J]. SYSGO AG White Paper，2007.

[47] 白晓颖，汪明，陆皓，等. 实时系统时间约束验证[J]. 清华大学学报(自然科学版)，2012，052(009)：1286-1292.

[48] 张元睿. 面向同步系统的时钟约束动态逻辑系统研究[D]. 上海：华东师范大学，2019.

[49] ANDR'E C，MALLET F，SIMONEDE R. Modeling time(s)[C]// in MoDELS, ser. LNCS, vol. 4735. Berlin：Springer，2007：559-573.

[50] MALLET F，SIMONE R D. Correctness Issues on MARTE/CCSL Constraints[J]. Science of Computer Programming，2015：78-92.

[51] MALLET F. MARTE/CCSL for Modeling Cyber-Physical Systems[C]//SyDeSummer School. New York：Springer，2015：26-49.

[52] MALLET F. UML Profile for MARTE：Time Model and CCSL[C]//CEUR Workshop Proceedings. Barcelona：CEUR-WS. org，2013：289-294.

[53] 潘诚. 基于 CCSL 的时间需求分析方法研究与实现[D]. 南京：南京航空航天大学，2017.

[54] 王博. 基于接口语义自动机的嵌入式软件构件与时序测试研究[D]. 北京：清华大学，2016.

[55] 王博，白晓颖，贺飞，等. 可组合嵌入式软件建模与验证技术研究综述[J]. 软件学报，2014，25(002)：234-253.

[56] 孙景昊，关楠，邓庆绪，等. 城市交通网络信号控制系统的实时演算模型[J]. 软件学报，2016，27(003)：527-546.

[57] HUANG J，VOETEN J P，VENTEVOGEL A，et al. Platform-Independent Design for Embedded Real-Time Systems[C]// Forum on Specification & Design Languages，Frankfurt：DBLP，2003：318：330.

[58] PARNAS L D，MADEY J. Functional Documentation for Computer Systems[C]//Science of Computer Programming，Vol. 25，No. ，Oct. Amsterdam：Elsevier 1995：41-61.

[59] KRAMER S，ZIEGENBEIN D，HAMANN A. Real world automotive benchmark for free[EB/OL]. [2020. 12. 1]. https://www. ecrts. org/forum/viewtopic. php? f＝20&t＝23/WATERS15_Real_World_Automotive_Benchmark_For_Free. pdf.

[60] 文艳军，王戟，齐治昌. 一种接口自动机的组合精化检验方法[J]. 计算机工程与科学，2006(4)：115-118.

[61] SUN B，LI X，WAN B，et al. Definitions of predictability for Cyber Physical Systems[J]. Journal of Systems Architecture，2016，63：48-60.

[62] KLUGE F，ROCHANGE C，UNGERER T. EMSBench：Benchmark and Testbed for Reactive Real-Time Systems[J]. Leibniz Trans. on Embedded System，2017，2(4).

[63] MARCO S，ALBERTO L，SANGIOVANNI V. et al. Platform-Based Design for Embedded Systems[R]. Embedded Systems Handbook，Boca Raton：Taylor & Francis Group，2005.

[64] Microblaze 参考手册[EB/OL]. [2020. 12. 1]. https://www. xilinx. com/support/documentation/sw_manuals/ xilinx2019_1/ug984-vivado-microblaze-ref. pdf.

[65] Nios II参考手册[EB/OL]. [2020. 12. 1]. https://www. intel. com/content/dam/www/programmable/us/en/pdfs/ literature/hb/nios2/n2cpu-nii5v1gen2. pdf.

[66] PFEIFFER O，AYRE A，KEYDEL C，Embedded Networking with CAN and CANopen[R]. Greenfield：Copperhill Technologies Corporation，2004.

图书资源支持

感谢您一直以来对清华版图书的支持和爱护。为了配合本书的使用，本书提供配套的资源，有需求的读者请扫描下方的"书圈"微信公众号二维码，在图书专区下载，也可以拨打电话或发送电子邮件咨询。

如果您在使用本书的过程中遇到了什么问题，或者有相关图书出版计划，也请您发邮件告诉我们，以便我们更好地为您服务。

我们的联系方式：

地　　址：北京市海淀区双清路学研大厦 A 座 714

邮　　编：100084

电　　话：010-83470236　　010-83470237

客服邮箱：2301891038@qq.com

QQ：2301891038（请写明您的单位和姓名）

资源下载：关注公众号"书圈"下载配套资源。

资源下载、样书申请

书圈

获取最新书目

观看课程直播